机械制造现场实用经验丛书

热处理技术经验

李淑华　郑鹏翱　编著

中国铁道出版社

2015年·北京

内 容 简 介

为解决有关技术人员在对金属材料进行热处理过程中遇见的各种问题,使其材料在热处理过程中获得最佳组织与较好的性能,本书以问答的方式对有关常用材料的热处理工艺及热处理过程中应该注意的问题进行了讨论,对如何防止常用材料与通用构件在热处理过程中产生的缺陷进行了分析并提出了解决方案。本书可供热处理技术人员操作使用,也可供大专院校学生参考实验。

图书在版编目(CIP)数据

热处理技术经验/李淑华,郑鹏翱编著. —北京:中国铁道出版社,2015.10
(机械制造现场实用经验丛书)
ISBN 978-7-113-20941-4

Ⅰ. ①热… Ⅱ. ①李…②郑… Ⅲ. ①热处理—问题解答 Ⅳ. ①TG156-44

中国版本图书馆CIP数据核字(2015)第214737号

书　　名:	机械制造现场实用经验丛书　热处理技术经验
作　　者:	李淑华　郑鹏翱
策　　划:	江新锡　钱士明　徐艳
责任编辑:	陶赛赛　编辑部电话:010-51873017
编辑助理:	袁希翀
封面设计:	崔欣
责任校对:	王杰
责任印制:	郭向伟

出版发行:中国铁道出版社(100054,北京市西城区右安门西街8号)
网　　址:http://www.tdpress.com
印　　刷:三河市兴达印务有限公司
版　　次:2015年10月第1版　2015年10月第1次印刷
开　　本:850 mm×1 168 mm　1/32　印张:15.375　字数:373千
书　　号:ISBN 978-7-113-20941-4
定　　价:41.00元

版权所有　侵权必究

凡购买铁道版图书,如有印制质量问题,请与本社读者服务部联系调换。
电话:(010)51873174(发行部)
打击盗版举报电话:市电(010)51873659,路电(021)73659,传真(010)63549480

前　言

　　金属材料的热处理,是采用适当的方式对固态的金属工件加热到一定温度,并在相应温度下进行保温,然后以相应的方式进行冷却,从而获得所需要的组织结构与性能的生产工艺。

　　热处理技术是机械制造技术中的主要组成部分,是强化金属材料、发挥其潜力的重要工艺措施,是保证和提高机械产品质量和寿命的关键因素。通过适当的热处理,能最大限度地发挥材料潜力,保证产品所要求的力学性能、工艺性能。

　　虽然热处理只是机械制造业中的一道工序,但由于热处理过程中工件的温度和内部微观组织变化无法直接观测,因而热处理又是整个制造业中质量控制难度最大的一道工序。热处理工艺直接决定着机械制造产品的质量,因此控制好热处理这道工序异常重要。

　　纵观国内外工业技术的发展,随着新材料研制和新工艺的不断出现,机械制造业新材料的使用和新技术的发展,热处理行业也得到了迅猛发展。一些大厂的热处理车间得到了更新改造,小型热处理专业厂如雨后春笋遍地开花,还出现了设备先进、资金雄厚、管理严格的专业热处理厂,使得我国热处理水平有了很大提高。但是令人遗憾的是我国热处理行业还存在许多问题,严重制约了我国机械制造产品质量的提高。虽然引进了先进设备,但也往往只能生产出中档产品而且质量还不稳定,而且还出现了热处理技术人员奇缺,热处理能耗居高不下,热处理质量徘徊不前等现象。

为解决有关工程技术人员在热处理过程中遇见的难题,合理地安排工艺流程,使其材料在热处理过程中获得最佳的效果,同时为了设计人员根据金属材料的组织和成分,并对两者的关系进行准确的分析进而制定热处理工艺,本书介绍了常用材料及相关构件的热处理基础知识与相关工艺,期望能为读者对常用材料及通用构件进行热处理及制定相关热处理制度带来帮助。

全书共分四章,其中第一章简要地介绍一些热处理基础知识,第二章常用碳钢的热处理,第三章常用合金钢的热处理,第四章不锈钢的热处理。解放军军械工程学院和白城兵器试验中心的领导和同仁为本书的编写给与了大力支持和帮助,谨此表示衷心的感谢。

本书在编写过程中还参考和引用了一些作者的科研成果、数据、插图和照片,所用文献均已列于书后,对此对有关出版社和作者表示衷心的感谢。

对本书不足之处,恳请读者批评指正。

编者

2014 年 10 月

目 录

绪 论 ·· 1
  一、什么是热处理? ··· 1
  二、热处理的地位与作用是什么? ··································· 2
  三、热处理大概分几类? ·· 3

第一章 基础知识 ·· 4
  一、退火与正火 ·· 4
    1. 什么是钢的退火? ·· 4
    2. 退火分为哪几类? 退火的目的是什么? ··················· 4
    3. 什么是钢的正火? ·· 5
    4. 正火的目的是什么? ·· 5
    5. 退火或正火一般安排在工序的哪个阶段? ··············· 7
    6. 如何对钢件进行完全退火? ····································· 7
    7. 如何对构件进行等温退火? ····································· 8
    8. 如何对钢件进行扩散退火? ··································· 10
    9. 如何对钢件进行球化退火? ··································· 10
    10. 如何对钢件进行去应力退火 ································· 11
    11. 如何对钢件进行再结晶退火? ······························ 12
    12. 如何对钢件进行不完全退火? ······························ 12
    13. 如何正确选择退火与正火? ································· 13
    14. 工件退火和正火时可能出现哪些缺陷? ··············· 14
  二、钢的淬火与回火 ·· 15
    1. 如何确定钢的淬火与回火工艺参数? ····················· 17
    2. 热处理过程中如何选择淬火介质? ························ 21

3. 如何避免淬火变形与开裂? ……………………………… 29
4. 金属热处理前后如何进行清洗? ………………………… 32
5. 热处理清洗过程中应注意哪些问题? …………………… 38
6. 如何清除工件表面附着的残油? ………………………… 39

第二章 碳钢的热处理 …………………………………………… 44

一、碳钢的退火 ……………………………………………… 44

1. 如何退火 20 钢热轧卷板能获得较好的冲压性能? … 44
2. 如何对 35 钢进行半球化退火? ………………………… 49
3. 如何解决 45 钢正火或调质后局部难机械加工
   问题? ……………………………………………………… 52
4. 如何解决 50 钢带在塑性变形过程中的裂纹问题? … 57
5. 如何对中碳钢 SWRCH35K 进行亚温球化退火? …… 58
6. 如何对 45 钢冷挤压销轴毛坯进行球化退火? ……… 66
7. 对低碳钢进行球化退火是否可提高其塑性降低变形
   抗力? ……………………………………………………… 68
8. 如何避免冷轧钢板退火碳黑的产生? ………………… 70
9. 如何避免碳钢冷轧卷在退火时产生粘接? …………… 75
10. 如何对 FeCr2.2C1.92M 合金进行退火以便于切削
    加工? …………………………………………………… 81
11. 如何进行 45 钢冷轧丝杆球化退火? ………………… 84
12. 如何进行高碳钢的快速球化退火? …………………… 88
13. 如何对 T8 钢进行形变球化退火? …………………… 94

二、正　火 …………………………………………………… 98

1. 如何采用正火防止 Q345C 钢板弯曲裂纹? ………… 98
2. 如何对 35 钢或 45 钢大型主轴锻件进行亚温
   正火? ……………………………………………………… 102
3. 如何对 35 钢、40 钢、45 钢、40Cr 钢板簧销轴进行
   正火处理? ………………………………………………… 104
4. 如何利用正火提高 50W470 电工钢磁感应强度降低

铁损? ………………………………………… 105
 5. 如何通过正火使 45 钢内部裂纹得到愈合? ………… 109
三、淬火与回火 ………………………………………… 113
 1. 淬火与回火对碳钢硬度的什么影响? ……………… 113
 2. 如何通过热处理提高 45 钢性能? ………………… 117
 3. 如何对超高碳钢进行热处理? …………………… 119
 4. 如何通过热处理提高超高碳钢的耐磨性? ………… 122
 5. 如何解决 T8、T10 碳素工具钢淬火变形及开裂? … 127
 6. 如何对 T12 锉刀快速加热淬火热处理? ………… 130
 7. 如何对中碳弹簧 60 钢进行亚温淬火? …………… 132
 8. 如何进行 T9 钢细丝通电加热淬火? ……………… 135
 9. 如何避免 T8A 销轴淬火裂纹的产生? …………… 137

第三章 合金钢的热处理 ………………………… 141

一、合金钢退火 ………………………………………… 141
 1. 合金钢退火不软化怎么办? ……………………… 141
 2. 如何防止 20CrMnMoH 钢的高频退火裂纹? ……… 147
 3. 如何对 7CrMn2Mo 钢进行球化退火? …………… 152
 4. 如何对 21CrMo10 钢锻件进行去氢退火? ………… 159
 5. 如何解决 27SiMnNi2CrMoA 钢硬度高机械加工难问题? ………………………………………… 162
 6. 35CrNi3MoV 钢存在组织遗传晶粒粗大怎么办? … 168
 7. Cr12MoV 钢模脆性大易损坏怎么办? …………… 173
 8. 42MnMo7 钢冷拔钢管时经常出现裂纹与拔断怎么办? ………………………………………… 176
 9. DT300 钢退火后硬度高机械加工性能不好怎么办? ………………………………………… 179
 10. 退火工件表面存在大量氧化皮怎么办? ………… 185
 11. 如何进一步提高 IF 钢深冲性能? ……………… 188
 12. 是否可以缩短 42CrMo 钢的球化退火时间? ……… 193

13. 如何进行高速钢球化退火? ·················· 198
14. 如何解决 W6Mo5Cr4V2 高速钢钻头淬火后晶粒粗
    大问题? ···································· 200
15. 如何防止高速钢在台车式炉中的退火脱碳? ········ 202
16. W9Mo3Cr4V 高速钢锻材方坯酸洗后为什么产生
    裂纹? 如何避免这种裂纹? ···················· 207
17. 如何对 M2 高速钢刃具焊接毛坯进行退火? ········ 210
18. 如何避免 W6Mo5Cr4V2 高速钢在退火过程中产生
    增碳与表面着色? ···························· 214
19. 钢中出现白点怎么办? 如何消除? ·············· 220
20. 如何软化 DT300 钢以利于机械加工? ············ 224
21. 如何对 H13 钢进行退火? ···················· 229
22. 如何对 S7 钢进行退火? ······················ 232

二、合金钢正火 ································ 234

1. 如何对 20CrMoH 锻造毛坯进行等温正火? ········ 234
2. 如何高温正火消除 85Cr2Mn2Mo 钢的组织
   遗传? ···································· 238
3. 如何利用锻造余热正火消除 9Cr2Mo 钢粗大网状
   碳化物? ·································· 242
4. 如何通过正火处理提高热锻模具使用寿命? ········ 244
5. 如何控制 18CrNiMo7-6 齿轮钢正火时冷却
   速度? ···································· 249
6. 如何利用二次正火消除 20CrMnMo 混晶并使晶粒
   细化? ···································· 254
7. 等温正火前期如何选择快冷用冷却介质? ·········· 256
8. 正火对 16MnDR 钢板组织及力学性能有什么
   影响? ···································· 265
9. 如何利用正火提高中碳微合金非调质钢的力学
   性能? ···································· 274
10. 正火温度对含钛高铬耐热钢显微组织和性能有

哪些影响？ ································· 280
　　11. 如何对 3.5Ni 钢进行热处理以提高其低温
　　　韧性？ ··································· 284
　　12. 如何通过正火消除 15MnTi 钢焊缝残余应力？······ 289
三、合金钢淬火与回火 ································ 294
　　1. 如何在提高 20Cr1Mo1V1 圆钢强度的同时降低其
　　　硬度？ ··································· 294
　　2. 如何对 Cr12 进行热处理以提高其硬度和耐
　　　磨性？ ··································· 298
　　3. 如何防止 40Cr 钢汽车半轴淬火开裂？············ 301
　　4. 如何减小 GCr15SiMn 钢制零件热处理过程中产生的
　　　变形？ ··································· 307
　　5. 如何对 5CrMnMo 钢进行淬火可提高模具的使用
　　　寿命？ ··································· 310
　　6. 如何提高 30CrMnSiA 钢的塑性和韧性？··········· 313
　　7. 如何对复合模具钢基材 60Si2Mn 钢进行淬火？····· 318
　　8. 如何消除 GCr15 钢球碱水淬火软点？············· 322
　　9. 如何解决齿轮淬火冷却中产生的质量问题？········ 326
　　10. 如何进行 G10CrNi3Mo 钢的渗碳淬火？··········· 332
　　11. 如何选择低合金钢渗碳后直接淬火与重新加热
　　　淬火？ ··································· 335

第四章　不锈钢的热处理 ···························· 339
一、如何对不锈钢进行热处理 ·························· 339
　　1. 如何对马氏体不锈钢进行热处理？················ 339
　　2. 如何对铁素体不锈钢进行热处理？················ 341
　　3. 如何对奥氏体不锈钢进行热处理？················ 341
二、典型不锈钢的退火 ································ 345
　　1. 00Cr17Ti 不锈钢薄板冷轧时表面出现皱折
　　　怎么办？ ································· 345

2. SUS304-2B 不锈钢薄板退火不软化怎么办? ……… 350
3. 冷冲压后的 304 不锈钢是否需要退火？退火温度应
   选择多少合适? ……………………………………… 356
4. 如何退火可使 304HC 不锈钢钢丝能获得较高的塑性
   和较好的综合性能? ………………………………… 360
5. 如何进行不锈钢的光亮退火? ……………………… 371
6. 如何对 00Cr12Ti 铁素体不锈钢进行退火处理? …… 376
7. 如何通过形变退火提高铁素体不锈钢的抗腐蚀
   性能? ………………………………………………… 382
8. 低温退火能否提高冷轧奥氏体不锈钢的硬度? …… 387
9. 2Cr12Ni1Mo1W1V 马氏体不锈钢异型锻件退火后出
   现炸裂怎么办? ……………………………………… 392
10. 如何退火可以有效提高 00Cr22Ni5Mo3N 双相不锈
    钢复合板的耐蚀性? ………………………………… 396
11. 如何通过热处理减小超纯 Cr17 铁素体不锈钢表面
    的皱折? ……………………………………………… 400
12. 如何对 0Cr11Ti 冷轧薄板进行退火? ……………… 410
13. 如何控制热处理工艺参数可降低 304 不锈钢胀管过
    程中的焊缝开裂率? ………………………………… 412
14. 如何对 316L 不锈钢微丝进行退火? ……………… 417
15. 如何通过热处理降低 1Cr18Ni9Ti 冷轧带钢的晶间
    腐蚀敏感性? ………………………………………… 423

三、典型不锈钢的淬火与回火 …………………………… 427
1. 如何避免 Cr12 型不锈钢零件的淬火裂纹? ……… 428
2. 如何对 1Cr17Ni2Si2 不锈钢进行淬火与回火可提高
   其性能? ……………………………………………… 430
3. 超级马氏体不锈钢如何进行热处理可以提高其抗腐
   蚀性能? ……………………………………………… 435
4. 如何对 0Cr13Ni4Mo 不锈钢进行淬火与回火可以提高
   其拉伸性能和屈强比? ……………………………… 440

5. 如何对 2Cr13 钢进行淬火与回火？ …………………… 443

6. 如何对 2Cr11NiMoVNbWB 钢进行淬火与回火？ … 450

7. 如何通过热处理提高含硼 316 不锈钢的性能？ ……… 453

8. 如何防止铬不锈钢 2-4Cr13 钢坯表面产生硬化裂纹？ ………………………………………………………… 460

9. 如何对不锈钢零件进行光亮热处理？ ………………… 462

10. 如何通过热处理使 1Cr17Ni2 不锈钢获得高强度及高韧性？ ……………………………………………… 464

参考文献 ……………………………………………………… 470

绪　论

金属材料是现代工业、农业、国防和科学技术使用最广泛的材料,人们日常生活用品也离不开金属材料。据统计,目前各种机器设备、车辆、轮船、飞机、水利电力设备、仪器仪表及国防武器等所用的材料中,金属材料占 90% 以上。金属材料之所以能获得广泛的应用,不仅是因为它的来源丰富广泛,还因为它有优良的使用性能与工艺性能。使用性能包括机械性能和物理、化学性能,优良的使用性能可满足生产和生活上的各种需要,优良的工艺性能则可使金属材料易于采用各种加工方法制成各种形状、尺寸的零件和工具。随着现代工业和科学技术的发展,对钢铁材料的性能要求越来越高。提高钢材性能的途径的主要方法有两个:一个是在钢中有意识地加入一些合金元素,即用合金化的方法和措施来提高钢材的性能;另一个就是对钢进行热处理。

一、什么是热处理?

钢的热处理是指将钢在固态下施以不同的加热、保温和冷却,以改变其组织,从而获得所需性能的一种工艺。如图 0-1 所示就是最基本的热处理工艺曲线。

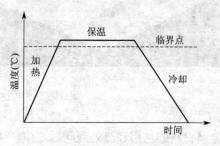

图 0-1　热处理工艺曲线示意图

热处理方法虽然很多,但任何一种热处理工艺都是由加热、保温和冷却三个阶段所组成。因此,要想详细了解各种热处理方法对钢的组织与性能的变化情况,还应该了解钢在加热(包括保温)和冷却过程中的相变规律。

二、热处理的地位与作用是什么?

热处理是一种强化钢材的重要工艺。通过热处理可以充分发挥钢材的潜能,提高工件的使用性能,减轻构件重量,节约材料,降低成本,还能延长构件的使用寿命。热处理在机械行业中占有非常重要的地位。例如,现代机床中有65%～70%的工件要经过热处理;汽车、运输车辆中有75%～85%的工件要经过热处理;而各种滚动轴承、工具和模具的生产中,几乎100%的构件都要进行热处理。例如,图0-2所示的钢錾子经过不同的热处理其性能不同。在供货状态时的洛氏硬度为HRC25～30,球化退火时的洛氏硬度为HRC20,淬火状态的洛氏硬度为HRC62～65。

可见,热处理可以提高材料的使用性能,延长工件的使用寿命;改善材料的工艺性能,便于工件的冷热加工。

图0-2 T10钢錾子

作为机械工程技术人员,不论从事机械设计制造,还是使用维修,都会遇见金属材料的选用和热处理问题。生产实践表明,生产中往往存在选材不当或热处理不妥的现象,致使机械零件的使用性能达不到规定的技术要求,导致在使用过程中早期失效,给生产造成很大损失。如何合理地选用金属材料与热处理方法,使之既满足机械零件使用性能的要求,又能提高生产过程中的经济性,这是一个细致复杂而又迫切需要解决的问题。不仅需要对零部件的工作条件、受力状况、结构形状、加工方法以及生产成本等有全面的、综合的分析,而且还必须掌握各种常用金属材料的组织、性能及变化规律。并能运用客观规律,解决具体生产过程中的实际问题。为此,就要求具有比较全面的金属材料与热处理知识。

三、热处理大概分几类?

根据加热和冷却方式的不同,热处理方法大致分类如图 0-3 所示的几种。

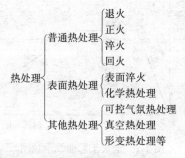

图 0-3 热处理方法

第一章 基础知识

一、退火与正火

1. 什么是钢的退火?

将组织偏离平衡状态的钢加热到适当温度、保温一定的时间,然后缓慢冷却的热处理工艺称为退火,工艺曲线如图 1-1 所示。

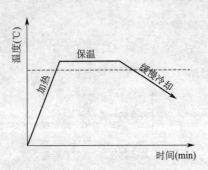

图 1-1 退火工艺曲线示意图

材料的退火可以使其内部组织结构接近平衡状态,使工件获得良好的使用性能及工艺性能,并为其进一步的淬火作好组织准备。

2. 退火分为哪几类? 退火的目的是什么?

退火是将工件加热到适当温度,保持一定时间,然后进行缓慢冷却的热处理工艺。材料的退火可以使其内部组织结构接近平衡状态,使工件获得良好的使用性能及工艺性能,并为其进一步的淬火做好组织准备。钢的退火工艺种类很多,根据钢的成分、原始状态及使用目的不同,一般将退火分为完全退火、等温退火、扩散退火、球化退火、去应力退火、再结晶退火和不完全退火等,各种退火温度如图 1-2 所示,各种退火的加热范围如图 1-3 所示。

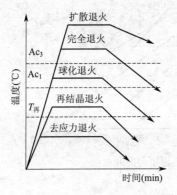

图 1-2　各种退火时间与温度曲线　　图 1-3　各种退火的加热范围

尽管退火的方式不同,但目的都是细化晶粒、均匀工件内部组织、减小成分偏析,为以后的热处理工艺做好组织上的准备;消除工件内部残余的内应力,以防工件内应力过大而开裂或变形;降低工件的硬度,提高其塑性,以便于以后的冷变形加工和切削加工。在热处理退火过程中,退火温度是一个重要的工艺参数,在退火前应根据材料的不同认真选取。

3. 什么是钢的正火?

将钢件加热到适当温度(亚共析钢,Ac_3 以上 30~50 ℃;过共析钢,Ac_{cm} 以上),保温一定时间,然后在空气中冷却的热处理工艺称为正火。钢经过正火后可以获得珠光体类组织。钢正火加热温度与时间曲线如图 1-4 所示,加热范围如图 1-5 所示。

4. 正火的目的是什么?

正火的目的:

(1)降低钢件硬度,以利于随后的机械加工。经适当的退火或正火处理后,一般钢件的硬度在 HB160~HB230 之间,这个硬度

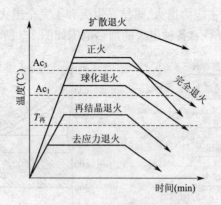

图 1-4 钢的正火加热温度与时间曲线

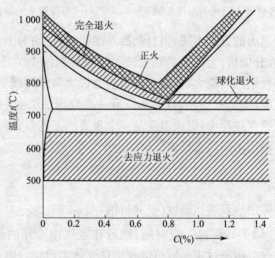

图 1-5 正火的加热范围

最适合进行切削加工。

(2)消除残余应力,以稳定钢件尺寸并防止其钢件的变形和开裂。

(3)细化晶粒,改善组织,提高钢的机械性能。

(4)为最终热处理(淬火、回火)做好组织上的准备。

5. 退火或正火一般安排在工序的哪个阶段？

在机械零件或工具模具的制造过程中，往往要经过对零件进行各种冷加工、热加工，在各项加工中一般经常要穿插一些热处理工序。在实际生产中常把热处理分为预备热处理和最终热处理两类。为了消除前道工序造成的某些缺陷，或为随后的切削加工和最终热处理做好准备的热处理称为预备热处理；为使工件满足使用条件下的性能的热处理，称为最终热处理。例如，对于一些较重要的工件的大致制造过程一般为：铸造或锻造—退火或正火—机械粗加工—淬火＋回火（或表面热处理）—机械精加工等。在以上的制造过程中，淬火加回火工序就是为满足构件使用性能要求的最终热处理；而安排在铸造或锻造之后、机械粗加工之前的退火或正火工序就是预先热处理工序。这时因为铸造或锻造之后，构件中不仅存在残余应力和硬度偏高或应力与硬度不均匀现象，而且往往还存在一些组织缺陷，如铸钢件中的晶粒粗大、晶枝偏析、魏氏组织等；锻造件中的魏氏组织、带状组织和晶粒粗大等。这样就使钢的性能变坏，淬火时容易引起变形和开裂等。经过适当的退火或正火处理可使钢的组织细化、成分均匀、应力得以消除、硬度均匀适当等，从而改善钢件的机械性能和切削性能以及机械加工性。

退火或正火除经常作为预备热处理工序外，对一些普通铸件、焊接件以及一些性能要求不高的工件，还经常作为最终热处理工序。

6. 如何对钢件进行完全退火？

完全退火主要应用于亚共析成分的碳钢和合金钢的铸件、锻件及热轧型材，有时也用于焊接件的热处理。

完全退火的目的是细化晶粒、消除内应力与组织缺陷，降低硬度、提高金属材料的塑性，为随后的切削加工和淬火做好组织上的准备。

完全退火工艺是指将亚共析钢工件加热到 Ac_3 以上 30～50 ℃,使其完全奥氏体化,保温一定时间后,随炉缓慢冷却到 600 ℃以下,再出炉在空气中冷却。

一般碳钢和合金钢加热时,其加热速度可不予限制,钢材入炉后可随炉升温,也可高温装炉。但对某些导热性差的高合金钢和大截面构件,为了防止在加热过程中引起构件的变形和开裂,一般应该将工件在低温装炉(≤250 ℃),并用较小的加热速度升温(100～120 ℃/h)。保温时间与钢的化学成分、原始组织、装炉量、装炉方式以及加热炉的形式等都有关系。故应该参照各个量之间的关系进行选取,或根据实际经验选择。保温后,获得晶粒细小的单相奥氏体组织。随后必须以缓慢的冷却速度进行冷却,以保证奥氏体在珠光体转变区的上部发生转变。因此,碳钢的冷却速度应以 100～200 ℃/h 的速度冷却;合金钢应以 50～100 ℃/h 的速度冷却;高合金钢应以 10～50 ℃/h 的速度冷却。退火构件的随炉冷却速度一般约为 30～120 ℃/h,这也是比较容易实现退火的冷却速度。

7. 如何对构件进行等温退火?

完全退火是为了保证奥氏体在珠光体转变区上部发生转变,其冷却速度必须很缓慢,故所需时间一般很长,特别是对某些奥氏体较稳定的合金钢,其退火工艺往往需要数十小时,甚至数天的时间。为了缩短退火时间,生产中往往采用等温退火来代替完全退火对构件进行热处理。

等温退火的加热工艺与完全退火相同,但钢结构奥氏体化后,等温退火以较快的速度冷却到 A_1 以下,等温一定时间,使奥氏体在等温中发生珠光体转变,然后又以较快的速度(一般为空冷)冷却至室温。因此,等温退火不仅可以有效地缩短整个退火过程的时间,提高生产率;而且,由于构件内外部是同处于一个温度下发生组织转变,故等温处理后的构件能获得均匀的组织与性能。

等温退火是完全退火和不完全退火的一种发展。完全退火多用于亚共析钢,其工艺特点是将钢加热至 Ac_3 以上 30~50 ℃,使之完全奥氏体化,然后随炉缓慢冷却,获得接近平衡的组织。不完全退火也常用于亚共析钢,它与完全退火的不同之处在于加热温度略高于 Ac_1,只有珠光体和一部分铁素体转变为奥氏体。由于这时钢没有完全奥氏体化,所以这种退火工艺称为不完全退火。

等温退火与完全退火和不完全退火的区别在于,奥氏体化后不是随炉冷却而是冷至适当温度保温,使奥氏体在这个温度下进行等温转变,形成珠光体。这种工艺对于改善 CCT 图中珠光体转变曲线非常偏右的钢的切削加工性能非常适用。这些钢采用完全退火或不完全退火来获得珠光体组织是十分困难的,因为奥氏体化后必须非常缓慢地冷却才能在连续冷却过程中完成珠光体转变,否则便会形成马氏体,使钢变硬,无法进行切削加工。而这样低的冷却速度在实际生产条件下却是很难实现的。而且即使能够设法实现,生产周期也过长,极不经济。

采用等温退火,使奥氏体在既能转变为硬度不太高的珠光体,完成转变所需时间又不太长的温度下进行等温转变,不但方便易行,而且可以缩短生产周期。在大批量生产的条件下,还可以采用一台加热炉使钢奥氏体化,然后转入另一台等温炉中使奥氏体完成等温转变的办法来提高生产率和降低能耗。等温退火还有一个优点,那就是等温转变形成的组织比较均匀,不象连续冷却转变那样,在较高温度下与较低温度下形成不完全相同的组织。正因如此,目前有些工厂对于一般碳素钢制品也常采用等温退火。

等温退火的加热规范和完全退火或不完全退火相同。使奥氏体发生等温转变的温度和保温时间应根据钢的 TTT 图选定。选择的原则是在保证钢的硬度合乎要求的前提下,奥氏体能在较短时间内完成珠光体转变。由加热温度冷至等温转变温度的冷却速度无关紧要。在不考虑内应力问题时,等温转变结束后即可出炉空冷。

等温退火的加热温度:亚共析钢 Ac_3 以上 30~50 ℃,共析钢 Ac_1 以上 10~20 ℃。

保温时间：一般为 2～4 h。

冷却方法：随炉(开炉门)较快的冷却到珠光体温度区间的某一温度,(关炉门)保持等温(2～3 h)使奥氏体转变为珠光体型组织,然后出炉空冷。

等温退火的目的与完全退火相同,且能得到更为均匀的组织和硬度,可有效缩短退火时间。等温退火主要用于高碳钢、合金工具钢和高合金钢,可大大缩短退火时间。

8. 如何对钢件进行扩散退火？

扩散退火是指将工件加热到适当的温度,然后进行长时间保温,使组织内的原子扩散充分,然后慢慢冷却的退火工艺。扩散退火又称均匀化退火,主要应用于合金钢铸件和铸锭。扩散退火的目的是使工件的组织均匀化,减小成分偏析。

扩散退火是把铸锭或铸件加热到 Ac_3 以上 150～250 ℃(通常为 1 000～1 200 ℃)保温 10～15 h,然后再随炉冷却。扩散退火的工艺特点是高温长时间加热,使钢中的成分能进行充分扩散而达到均匀化的目的。钢中合金因素越高,其加热温度也越高。

由以上热处理的工艺可知,扩散退火的加热温度较高,保温时间较长,原子有利于扩散,但扩散退火这种工艺同时会造成钢严重过烧,组织晶粒粗大,影响其钢件的性能,所以扩散退火后的工件必须再进行一次完全退火或正火来消除过热缺陷,以细化晶粒,改善组织。

扩散退火需要的时间长,工件烧损严重。扩散退火耗费的能量很大,是一种成本很高的热处理工艺。所以,扩散退火主要应用于质量要求很高的优质合金钢的铸锭和铸件的退火处理。

9. 如何对钢件进行球化退火？

球化退火是将钢加热到 Ac_1 以上 20～40 ℃,保温一段时间后,然后以缓慢的冷却速度冷却到 600 ℃ 以下再出炉空冷的热处理工艺。

球化退火主要用于共析或过共析成分的碳钢和合金钢,其目的是球化渗碳体,以降低硬度,改善切削加工性,为淬火做好组织上的准备。

过共析钢经热轧、锻造后,组织上一般会出现片状珠光体和网状二次渗碳体,片状珠光体和网状二次渗碳体的出现不仅使钢的硬度增加,切削性能变坏,而且淬火后容易引起钢件的变形和开裂。为了克服以上缺点,共析或过共析成分的碳钢和合金钢经热轧、锻造后,可进行球化退火。使珠光体中的片层和网状二次渗碳体都球化,变成球状或粒状的渗碳体。

球化退火工艺的特点是低温短时加热和缓慢冷却。当加热温度略超 Ac_1 时,渗碳体开始溶解,但又未完全溶解,此时片状渗碳体逐渐断开为许多细小的链状或点状渗碳体,弥散分布在奥氏体基体上。同时,由于低温短时加热,奥氏体成分也极不均匀。故在随后的缓慢冷却或等温过程中,或以原有的细小渗碳体质点为核心,或在奥氏体中的碳原子富集的地方产生新的晶核,均匀地形成了颗粒状渗碳体。同时,由于球状的表面能最小,故在缓冷或等温的过程中,渗碳体发生聚集长大,形成较大的球状或粒状。球化退火前,如果钢中存在严重的网状渗碳体时,应先进行一次正火处理,以消除网状渗碳体,获得伪共析组织后,再进行球化退火。

球化退火的加热温度:Ac_1 以上 20~40 ℃。

保温时间:根据材料和工件的实际情况确定保温时间。

冷却方法:以不大于 50 ℃/h 的速度随炉冷却。

球化退火的目的是降低工件的硬度,改善其切削加工性能,提高其塑性、韧性,为淬火作好组织上的准备。球化退火主要应用于共析、过共析钢及合金钢的锻件、轧件等。

10. 如何对钢件进行去应力退火

去应力退火是指将钢件缓慢加热到 600~650 ℃,保温一定时间(一般每毫米厚保温 3 min),然后随炉缓慢冷却(≤100 ℃/h)至 200 ℃再出炉冷却的工艺方法。去应力退火又称低温退火,它主要应用于消除铸件、锻件、焊接件、冷冲压件以及机械加工件中的残余应力。如果这些残余应力不予消除,构件在随后的机械加工或以后的长期使用过程中将引起变形或开裂。

由于去应力退火的加热温度低于 Ac_1,故钢在去应力退火过程中不发生相变,残余应力主要是在保温时消除的。显然,如采用更高温度的退火(如完全退火),虽然残余应力可消除得更彻底,但钢的氧化、脱碳较严重,甚至会产生高温变形。故对要求消除残余应力的构件,一般都进行去应力退火。

加热温度:Ac_1 以下 100~200 ℃(一般取 600~650 ℃)。
保温时间:适当时间,一般按 3 min/mm 计算。
冷却方法:随炉冷却至 200 ℃ 后出炉空冷。

对于一些大型焊接结构件,由于体积庞大,无法装炉退火,这时可以采用火焰加热或感应加热等局部加热方法,对焊缝及热影响区进行区应力退火。

11. 如何对钢件进行再结晶退火?

金属经过热加工后,其晶粒会发生严重长大,使其力学性能严重降低。为提高热加工后材料的性能,可以通过加热使其超过再结晶温度,再经保温后按某一方式进行冷却的热处理工艺称为再结晶退火。

加热温度:再结晶温度以上 100~200 ℃。
保温时间:以完成晶粒转变为准。
冷却方法:随炉冷却至某一温度,然后出炉空冷至室温。

再结晶退火的目的是通过加热使长大变形的晶粒原子活化然后重新结晶成细小、均匀的晶粒,从而消除组织过热及残余应力,降低工件硬度和强度,提高其塑性,以便于进一步冷加工。

12. 如何对钢件进行不完全退火?

将工件加热到 Ac_1~Ac_{cm} 或 Ac_1~Ac_3 之间某一温度,保温后缓慢冷却的热处理工艺称为不完全退火。

不完全退火的加热温度：$Ac_1 \sim Ac_{cm}$ 或 $Ac_1 \sim Ac_3$ 之间某一温度。

保温时间一般为 2～3 h。

冷却方法：随炉冷却至某一温度后出炉空冷。

不完全退火的加热温度比完全退火的加热温度低，是将工件加热到半奥氏体化进行退火，可以应用于过共析钢和亚共析钢。其目的是消除工件中残余的内应力，降低珠光体组织的硬度，从而进一步提高工件的综合机械性能。

13. 如何正确选择退火与正火？

在大量的生产实践中，钢的退火经常被安排在切削加工之前，这是因为铸造或锻造之后，零件中不但残存有铸造或锻造应力，而且往往出现一些组织缺陷，如铸钢件中的枝晶偏析、魏氏组织、晶粒粗大等，锻钢件中的魏氏组织和带状组织，这样就造成钢的成分和组织的不均匀，使钢的性能变坏，淬火时易产生变形和开裂。但是经过退火后可以消除各种铸造或锻造组织缺陷，获得细而均匀的接近平衡状态的组织，消除内应力，改善机械性能，使构件或工件硬度适中，有利于切削加工。

由于热处理中退火与正火属于同一类型的热处理范畴，在实际生产中，到底在什么情况下选用退火，什么情况下选用正火是摆在热处理技术人员面前的首要问题。为此，也经常有人不知如何进行工艺选择。根据现场实际经验，考虑退火与正火工艺时应从以下几个方面入手：

(1) 切削加工性能

金属的切削加工性能包括硬度、切削脆性、加工粗糙度和对刀具的磨损等。具体地说，金属的硬度在 HB170～230 范围内，其切削加工性能比较好，超出了这个范围，过高的硬度不但难以进行机械加工，而且在加工过程中刀具很快磨损，耗费的动力也多。如果材料的硬度过低，在切削过程中不但切削不脆，而且易形成较长的切屑，缠绕在刀具或工件上，还会造成刀具的发热和磨损，并且加工后零件表面粗糙度差。

实际工作中,一般低、中碳结构钢以正火作为预先热处理比较合适,高碳钢和工具钢以退火为好。至于合金钢,由于合金元素的加入,使钢的硬度提高,在大多数情况下,中碳以上的合金结构钢都进行退火,不适宜正火,而合金工具钢都进行球化退火。

(2)使用性

如零件对性能要求不太高,正火能满足性能要求时,则以正火作为最终热处理。对于一些大型、重型零件,淬火有开裂危险,也往往以正火作为最终热处理。对于一些形状复杂的零件和一些大型铸件,如正火时的冷却速度可能使铸件产生裂纹时,则应退火。另外,对一些机械性能要求较高的重要零件,必须进行淬火、回火。从减少变形和开裂的倾向性来看,正火不如退火,对返修件则在最终热处理之前应进行退火。

(3)实际应用性

实际生产中,由于正火过程比退火过程周期短、成本低、生产效率高、操作方便,故在可能条件下,特别是大量生产时,应优先考虑以正火取代退火。

14. 工件退火和正火时可能出现哪些缺陷?

退火和正火常见缺陷有以下几种:

(1)过烧。退火或正火加热温度过高时,奥氏体晶界会严重氧化,甚至会局部熔化,致使工件报废,这种现象称为过烧。防止出现这种缺陷的主要措施是教育操作人员切勿疏忽大意、定期校验测温装置及控温仪表。

(2)退火后硬度偏高。高碳工具钢或过冷奥氏体稳定性高的结构钢退火时,出现这种缺陷,主要原因是冷却速度偏快或等温退火的温度偏低或保温时间偏短。因加热温度过高而使过冷奥氏体更加稳定,也是某些合金钢退火后硬度偏高的可能原因之一。球化退火后钢的硬度偏高,主要是由于加热温度偏高、冷却速度偏快或等温保温时间偏短而使球化不良。

(3)出现粗大的魏氏组织。这种缺陷常在亚共析钢正火或退火时产生。亚共析钢魏氏组织的特征是铁素体呈针片状由奥氏体晶界插入晶内,珠光体填补于针片状铁素体之间。

钢中出现魏氏组织会使它的塑性和韧性下降,当奥氏体晶粒粗大时这种不良影响尤为严重。铸钢件和锻坯中常存在魏氏组织,消除魏氏组织是对它们进行退火和正火的目的之一。然而操作不当时却会使这种组织缺陷重新出现,化学成分不同,钢正火或退火时出现魏氏组织的危险性也不相同。无论哪种钢,奥氏体晶粒粗大都会使形成魏氏组织的倾向增大。冷却速度的影响比较独特:形成魏氏组织的冷却速度有一定范围,冷速高于这个范围的上限或低于这个范围的下限都不会形成魏氏组织。冷速范围的上限和下限取决于钢的化学成分和奥氏体晶粒度,奥氏体晶粒越粗大,这个冷速范围越宽。当退火或正火出现这种缺陷时,重新加热至略高于 Ac_3 的温度,使针片状铁素体溶入奥氏体,同时使奥氏体比较细小,然后以适当的冷速冷却,魏氏组织即可被消除。

(4)黑脆。黑脆是碳素工具钢或低合金工业钢退火时可能产生的缺陷之一,其特点是退火工件打断后断口呈黑灰色,显微组织中出现石墨。这时钢的硬度并不高,但韧性很低。产生这种缺陷的主要原因是退火加热温度过高、保温时间过长、冷却速度过慢。钢材碳含量偏高、锰含量偏低或促进石墨化的元素含量较高时,更容易产生此缺陷。

二、钢的淬火与回火

淬火是将钢件加热到 Ac_3 或 Ac_1 以上的适当温度,经保温后快速冷却(冷却速度大于 $v_{临}$),以获得马氏体或下贝氏体组织的热处理工艺。

淬火的目的是为了获得马氏体组织,提高钢的强度、硬度和耐磨性。淬火是热处理工艺过程中最重要、也是最复杂的一种工艺,因为它的冷却速度很快,容易造成变形及裂纹。如果冷却速度慢,又达不到所要求的硬度,所以淬火常常是决定产品最终质量的关键。

根据相关研究,常用的淬火方法有单液淬火、双介质淬火、马氏体分级淬火和贝氏体等温淬火四种,其方法、特点及应用场合见表1-1。

表1-1 常用的淬火方法、特点及应用场合

名称	操作方法	特点	应用场合
单液淬火	将钢件奥氏体化后,在单一淬火介质中冷却到室温的处理,称为单液淬火	操作简单,易实现机械化、自动化。但由于单独用水或油进行冷却,冷却特性不够理想,所以容易产生硬度不足或开裂等淬火缺陷	碳钢一般采用水冷淬火,合金钢采用油冷淬火
双介质淬火	将钢件奥氏体化后,先浸入一种冷却能力强的介质中,在钢的组织还未开始转变时迅速取出,马上浸入另一种冷却能力弱的介质中,缓冷到室温,如先水后油、先油后空气等	优点是内应力小、变形及开裂少,缺点是操作困难、不易掌握	主要应用于碳素工具钢制造的易开裂的工件,如丝锥等
马氏体分级淬火	钢件奥氏化后,随之浸入温度稍高或稍低于钢的MS点的盐浴介质中,保持适当时间,待钢件的内外层都达到介质温度后取出空冷,以获得马氏体组织的淬火工艺称为马氏体分级淬火	通过在MS点附近的保温,使工件内外温差减到最小,可以减小淬火应力,防止工件变形和开裂。但由于盐浴的冷却能力较差,对碳钢零件淬火后会出现非马氏体组织	主要应用于淬透性好的合金钢或截面不大、形状复杂的碳钢工件
贝氏体等温淬火	钢件奥氏体化后,随之快冷到贝氏体转变温度区间(260~400 ℃)等温保持,使奥氏体转变为下贝氏体的淬火工艺称为贝氏体等温淬火	主要目的是强化钢材,使工件获得较高的强度、硬度、较好的耐磨性和比马氏体好的韧性。可以显著地减小淬火应力,从而减少工件的淬火变形,避免淬火工件的开裂	常用于各种中、高碳工具钢和低碳合金钢制造的形状复杂、尺寸较小、韧性要求较高的各种模具、成形刀具等工件

由于钢淬火后的组织主要是马氏体和少量的残余奥氏体,它

们处于不稳定状态,会自发地向稳定组织转变,从而引起工件变形甚至开裂。因此,淬火后必须马上进行回火处理,以稳定组织,消除内应力,防止工件变形、开裂及获得所需要的力学性能。

回火实质上是采用加热手段,使处于亚稳定状态的淬火组织较快地转变为相对稳定的回火组织的工艺过程。随着回火加热温度的升高,原子扩散能力逐渐增强,马氏体中过饱和的碳会以碳化物的形式析出,残余奥氏体也会慢慢地发生转变,使马氏体中碳的过饱和程度不断降低,晶格畸变程度减弱,直至过饱和状态完全消失,晶格恢复正常,变为由铁素体和细颗粒状渗碳体所组成的混合物组织。淬火钢回火时,在不同温度阶段组织的转变情况见表1-2。

表1-2 回火后的组织转变

转变阶段	回火温度	转变特点	转变产物
马氏体分解	80～200 ℃	过饱和碳以极细小的过渡相碳化物析出,马氏体中碳的过饱和程度降低,晶格畸变程度减弱,韧性有所提高,硬度基本不变	$M_{回}+A_{残}$
残余奥氏体分解	200～300 ℃	残余奥氏体开始分解为下贝氏体或马氏体,淬火内应力进一步减小,硬度无明显降低	$M_{回}$
渗碳体的形成	300～400 ℃	从过饱和固溶体中析出的碳化物转变为颗粒状的渗碳体,400 ℃时晶格恢复正常,变为铁素体基体上弥散分布的细颗粒状渗碳体的混合物,钢的内应力基本消除,硬度下降	$T_{回}$
渗碳体聚集长大	400 ℃以上	细小的渗碳体颗粒不断长大,回火温度越高,渗碳体颗粒越粗,转变为由颗粒状渗碳体和铁素体组成的混合物组织,内应力完全消除,硬度明显下降	$S_{回}$

实践证明,正确地运用淬火和回火可有效地改善钢的组织和性能,不同的零件采用不同的方法,具体情况具体分析,避免出现淬不透、变形开裂、韧性不足等缺陷。

1. 如何确定钢的淬火与回火工艺参数?

淬火是强化材料最有效的热处理工艺方法,其工艺参数的选择直接影响着材料的性能。这就要求热处理工作者必须掌握钢的淬回火工艺参数的确定及量化依据。下面根据资料和有关研究者大量研究工作介绍如何确定钢的淬火与回火工艺参数。

(1)淬火加热温度

按常规工艺,亚共析钢的淬火加热温度为 $Ac_3+(30\sim50)$ ℃;共析和过共析钢的淬火加热温度为 $Ac_1+(30\sim50)$ ℃;合金钢的淬火加热温度常选用 Ac_1(或 Ac_3)$+(50\sim100)$ ℃;高合金钢含有大量高熔点碳化物,要增大奥氏体化程度,淬火加热温度更高,有些已达到接近熔点的程度。为了达到钢所要求的不同性能,淬火加热温度正在向高或低两个方面发展。亚温淬火就是将淬火温度降至 Ac_3 点以下 5~10 ℃的 $\alpha+\beta$ 两相区,在保留大约 10%~15% 未溶铁素体状态时进行淬火,在保证强度及较高硬度的同时,塑性、韧性得到改善,淬火变形或开裂明显减少,回火脆性也有所减弱,现已作为一种新的成熟工艺已获得国内外热处理工作者的共识。此外,还有人发现,以 40Cr 钢为代表的亚共析钢在 Ac_3 点处有硬化峰出现,此温度淬火不仅可获得最高的硬度,且各项力学性能也为最佳值,掌握得当能充分发挥钢的潜力。与其相反,提高某些钢的淬火温度也可获得预想不到的结果。如热模具钢 5CrMnMo、5CrNiMo 钢的淬火温度由传统的 860 ℃提高至 920 ℃(高出 30~80 ℃),加速了碳化物的溶解,增加了马氏体中的合金含量,组织均匀,可以获得大量的高位错马氏体,断裂韧度大大提高,红硬性更为优异,其使用寿命成倍提高。又如,H13 钢淬火温度由 1 050 ℃提高至 1 100 ℃时,奥氏体晶粒并不明显长大,由于碳化物溶解加速,奥氏体中含碳及合金元素增多,其结果使 σ_b、$\sigma_{0.2}$(室温和 500 ℃)及热疲劳性能提高,有利于延长 H13 钢的模具使用寿命。

随着对亚共析钢所要求的性能而异,其淬火温度的选择有很大的灵活性。但是不论提高或是降低温度,均是以钢的临界点 Ac_3 为主要依据。因此,正确掌握钢的 Ac_3 点极其重要。

(2)加热时间

为了降低生产成本,提高生产效率,缩短加热时间是有效而简便的方法。经大量测试对比发现,确定加热时间的传统方法存在一些问题。有人经过试验后提出,表1-3所示加热时间更适合于实际,比传统加热时间明显减少。

表 1-3　按 $\tau = kW$ 计算保温时间推荐的 W 值

工件形状	W(cm)	k(min·cm^{-1})
柱状	$(1/6 \sim 1/4)D$	7
板状	$(1/6 \sim 1/2)B$	7
管状	$(1/4 \sim 1/2)\delta$	10

注:盐炉加热用。D、B、δ 分别为工件直径、板厚和管壁厚。

对于大截面工件的加热时间,有人认为截面大的工件达到淬火效果也仅是一定深度,在加热时完全热透,不仅延长时间、浪费能源,而且冷却过程要散失的热量相对增多,其冷却强度下降,使实际淬火效果变差。经过测试发现,奥氏体相变一般不超过几分钟,所以加热时间以保证工件截面内外温度一致为准,有人以此为依据提出零保温的新概念,现已逐步被人们所接受。

(3)冷却

为了使钢淬火冷却更适宜,选择介质及冷却强度应依据钢的临界冷却速度。根据相关资料,热处理工作者导出了不同类型的计算式或模型,具有代表性的如式(1-1)、式(1-2):

①获得马氏体的临界冷却速度

$$\lg v_1 = 9.81 - (4.26w_C + 1.05w_{Mn} + 0.54w_{Ni} + 0.5w_{Cr} + 0.66w_{Mo} + 0.00183P_A) \tag{1-1}$$

②获得贝氏体的临界冷却速度

$$\lg v_2 = 10.17 - (3.08w_C + 1.07w_{Mn} + 0.70w_{Ni} + 0.57w_{Cr} + 1.58w_{Mo} + 0.0032P_A)(℃/h) \tag{1-2}$$

式中　P_A——奥氏体化参数。

由于工件"淬火质量效应"的影响,不同截面的工件的实际冷却速度有很大变化,为此有人提出水、油淬时的截面与冷却强度的定量关系,如下式,式(1-3)、式(1-4)。

$$v_{水} = \frac{H_1}{H_0} 128\,700 d^{-1.80} \tag{1-3}$$

$$v_{油} = \frac{H_1}{H_0} 32\,125.30 d^{-1.927} \tag{1-4}$$

式中 H_1、H_0——不同搅拌态和静止状态下的冷却强度。

模具淬火冷却要求留有一定的余热,有人总结出决定淬火冷却时间的经验式:

$$t = 10A \frac{V}{F} \text{ 或 } t = \left(\frac{D+120}{100}\right)^2 \times 4 (\min)$$

式中 A——油的状态系数;

V、F——模具的体积和表面积(dm^3,dm^2);

D——模具的高度或厚度(mm)。

喷冷淬火解决了大截面工件淬火冷却不足的难题,通过调节喷液压力、流量和时间来控制冷却强度,实现计算机控制,满足大批量淬火的需要。另外,喷冷淬火远可控制工件冷却至一定程度,使其保留一定余温,利用余热进行自回火。节能、省时、高效,很有发展潜力。

(4)淬火效果评定

钢的淬透性以往只能定性地从端淬图表上查得,使用不便。近年来,评定钢的淬透性逐步量化,即由相应的公式计算,直观方便且有一定的可靠性。典型的应用公式如式(1-5)~式(1-7):

$$J_0 = 60\sqrt{w_C} + 20 \times \text{HRC 值} \tag{1-5}$$

$$J_1 = 60\sqrt{w_C} + 1.6 w_{Cr} + 1.5 w_{Mn} + 16 \times \text{HRC 值} \tag{1-6}$$

$$J_{4-40} = 88\sqrt{w_C} - 0.013\,5 E^2 \sqrt{w_C} + 19 w_{Cr} + 6.3 w_{Ni} +$$
$$16 w_{Mn} + 35 w_{Mo} + 5 w_{Si} - 0.82 K_{ASTM} - 20\sqrt{E} +$$
$$2.11 E - 2 \times \text{HRC 值} \tag{1-7}$$

式中 E——至淬火端距离(mm);

K_{ASTM}——晶粒度等级。

实践证明,有些钢种仅采用硬度评定尚感不足,必须配合组织观察和性能测试。如 ZG30CrMn2SiReB 钢,达到最高的淬火硬度的工艺参数并非性能最佳,而采用比获得最高硬度更高的淬火温度,硬度虽然略有下降,但是耐磨性和强韧性为最佳。

(5) 回火

通常钢的回火工艺参数是依据钢所要求的硬度和力学性能从有关手册选择的,使用不仅麻烦,而且对于一些新钢种也无从下手。为解决这类问题,很多热处理工作者作了大量工作,以回火动力学为依据总结推导出各种类型的回火专用式和通用式,为现场生产使用和工艺编制计算机化提供了条件。为了提高生产效率,开发出了快速回火工艺方法。

快速回火原理是基于回火参数 P 与钢的性能和硬度的约束关系。即回火工艺参数相等时,所获得的硬度或力学性能基本相同。

回火参数 $P=(\theta+273)(w_C+\lg t)$ 是温度 θ 和时间 t 的函数,要获得同样的回火效果,可以由不同的 θ 和 t 进行组合。

以往多次重复回火的实际效果并未引起人们的重视,研究的也较少,但有关文献总结提出了衡量多次回火的累积作用。如钢在各温度条件下的回火参数分别为 P_1、P_2……,其累积总回火参数 $P_总$ 可表示为:

$$P_总=\lg(10P_1+10P_2……)$$

使多次不同温度回火的效果获得量化的评定,可以说是对回火过程认识的深化和提高。

2. 热处理过程中如何选择淬火介质?

热处理过程中,实际使用的淬火介质种类繁多,一般可分为液体(水、无机物水溶液、有机聚合物水溶液、淬火油、熔融金属、熔盐、熔碱等)、气体(空气、压缩空气、液化气等)、固体(流态床、金属板等)三大类。其中,水、无机物水溶液、有机聚合物水溶液、各种淬火油等,在淬火时要发生物态变化,而气体、熔融金属、熔盐、熔碱、金属板等,在淬火时则不发生物态变化。

工件淬火希望的理想效果是获得高而且均匀的表面硬度和足

够的淬硬深度,消除淬火裂纹和减小淬火变形。因此,理想的淬火介质应当是:当淬火工件浸入淬火介质中,为了获得马氏体组织,在过冷奥氏体稳定性低的温度范围,即 C 曲线的鼻温附近,冷却速度应大于临界冷却速度,使工件快速通过珠光体和贝氏体转变区,保证工件淬火后得到足够的硬度;而在 M_s 点和 A_1 点稍下的温度,希望工件的冷却速度尽量缓慢,以减少由于工件内外温度差而引起的热应力和组织应力,从而可以有效地防止工件的变形和开裂。即通常所说的实现"高温阶段快冷,低温阶段慢冷"的理想冷却。但这样的淬火介质在实践中是很难找到的。

通常对淬火介质特性的要求是:应满足钢的奥氏体冷却转变曲线对冷却速度的要求,避免工件变形和开裂;淬火后工件表面应保持清洁,即使有粘附物也易于清洗,不腐蚀工件;在使用过程中性能稳定,不分解、不变质、不老化、易于控制;工件浸入时不产生大量烟雾和有害气体,以保持良好的劳动条件;便于配制、运输和储存,使用安全;原材料易得,成本低廉。

淬火介质的冷却能力,主要取决于该介质的组成及其物理化学性能。在实际生产中,要注意淬火介质冷却特性对淬火工件质量的影响,并根据工件含碳量多少、淬透性高低、有效厚度和形状复杂程度等因素,来选择合适的淬火介质。采用同一种淬火介质时,如果能够改进冷却方法和适当调整工艺参数,则可以获得最佳的淬火效果。例如,对淬火介质进行循环、搅拌或施以一定的压力通过工件表面时,可提高淬火介质的冷却能力和工件冷却的均匀性,这对于避免形成淬火软点、减少变形和开裂具有良好的作用。

常用淬火介质的优缺点:

(1)水

水是应用最早、最广泛、最经济的淬火介质,它价廉易得、无毒、不燃烧、物理化学性能稳定、冷却能力很强。通过控制水的温度、提高压力、增大流速、采用循环水、利用磁场作用等,均可以改善水的冷却特性,减少变形和开裂,获得比较理想的淬火效果。但由于这些方法需增加专门设备,且工件淬火后的性能不太稳定,故未能获得推广应用。所以,纯水只适合于少数含碳量不高、淬透性低且形状简单的钢件淬火之用。

(2)淬火油

用于淬火的矿物油通常以精制程度较高的中性石蜡基油为基础油,它具有闪点高、黏度低、油烟少、油垢少、抗氧化性与热稳定性较好,使用寿命长等优点,适合于作淬火油使用。淬火油只适用于淬透性好、工件壁厚不大、形状复杂、要求淬火变形小的工件。淬火油对周围环境的污染大,淬火时易引起火灾,需配备必要的清洗、通风和防火安全设施。

影响淬火油冷却能力的主要因素是其黏度值,在常温下低黏度油比高黏度油冷却能力好,温度升高,油的流动性增加,冷却能力有所提高。适当提高淬火油的使用温度,也能使油的冷却能力提高。普通机油的使用温度一般都控制在 $60\%\sim80\%$,最高不超过 120%,以保证使用安全。另外,淬火油在使用过程中,因形成的炭黑及残渣等会使黏度增加,闪点升高,降低其冷却能力,致使淬火油老化和失效。淬火油的闪点、黏度、酸值、皂化值的变化是其临近老化的重要数据,因此,必须进行定期检测和维护,定期沉降过滤,适时补充新油,这对于延长淬火油的使用寿命是很重要的。

由于各种淬火油的组成不同,其密度、黏度和闪点也不相同,因而具有不同的种类和使用范围。在油中加入各种不同的添加剂(如催化剂、光亮剂、抗氧化剂等),再配合搅拌、喷淋、超声强化和改进淬火设备等,能大幅度提高淬火油的冷却速度,改善冷却的均匀性,或使工件表面光亮洁净,或延长淬火油的使用寿命。随着热处理技术的发展,各种淬火油(如普通淬火油、快速淬火油、光亮淬火油、真空淬火油、等温、分级淬火油等)也得到迅速发展和广泛应用,我国和国外一些先进国家都已形成了完整的淬火油系列产品供用户选用。

(3)熔盐、熔碱

这类淬火介质的特点是在冷却过程中不发生物态变化,工件淬火主要靠对流冷却，通常在高温区域冷却速度快，在低温区域冷却速度慢，淬火性能优良，淬透力强，淬火变形小，基本无裂纹产生，但是对环境污染大，劳动条件差，耗能多，成本高，常用于形状复杂、截面尺寸变化悬殊的工件和工模具的淬火。熔盐有氯化盐、硝酸盐、亚硝酸盐等，工件在盐浴中淬火可以获得较高的硬度，而变形极小，不易开裂，通常用作等温淬火或分级淬火。其缺点是熔盐易老化，对工件有氧化及腐蚀作用。熔碱有氢氧化钠、氢氧化钾等，它具有较大的冷却能力，工件加热时若未氧化，淬火后可获得银灰色的洁净表面，也有一定的应用。但熔碱蒸气具有腐蚀性，对皮肤有刺激作用，使用时应注意通风和采取防护措施。

(4) 新型淬火介质及其应用

① 有机聚合物淬火剂

近年来，新型淬火介质最引人注目的进展是有机聚合物淬火剂的研究和应用。这类淬火介质是将有机聚合物溶解于水中，并根据需要调整溶液的浓度和温度，配制成冷却性能满足要求的水溶液，它在高温阶段冷却速度接近于水，在低温阶段冷却速度接近于油。其优点是无毒、无烟、无臭、无腐蚀、不燃烧、抗老化、使用安全可靠，且冷却性能好，冷却速度可调，适用范围广，工件淬硬均匀，可明显减少变形和开裂倾向，因此，能提高工件的质量，改善工作环境和劳动条件，给工厂带来节能、环保、技术和经济效益。目前有机聚合物淬火剂在大批量、单一品种的热处理上应用较多，尤其对于水淬开裂，变形大，油淬不硬的工件，采用有机聚合物淬火剂更是成功的选择。采用有机聚合物淬火剂比用淬火油更经济、高效、节能。

从提高工件质量、改善劳动条件、避免火灾和节能的角度考虑，有机聚合物淬火剂有逐步取代淬火油的趋势（原用于淬火油的循环冷却系统在改用有机聚合物淬火剂时，可不必修改更换），是淬火介质的主要发展方向。

有机聚合物淬火剂的冷却速度受浓度、使用温度和搅拌程度三个基本参数的影响。一般说来，浓度越高，冷却速度越慢；使用温度越高,冷却速度越慢;搅拌程度越激烈,冷却速度越快。搅拌的作用很重要:使溶液浓度均匀;加强溶液的导热能力,从而保证淬火后工件硬度高且分布均匀,减少产生淬火软点和变形、开裂的倾向。通过控制上述这些因素,可以调整有机聚合物淬火剂的冷却速度,从而达到理想的淬火效果。一般说来,夏季使用的浓度可低些,冬季使用的浓度可高些,而且要有充分的搅拌。有机聚合物淬火剂大多制成含水的浓缩液出售,在使用时可根据工件的特点和技术要求,加水稀释成不同的浓度,便可以得到具有多种淬火烈度的淬火液,以适应不同的淬火需要。另外,注意精心维护,防止污染,尽量保持淬火液良好的清洁度,对长期稳定地用好有机聚合物淬火剂是相当重要的。

不同种类的有机聚合物淬火剂具有显著不同的冷却特性和稳定性,能适合不同淬火工艺的需要。目前世界上使用最稳定、应用面最广的有机聚合物淬火剂是聚烷撑二醇(PAG)类淬火剂。这类淬火剂具有逆溶性,可以配成比盐水慢而比较接近矿物油的不同淬火烈度的淬火液,其浓度易测易控,可减少工件的变形和开裂,避免淬火软点的产生,使用寿命长,适合于各类感应加热淬火和整体淬火。此外,聚丙烯酸盐(ACR)类淬火剂和聚氧化吡咯烷酮(PVP)类淬火剂也有人使用。属无逆溶性品种,其300%冷却速度较慢,曾经得到大力宣传推广的聚乙基恶唑啉(PEO)类淬火剂,也有逆溶性,其300%冷却速度可以降到与油相当的程度,但因生产应用中存在一些问题,在国外实际应用得不多,在我国的情况也大体如此。

有机聚合物淬火剂在国外已有60多年的发展历史,美国、日本和前苏联等都进行了大量深入的研究,并得到了广泛的应用。近年来在我国也开展了试验研究工作,已有多种有机聚合物淬火剂研制成功。

②无机物水溶液淬火剂

向水中加入适量的某些无机盐、碱或其混合物,形成各种不同的无机物水溶液,可提高工件在高温区的冷却速度,改善冷却均匀性,使工件淬火后获得较高的硬度,减少淬火开裂和变形,且无毒、无污染,工件易清洗,使用管理方便。

常用的无机物水溶液淬火剂有:

a. 氯化钠水溶液:常用的浓度为 10%～15%,盐水温度为 20%～40%,其冷却均匀性好,淬透能力强,淬火硬度高,能减少淬火裂纹、变形和软点的产生,无污染,成本低,广泛用于碳素工具钢及部分结构钢工件的淬火。但盐水对工件有锈蚀作用,所以淬火后要进行清洗。

b. 氢氧化钠水溶液:常用的浓度有 10% 和 50% 两类。当浓度为 10% 时,在高温区的冷却速度比纯水和盐水都高,而在低温区的冷却速度比纯水和盐水稍低,因而工件淬火后硬度高又均匀,不易产生裂纹和变形,且工件表面光亮美观,适用于淬透性较低的钢的淬火;当浓度为 50% 时,在高温区和低温区的冷却速度都显著降低,适用于易产生变形和裂纹的钢的淬火。但氢氧化钠水溶液腐蚀性较强,使用时要注意防护。

c. 氯化钙水溶液:可代替水/油双介质淬火,适用于碳钢和低合金结构钢的淬火。

d. 氯化镁水溶液:高浓度时,沸点和黏度较高,低温阶段 (100%～300%) 的冷却速度明显降低,而在高温区(大约 600% 左右)保持较高的冷却速度,能使工件淬火后获得较高的硬度,并可减少变形和开裂。

e. 过饱和硝盐水溶液:主要是三硝水溶液,其冷却能力较为理想,而且能减少变形和开裂,可代替水/油双介质淬火,适用于碳钢和低淬透性合金钢的淬火。

f. 碳酸钠水溶液:常用浓度为 3%～15%,其冷却能力在同样浓度下比氯化钠水溶液略低一些。

g. 水玻璃水溶液:将水玻璃用水稀释,并添加一些盐、碱,可提高其冷却速度,用来代替水/油双介质淬火,也可代替淬火油。

目前我国已研制成功了一些新品种的无机物水溶液淬火剂,并在热处理生产中获得了一定程度的应用,例如,氯化锌、氯化钙水溶液淬火剂,具有良好的淬硬淬透冷却能力,工件淬火开裂小、变形小,且无毒无害,可用于 45 钢、T10、40Cr 、GCr15 等钢材的淬火,是值得推广的新型无机物水溶液淬火剂。

③流态床冷却

流态床淬火槽的冷却能力一般介于空气和油之间,而比较接近油。其优点为冷却能力在一定范围内稳定可调,冷却均匀,工件变形和开裂倾向小,表面光洁,淬火后不需清洗,流态床不易老化、污染少、使用安全、可实现程序控制。采用流态床冷却可取代盐浴淬火,为双液淬火、贝氏体等温淬火、马氏体分级淬火提供了可供选用的方法,适合于用高淬透性合金钢制作的形状复杂和截面不大的工件的淬火。近年来,人们对流态床的冷却特性和机理进行了大量的试验研究工作,并已在钢铁和铝合金热处理的淬火冷却中得到应用,其发展前景令人瞩目。

(5)淬火介质的发展方向

根据有关专家介绍,淬火介质的发展方向有如下几个方面:

①加强淬火冷却的基础理论研究

淬火冷却是一个非常复杂的过程,钢的奥氏体连续冷却转变机理,新型淬火介质的原理;水溶性淬火剂的浓度、液温和搅拌程度对淬火烈度的影响,淬火介质冷却特性对淬火工件质量的影响;淬火烈度与淬火工件硬度分布的相互关系,淬火工件的最佳内应力及其控制方法;淬火介质冷却能力的测定和评价,淬火介质的污染过程及其维护,淬火过程的计算机模拟和数学模型的建立等方面的研究要加强。这些对于发展新型淬火介质,改进和提高原有淬火介质的性能,完善淬火工艺,减少工件变形和开裂,提高工件的性能和质量,都具有重要的指导意义。

②不断改进和提高原有淬火介质的性能

水和油等常用淬火介质的使用效果并不理想,通常有"水淬开裂,油淬不硬"的说法,已越来越不能满足热处理生产的要求,为此要对原有的淬火介质进行改进。例如,在水中加入无机盐和有机聚合物,可以不同程度地降低工件淬火时的低温冷却速度,因而能防止工件淬裂和变形,或获得更高的淬火硬度和更深的淬硬深度,从而提高淬火工件的质量。对于淬火油在保留其原来优点的基础上,提高其冷却速度和改善其某些特性后,仍然是很有前途的淬火介质。如开发添加有催冷剂、抗氧化剂、光亮剂等的高效多用淬火油,可以获得更强的冷却能力和更合理的冷却速度分布和更长的使用寿命,或者更能保持工件表面的光亮性,更能减少工件的变形和开裂,从而实现一油多用。此外,改进淬火设备,用物理方法(搅拌、喷淋、超声等)来强化冷却,都可以提高淬火油的冷却速度,满足淬火工艺的要求。

③大力研究开发和应用新型淬火介质

无机物水溶液淬火剂和有机聚合物淬火剂是我国淬火介质的发展重点,特别是要加强对有机聚合物淬火剂的研究,并扩大其应用。随着研究工作的深入,有机聚合物淬火剂的适用性、稳定性和经济性进一步提高,应用也越来越广泛。我们要密切注视和分析研究国外的发展动态,跟踪国外新型有机聚合物淬火剂的研究和应用成果,研制生产出立足于国内、符合于国情,冷却速度介于水和油之间,并可根据需要调整冷却速度的新型有机聚合物淬火剂。对已经研制成功并投产的有机聚合物淬火剂,要增加品种、提高质量、降低成本、稳定货源、保证供应,搞好售前咨询和售后技术服务,争创名牌产品,以满足大批量、低成本淬火工艺的要求。大力推广应用新型淬火介质,加强生产现场的使用管理与维护,则是用好新型淬火介质的前提。上述这些应成为我国今后新型淬火介质的研究方向和工作重点。

④新型淬火介质与新的淬火冷却方法密切配合

为了使工件实现理想的冷却,获得最佳的淬火效果,除根据实际情况选用新型淬火介质外,还需不断改进现有的淬火方法,并采用新的淬火方法。这些新的淬火方法有:

a. 高压气冷淬火法:工件在强惰性气流中快速均匀冷却,可防止表面氧化,避免开裂,减少变形,保证达到所要求的硬度,主要用于工模具钢的淬火。这项技术最近进展较快,应用范围也有很大扩展。

b. 强烈淬火法：采用高压喷射淬火介质，使其强烈地喷射在工件表面上，通过控制喷射淬火介质的压力、流量和配比，调整其冷却能力，促进均匀冷却，能获得表面硬度均匀且变形小的优质工件。

c. 水、空气混合剂冷却法：通过调节水和空气的压力以及雾化喷嘴到工件表面之间的距离，可以改变水、空气混合剂的冷却能力，并使冷却均匀。该法已成功地应用于表面感应加热淬火。

d. 沸腾水淬火法：采用100%的沸腾水冷却，可获得较好的硬化效果，用于钢的淬火或正火。

e. 热油淬火法：采用热的淬火油，使工件在进一步冷却之前的温度等于或接近 M_s 点的温度，以便把温度差减至最小，能有效地防止淬火工件的变形和开裂。

f. 深冷处理法：将淬火工件由常温继续冷却到更低的温度，使残留奥氏体继续转变为马氏体，其目的是提高钢的硬度和耐磨性，改善工件的组织稳定性和尺寸稳定性，有效地提高工模具的使用寿命。

大量研究和实践证明，淬火介质是实施淬火工艺过程的重要保证，对热处理后工件的质量有着很大的影响。积极研究开发和推广应用新型淬火介质，已成为改变我国热处理生产落后面貌，提高机械产品质量的当务之急，在热处理生产中可以收到事半功倍的效果。

3. 如何避免淬火变形与开裂？

影响淬火变形的因素有很多，包括钢的含碳量、零件尺寸和形状、淬火介质的温度和压力、淬火工艺（冷或热空气/水喷、压模淬火、高压气流等）、淬火冷却设备和搅拌装置，以及零件周围淬火介质的流速、流场分布等。此外，奥氏体化过程中零件在热处理炉内的放置方式、加热炉炉温均匀性以及出炉时的机械输送等，都会对变形产生一定的影响。

淬火变形包括两种。一种变形是零件加热时由于自身重量而产生的尺寸变化,称为形状畸变,比如弯曲、翘曲、扭曲等。另一种是尺寸变形,包括可以观察到的如伸长、收缩、变厚和变薄等尺寸变化。尺寸变形是由于相变时体积变化引起的。尺寸变形分为一维,二维和三维变形。

淬火开裂的主要原因是冷却过快而产生很大的热应力及相变应力。在马氏体转变过程中,开裂是由于形成马氏体的体积膨胀引起的。出现开裂必定存在着应力梯度,即应力集中。常见的应力梯度有两种:一种是几何缺口,包括刀痕、尖角、沟槽、孔穴以及截面突变处。另一种是材料中的隙口,包括晶间影响,碳化物偏析以及杂质聚合体。

(1)钢的淬透性对零件变形的影响

钢的淬透性指在规定条件下的淬硬深度和硬度分布的特征。当心部未淬透时,变形情况是趋向于长度缩短,内外径尺寸缩小;当全部淬透时,则趋向于长度伸长,内外径尺寸胀大。因为当整个截面全部淬透时,组织转变的应力总和大,对变形影响较大。

(2)钢的含碳量对零件变形的影响

M_s 点温度与淬裂有密切关系,淬裂大多发生在 $0.4\%C$ 以上,M_s 点在 330 ℃以下的钢中。M_s 点温度随着碳含量增加而降低,导致淬火中残余奥氏体增加。含碳量低时,淬火温度提高,热应力增加,抵消了部分组织应力的影响,淬火时马氏体转变量减少;含碳量高时,M_s 降低,材料本身的屈服强度提高,塑性比中碳钢差,所以组织应力引起的变形量减小,热应力起主导作用。

(3)钢的原始组织对零件淬火变形的影响

零件淬火前的组织状态对零件的淬火质量有很大影响,如碳素工具钢、合金工具钢、轴承钢等,这些钢在锻造加工以后,必须进行球化退火,将片状珠光体变为球状珠光体,在淬火加热时,奥氏体晶粒不易长大,冷却时工件的变形和开裂倾向小。另外偏析现象和网状组织,对淬火后工件的变形、特别是对细长轴的弯曲变形影响很大。材料的本质晶粒度越细,屈服强度越高,对变形的抗力越大,工件淬火后的变形量就相应减小。

(4)淬火介质对零件淬火热处理变形的影响

根据碳钢的等温转变图可知,为了抑制非马氏体转变的产生,在C曲线"鼻子"附近(550 ℃左右)需要快冷,而在650 ℃以上或400 ℃以下温度范围,并不需要快冷,特别在 M_s 线附近发生马氏体转变时需要缓慢冷却,为使马氏体转变时产生的热应力和组织应力最小,以防止淬火变形和开裂。因此,钢的理想淬火冷却速度如图1-6所示。

一般认为,淬火介质300 ℃时的冷却速度对变形的影响是关键的,应根据钢的淬透性、零件截面尺寸和表面粗糙度,合理选用淬火介质。常用的淬火介质有水、油、以及盐类水溶液、熔盐、空气等。水的冷却特性不理想,在要求快冷区间650~400 ℃时,水的冷却速度很小,大约200 ℃/s,而在400 ℃以下需要漫冷的区间,水的冷却速度大增,大约300 ℃达到最大值800 ℃/s,使零件淬火变形及开裂倾向最大。一般情况下碳钢常采用淬火烈度大的水或水溶液作为淬火介质;而合金钢一般用油作为淬火介质。因此,选择淬火介质的正确原则是,在保证淬硬的前提下,尽量选择淬火烈度小的淬火介质,以减小淬火变形及开裂。

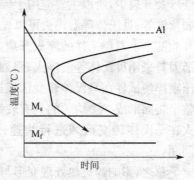

图1-6 钢的理想淬火冷却速度

(5)零件的几何形状对零件淬火变形的影响

从热处理工艺角度出发,零件设计最好采用对称结构,尽量避免尖角,要求截面过渡均匀。必要时可开工艺用槽。如镗杆上开有两条对称的槽,其中一条是为减小热处理变形而设计的。形状较复杂的零件,如零件的尖角处,由于应力集中,更容易产生淬火裂纹。因此,必须合理选择材料,避免淬火裂纹产生。

(6)淬火方法对零件淬火变形的影响

为了使淬火时最大限度地减少变形和避免开裂,除了正确地进行加热及合理选择淬火介质外,还应根据工件的成分、尺寸、形状和技术要求选择合适的淬火方法。例如:双介质淬火、马氏体分级淬火、贝氏体等温淬火、强烈淬火等。双介质淬火的内应力小,变形及开裂少,所以主要应用于碳素工具钢制造的易开裂的工件,如丝锥等;贝氏体等温淬火可以显著地减少淬火应力和淬火变形,并能基本上避免工件的淬火开裂,因此,各种形状复杂的模具、成形刀具采用贝氏体等温淬火;强烈淬火技术是采用高速搅拌或高压喷淬使试件在马氏体转变区域进行快速而均匀的冷却,在试件整个表面形成一个均匀的具有较高压应力的硬壳,避免了常规淬火在马氏体转变区域进行快速冷却而产生畸变过大和开裂的问题。

总之,影响淬火热处理变形与裂纹的因素是十分复杂的,在制定淬火热处理工艺时,应充分考虑工件的形状、钢中的碳含量,根据工件所要求的力学性能,合理选择淬火方法及冷却介质,就可防止构件在淬火过程中产生变形及开裂,提高产品质量。

4. 金属热处理前后如何进行清洗?

清洗是指清除工件表面的液体和固体污染物,使工件表面达到一定的洁净度的工序。清洗也是热处理生产过程中不可忽视的中间辅助工序。所有经机加、热处理前的工件都应进行清洗。否则,热处理前、后工件表面上的油污进入炉内加热挥发和燃烧,容易造成车间空气污染,影响工件表面状态,甚至影响工件的热处理质量。对化学热处理以及真空热处理而言,工件的清洗可以提高热处理生产效率及热处理质量。

清洗过程是清洗介质、污染物及工件表面三者之间的相互作用,是一种复杂的物理与化学作用的过程。清洗不仅与污染物的性质、种类、形态以及粘附的程度有关,与清洗介质的理化性质、清洗性能、工件表面状态有关,而且还与清洗时的条件有关。如,温度、压力以及附加的超声振动、机械外力等因素都会影响清洗效果。

清洗热处理前后工件表面污染物的方式很多,有浸渍清洗、喷气清洗、喷流清洗、喷淋清洗、减压清洗、喷雾清洗等。使用时可以根据污染物类型和要求的清洁度来选择合适的清洗方式方法和设备。

为了保证零件的清洗质量,清洗者还要严格控制清洗工艺要素。例如,要了解热处理前道工序和前道工序在工件表面形成的污迹;根据污物类型选择清洗剂,确认其清洗能力和污物被完全清除的可能性;预测水的质量,如水的硬度过高,还要考虑采取软化水的措施;掌握清洗剂的生物稳定性,以防生长细菌和真菌;应尽量避免使用杀菌剂和防霉剂;清洗剂工件表面残留物不应在回火时形成烟雾,不应使工件表面生锈,不应使工件变色;清洗工件应合理码放,喷嘴相对于工件的位置要合适。因此,清洗前了解工件表面脏物的类型、清洗剂的使用范围、清洗方式很重要。

(1)工件表面脏物的类型

工件表面脏物种类是选择清洗剂的重要依据,也是确定清洗条件的重要出发点。工件表面脏物大致可分为六类。

1)带颜色的拔丝化学物质。金属拉延、拔丝会发热,促使颜料进入金属表面孔隙,给清洗造成困难。采用超声、电解和高压喷射清洗有助于除去这些化合物。

2)不带颜料的拉延化学物质。通常用热碱液可除掉这些物质。如遇到高黏度脏物,则需在溶剂或乳化剂中进行预清洗,以溶解部分脏物和减少其黏度,以使随后的碱液清洗更好发挥作用。

3)机加工切削液。用合成清洗剂和碱性清洗剂能轻易除去可溶性油、合成切削液和乳化切削液。用碱性清洗剂难于除去含硫和含氯化合物,有时必须用溶剂或乳化溶剂。含脂肪酸的切削液容易和碱性清洗剂反应,获得好的清洗效果。

4)抛磨膏。抛磨时会发热,零件表面附着的抛磨膏难以去除。要避免抛磨膏老化和过度抛磨。老化引起聚合反应,而过度抛磨会在工件上留下大量膏剂。通常要使用高清洗力和溶解力清洗剂。

5)碳质脏物。干燥细碳粒是比较难去除的脏物,须采取高压喷射等措施。用乳化清洗剂加超声波经常有好的效果。

6)锈蚀、氧化皮和油漆。除这些脏物需采取特殊措施。轻度锈蚀和硝基漆可用苛性碱清洗剂。重度氧化皮必须用酸。除铝和锌金属上的漆必须添加洗漆剂。

除以上污物外,还有一些特殊的因素和污物性质需要考虑。如,污物的物理性质,包括污物的液态黏度和熔点。对于污物中的一些极细微粒,应提前采取特殊措施去除。对于污物中的腐蚀氧化产物,应采取适当中和方式,以避免伤害工件。

(2)清洗剂

清洗剂依其化学性质可分为碱性清洗剂、酸性清洗剂、合成清洗剂、可溶性乳化清洗剂和去污剂等。

碱性清洗剂。碱性清洗剂是一种使用最广的清洗剂,由增洁剂和表面活性剂的碱土金属盐混合配制而成。添加每一种盐和表面活性剂的出发点一是保证清洗效果,二是经济性。要求清洗剂的pH值保持在7左右。此类清洗剂的增洁成分是氢氧化物、硅酸盐、磷酸盐、碳酸盐、硼酸盐以及有机螯和物。

氢氧化物可提供较高的碱性,相对低廉,少量添加即可提供溶液所需的碱性和导电性,这对于电解清洗和皂化非常重要。其缺点是较难漂洗,脏物的非皂化清洗效果不良。1%浓度溶液的pH值即可达13。碱性清洗液可用钠盐,也可用钾盐,主要用于铁基合金的清洗。

硅酸盐是可以配制在苛刻条件下使用的碱性清洗剂。原硅酸钠、硅酸钠都是优异的促进乳化剂。在pH值>9时是很好的缓冲剂,能使污物存留在悬浮液中获得高的碱性度。硅酸钠是金属清洗剂中常用的硅酸盐。在碱性清洗剂中加入这种物质可缓和清洗剂对铝和锌的侵蚀。在电解清洗过程中,硅酸盐会在钢件表面留下黑色锈斑。为提高清洗剂的多用性,各种碱性清洗剂都含有硅酸盐。在对基体金属无侵蚀或少量侵蚀前提下可提供高的碱性度(PH值较高)。浓度为1%的硅酸盐溶液的pH值可达到12.3。

磷酸盐在金属清洗剂中具有软化水的功能,可提供碱性度和使污物胶溶,使大的粒子粉碎成小粒子。因为有些国家和地区禁用磷酸盐。因此,有人采用有机螯合物对镁和钙离子以及多种重金属离子实行多价螯和,用来作低、中等碱度范围复合磷酸盐的代用品。

碳酸盐是碱性度的低成本来源,也可在一定程度上软化水,属弱清洗剂,可提供中等碱性度,在金属清洗剂中的主要作用是有助于获得高流动性、无黏性的混合液。在碳酸盐中使用最广的是碳酸钠或苏打粉。因为价格低廉,几乎在所有配方中都或多或少含的有碳酸钠。浓度1%的碳酸钠溶液的pH值可达11.3。

硼酸盐用于低pH范围可防锈的清洗剂。在1%溶液中加入10 mL硼砂,其pH值为9.2。硫酸盐可用作填充剂,但也有人愿意采用碳酸钠。

碱性清洗剂含增洁剂和表面活性剂。只用增洁剂不能获得理想去污效果,必须结合使用表面活性剂。由于表面活性剂含有两种分离组分,一组溶于油,另一组溶于水,它具有在表面聚集的性能,有渗入表面能力,可防止污物再沉积,并降低溶剂的表面张力。碱性清洗剂用的表面活性剂有非离子型、阴离子型和阳离子型三种。

非离子型表面活性剂由于其多功能被广泛应用。在不同非离子表面活性剂中施行优选可获得最强的净化能力、最大的油溶性和最大的消泡能力。

阴离子型表面活性剂、带负电的分子微粒是最大和最重要因素,除去油脂特别有效。通常在配方中把非离子型和阴离子型结合起来使用。

阳离子型表面活性剂带正电的组分是最多和最重要的。阳离子性清洗剂是弱清洗剂,通常用作杀菌剂和纤维软化剂。

酸性清洗剂。酸性清洗剂对于清除金属制件上的氧化皮等特殊附着物十分有效，最有名的工艺是酸浸。除轧制、焊接和热处理氧化层，影响电镀、油漆质量的表面氧化物、生锈和腐蚀产物以及硬水沉积物都可用酸去除；通常使用的有硫酸、盐酸、磷酸、硝酸和柠檬酸、醋酸等有机酸。当前使用的主要是前三种。酸性剂含有基础酸和防止侵蚀金属表面的缓蚀剂以及提高清除能力的表面活性剂。

合成清洗剂也是一种按 pH 值区分的碱性清洗剂，但和标准碱性清洗剂有所不同，区别在于化学成分。标准碱性清洗剂实质上是无机的，而合成剂则是含胺基物质的有机用剂。这类产品被设计用来清除单段清洗中的碱性残留物，而且还是好的防锈剂。合成清洗剂被用来进行中等难度的清洗，如清除工件表面的淬火油和聚合物溶液。

可溶性乳化清洗剂。可溶性乳化剂通常含有泥土、溶剂、乳化剂、增洁剂、缓蚀剂和少量水。水的作用是使乳化剂溶解。该清洗剂除可溶解工件表面污物，还可在表面留下防锈膜。其中的乳化剂和洗涤剂能抓牢油脂微粒，并将其溶入含有溶剂和油的清洗剂中。乳化清洗剂是一种浓缩态的纯油产品，将其在水中稀释后便成为白色乳状液体。

去污剂。去污清洁剂主要含有溶剂、表面活性剂和水，不同于乳化清洗剂，是纯溶液，不是乳化液。他们主要用作地板、机器、墙壁等的维护性清理。

对于清洗剂的选择，使用者可根据污物种类和采用的清洗工艺（喷射、浸洗、超声等）选取合适的清洗剂。碱性清洗剂用来清除带腐蚀性脏物。中性清洗剂用在有缓蚀要求和清除缓和性能的污物。淬火油通常被认为是缓和污物，除非其性能被严重恶化。

乳化清洗剂的选用通常取决于下道工序，含防锈剂的油膜随后能保留在工件上。要求特别清洁的零件可选用溶剂清洗剂。出于对环境影响，氟氯烃等溶剂的使用越来越少，但特别清洁要求的零件又在不断增多，人们正在努力寻求既不影响环境，又能满足高清洗质量要求的无公害溶剂。

(3)清洗方式与方法

热处理行业的清洗环节主要有两个:一是热处理前的清洗,主要是清洗前道工序残留的切削油、切削液及防锈油等附着物;二是热处理后清洗,主要是清洗淬火后的残留淬火油。按照清洗方法和原理可分为:物理清洗、化学清洗等。

物理清洗。物理清洗是指借助各种机械外力和能量使污垢粉碎、分解并剥离物体表面,从而达到清洗效果。常用的方法有喷淋、高压水射流、搅动、超声波清洗等。

化学清洗。化学清洗是指采用一种或几种化学药剂(或其水溶液),借助清洗剂对物体表面污染物进行化学转化、溶解、剥离并达到清洗效果。

清洗方式分为浸渍清洗、喷气清洗、喷流清洗、喷淋清洗、减压清洗、喷雾清洗。

浸渍清洗是将工件放在清洗槽中进行清洗。槽中加入清洗液,将被洗物浸渍其中的清洗方式。由于仅靠清洗液的化学作用清洗,所以洗涤能力弱,需要长时间。

喷气清洗,在清洗槽内安装喷气喷管,用气体将清洗液喷射到被清洗工件上的清洗方式,压力>2 MPa。

喷流清洗,从槽的侧面将清洗液在液相中喷出,靠清洗液的搅拌力(物理作用)促进洗涤。洗涤能力比浸渍清洗强。

喷淋清洗,在清洗槽内安装喷淋装置,将清洗液喷射到被清洗工件表面,清洗压力<0.2 MPa。

减压清洗,在清洗槽内产生负压,由于减压,洗涤剂能较好地渗透到被洗物的缝隙之间。若和超声波配合,清洗效果会大大增加。

喷雾清洗,在清洗槽内安装喷雾管,在气相中将洗涤剂喷附到被清洗零件上的清洗方式。压力一般为0.2~2 MPa。

零件的清洗要达到一定的清洁度,要达到何种清洁度取决于客户要求和随后的加工工艺。

5. 热处理清洗过程中应注意哪些问题？

热处理清洗的问题往往出现在回火之后,回火之后产生的主要问题是漂洗不干净,或因工件码放不合理而在其工件表面残留碱液,形成表面锈蚀和碱烧伤,淬火油选用不当也会使工件生锈。

(1) 漂洗时的污染

工件淬火后用硅酸盐清洗剂清洗,然后漂洗。如果漂洗不到位,随后在工件表面会出现黄色固体物质。如将此物刮下用傅立叶变换红外光谱仪(FTIR)进行分析,证实黄色固体物质是无机硅酸盐和氧化铁。这种物质的形成是因漂洗不彻底在工件表面残留的硅酸盐所致。所以,工件清理后应该注意漂洗质量。

(2) 由工件码放不当造成的不良情况

清洗工件时应合理码放,清洗的喷嘴相对于工件的位置应合适。不然,清洗后的工件就可能在工件的部分表面残留变色痕迹,也可能在工件上留下相邻工件的轮廓。

(3) 苛性碱残留物

热处理后,工件应彻底清洗。否则,清洗后工件会有白色残留物。采用FITR对这些白色物质进行检验分析,发现这些白色残留物是初始碳残留物。出现这种情况,应把漂洗槽液倒掉。清洗工作中也应经常检查漂洗槽中的碱液水平。

(4) 苛性碱烧伤

正常情况下,工件虽然具有均匀、平整的油黑外表,但出现苛性碱烧伤时可在工件外圈看见橘黄色区域。环状区域有时还可见略显浅蓝色色彩,有时会有红色斑点。以上颜色和斑痕是由苛性碱烧伤引起的。清洗时使用碱性清洗剂、含氯物质、含钙化合物等如不小心都会在热处理时把钢烧伤,在工件表面留下斑痕。所以,热处理前彻底清洗和漂洗工件,完全除去能导致工件烧伤的碱性残留物非常必要。

(5) 漂洗不当

使用各种清洗剂清洗热处理工件,有时会在工件上出现锈蚀。

将取下的锈蚀物质放入质量分散 X 射线荧光谱仪(EDXRF)对其中各种元素的含量进行分析。结果显示,除氧化铁外,尚有钠、钾和硫存在。这说明工件清洗后很可能在工件上黏有碱性清洗剂没有漂洗干净,氢氧化钾、磺酸钠或类似物质都会促使其工件生锈。解决漂洗不当问题的措施是:漂洗时要经常检查漂洗喷嘴是否堵塞,漂洗时是否有过度污染,并经常换置漂洗用水。

(6)过度锈蚀

过度锈蚀会在工件上发现一些黑色条纹或黑斑。在黑色条纹或黑斑处用力揩拭可除去这些黑斑。采用 EDXRF 仪分析这些黑斑,发现这些黑色物质主要是钙、硫、铁、锰和铬元素。黑色锈斑中有钙和硫表明此物质是烤干了的淬火油,黑色物质也是在淬火过程中气相物演变的结果。有研究者对马氏体分级淬火油分析也发现油中沉淀的酸性氧化物较高。所以,防止淬火油的过度氧化,可防止工件过度锈蚀。为此,建议倒出老油,注入新油,在淬火过程中对淬火油进行适当的监控和维护。

由此可见,清洗中任何一环都可能引发问题。为此,对清洗中的任何一个环节都要认真处理好,以获得优质的热处理件。

6. 如何清除工件表面附着的残油?

热处理前,经常会发现一些工件表面附着一些残油或固体污染物,这些残油或污染物如果处理不好使之进入炉内加热挥发或燃烧,会造成车间空气污染甚至影响热处理质量。对工件表面附着残油或固体污染物的清洗方法主要有碱水清洗法、金属清洗剂清洗方法、有机溶剂清洗方法、燃烧脱脂法和高级清洗技术。

(1)碱水清洗法

最简单的碱水清洗是直接加热或间接加热式的清洗槽,清洗液是(3%~10%)的 N_2CO_3 或 NaOH 水溶液。

渗碳(碳氮共渗)工件,回火前的中间清洗多用加热到 70~80 ℃的 5%~10%浓度的碳酸钠溶液。密封箱式多用炉和连续式渗碳炉生产线上的中间清洗机即属于此类。工件碱液清洗可采取喷淋和浸入双重方式,然后用热清水冲洗。最后利用工件的自身余热进行干燥。碱水清洗方法最主要缺点是清洗效果不太好,尤其工件的盲孔和凹部易有污斑和残留物。

(2)金属清洗剂清洗方法

为克服碱水清洗方法的缺点,提高清洗效果,目前可采用专用金属清洗剂,将清洗剂在 40～80 ℃的水中稀释成(1%～3%)溶液,将工件在溶液中浸泡 15～20 min,然后用热水漂洗,最后用脱水油进行脱水处理。可加入清洗机中使用。

金属清洗剂清洗方法缺点是价格贵,并有难闻的气味,对工件有腐蚀作用,且产生的废水会污染环境,因此必须对废水进行处理,并回收废油。

(3)有机溶剂清洗方法

使用三氯乙烷、三氯乙烯等有机溶剂清洗,清洗效果佳。但在常压下以浸泡或喷淋方式清洗淬火工件时,有机溶剂的挥发和飞溅会污染环境。为此,可采用密闭减压溶剂真空清洗法的全套装置,利用真空泵把空气排出,工件在没有空气情况下和高密度的溶剂蒸汽均匀接触,进一步提高清洗效果,并靠真空蒸馏回收溶剂和油。回收后的油中溶剂含量由 20% 降至 4% 以下,清洗结束,打开清洗机密封盖时,溶剂蒸汽浓度在 10 ppm 以下,低于三氯乙烯环境卫生规定的 50 ppm。

(4)燃烧脱脂法

机加工件在进入热处理工序之前,需要清洗掉表面的油类。为此,可把工件在脱脂炉内加热至 450～500 ℃使油份汽化或燃烧,以达到工件去油的目的。

燃烧脱脂法仅适用于热处理前的清洗,也能清洗切削油、防锈油等轻质、低黏度及低沸点油类。像高黏度、高沸点的重质淬火油燃烧后会有大量残留物和炭黑附着在工件表面,达不到清洗目的。

(5)高级清洗技术

对于采用低压真空渗碳等工艺处理的汽车零件(如汽车发动机零件、商用车变速器同步环套、轿车变速器零件)及航空发动机零件等,需要采用高级环保清洗工艺和设备,如采用真空清洗工艺及设备、超声波清洗工艺及设备等。零件清洗后,不仅对环境无污染,还可以达到很高的清洁度,满足了环保和对零件高清洁度的要求。高级清洗技术主要包括高级清洗技术、真空水基清洗技术、超声波清洗技术等。

真空溶剂清洗技术。真空溶剂清洗由于采用碳氢化合物溶剂作为清洗剂,对淬火油、切削液及防锈液等具有很强的溶解能力,采用真空溶剂清洗机(如 VCH 系列)在真空状态下,对工件进行预洗喷淋、蒸汽喷淋、循环喷淋及真空干燥等清洗流程,具有高效、稳定的清洗能力和极佳的清洗效果,更加节能环保,设备安全性好,生产效率高。特别适合于真空及渗氮热处理等对于高端清洗要求的零件。

真空清洗工艺流程为:装入工件(约 1 min)→抽真空(约 3 min)→预洗喷淋(约 1 min)→快速蒸汽清洗(约 8 min)→循环喷淋(约 5 min)→真空干燥(约 7 min)→取出工件(约 2 min),整个过程约 35 min。

从清洗效果看,通过在真空状态下使用碳氢化合物溶剂和溶剂蒸汽对工件进行有效清洗,然后真空负压干燥工件。同时再生装置在真空负压状态下对溶剂进行蒸馏,并冷凝回收纯净溶剂。分离出的废液收集后单独排除,不但可以获得优质的清洗效果,而且环保。

真空水基清洗技术。水系真空清洗是利用淬火油等挥发性液体减压后沸点下降,和油、水、水蒸汽等一起加热,其沸点也下降的原理进行清洗。由于是(真空)减压清洗,对杯状或盲孔状零件清洗效果好,并能够实施真空干燥(脱脂),而且清洗温度较高,对渗碳淬火后需进行低温回火的零件可实现清洗、回火一并完成。省略了回火工序,节省了能源,达到了节能和环保的要求,属于清洁环保的清洗技术。

清洗过程如采用 VCE 系列真空水基清洗机进行清洗,其清洗过程主要有前清洗、真空清洗及真空干燥。

前清洗。工件被送往前室后,采用微喷射和空气泡洗净技术。首先用不含清洗液的温水进行喷淋粗清洗。然后,用升降机降入槽浸泡。此时,从底部喷出的空气泡与从侧面出来的喷流相结合,即使不加清洗剂,大部分的油污被清洗干净,与单一浸泡清洗方式相比也能获得满意的清洗效果。为进一步的真空清洗打下了基础。由于前室没有加清洗液,油水的分离性好,便于废油的回收。

真空清洗。在前室清洗后,把工件送往真空室,通过真空减压将残存的油和水蒸发。运用真空水蒸汽馏和真空共沸蒸馏原理,解决了以往水类清洗洗净能力差的缺点。

真空干燥。真空清洗后,工件上仅有残存的水,已经没有残油。为防止水对工件的锈蚀,应进行快速干燥。而真空干燥是快速干燥最有效手段。

超声波清洗技术。超声波清洗技术是利用超声波的空化效应、加速度效应、声流效应,能增强液体和工件表面的各种物理作用和化学反应,可降低溶液中化学介质的相对量,或以污染小的弱介质代替污染大的介质,因而超声波技术是一种有应用价值的高效环保表面清洗技术。

超声波清洗原理是超声波清洗机是把每分钟高达几十($20\sim 33$)kHz的超声波交变信号,通过换能器(超声波发生器,将电能转换成机械能)转化成上下运动的振动波,并通过清洗机槽底部或侧面,甚至上面作用于清洗液中。在清洗液中产生数以万个微小气泡,这些气泡在超声波不停的作用下,会不断地产生,又不断地闭合。在闭合时,会在液体间相互碰撞而产生上千个大气压力的冲击波,从而破坏不溶性污物,使它们分散于清洗液中。当团体粒子被油污裹着而粘附在清洗件表面时,污油被乳化,固体粒子脱离,从而达到表面净化的目的。

超声波的两个主要参数。频率和频率密度。频率 $20\sim 33$ kHz;频率密度=发射功率(W)/发射面积(cm^2)。

超声波清洗介质及工艺参数:

清洗介质:超声波清洗介质一般采用化学溶剂和水基清洗剂,

液体清洗剂一般由表面活性剂、螯合剂及其他助剂等组成。清洗介质的化学作用可加速超声波清洗效果,超声波清洗是物理作用,两种作用相结合,可达到充分、彻底的清洗。

超声波清洗工艺参数包括功率密度和清洗温度。其中,超声波的功率密度越高,空化效果越强,速度越快,清洗效果越好。(超声波频率:超声波频率越低,在液体中的空化越容易,适合于精细的工件清洗)。一般来说,超声波的清洗温度在 30~40 ℃时的空化效果最好;但温度越高,清洗剂作用越显著。通常超声波清洗时,采用 40~60 ℃的工作温度。

超声波清洗的优点。同其他清洗方式相比,超声波清洗显示了巨大的优越性,尤其在专业化、集团化的生产企业中,已逐渐用超声波清洗取代了传统的的清洗工艺,很容易将带有复杂外形,内腔和细空的零件清洗干净。对一般的除油、防锈等工艺过程,在超声波作用下只需两三分钟即可完成,速度比传统方法提高几倍,甚至几十倍。清洁度也能达到高标准,适合于对产品表面质量和生产效率要求较高的场合。并且超声波清洗节省溶剂、热能、工作场地和人工等。

超声波清洗工艺流程。超声波清洗一般工艺流程为:超声波清洗→超声波漂洗→喷淋漂洗→烘干等工序。

超声波技术是一种高效、环保表面清洗技术。目前应用已相当成熟、广泛,发达国家已超过 90% 的相关企业采用此项技术。航空发动机零件、汽车及摩托车发动机零件等采用超声波清洗获得良好效果。

第二章 碳钢的热处理

碳钢在工业中的应用非常广泛,在金属制品中所占的比重较大。为了充分发挥碳钢的潜力,必须采用先进的生产技术来提高其强韧性,而热处理是一项行之有效的技术。本章主要针对一些典型碳钢材料热处理过程中经常遇见的问题,分析其缺陷产生机理,提出解决措施并探讨其热处理方法,旨在为使应用中的碳钢获得优异的力学性能和使用性能。

一、碳钢的退火

1. 如何退火20钢热轧卷板能获得较好的冲压性能?

20钢是一种优质碳素结构钢,这种钢正常的显微组织是铁素体和片层珠光体,目前广泛运用于五金制品、汽车零配件、管道等领域。为满足冲压成型要求,通常需要对这种钢进行球化退火处理。处理时,为了能缩短工期、降低能源消耗,人们迫切希望能够简化球化退火工艺,缩短球化退火时间。

球化退火按工作原理主要分为双相区球化退火、亚温区球化退火、淬火+高温回火、形变球化退火等。目前,多数企业通常对20钢采用双相区球化退火工艺。

双相区球化退火后的构件综合性能良好,但双相区球化退火工艺所需周期长,处理过程中能量消耗大。在以往的研究中,多数研究者认为如在奥氏体转变点以下温度保温会使球化的时间加长,故工业生产中采用亚温区球化退火工艺的研究比较少。但最近有关研究表明,对于快速冷却得到的细珠光体组织,在奥氏体转变点以下的较高温度进行退火可明显提高渗碳体的球化速度,且同样可以得到较好的力学性能。

例如,最近某研究院采用厚度为 7.6 mm 的热连轧生产的20钢板卷,其化学成分见表 2-1,对其材料进行了球化退火,研究

20钢的球化退火工艺、组织与性能,收到较好效果。

表 2-1　20钢卷板的化学成分(质量分数 wt%)

C	Si	Mn	P	S	Al
0.19	0.22	0.35	0.011	0.004 5	0.035

20钢的Ac_1点和Ac_3点分别为729 ℃和815 ℃。采用的球化退火工艺为两种:双相区球化退火和亚温区球化退火。

①双相区球化退火工艺为:加热温度750 ℃,保温2 h,随炉冷却到700 ℃,保温5~15 h后再随炉冷却。

②亚温区球化退火工艺为:加热温度680 ℃,保温5~15 h后随炉冷却。

球化退火前,热轧态20钢的珠光体片层间距较小,一些珠光体中的渗碳体已经呈现粒状,其中极少部分已经不是珠光体形态,呈现出碳化物弥散分布,如图2-1所示。

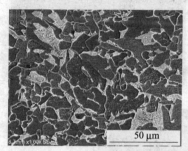
(a) 局部形貌

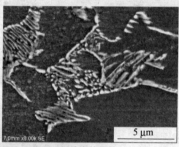
(b) 珠光体形貌1

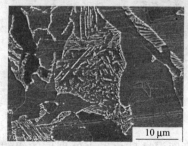
(c) 珠光体形貌2

图 2-1　球化退火前热轧态20钢的微观组织

20 钢试样经双相区球化退火处理后的组织如图 2-2 所示。观察图 2-2(a)，未发现片层珠光体，铁素体呈现等轴晶粒状态。20 钢组织倾向于出现粒状或短小片状的混合状态，由于加热到奥氏体化的温度较低，其基体内仍然有弥散的未溶碳化物粒子，故在缓冷过程中析出的碳化物依附于原有的碳化物颗粒形成球状，铁素体通过碳的扩散向奥氏体生长形成等轴晶粒。如图 2-2(b)所示，在铁素体晶内发现极其细小的球状渗碳体，晶界明显增厚。当保温时间长达 15 h 后，渗碳体按照 Ostwald 熟化机制长大，且分布更加均匀，如图 2-2(c)所示。当保温时间大于 15 h 后，显微组织变化不明显。

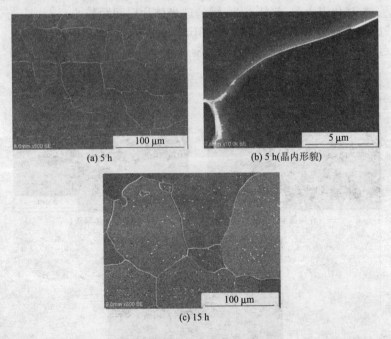

图 2-2 20 钢经双相区 700 ℃保温不同时间的球化退火处理后的微观组织

20 钢试样经亚温区球化退火处理后的组织形貌如图 2-3 所示。试样加热到 680 ℃保温 5 h 后，少量珠光体组织球化，但大量珠光体中的渗碳体呈现粒状,呈现出碳化物在珠光体形态中弥散分布,如图 2-3(a)所示,但其片层珠光体形态明显保留。当试样保温达到 9 h 后,珠光体基本全部球化,球化效果明显,如图 2-3(b)所示。在试样保温 15 h 后,如图 2-3(c)所示,球化效果与保温 9 h 比无明显变化,只是球化的渗碳体增多且有所长大。

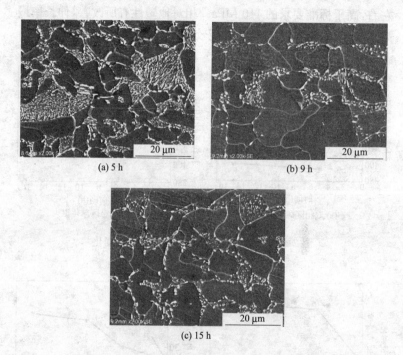

图 2-3 20 钢经亚温区 680 ℃保温不同时间的球化退火处理后的微观组织

从图 2-2 和图 2-3 可见,在保温开始不久,随着保温时间的延长,两种组织都在以较快的速度发生球化,但当保温时间超过上述一定时间后,两种球化退火基本完成,即使再延长保温时间也无明显变化。可以看到的是亚温区球化退火所需要的时间明显比双相区球化退火要短,并且球化差异比较明显。

20 钢试样经球化退火处理后的抗拉强度和伸长率随保温时

间的变化如图 2-4 与图 2-5 所示。对于双相区球化退火,由于组织比较粗大,故抗拉强度由 500 MPa 急剧下降到 400 MPa 以下,但塑性得到明显改善,20 钢试样经球化退火处理后的伸长率由 29% 提高到 33% 以上。对于亚温区球化退火,增加保温时间,其 20 钢试样经球化退火处理后的抗拉强度降低程度较小。处理达到 15 h 时,20 钢试样经球化退火处理后的抗拉强度仍在 420 MPa 左右,高于标准要求的 410 MPa。相对地塑性有所改善,伸长率最高到 32% 左右,故综合力学性能较好。

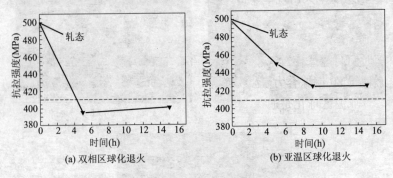

图 2-4　20 钢的抗拉强度随保温时间的变化

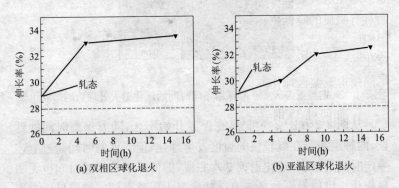

图 2-5　20 钢的伸长率随保温时间的变化

根据相关研究,20 钢在奥氏体转变点以上温度半小时内渗碳体会全部溶解,如果珠光体很细,则会加快溶解。故预想的球化转变应是 20 钢加热到 750 ℃保温 2 h 后,碳化物全部溶解,然后冷却到 700 ℃的过程中奥氏体转变成先共析铁素体和片层珠光体,在保温过程中渗碳体溶断、球化并长大。但从研究者上述双相区球化退火处理后 20 钢的微观组织形貌观察,未见片层珠光体形貌,也未见到预想的球化转变。

有研究者认为,在低的奥氏体化温度和低的冷却速度下,部分低碳钢与中碳钢组织倾向于出现粒状或短小片状的混合状态。故 20 钢组织中只出现等轴铁素体晶粒以及铁素体晶界和晶内大量极其细小的球状渗碳体组织,增加保温时间,碳化物会根据 Ostwald 熟化机制成长。但这种转变使得铁素体组织较为粗大,短时间内的球化效果也不明显,故强度降低幅度较大,这种组织状态使得 20 钢综合力学性能偏低。

亚温区球化是通过片状碳化物变化溶解,实质是短程扩散作用进行的。一般认为在奥氏体转变点以下温度时球化速度太慢,时间过长,但那可能是由于珠光体组织粗大造成的。

由以上研究可见,对于控轧控冷工艺生产的如 20 钢这类碳钢来说,其具有细小的珠光体组织,有利于加快球化进程。故采用亚温区球化退火处理可明显缩短球化退火时间,且球化效果较好,因而具有明显的降低生产成本、加快生产循环速度的作用。从微观组织中也可以看到,亚温区球化退火效果明显。由于冲压性能与球化效果好坏有直接关系,故与双相区球化退火相比,微观组织的不同使得亚温区球化退火处理后的 20 钢具有更好的冲压性能。

2. 如何对 35 钢进行半球化退火?

高强度螺栓一般采用含碳 0.35 的中碳结构钢(35 钢)制造。生产工艺流程一般为:下料(ϕ12 热轧盘条)—完全退火—酸洗—皂化—拉拔(ϕ9.6 直条料)—再结晶退火—酸洗—磷化—皂化—冷墩成型—最终热处理—成品检验。

35 钢高强度螺栓原材料的退火一般在大型台车式热处理炉

中进行。其完全退火工艺如图 2-6 所示,完全退火后得到铁素体和珠光体组织,如图 2-7 所示。

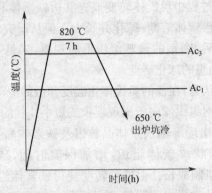

图 2-6 35 钢完全退火工艺曲线

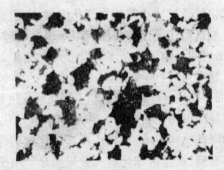

图 2-7 35 钢完全退火后的金相组织(500×)

采用图 2-6 的工艺,35 钢的洛氏硬度为 HRB81。一般情况下,为保证 35 钢高强度螺栓的冷墩能顺利进行。退火后还要进行酸洗、磷化、皂化等工序。当冷拔 $\phi 9.6$ mm 直条后,由于加工硬化,35 钢作为成品材料硬度偏高,塑性极差,无法进行冷锻成型,需要进行再结晶退火。退火后还要进行酸洗、磷化、皂化等工序。这样耗费大量的工时,严重影响生产率和产品的成本。

有关研究表明,球化退火不仅限于高碳钢,也适用于中碳钢。球化组织具有最低的硬度。球状碳化物的形状及分布对于钢的断裂韧性有很大影响。在相同的应力强度因子下,球状珠光体的裂纹扩展速率远低于片状珠光体组织。钢种碳化物的球化可以提高塑性、韧性。冷镦前进相组织如果为球状珠光体,硬度最低,同时塑性也最好,有利于冷镦成型。如果 $\phi 9.6$ mm 直条料硬度满足冷镦成型的要求,当然会省去再结晶退火及随后的酸洗、磷化、皂化等工序,缩短生产周期,故有必要将原工序的完全退火改为球化退火。

经过有关研究者的多次试验,在满足使用要求的前提下尽量缩短加热时间,确定出的 35 钢盘条的半球化退火工艺(如图 2-8 所示),采用 2-8 退火工艺后 35 钢的金相组织参如图 2-9 所示。

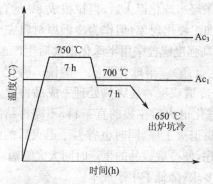

图 2-8 35 钢的半球化退火工艺曲线

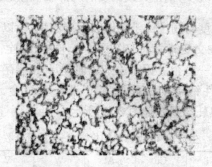

图 2-9 半球化退火后 35 钢的金相组织(500×)

由图 2-9 可见,35 钢组织中除得到大量小球、点状珠光体外,还有少量片状珠光体分布在铁素体上。半球化退火后,35 钢的洛氏硬度为 HRB73。表 2-2 是 35 钢完全退火与半球化退火的硬度比较。

表 2-2 35 钢完全退火与半球化退火的硬度比较

退火工艺	洛氏硬度(HRB)
完全退火	81
半球化退火	73

根据研究者的研究(见图 2-8、图 2-9 和表 2-2 中)可见,尽管半球化退火与完全退火相比,硬度由 HRB81 下降为 HRB73,下降不足 HRB10,但是在后续加工中可以看到明显的效果。35 钢的 $\phi12$ 热轧盘条经半球化退火后,再拉拔成 $\phi9$ 的直条过程中,拉拔后虽然也有加工硬化现象,但作为冷锻原材料完全可以顺利冷锻成型。35 钢高强度螺栓采用半球化退火后生产工艺流程改为:下料($\phi12$ 热轧盘条)—半球化退火—酸洗—磷化—皂化—拉拔($\phi9$ 直条料)—冷锻成型—最终热处理—成品检验。同原来工艺相比,35 钢经球化退火后拉拔的直条料,不需再结晶退火。这样不仅省去了一道退火工序,同时也省去了退火后的酸洗、磷化、皂化等一系列工序,使冷墩成品的生产时间大大缩短,满足了冷墩机器冷墩螺栓的要求,降低了生产成本。

3. 如何解决 45 钢正火或调质后局部难机械加工问题?

45 钢的强度与韧性优于其他碳素调质钢,所以目前应用非常广泛,特别是在交变载荷下工作的轴类、连杆、螺栓、齿轮等多采用 45 钢制造。但一些企业用于生产主轴的 45 钢,存在经正火或调质处理后,工件钻不动的问题。45 钢棒料合金元素的成分见表 2-3,45 钢热轧态组织如图 2-10 所示。

表 2-3 生产用 45 钢棒料的化学成分(质量分数 wt%)

Cr	Ni	Cu	Al	W	V	Ti
0.093	0.015	0.032	0.014	0.000 6	0.001	0.004

由表2-3中数据可见,所用45钢中所含的合金元素均符合GB/T 699—1999《优质碳素结构钢》要求,化学成分并不是造成工件经正火或调质处理后存在局部难以加工问题的原因。

(a) 显微组织　　　　　　　(b) 魏氏组织

(c) 粗珠光体组织　　　　　(d) 细珠光体组织

图2-10　45钢热轧态组织

45钢原材料经热轧后空冷,其显微组织为珠光体+网状铁素体+少量魏氏组织,珠光体晶粒粗细很不均匀,且有带状偏析组织特征,如图2-10(a)所示。其热轧温度偏高,局部过热形成了魏氏铁素体,如图2-10(b)所示。由图还可见,在铁素体网密集区的珠光体较粗,而在铁素体网稀疏区的珠光体很细,分别如图2-10(c),2-10(d)所示。图中带状组织的存在使钢的组织不均匀,影响钢材性能。而且,粗大魏氏组织的存在,也使钢调质处理后得不到正常的组织,致使韧性下降。经显微硬度计检测,珠光体的显微硬度值为266HV,而铁素体的显微硬度值为166HV。因此,硬度检测结果均不高。

观察45钢原材料断口形貌,45钢原材料断口大部分呈河流状花样,以解理断裂为主,如图2-11(a)所示。由此可见,造成以脆性断裂为主的原因可能是45钢组织中存在较多魏氏组织,使钢的力学性能特别是冲击韧度和塑性显著降低,提高了钢的脆性转折温度。除此外,在45钢原材料断口中还有少量颗粒状夹杂物存在,如图2-11(b)所示。经能谱分析,夹杂物属于金属和非金属夹杂,如图2-12所示。由有关研究可知,钢中夹杂物的存在是影响钢性能的重要因素。金属或非金属夹杂物与钢基体性质存在的差异,会破坏金属的连续性,并导致夹杂物周围应力集中或削弱晶体间的结合,影响钢的切削性能。

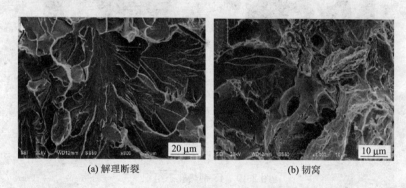

(a) 解理断裂 (b) 韧窝

图2-11　45钢原材料断口形貌

为改善45钢原材料组织,相关单位技术人员提出了采用重结晶退火工艺,具体工艺路线如图2-13所示。

45钢样品经重结晶退火处理后,金相组织为珠光体+铁素体,组织均匀性以及网状铁素体、魏氏组织和带状偏析的组织特征得以明显改善。如图2-14所示。经过重结晶退火,45钢内在质量明显提高。

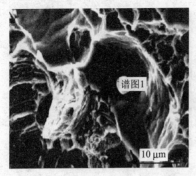 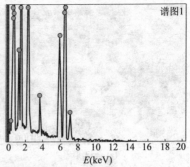

元素	质量分数(%)	原子分数(%)
OK	16.31	32.72
MgK	5.26	6.95
AlK	12.90	15.35
SK	15.58	15.60
CaK	2.26	1.81
MnK	17.60	10.28
FeK	30.09	17.30
总量	100.00	

图 2-12　45 钢原材料断口夹杂物分析

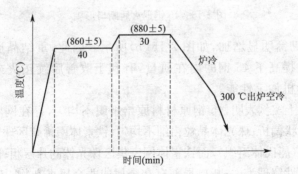

图 2-13　45 钢样品的重结晶退火处理工艺曲线

用扫描电镜观察 45 钢样品退火断口形貌的结果表明,断口特征为脆性和韧性共存,如图 2-15(a)所示。在高倍下可以

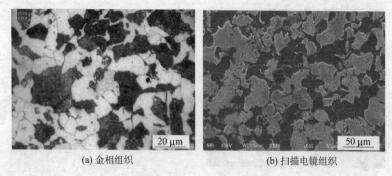

(a) 金相组织　　　　(b) 扫描电镜组织

图 2-14　45 钢退火后组织

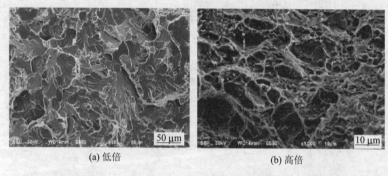

(a) 低倍　　　　(b) 高倍

图 2-15　45 钢退火后断口形貌

看出,韧窝明显增加,如图 2-15(b)所示。因此,重结晶退火处理明显提高了 45 钢的内在质量,有利于改善后续正火或调质处理后机加工性能。

以上实例表明,45 钢原材料原始组织不均匀,存在网状铁素体及带状偏析;珠光体晶粒粗细不均匀,铁素体网稀疏区珠光体的片层细(屈氏体组织),而铁素体网密集区珠光体的片层粗;断口特征以脆性解理为主;断口局部存在金属或非金属夹杂物。这些是造成 45 钢局部机加工困难的主要原因。如先将 45 钢原材料进行重结晶退火处理,可以明显改善其组织缺陷,提高后续正火或调质处理的机加工性能。

4. 如何解决 50 钢带在塑性变形过程中的裂纹问题?

众所周知,在金属材料的工艺性能中,压力加工性非常重要。压力加工产品在生产、生活中应用极为广泛。不仅大量低碳钢零件要通过压力加工成型,而且,不少中碳钢零部件也需要进行压力加工、经受大量塑性变型。

如图 2-16 所示的 56 式 7.62 mm 钢芯枪弹弹夹。弹夹的使用性能要求是:上弹容易,上弹后经振动不掉弹,能顺利进入枪槽并到位,压弹后能顺利退弹和进入弹仓。弹夹的原材料为优质碳素结构钢 50 号冷轧钢带(以下简称 50 钢带)。该厂企业标准规定 50 钢带的力学性能指标为抗拉强度 $\sigma_b=450\sim750$ MPa,延伸率 $\delta\geqslant13\%$,以后又修订为抗拉强度 $\sigma_b=450\sim550$ MPa,延伸率 $\delta\geqslant20\%$,当按这种标准生产时,均发生严重的"包裂"致废问题。"包裂"是由于产品图上的凸包是经过先冲凹(如图 2-17 所示),再折边二道工序成型的,即 50 钢带在这里经受局部条件恶劣的塑性变形。按上述标准规定的性能不能适应这种变形。

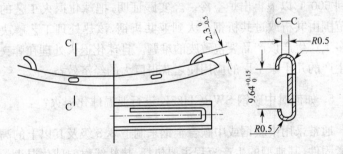

图 2-16 弹夹产品图(单位:mm)

由于该产品使用中要求较高的弹性(经机加工后,由淬火和回火保证),显然不能以降低含碳量来提高塑性,只有从改变材料的组织寻求出路。后经研究者在排除了工装、设备、操作的影响,进行大量实验之后,发现那些出现裂包的料片均被发现有片状珠光体存在。严重裂包(大开花)者,料片的组织为粗片状珠光体;反

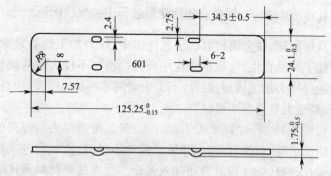

图 2-17 下料冲凹打标记(单位:mm)

之,凡珠光体呈球状、点状分布的料片,在生产中均不裂包。经过金相分析总结提出了原材料的金相组织必须是球化组织的新标准。

从实际出发,通过在该厂、其他工厂和有关钢带生产厂进行对比实验、调查研究,得出了 50 钢的球化工艺,即:退火将钢加热到 Ac_1 以上 20~40 ℃,保温一段时间后,然后以缓慢的冷却速度冷却到 600 ℃以下再出炉空冷。经实践证明,把球化退火工艺的应用范围由共析或过共析钢扩大到亚共析钢,该热处理工艺解决了许多工厂生产该产品裂包致废的难题。且球化退火处理在弹夹弹链生产的几十家工厂的应用使之获得巨大的经济效益。

5. 如何对中碳钢 SWRCH35K 进行亚温球化退火?

通常采用中碳钢或中碳合金钢来制造 8.8 级及其以上的高强度紧固件,其典型的生产流程主要包括:热轧线材—球化退火—拉拔—冷镦—滚丝—淬火回火—表面处理。其中球化退火的主要目的是使钢材获得足够的塑性以满足冷镦成型的要求。在冷镦成型过程中材料往往要承受 70%~80%的总变形量,因而要求原材料的塑性好,硬度尽可能低。再制造高强度紧固件过程中,球化退火处理是目前紧固件制造过程中最为耗时、耗能的工序,其周期大约需要 12~24 h。因此,紧固件制造行业迫切希望能够简化球化退火工艺,缩短球化退火处理时间。

球化退火工艺,根据其工作原理,可主要分为:亚温球化退火、缓慢冷却/等温或周期循环球化退火(以下称双相区球化退火)、淬火+高温回火、形变球化退火等。多数冶金和紧固件企业通常采用图 2-18(a)所示的工艺对其材料进行球化退火处理。认为在临界点 A_1 以下温度等温使碳化物球化的周期太长,因而生产中很少采用图 2-18(b)所示的亚温球化退火工艺。然而对于现代高速线材生产线生产的冷镦钢线材,采用图 2-18(b)工艺对其材料进行球化退火处理,可以节约能源和减少球化退火时间。相关对中碳合金钢的研究表明,对于经斯太尔摩控冷线快速冷却得到的细珠光体组织,在 A_1 点以下的较高温度进行亚温球化退火处理可显著加快渗碳体的球化进程。

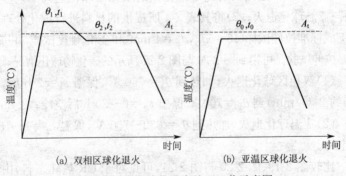

(a) 双相区球化退火　　　　(b) 亚温区球化退火

图 2-18　典型球化退火处理工艺示意图

例如,某研究单位选用制作 8.8 级高强度螺栓的试验料为中碳钢。工业生产的常规轧制和控轧控冷的中碳钢 SWRCH35K 的化学成分见表 2-4,试验材料热轧态的微观组织形貌如图 2-19 所示。

表 2-4　试验材料的化学成分(质量分数 wt%)

工艺	$w(C)$	$w(Si)$	$w(Mn)$	$w(P)$	$w(S)$
控轧控冷(CRC)	0.34	0.18	0.68	0.015	0.009
常规轧制(CR)	0.34	0.15	0.66	0.018	0.007

 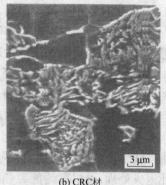

(a) CR材　　　　　　　　(b) CRC材

图 2-19　试验材料热轧态的微观组织形貌

用软件计算的中碳钢 SWRCH35K 钢的 A_1 点和 A_3 点分别为 719 ℃、786 ℃。如按某研究单位提供的双相区球化退火工艺参数(1)与亚温球化退火;(2)将其表 2-4 所提供的材料进行球化处理并加工成标准拉伸试样($10=5d_0$,$d_0=4$ mm)和金相、硬度试样,并进行室温拉伸试验。可得到图 2-20 与图 2-21 所示的碳化物球化情况。

(1)双相区球化退火,加热到 $\theta_1=750$ ℃,保温 $t_1=2$ h 后,炉冷(约 2 ℃/min)到 $\theta_2=700$ ℃ 保温 $t_2=0\sim20$ h 后空冷;

(2)亚温球化退火,加热到 $\theta_0=630\sim700$ ℃,保温 $t_0=1\sim16$ h 后空冷。

比较图 2-19、图 2-20 与图 2-21,可见对于 CR 热轧态料,由于轧后冷却速度较快,因而珠光体片层间距十分细小,少量珠光体退化,如图 2-19(a)所示;而对于 CRC 热轧态料,尽管珠光体片层间距相对粗大,平均片层间距约 0.20 μm,但是部分珠光体发生退化,渗碳体呈短棒状或颗粒状,部分渗碳体片产生扭折甚至断开,如图 2-19(b)所示。

而经双相区球化退火处理后的 SWRCH35K 钢碳化物球化情况(如图 2-20 所示)与图 2-19 有很大区别。对于 CRC 料,双相区球化退火处理在 θ_2 温度 700 ℃ 未保温时组织为先共析铁素体+片层状珠光体,如图 2-20(a)所示,其中的片层状珠光体是从

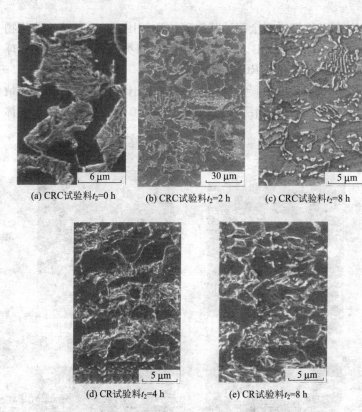

图 2-20 CRC 和 CR 试验料经双相区球化退火（700 ℃）处理后的碳化物球化情况

注：此处所给出的保温时间为 t_2，不包括保温时间 t_1。

750 ℃炉冷到 700 ℃时未转变的奥氏体在随后的空冷过程形成的；保温 2h 后即有部分渗碳体溶断、球化，此时组织中粗大的珠光体是在炉冷或在 700 ℃等温过程中形成的，而十分细小的珠光体则是未转变的奥氏体在随后的空冷过程中形成的，如图 2-20(b)所示；此后，随着保温时间的延长，碳化物球化率继续提高，并按照 Ostwald 熟化机制长大，且分布更加均匀，如图 2-20(c)所示。值得注意的是，双相区球化退火处理过程中，所用材料即使经过 20 h 的长时间保温，仍有少量未球化的片状渗碳体，这表明要使

SWRCH35K 钢得到全部球状渗碳体比较困难。CR 料的碳化物球化行为如图 2-20(d)、(e)所示与 CRC 料类似,只是其碳化物球化进程明显落后于 CRC 试验材料。

SWRCH35K 中碳钢材料经亚温球化退火后的碳化物球化情况如图 2-21 所示。由图可见,该材料在 700 ℃保温 2 h 后渗碳体

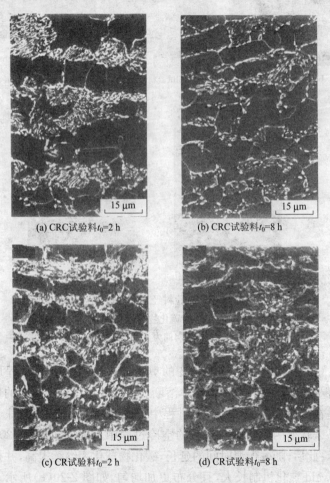

(a) CRC试验料 $t_0=2$ h (b) CRC试验料 $t_0=8$ h

(c) CR试验料 $t_0=2$ h (d) CR试验料 $t_0=8$ h

图 2-21 CRC 和 CR 试验料经亚温球化退火(700 ℃)处理后的碳化物球化情况

大部分变成短棒状或颗粒状,渗碳体的球化率大约在60%以上,相比双相区球化退火工艺,此时的亚温球化退火整个保温时间至少缩短了2 h。同样,CR试验材料的碳化物球化进程明显也落后于CRC试验料。

例如,定义渗碳体颗粒的最大尺寸与最小尺寸的比值≤3时的渗碳体颗粒数与渗碳体颗粒总数的比值为渗碳体的球化率。比较CRC热轧材试验料经双相区球化退火和亚温球化退火处理后的渗碳体球化率随等温时间的变化(如图2-22所示),可见在等温初期,随着等温时间的延长,两种球化退火的球化率均显著增加,但当等温时间超过约8 h(亚温球化退火)或12 h后,双相区球化退火SWRCH35K中碳钢的球化率提高的幅度很小。这主要是由于退火过程中一方面不断有新的片状渗碳体溶断、球化,使球化的渗碳体数量增加,另一方面又不断有渗碳体颗粒按照Ostwald熟化机制长大,使球化的渗碳体数量减少。因此,综合作用的结果是球化率随着等温时间的延长而先迅速增加,而后增加趋势变缓。但总体来看,SWRCH35K中碳钢亚温球化退火的渗碳体球化率要高于双相区球化退火的球化率,尤其是这种差异在退火早期表

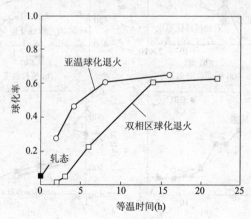

图2-22 CRC SWRCH35K中碳钢经双相区和亚温球化退火处理后的碳化物球化率随等温时间的变化曲线

现得更突出一些。

图 2-23(a)、(b)分别示出 CRC SWRCH35K 中碳钢试验料经双相区球化退火和亚温球化退火处理后的断面收缩率和抗拉强度随等温时间的变化。由图 2-23 可见,对于双相区球化退火,随着等温时间的延长,强度急剧降低,塑性得到明显改善,当等温时间延长到 8~10 h(在 700 ℃等温时间 6~8 h)后,强度缓慢降低,而塑性却有所降低;对于亚温球化退火,随着等温时间的延长,强度缓慢降低,塑性缓慢提高。在等温时间超过约 5 h 后,亚温球化退火处理试样的抗拉强度稍高于双相区球化退火处理的试样,如图 2-23(b)所示。产生这种现象的主要原因是由于亚温球化退火处理后材料中渗碳体比较细小的缘故,如图 2-20 和图 2-21 所示。亚温球化退火处理后材料的断面收缩率也高于双相区球化退火后材料的断面收缩率如图 2-23(a)所示。从图 2-23(c)、(d)中可见,对于双相区球化退火处理,CR 试验料的强度略高于 CRC 试验

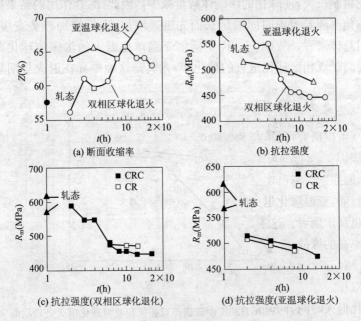

图 2-23 不同状态的 CRC 和 CR 试验料的力学性能随等温时间的变化

料;而对于亚温球化退火处理,两种试验料的强度差别不大。

图 2-24 是在不同等温温度下 CR 态 SWRCH35K 中碳钢试验料的抗拉强度随等温时间的变化。可见,无论对于双相区球化退火还是亚温球化退火处理,随着等温时间的延长,强度逐渐降低;而随着 A_1 以下等温温度的升高,强度逐渐降低,这主要是由于等温温度过低使得碳原子的扩散比较困难,从而延缓渗碳体球化进程的缘故。

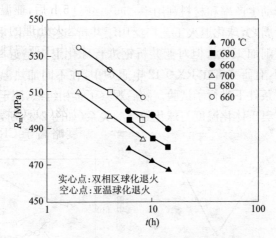

图 2-24　CR 试验料的抗拉强度随等温时间的变化

由以研究可见,与传统的双相区球化退火相比,SWRCH35K 中碳钢在亚温球化退火的等温初期(≤5 h),碳化物即大部分球化,因而钢的强度明显低于前者,塑性明显高于前者;继续延长等温时间,亚温球化退火钢的强度高于传统的双相区球化退火,其塑性也高于前者。这主要是亚温球化退火钢的碳化物比较细小、球化率高的缘故。

对于经过控轧控冷、具有细珠光体组织的中碳钢线材,与传统的双相区球化退火工艺相比,采用亚温球化退火处理可明显缩短球化退火时间,同时具有良好的塑性和冷成型性,因而具有明显的节能降耗、提高生产效率的作用。

6. 如何对45钢冷挤压销轴毛坯进行球化退火?

进行45钢冷挤压销轴毛坯时,要求冷挤压成型的中碳钢件具有较低的变形抗力,较高的塑性。但是,45钢用普通的完全退火不能获得冷挤压成型要求的工艺性能指标。为了使材料在冷挤压时获得较小的变形抗力和较大的塑性,可以对其进行等温球化退火,从而使销轴由原来的车加工改成冷挤成型成为可能,由此也可以提高劳动生产率和材料利用率。

众所周之,球化退火工艺广泛用于共析、过共析钢,其目的是为改善切削加工性。但对亚共析钢进行球化退火是近些年来事情。例如,有研究者在RX-9-12电阻炉中,在不同加热温度,不同等温温度条件下进行了试验。随后观察了金相组织,测定了硬度,通过研究奥氏体化温度与球化效果的关系(如图2-25所示),确定

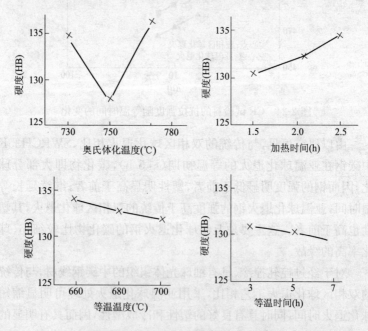

图2-25 影响球化效果因素水平趋势图

出 45 钢冷挤压销轴毛坯的最佳退火工艺,如图 2-26 所示。此外,有关研究者还在 Ac_1 以下的温度进行了球化退火试验。金相试样表明:45 钢在 Ac_1 以下长时间保温,随炉降温的球化退火的碳化物颗粒均匀,球化效果好。表 2-5 为 45 钢在 Ac_1 以下球化退火工艺及球化效果。上述两种方法获得相近的金相组织和硬度,但等温球化退火的时间最短。

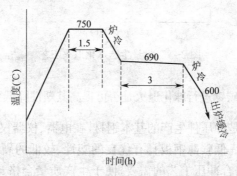

图 2-26　45 钢球化退火工艺曲线

表 2-5　45 钢 Ac_1 以下球化退火工艺及效果

工艺参数	球化率	硬度(HB)
670 ℃×12 h→炉冷至 550 ℃出炉缓冷	完全球化	137~139
680 ℃×12 h→炉冷至 550 ℃出炉缓冷	完全球化	132~135
690 ℃×12 h→炉冷至 550 ℃出炉缓冷	完全球化	130~132
700 ℃×12 h→炉冷至 550 ℃出炉缓冷	完全球化	127~130

后来,经过采用装炉量 1t 的 RT-45 型井式炉,选用图 2-27 所示工艺批量生产的球化退火工艺,球化效果及力学性能指标均达到冷挤压工艺要求,见表 2-6。从而使 M5R6018 销轴由原来的车加工改成冷挤成型成为可能,提高了劳动生产率和材料利用率。

表 2-6　批量生产球化效果及力学性能

球化率	硬度(HB)	σ_s(MPa)	ψ(%)	δ(%)
完全球化	130	300	60	25

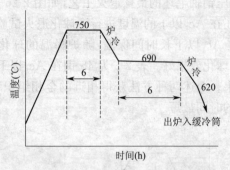

图 2-27　批量生产球化退火工艺

7. 对低碳钢进行球化退火是否可提高其塑性降低变形抗力？

低碳钢是冲压件生产的基本钢材,在电器、仪器仪表等制造行业广为采用。低碳薄钢板具有优良的塑性、较低的硬度或较小的变形抗力,符合冲压工艺的需要,便于生产质量合格、物美价廉的产品。然而,生产中不少冲压件在冲压加工时的报废现象仍然时常发生,这些件在断裂部位的冷变形量大固然是一个原因,但另一方面也对所用原材料的冲压工艺性能提出了更高的要求。也就是说,提高塑性、降低硬度的要求即使对低碳软钢也仍然具有实际意义。

通常,球化退火是降低高、中碳钢的硬度,改善切削工艺性的有效措施。但也有一些人想通过球化退火方法提高低碳钢的塑性、降低硬度。这种想法是否可行？人们能否可以通过球化退火方法解决冷冲压过程中材料变形抗力和塑性问题？球化退火方法能否将低碳钢材料这种变形抗力低、塑性好的特征及性能再延伸到极限程度？以某厂生产的线材盘卷为例。截取的试样尺寸为 $\phi 7 \times 650$ mm,材料的化学成分见表 2-7。试样的原始状态是热轧风冷态。原材料的机械性能经过重新测试,结果是 σ_s 311 MPa,σ_b 457 MPa,硬度指标经制样测定值为 HRB73～77。

表 2-7　所用低碳钢材料的化学成分（质量分数 wt%）

C	Mn	Si	S	P
0.16	0.47	0.19	0.018	0.020

为了找出较好的低碳钢球化退火工艺，研究者对表 2-7 所示的材料其进行了不同温度的热处理实验，见表 2-8。

表 2-8　球化工艺及其试验结果

工艺编号	工艺名称	工艺参数	性能（标距 100）	
			伸长率	硬度（HRB）
1	低温退火	600 ℃×40 min 后炉冷。炉内冷却约 2 h	30%	$\dfrac{68}{(65\sim69)}$
2	球化退火	750 ℃×15 min→炉冷至 670 ℃× 3 h。600 ℃后出炉空冷	29%	$\dfrac{65}{(63\sim66)}$
3	低温加热	670 ℃×20 min 后出炉空冷	28%	$\dfrac{71}{(70\sim72)}$
4	完全退火	920 ℃×15 min 后炉冷，600 ℃出炉空冷	29%	$\dfrac{56}{(54\sim58)}$

经反复试验，研究者发现低碳钢的等温球化退火最佳的球化温度是 670 ℃。在 2000 放大倍数下，可以观察到低碳钢组织中的球状 Fe_3C 相。并对每个工艺下的试样进行了力学性能测试。结果发现，所用材料经表 2-8 中所列各工艺处理以后，各种工艺每次所得的硬度、伸长率数值相当稳定。即，经过球化处理以后，低碳钢的塑性与原始数值相比，变化很小，硬度有所降低。因而可以认为球化处理对改善低碳钢冲压工艺性的作用是不明显的。试验用材料的含碳量是 0.16%，其组织中珠光体约大约 20%，渗碳体 Fe_3C 含量大约是 2%，这些渗碳体 Fe_3C 由片层状聚缩成球状对整个组织中破裂裂纹的尖端作用不明显。低碳钢球化效果对其性能的影响与高碳钢的情况不同。以 T8 为例，T8 中含有 12% 的碳化物，T8 球化退火处理后硬度可降至 HB180 以下，与正火后片状珠光体的 HB240～330 相比，改变的幅度是很大的。试验表明，低碳钢中较低量的碳化物相的状态变化不足以引起冷冲压工艺性

的显著提高。

从研究者表 2-8 中工艺 3 的低温加热处理与工艺 2 的低温退火处理的效果比较可知，非球化组织也具有与球化退火组织大体相同的塑性和硬度。这从另一方面说明，通过球化退火，直接改善、提高冷冲压性能的效果是不大的。表 2-8 中工艺 4 的完全退火降低了硬度，塑性无所增加，说明对于低碳钢这种塑性良好的软钢，通过常规的热处理措施（不涉及组织中铁素体相极端细化时的性能变化问题）调整组织以提高塑性、降低硬度的效果已基本达到了极限。

8. 如何避免冷轧钢板退火碳黑的产生？

冷轧钢板在退火加热时，残留的轧制液挥发出来的气体如不能排除干净，则冷却后会附着在钢板表面形成碳黑缺陷，造成废品。

影响碳黑形成的因素主要有退火保护气氛、轧后钢板的残留物、氢气吹扫工艺、操作和设备等。

目前使用的罩式炉中的退火保护气体为全氢气体或氮氢混合气体（氢含量为 7%～8%）。因氢气的扩散系数为 $0.629\ cm^3/s$，为 N_2 扩散系数的 4 倍（N_2 扩散系数为 $0.157\ cm^3/s$），故加热时氢气可迅速穿透到钢带层间，有利于轧制油由钢卷层间逸出并随保护气排出，可有效避免轧制油因在炉内高温停留时间过长热解而产生碳黑。炉中的退火保护气体为氮氢混合保护气的罩式炉中，退火过程中因炉中氢气含量较低，相比全氢气体保护退火炉易产生碳黑。

轧后钢板的残留物主要表现为钢带表面的轧制油热稳定性越高，加热时越不易挥发，越易在高温产生热解形成碳黑。

图 2-28 所示为典型的氢气退火炉中保护气体成分随时间和温度的变化曲线。从图 2-28 可以看出，炉内气氛中甲烷两次达到最大值（即图 2-28 中甲烷的尖峰值），第一个尖峰值在加热过程中温度达 500 ℃左右时出现，此时 CH_4 中的 C 来源于轧制油中，应

被吹掉;另一个峰值出现在加热结束的保温段,CH_4 中的 C 主要来源于钢中,为了不使钢脱 C,此时产生的甲烷不能被吹走。由图 2-28 还可看出,C 与 H_2 生成 CH_4 的化学反应在 700 ℃ 左右停止进行,因此冷却段 CH_4 含量大大降低,在 CH_4 达到第二次峰值后,H_2 含量近 100%。在加热阶段即 300~500 ℃ 时,保护气体中乳液烟气含量迅速增加,该温度段为乳化蒸发阶段。在设置氢气吹扫方式时,可采用大流量氢气吹扫,在甲烷的第二个峰值到来时,不应进行吹扫。

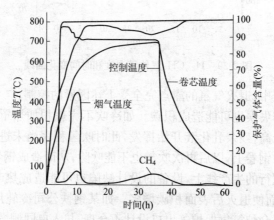

图 2-28　H_2、CH_4 气体随温度和时间变化曲线

图 2-29 为退火过程中炉内露点变化曲线。在炉台空间完成预吹扫以后,测得露点通常为 -50 ℃;在最终 N_2 气吹扫后,露点通常可以达到 -73 ℃。在带卷加热过程中,水及油气蒸发出来,退火气氛露点提高到约 -30 ℃ 左右,此时露点的具体值取决于带钢表面总的油含量、加热速度和 H_2 吹扫速度。由反应式可看出,露点提高不利于残留乳液分解,导致残留乳液在高温下裂解,易形成碳黑。

$$C_nH_m \longrightarrow C_n + H_{m-2} + H_2$$

由于各个生产厂使用不同的轧制油,而且采用的带卷预吹扫方法也不同,因此吹走的总的乳化液与水量也存在较大差别。在

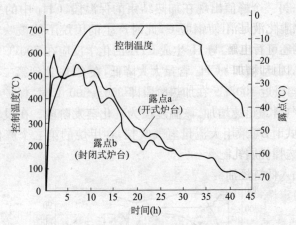

图 2-29 H_2、CH_4 气体随温度和时间变化曲线

退火过程中,退火气氛的露点完全受上述因素的控制。

操作失误也可能造成积碳。如冷吹不完就扣加热罩,造成炉内温度升高,残余乳化液开始挥发,此时吹氢程序尚未进行,挥发物沉积在钢卷上,以后再次吹氢也不能吹除,从而造成钢卷积碳。

在现行的生产线上,设备的设计缺陷也可能造成热吹效果不均匀,从而使退火后表面积碳增多。如某钢铁公司冷轧厂的紧圈式氮氢混合炉氮氢保护气出口设计不合理,与入口同侧,造成吹入炉内的气体很快从出口排出,导致热吹不均匀,易形成碳黑。当把氮氢保护气入口与出口分开后,钢板积碳现象明显减少。

另外,氢气烧嘴或氮气出口因焦油堵塞可能导致热吹流量减少,从而易形成碳黑。再有,加热烧嘴故障,造成升温慢。当吹氢工艺结束时,加热温度还没有达到保温温度,造成在以后升温过程中,残留乳化液挥发气体不能被吹除,最终沉积在钢卷上也会形成碳黑。

由上可以看出,退火后的钢板表面形成碳黑的根源是钢板轧制后残留下来的轧制液过多。因此,设法减少钢板表面的残留乳液是避免碳黑形成的关键。根据相关资料和一些研究者的经验,防止炭黑形成可以从以下几个方面入手:

(1) 在轧机上增设挤压吸引乳化液装置。在成品道次轧制时彻底清除乳化液是消除碳黑实现光亮板面的根本措施。虽然采用轧后对钢卷进行电解清洗、松卷退火或连续退火等方法也可以使板面光亮，但却增加了工艺的复杂性，提高了成本。目前，在轧机上安装乳化液清除装置，是技术上比较先进、经济上比较合理的措施。清除乳化液装置的方案有很多种。如，采用挤压的方法、吹风的方法、烘干方法等。

(2) 选择优质轧制液在保证轧制润滑的前提下，尽量避免在轧制油中加入低链烃油类，以提高轧制油的挥发性，保证轧机吹挤辊工作的稳定性，尽可能减少轧制后钢板表面的残存乳液。

(3) 调整热吹工艺。选择适当的热吹工艺，既能保证吹净残留乳液挥发气体，使钢板表面无碳黑沉积，又可使氢气消耗最小。根据图2-30，约100 ℃时残留轧制液中水分开始挥发，此时即开始小流量吹氢，目的是排除水蒸气。加热3h后，炉温升至约300 ℃，轧制后的残留乳液开始大量挥发，此时开始大流量吹氢，吹氢流量为20 m³/h，此裂解过程一直延续到600 ℃。从300 ℃升至600 ℃约需9 h，故设定大流量吹扫时间为9 h。随后的小流量(10 m³/h)吹氢是为了避免反应式产生的CO和CH_4聚集，同时防止钢板表面脱碳。经过试验，某厂的吹氢工艺示意图如图2-31所示。

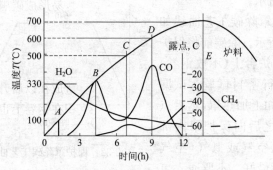

图 2-30　平均温度随退火时间变化曲线图

罩式炉使用一段时间后，在保护罩的内表面会沉积一层碳垢。

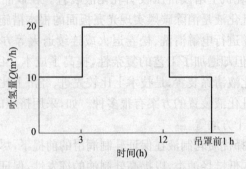

图 2-31 吹氢工艺示意图

在钢卷加热过程中,这些碳垢会随着温度的升高而飘落或附着在钢卷的表面。所以对保护罩内表面的积碳,需要定期进行清除。定期通透氢气流量孔板、氢气烧嘴及氮气出口管道,清除保护罩内壁积碳可使退火后的钢板获得光亮的表面。

将保护罩空放在炉台上(不放钢卷)压紧,进行密封试验。试漏合格后,扣上加热罩,然后点火加热,之后向保护罩内部空间通入空气或氮气(空气效果最好。不要通入氢气,因为氢气不能除碳),加热到一定温度,保温 10 h,随着保温的结束,不再通入空气或氮气,然后带罩缓冷至出炉温度。保护罩除碳工艺曲线如图 2-32 所示。

保护罩除碳工艺曲线如图 2-32 所示。除碳前将保护罩空放在炉台上(不放钢卷)压紧,进行密封试验。试漏合格后,扣上加热罩,然后点火加热,之后向保护罩内部空间通入空气或氮气(空气除碳效果最好。不要通入氢气,因为氢气不能除碳),加热到一定温度,保温 10 h,随着保温的结束,不再通入空气或氮气,然后带罩缓冷至出炉温度即可。

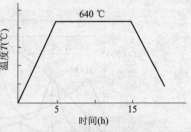

图 2-32 保护罩除碳工艺曲线图

9. 如何避免碳钢冷轧卷在退火时产生粘接？

冷轧带钢可以通过罩式退火炉或连续退火炉消除冷变形过程中产生的加工硬化和内应力。但对于罩式炉退火形式而言，由于钢卷采用整卷堆垛方式生产，在退火后钢卷极易产生粘接缺陷。粘接缺陷按照表现的形状大体上可分成六种。即，分别是月牙状、马蹄状、水平横印、点状分布、不规则形状、平整开卷粘接纹状等。

月牙状粘接，也可称为弯眉状粘接，如图 2-33 所示。月牙状粘接一般出现在板带宽度 1/3 处，沿板带方向基本通板存在，缺陷范围宽度不一。钢板正反两面同一位置表现相似，无手感，主要出现在薄带钢表面。此类缺陷的粘接较均匀。是板带在该区域存在板形凸度上的缺陷。

图 2-33　月牙纹粘接

马蹄状缺陷。此类缺陷状似马蹄，凹凸手感强烈，局部板带甚至可见出现的孔洞，缺陷一般呈点状分布，如图 2-34 所示。它是粘接带钢金属在开卷分离力作用下发生较大塑性变形，甚至超出该处金属的抗拉强度，出现的金属撕裂。此种缺陷局部明显的点状特征，只要钢板中产生马蹄状缺陷，就说明在钢板的马蹄状缺陷处有严重的粘连点。马蹄状缺陷一般出现在薄带钢中，且缺陷的产生与板带表面局部厚度超差或板带表面存在局部异物有关。

水平横印粗糙表面，如图 2-35、图 2-36 所示。水平横印粗糙表面缺陷具有明显方向性，一般在垂直于轧制方向产生，条状缺陷

图 2-34 马蹄印粘接

图 2-35 水平横印

图 2-36 水平横印

长度在板宽方向断续出现,宽度可达 15～20 mm,并周期性出现在钢卷尾部(轧线钢卷头部)几十米范围内。在板面上出现的横向缺陷,由连续或间断条状、片状等构成。微观组织观察,缺陷由点状凹坑组成。宏观观察缺陷处发亮,用手触摸钢板时可感觉到手感粗糙。此类缺陷的周期性间隔长度与钢卷出现缺陷时钢卷卷曲一圈的长度基本吻合,水平横印粗糙表面粘接缺陷的产生与冷轧时,板带头部在卷取机上卷取时在圆周某个位置上出现了横向的附加压应力有关。

点状分布粗糙表面,如图 2-37、图 2-38 所示。此类缺陷在主要在带钢或卷板尾部出现,点状分布粗糙表面随机出现在带钢的边部或板面上,或多或少,或集中或分散,缺陷边沿较为圆滑。点状分布粗糙表面一般在较厚钢带(大于 1.0~3.0 mm)中频繁出现。点状分布粗糙表面的产生与乳化液中残铁或氧化铁皮压入等有关。开卷平整前手触刮擦感,平整后轻微的基本无手感,严重的则手触粗糙。类似金属表层金属点状或片状脱离。对于该形貌粘接缺陷,可在酸轧线采取相应措施进行处置。

图 2-37 点状缺陷

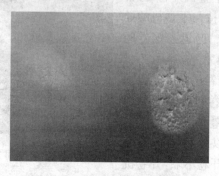

图 2-38 点状(单点)缺陷

不规则形状的粗糙表面,如图2-39、图2-40所示。此类缺陷的外貌极为不规则,面积大的可有鸡蛋大小,小的缺陷有指盖大小,不规则形状的粗糙表面在板带表面基本随机分布。但多数集中出现在厚带钢表面。不规

图2-39　不规则点块状缺陷

则形状的粗糙表面缺陷的产生与金属表层金属脱落有关。不规则形状的粗糙表面缺陷在平整前手感粗糙、有刮擦感,平整后表面粗糙,此类缺陷与原料卷表面存在夹杂等冶金缺陷关系很大。

图2-40　不规则点块状缺陷

另外,在平整机开卷时,带钢开卷面应保持与平整机的处于一个切向位置,退火钢卷的分离面应横向水平,如图2-41所示。如果钢卷层与层间出现粘连,钢卷开卷时所需的分离力就增加,若卷曲张力提供的分离力不足以使得粘连处分离,就会导致开卷不顺,开卷机

图2-41　开卷层间分离面正常

带钢分离面不横向水平,而是弯曲变形,如图2-42所示。此时开

卷张力会波动，带钢出现忽松忽紧状态，在粘连处带钢出现连续横向的窝折印，严重的印记平整后无法消除。而保持高速的平整速度，可以减少此类缺陷。

图 2-42　开卷层间分离面变形

生产中，如采用罩式炉对其冷轧板带退火，罩式炉钢卷的处理方式决定了粘结缺陷不可避免。粘接缺陷经常起源于不均匀的带钢平直度、过高的带钢表面光洁度、过大的带钢卷取张力、退火温度过高（局部超温）、保温时间过长以及冷却初期的过快冷速。根据钢带、或卷板退火时粘接缺陷生产过程，相关资料和有关专家将粘结缺陷产生的机理主要归纳为以下四种：

（1）钢卷各层之间出现很大的层间压力。例如，卷紧的钢卷在罩式退火炉退火过程中，钢卷的径向受到很大的压应力，尤其是退火冷却阶段开始时，过快冷速会使其径向产生的很高收缩热应力。板形不良、厚度不均、局部高点等，这些因素的存在使钢卷层间压力分布不均，造成局部压应力过大。

（2）高温下粘合。钢卷的层与层之间在 600～700 ℃ 的高温下，时间长达数小时的相互压合，使金属表面原子获得足够的能量，相互扩散，晶界发生重合而逐渐形成共生晶粒，形成与原钢板同等的金属实体，这就造成了钢板间的粘结。钢卷的层与层之间金属铁粒子的存在，在 600～700 ℃ 的高温下形成类似焊点的效果。酸洗没洗净的氧化铁与氢气的还原反应，乳化液中残铁在高温下形成的粘结等。

(3)带钢表面轧入的杂质在带钢表面产生凹凸不平的连续压痕在高温退火过程中会影响保护气体的正常循环,导致过热而引起粘结。

(4)带钢表面粗糙度不均匀。单位面积内峰值数(PPI)低。表面粗糙度低。

根据在平整过程出现的粘结缺陷,联系酸轧过程、退火过程的工艺条件,发现当前的一些工艺在执行过程中存在诸多不利因素,针对这些不利因素,相关专家提出可以采取相应措施解决,以降低退火时粘接的发生率。具体分析见表 2-9。

表 2-9 产生粘接的不利因素以及改善措施

机组	现有不利因素	改善措施
酸轧机组	板带板形不良,尤其是带头带尾	将目标板形由中间浪改为边浪
	板带氧化铁皮压入等缺陷存在	冷轧板带质量控制
	轧辊粗糙度低,小于 $R_a2.0$,带钢粗糙度低,较光滑	提高轧辊粗糙度到 $R_a3.0\sim4.0$
	板面残油、残铁高	改善乳化液清洁度
	卷取张力相对较高	保证轧制稳定,减少 10% 到 34 N/mm^2
罩退机组	当前程序较为单一,不同钢种退火规程不一样,但对于不同的厚度,没有细致分类,对于较薄的带钢来说,退火最高温度相对高	厚度小于 1.0 带钢和小于 0.5 mm 带钢降低其退火温度,并限制其加热速度在约 50 ℃/h
	炉区环境温度下降很快,尤其夜间。加热结束后直接更换冷却罩,导致钢卷退火过程中冷却初期的冷速过快,冷却速度可达到 120~130 ℃/h	对生产的厚度小于 1.0 mm 钢卷,执行带加热罩控制缓冷措施,保证冷却速度控制在 10 ℃/h。而厚度大于 1.0 mm 钢卷,执行带加热罩非控制缓冷措施,保证冷却速度控制在 20~40℃/h

通过对某大型厂家粘接缺陷的统计参数可见(表 2-10),经过退火工艺调整、酸轧线对乳化液、轧辊粗糙度的调整,该厂冷轧板退火的粘接率从 30.7% 降到 5.9%,大幅减少了薄带钢出现粘接的几率。

表 2-10 某厂退火粘接发生率统计

	厚度范围(mm)	≤0.8	0.9~1.2	1.3~1.8	>1.8	合计
优化前	生产卷数	564	487	341	97	1 489
	粘接卷数	170	116	138	33	457
	卷数粘接率(%)	30.14	23.82	40.47	34.02	30.69
优化后	生产卷数	572	460	188	31	1 251
	生产卷数	26	31	13	4	74
	生产粘接率(%)	4.55	6.74	6.91	12.90	5.92

10. 如何对 FeCr2.2C1.92M 合金进行退火以便于切削加工？

铸造后经 50% 锻态加工的 FeCr2.2C1.92M 合金硬度较高，切削加工存在一定困难，为降低其材料硬度，便于进行后续的机械加工，需要对其进行退火。但铁-碳等多元合金，其共析转变发生在一个相当宽的温度范围内，并受成分、加热和冷却速度的影响。在共析转变温度范围内，存在着铁素体＋奥氏体＋石墨的稳定平衡和铁素体＋奥氏体＋渗碳体的准稳定平衡。在共析温度范围内的不同温度，都对应着铁素体和奥氏体的不同平衡数量。因此，改变加热温度、保温时间和冷却速度，可获得铁素体和珠光体不同数量和形态的基体组织，在较大范围内调节或改变材料的机械性能。

为研究其 FeCr2.2C1.92M 合金的最佳热处理制度，考虑退火温度对第二阶段碳化物析出长大时间关系的影响，退火温度既是影响扩散最主要的因素，又影响成核过程。提高退火温度将使铁原子的自扩散速度增加。温度越高，渗碳体稳定性越低，成核的可能性愈大，孕育期缩短并急剧增加晶核数目，明显缩短退火周期。但如果温度过高，引起过热现象，使材料力学性能下降，甚至还会引起材料氧化、过烧现象。故 FeCr2.2C1.92M 合金热处理时不宜采用 1 000 ℃以上的温度，一般应在 880~1 000 ℃的温度范围内进行加热和保温。因此，将变形量为 50% 锻造态的

FeCr2.2C1.92M合金加工成 80 mm×50 mm×10 mm 的试样,选取 880 ℃、920 ℃、960 ℃和 1 000 ℃的加热温度对其试样进行加热,保温 2 h、4 h、6 h 和 10 h 保温后随炉冷却。

FeCr2.2C1.92M 合金在不同温度条件下经过 2 h 退火后的金相显微组织,如图 2-43 所示。从图 2-43 中可以看出,经 880 ℃2 h 退火(如图 2-43(a)所示)后,其基体中的大部分碳化物还没有被溶解进去,表明退火温度还不够;经 920 ℃2 h 退火(如图 2-43(b)所示)后,相比前者碳化物溶解的数量较多,但还存在大块的碳化物没有完全被溶解,但有少量珠光体的形成;经 960 ℃2 h 退火(如图 2-43(c)所示),其基体中的碳化物的溶解程度达到饱和,同时还有二次碳化物的析出,形成了大量的珠光体组织;经 1 000 ℃退火 2 h(图 2-43(d))后,晶粒粗大,已过热,从而大大影响了材料的力学性能。

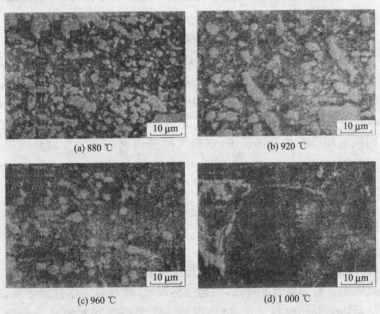

图 2-43　FeCr2.2C1.92M 合金在不同温度条件下
经过 2 h 退火后的金相显微组织

如图 2-44 所示为不同退火保温条件下的硬度值曲线。可以看出,880 ℃退火后,由于大量未溶解碳化物的存在,硬度相对较高。但随着温度升高,被溶解碳化物数量增加,并伴随着珠光体量的增多,其硬度有一定的降低。因此,在 960 ℃退火后,消除了 FeCr2.2C1.92M 合金在铸造时所产生的化学成分或组织不均匀;细化晶粒、改善碳化物形状,提高了组织均匀性,最终降低了 FeCr2.2C1.92M 合金的硬度,便于切削加工。由以上比较可见,FeCr2.2C1.92M 合金最佳的退火温度为 960 ℃。

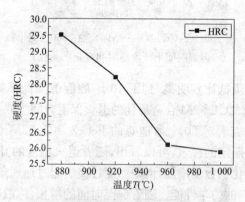

图 2-44　FeCr2.2C1.92M 合金在不同退火保温条件下的硬度值变化曲线

观察其 FeCr2.2C1.92M 合金 960 ℃保温不同时间得到的金相组织。可以看出,锻态的 FeCr2.2C1.92M 合金,共晶碳化物呈大块状,基体上只分布着少量弥散的粒状二次碳化物。随加热保温时间的延长,FeCr2.2C1.92M 合金的颗粒状碳化物增多,而且越来越小并且更加弥散分布。但 6 h 和 10 h 退火后碳化物的分布及形状没有明显的改变。在 960 ℃保温 6 h 退火后颗粒状碳化物最小,分布最弥散。

图 2-45 为研究者提供的 FeCr2.2C1.92M 合金在 960 ℃保温不同时间的条件下,硬度随时间变化的曲线。从图 2-45 中可以看出,硬度随着保温时间的延长而减低。从 960 ℃保温 2～

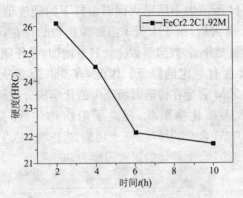

图 2-45 FeCr2.2C1.92M 合金在 960 ℃不同
保温时间下硬度随时间变化的曲线

6 h,硬度值降低比较明显,到了 10 h,硬度值降低不明显。由此可见,FeCr2.2C1.92M 合金最佳的退火保温时间为 6 h。

通过研究者对 50% 锻造态的 FeCr2.2C1.92M 合金进行的热处理工艺制定的探索,可以看出,随着退火温度的升高,溶解到基体中的碳化物数量增加,但是温度过高引起过热现象,致使晶粒粗大,影材料的力学性能。随着保温时间的增长,弥散颗粒尺寸减小并且分布均匀,可以提高其力学性能。通过金相和硬度分析,锻态 FeCr 2.2C1.92M 合金最佳的退火制度为:960 ℃保温 6 h。

11. 如何进行 45 钢冷轧丝杆球化退火?

许多工业发达国家在机械制造业中大力发展冷轧丝杆。冷轧丝杆可以省去车、磨工序,用高效率的冷轧工艺与现代机械零件恰当组合,形成价廉物美的冷轧丝杆产品。

由于冷轧这一特定的加工方式,确定了坯料在轧制前要求硬度低,塑性好,否则就会造成轧机工作精度和轧辊寿命的下降。产品冷轧成型后,如果再进行热处理,不仅会破坏产品挤压硬化效果,而且会破坏挤压精度。要保证产品精度,还要对其进行磨削,这样不仅加大了生产成本,还使产品的生产效率大幅度下降。为此,在不增加生产成本的情况下,选择一种既可提高冷轧性能,又可获得较好轧制质量的基体组织,是提高冷轧丝杆产品内在质量的关键。

要想获得较好的轧制质量的基体组织,研究或找到一种适合冷轧丝杆的热处理工艺非常关键。有研究者采用表 2-11 的化学成分,平衡组织为铁素体 + 片状珠为基体的 45 钢进行了热处理,热处理工艺见表 2-12。45 钢正火组织与球化组织力学性能比较见表 2-13,45 钢轧制后正火组织与球化组织冷轧性能比较见表 2-14。

表 2-11 试验用 45 钢的化学成分(质量分数 wt%)

C	Si	Mn	S	P
0.45	0.30	0.67	0.011	0.024

表 2-12 各种球化退火工艺试验结果

工艺名称	试样编号	工艺参数	碳化物形状	金相组织
随炉升温	1	800 ℃×30 min→10 ℃/h 冷至 700 ℃×3 h 炉冷	片状 + 极少量球状	如图 2-46 所示
	2	760 ℃×30 min→10 ℃/h 冷至 680 ℃×3 h 炉冷	片状 + 少量球状	
	3	745 ℃×15 min→10 ℃/h 冷至 680 ℃×3 h 炉冷	片状 + 小棒状	如图 2-47 所示
到温进炉	4	760 ℃×15 min→10 ℃/h 冷至 700 后炉冷	片状 + 球状	
	5	745 ℃×15 min→10 ℃/h 冷至 680 ℃×3 h 炉冷	全部球化	如图 2-48 所示
	6	745 ℃×15 min 炉冷至 680 ℃×3 h 炉冷	球状+少量片状	

表 2-13 正火组织与球化组织力学性能比较

组织	编号	直径(mm)	σ_s (MPa)	σ_b (MPa)	δ_{10} (%)	HB
正火组织	Z1	10.08	432.3	726.8	17.2	207
	Z2	10.06	446.7	733.5	18.5	216
	Z3	10.08	441.1	735.6	16.98	216
	Z4	10.06	427.8	729.7	19.0	208

续上表

组织	编号	直径(mm)	σ_s(MPa)	σ_b(MPa)	δ_{10}(%)	HB
球化组织	Q1	10.00	331.0	551.3	25.3	144
	Q2	9.96	342.7	551.9	26.0	152
	Q3	10.54	338.1	661.3	26.0	156
	Q4	10.06	342.2	546.0	25.8	144

表 2-14 轧制后正火组织与球化组织冷轧性能比较

冷轧性能	正火组织	球化组织
螺距误差(0.01 mm)	6.030	5.949
中径尺寸(mm)	$M=36.94\sim36.74$	$M=36.80\sim36.74$
表面硬度(HB)	285～293	280～286

工艺 1 试样的金相组织形貌如图 2-46 所示，工艺 3 试样的金相组织形貌如图 2-47 所示，工艺 5 试样的金相组织形貌如图 2-48 所示。

图 2-46 工艺 2 试样金相组织形貌 630×

由表 2-12 可见，工艺 1 与工艺 2，工艺 4 与工艺 3 比较，其他参数相同，但温度不同。工艺 2 的球化效果优于工艺 1 的球化效果，工艺 3 的球化效果优于工艺 4 的球化效果，而工艺 5 由于加热速度快、保温时间短、奥氏体化的温度低，奥氏体化成分不均匀(刚形成奥氏体，但第二阶段未开始即残留碳化物尚未溶解之前降温)，在随后的缓冷过程中，奥氏体的共析转变就以两种情况进行：

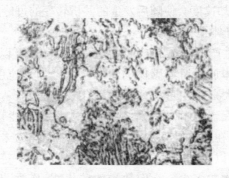

图 2-47　工艺 3 试样金相组织形貌 630×

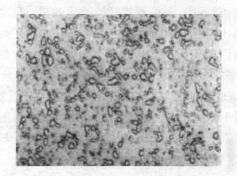

图 2-48　工艺 5 试样金相组织形貌 630×

一是在富碳区,碳化物以残留碳化物为核心,按球状形式析出,并伴有铁素体的形成;另一情况是在贫碳区,首先形成细片状珠光体,其中的细片状碳化物一部分逐渐溶解,在临近碳化物上析出,另一部分长大成较大的片状碳化物,在随后的缓冷和等温过程中碳化物在尖角处溶解,在平面处析出,转变为稳定的球状碳化物。最后,得到如图 2-48 所示的球状珠光体组织。

比较工艺 5 与工艺 6,可见工艺 5 得到全部球状组织,而工艺 6 得到的组织为球状组织+少量片状状碳化物。可见,冷却速度对碳化物的球化效果的影响是显著的,在其他工艺参数相同的情况下,如果冷却速度过快,也得不到很好的球状体,因为奥氏体化后,较快的冷却速度会使随后发生的共析转变的过冷度加大,这对形成球状球光体是不利的。

在实际生产的情况下,加热速度是很快的,可以在亚共析钢中得到奥氏体加残留渗碳体的组织。而且加热速度越大(或者说过热度越大),钢中可能残留的碳化物数量越多,只有在继续加热或延长保温时间的过程中,残留碳化物才能被逐渐溶解。而按照相图,在亚共析钢中只有铁素体才能作为未溶解的过剩相而保留,所以在加热时,加热速度的快慢,在一定程度上决定了残留碳化物的多少。一定数量的碳化物,作为非匀质晶核保留下来,这对于随后形成球化珠光体的影响是很重要的。以上研究表明,在 45 钢中,要得到较好的球化效果,就必须严格控制加热速度、奥氏体化温度、保温时间、冷却速度和等温温度等工艺参数。而且在 45 钢的球化过程中,奥氏体成分的均匀程度,决定着球化率的多少。

生产与试验也证明,45 钢球化退火后,得到较低的硬度,较好的塑性,有利于提高轧制性能。冷轧后,表面硬度与正火组织近似或相等,外在质量与正火组织的相同。这对延长轧辊寿命、保持轧机精度都是很有利的。

12. 如何进行高碳钢的快速球化退火?

球化退火是高碳钢件锻后与机加工前所必须进行的软化处理。但传统的球化处理工艺周期长,能耗高,工件氧化脱碳严重,质量稳定性差。以上问题不仅与所用的设备热特性差有关,还与球化退火工艺不明确、不规范有关。

一般生产过程中,球化退火加热的原则是加热(奥氏体化)温度较低、保温时间较短。但实际退火运用过程中温度低到什么程度、保温时间短到什么限度不明确。例如,常见的几种球化工艺:略高或稍高于 Ac_1;$Ac_1+10\sim20$ ℃;$Ac_1+20\sim30$ ℃,对合金工具钢推荐的加热温度在 Ac_1 以上 $40\sim60$ ℃等(见表 2-15)。

表 2-15　常用钢球化退火的加热温度 T_A(℃)

钢号	T8	T10	T12	9SiCr	GCr15	CrWMn	Cr12MoV	W18Cr4V
Ac_1	730	730	730	770	745	750	810	820
T_A	740~760	750~770	750~790	790~810	770~810	770~790	850~870	830~850

由表 2-15 可见,常用钢球化退火工艺存在如下问题:

(1)加热温度不明确、不规范;

(2)Ac_1 临界温度随加热速度而变,也与原始组织 P_L(片状珠光体)的粗细(弥散度)有关;工业生产所用的退火炉其加热都属连续加热,在连续加热条件下,珠光体 P 向奥氏体 γ 的转变是在一个温度区间内完成的,因此就存在一个转变的开始温度 Ac_{1s} 和一个转变终了温度 Ac_{1f}。当连续加热到 Ac_{1f} 时作为原始组织的片状珠光体 P_L 就消失了,开始进入 γ + K 阶段(即 K 溶解阶段,K 表示碳化物),而教科书中给出的 Ac_1 大多数是一个温度(个别的是一个温度范围),会引起误会。加热的保温时间短到什么限度,特别是在实际生产过程中更是较难确定的问题。

有关研究指出,常规球化退火后的组织中,单位体积或单位面积内粒(球)状 K 的颗粒数与加热奥氏体化后的剩余 K 的颗粒数相同,由此认为球化后的粒状 K 是由剩余 K 长大而成。因此奥氏体化时剩余 K 颗粒数越多,球化越容易。还有的研究表明,球化加热奥氏体化时在获得尽可能多且弥散的剩余 K 颗粒的同时,还要获得浓度不均匀性尽可能大的奥氏体。这样不仅可以明显加快过冷奥氏体的分解,而且可以改变它的分解机制,使分解产物的另一相(α)在远离 K 的 γ 深处单独形核,并快速长大。因而抑制了片状珠光体 P_L 的共析体核心的形成,使 K 和 α 各自独立呈球状长大,最终得到粒状珠光体 P_S 组织。

根据相关人员的研究,依钢加热到 TTA 曲线与可以表征奥氏体状态的指标:晶粒度 GS(ASTM)、淬火时的马氏体点 M_s、淬火后的硬度 HV_1 和剩余碳化物量(K‰)间的关系及奥氏体化过程中 γ 内碳浓度不均匀性的变化规律,通过控制加热工艺参数可以达到控制高温组织 $\gamma + K$ 的状态,以满足球化对加热奥氏体化的要求,并在此基础上有研究者提出并采用了 Ac_{1f} 透烧后即可冷却的新工艺。

例如,某生产现场用 50 kW 罩式炉对 T12 钢锉刀锻坯进行球化退火,装炉量 500 多公斤,原工艺为 810 ℃×5～6.5 h,然后断电炉冷至 650 ℃出炉坑冷。退火后组织如图 2-49(a)、图 2-49(b)所示,表面脱碳层 0.20 mm 左右,碳化物颗粒明显不均,心部硬度为 HRB84,允许范围是 HRB84～91,在脱碳层与心部之间存在少量 P_L。对炉子热特性测试表明,退火件在保温过程中由于炉内功率分布不合理有跑温现象(甚至升高到 850 ℃以上)。

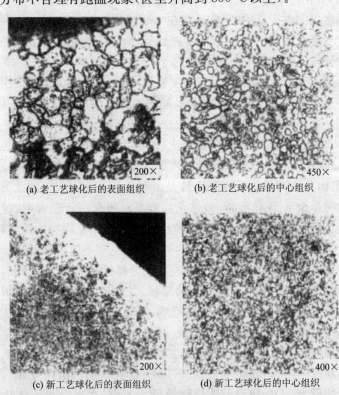

(a) 老工艺球化后的表面组织　　(b) 老工艺球化后的中心组织

(c) 新工艺球化后的表面组织　　(d) 新工艺球化后的中心组织

图 2-49　T12 钢锉刀坯新、老工艺球化退火后的组织

后来,相关研究人员用现场的锻坯模拟现场的加热速度测 Ac_{1f},用硬度及金相法测得 $Ac_{1f} \approx 745 \sim 750$ ℃,如图 2-50、图 2-51 所示。用堆装方式模拟现场炉子的加热速度和炉冷速度,只是奥氏体化采用 Ac_{1f} 透烧新工艺。达到了预期效果。

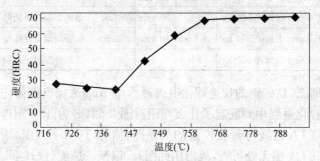

图 2-50 测 Ac_{1f} 临界点的 HRC-T(℃)的关系

图 2-51 Ac_{1f} 点处的组织

在现场试验性生产中,仍用原有 3 台 400× 炉子及配套仪表,对不同类型锉刀锻坯分别在三台炉上进行生产,结果见表 2-16,达到了预期效果。

由实际生产现场可见,加热温度降低了;保温时间由 5~6.5 h 降至 70~90 min;保温过程中工件跑温现象得到避免;随炉降温至 680 ℃的时间由 9.4~10 h 降至 4.5~5 h;脱碳层由 0.20 mm

减小到 0.04～0.075 mm;组织细密均匀;脆性明显减小。

表 2-16 T12 钢锉刀 Ac_{1f} 透烧球化退火效果

炉号	锉刀坯类型规格、装量	保温时间 原工艺	保温时间 新工艺	硬度 (HRB)	机加工性能
1	100 mm 三角锉 500 kg	5 h	80 min	87.5	退火后校直时柄部不断
2	250 mm 大扁锉 580 kg	6.5 h	70 min	80.6	刨磨削加工性能均满意
3	100 mm 三角锉 520 kg	5 h	90 min	87.2	造齿时"乱齿"现象锐减

那么,高碳钢的快速球化退火过程中 Ac_{1f} 透烧奥氏体化在碳化物粒化过程中到底起了什么作用? 图 2-52(a) 为 T10 钢连续加热的 TTA 曲线与剩余 K 量的关系图,简称 TTA-K‰图(因 T12 钢的 TTA 图无处可查,故借用此图)。以某一速度(选10 ℃/s)连续加热过程中,加热到 $P_L \rightarrow \gamma$ 转变的开始温度—Ac_{1s} 线上的 1 点,到 Ac_{1f} 线上的点 2 是 P_L 或消失,开始进入 K 溶解温度区间,再继续加热到 Ac_m 线的点 3 时 K 溶解完,当加热到 ab 虚线上的点 4 时 γ 已均匀化了。可见随连续加热温度的升高,剩余 K 量逐渐减少,而 γ 内碳在 ab 虚线之前一直处于不均匀状态。但是在奥氏体化的不同阶段其碳浓度不均匀的程度是不同的。将 TTA 曲线与 $Fe-Fe_3C$ 相图结合起来,共用一个温度坐标,把上述的 1、2、3、4 点投到 $Fe-Fe_3C$ 相图的相关线(GS、SE 及 T10 的成分线)上,就构成了一个曲边的菱形(图 2-52b)。其中 $1'2'3'4'$ 和 $1''2''3''4''$ 线分别表示不均匀 γ 内的最低和最高碳浓度 c_{min}^{γ} 和 c_{max}^{γ}。而 γ 的平均碳浓度以虚线表示。按球化加热奥氏体化的两点要求:既要获得尽可能多的剩余 K,又要获得具有最大不均匀碳浓度的 γ,则以 Ac_{1f} 温度透烧为宜。因为此时 γ 内的 $c_{max}^{\gamma} - c_{min}^{\gamma} = \Delta c^{\gamma}$ 最大,而 γ 晶粒又处于起始晶粒状态(如图 2-53 所示)。如连续升高温度或延长时间都会使 K 减小和 γ 的碳浓度不均匀程度降低。

根据研究者的经验,实际生产中在获得尽可能多的 K 的前提下,要尽可能使可作为粒化核心的剩余 K 更弥散,这样既可以降低 Ac_{1f} 温度(试验表明锻后获得索氏体或屈氏体比粗片状珠光体

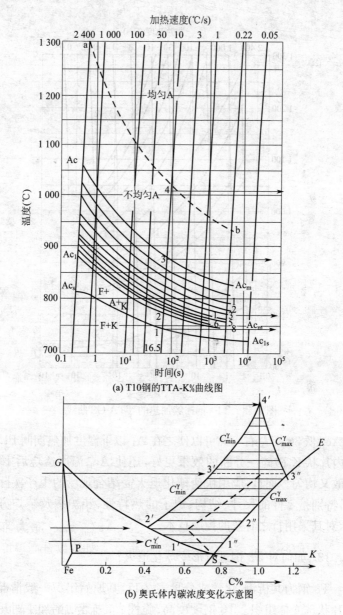

图 2-52 T10 钢的 TTA-K‰曲线图和奥氏体内碳浓度变化示意图

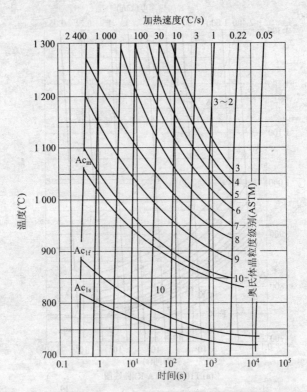

图 2-53 T10 钢连续加热的 TTA-GS 曲线

的 Ac_{1f} 低 30 ℃左右),又可以使之在 A_1 以下温度加热期间 PL 组织内片状 K 破碎→分断的效果更好,还使 Ac_{1f} 温度透烧后 K 既弥散又均匀。而且,应用快速球化退火需结合现场的生产实际条件,特别是零件的尺寸、结构、炉子的热特性、装炉量及装炉方法等,对其采用行之有效的控制技术。

13. 如何对 T8 钢进行形变球化退火?

T8 钢为共析钢,化学成分见表 2-17,其原始组织一般情况下为片状珠光体组织。T8 钢硬度高、脆性大,进行切削加工时易开裂,因而需要进行球化处理。球化处理后 T8 钢组织成球状珠光体,改善了组织形态,降低了钢件的硬度,改善切削加工性能,并消除了内应力,为进一步加工做好了准备。但普通的球化退火冷却速度慢,生产周期长。因此,生产实践中经常考虑的一个重要问题是如何缩短退火时间以达到节能和提高生产效率的目的。

表 2-17 T8 钢化学成分(质量分数 wt%)

T8	化学成分				
	$w(C)$	$w(Si)$	$w(Mn)$	$w(P)$	$w(S)$
含量	0.77	0.32	0.37	0.02	0.03

依据珠光体转变的理论,形变球化退火可达到此目的。球化退火最基本的问题是如何解决粒状碳化物核心的形成,组织中粒状碳化物是由加热奥氏体化时的剩余碳化物颗粒长大而成,剩余碳化物颗粒越多,获得完全球化组织越容易。因而,球化时要对加热奥氏体化提出具体要求。

根据有关文献,奥氏体化时除要求保留尽可能多的剩余碳化物颗粒外,还要获得具有尽可能大的碳浓度不均匀的奥氏体。奥氏体成分的不均匀性有利于珠光体转变的形核和长大过程,而未溶碳化的物质点可成为珠光体转变的非均匀形核中心,从而可使过冷奥氏体异常分解速率比均匀奥氏体快 6~7 倍。当然为进一步提高球化速率,从热力学角度也考虑如何增大转变的驱动力。而增大转变的驱动力可以通过热形变加速球化过程。

通过热形变加速球化过程的一般思路是:将钢加热到略高于 Ac_1 温度,增加奥氏体成分的不均匀性,同时保留较多的未溶碳化物质点,然后再进行大变形量的形变。这样,晶体缺陷和结构不均匀性将显著增加,残留的碳化物质点更弥散细小,非均匀形核过程明显加快,促进了珠光体的形核和长大过程,最后缓慢冷却或在 Ac_1 温度以下等温保持一段时间再冷却至室温,将得到比较理想的球状珠光体组织。对 T8 钢而言,形变球化的模型如图 2-54 所示。

将 T8 钢圆柱试样放至加热炉中加热到 820~840 ℃,保温

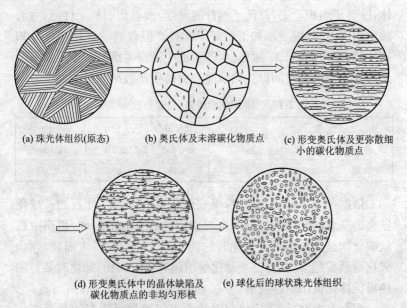

图 2-54 形变热处理模型

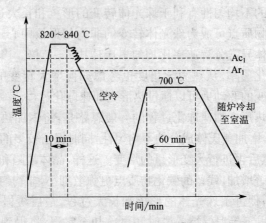

图 2-55 形变球化热处理工艺曲线

10 min(如图 2-55 所示),取出后用锻锤锤打,使其形变量控制为 50% 左右。

(a) T8锻轧态原始组织

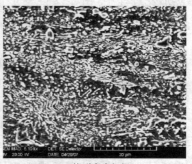
(b) 热形变态组织

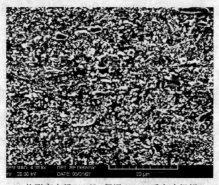
(c) 热形变态经700 ℃,保温60 min后空冷组织

图 2-56　T8 钢在不同状态下的扫描电镜显微组织

图 2-56 为有关研究者提供的 T8 钢在不同状态下的扫描电镜显微组织。由图 2-56(a)可见,T8 钢锻轧态(原态)显微组织由层片状的珠光体组织组成,白亮的条状为铁素体,黑色的条状为渗碳体,它们之间在珠光体组织中交替出现。图 2-56(b)为热形变处理后冷却到室温的显微组织。由图可见,组织中除了粒状珠光体及少量的多边形铁素体外,还有一些扭曲变形的珠光体组织。试样在加热炉中加热到 820～840 ℃,保温 10 min 后已处于奥氏体化,但由于保温时间不长,渗碳体溶解得很不充分,片状渗碳体溶断成许多细小的碳化物质点,分布在碳浓度很不均匀的奥氏体中,形成富碳奥氏体及贫碳奥氏体。在随后的

热形变过程中,由于塑性变形而使点阵畸变加剧,位错密度增大,加速了 C、Fe 原子的扩散,增多的晶体缺陷成为了非自发结晶核心的有利场所。另一方面,未溶的细小碳化物质点也成为非自发结晶的核心。而这些核心主要是渗碳体晶核。每个渗碳体晶核在长大的同时,必然使其周围母相奥氏体贫碳化而形成铁素体,从而直接生成粒状珠光体。

T8 钢试样的形变是在空气中进行,在形变过程中也同时受到了冷却,但时间较短。因此,T8 钢试样中必然会存在一些形变态奥氏体直接转变成层片状珠光体组织,但这些层片状珠光体组织保留了形变而储存了一定的畸变能。图 2-56(c)是经热形变处理后试样在 700 ℃保温 60 min 随炉冷却的组织。此时,样品中已经完全观察不到层片状珠光体,而几乎全部转化为球化组织。球化组织的生产主要是由于保留下来的形变珠光体在加热过程中由于储存能的释放而产生回复再结晶,畸变组织消失,组织细化而变成球状珠光体。由研究者的研究可见,整个形变球化热处理过程较短,处理时间只相当于传统球化处理总时间的 1/5~1/4,由于热处理时间大大缩短,生产效率可以得到很大程度的提高,可解决或拟补普通的球化退火冷却速度慢,生产周期长问题。

二、正　火

1. 如何采用正火防止 Q345C 钢板弯曲裂纹?

Q345C 钢材由于具有良好的综合力学性能、焊接性能及低温冲击韧性,被广泛应用于机车、煤矿、液压、石油化工等各行各业。为了提高板材的利用率,对板材实施计算机优化下料,可使板材利用率可以达到 95％左右。但是,对下料后的钢板进行弯曲压制成型时,经常发现钢板沿着压弯的地方出现裂纹或断裂现象,造成批量零件报废,给制造厂家带来较大的经济损失。为降低生产成本,有研究者在分析材料及制备工艺等方面分析了弯曲裂纹产生的原因并提出了相应的解决措施。

(1) 产生裂纹的原因

对于绝大多数钢来说，S、P 都是有害元素，P 主要影响钢的塑性，S 主要影响钢的冲击韧性和韧-脆转换温度，另外，钢中的硫化物夹杂对钢材不同方向的性能也会产生主要影响。根据国外有关研究，热轧低合金厚板 S 的含量应控制在 0.010%～0.015%之间，而我国的国标中对 S、P 的含量要求比较宽松，Q345C 的化学成分见表 2-18。

表 2-18　Q345C 的化学成分(质量分数 wt%)

C	Mn	Si	P	S	Al	V	Nb	Ti
≤0.20	≤1.70	≤0.55	≤0.035	≤0.035	≥0.015	0.02～0.15	0.015～0.060	0.02～0.20

另外，经过一些检验发现，现在许多的钢厂的钢材在硫、磷的含量上还稍微超过国标上限，这会使得板材的塑性和韧性下降较明显，在弯曲时容易出现裂纹。

Q345C 钢板由钢坯加热轧制而成，因受轧辊的压缩使材料截面减小，长度增加的加工方法。钢板的轧制过程中钢材是沿着一个方向变形和延伸，总变形量较大。所以，轧制的钢板有一定的方向性，一般定义垂直于轧制方向为钢板的横向，沿着轧制方向为钢板的纵向，即板材的纤维方向。从表 2-19 Q345C 钢板拉伸试验数据可以看出，钢板横向与纵向的机械性能有一定的差别，钢板横向的塑性和韧性一般低于钢板纵向的塑性和韧性 4%左右。在钢板下料后，冷态压制弯曲时，当弯曲方向与轧制的方向的横向垂直时，由于横向的塑性和韧性性能较低，加之弯曲方向与纤维方向平行，零件在弯曲过程中容易产生开裂。

表 2-19　Q345C 钢板拉伸数据

板厚(mm)	轧制方向	抗拉强度(MPa)	屈服强度(MPa)	伸长率(%)
10	横向	525～540	350～365	18
	纵向	535～550	360～375	22
20	横向	495～515	330～340	16
	纵向	510～535	340～345	21

而且，弯曲裂纹多发生在弯曲半径和弯曲角度要求过于严格的情况下，板材折弯成型的弯曲半径 R 越小，对材料的延展率越高。对于厚板折弯成型，成型弯曲半径 R 如小于或等于板厚，或成型角度大于 90°时都容易出现弯曲裂纹。弯曲宽度较小的产品，裂纹在宽度的两端；弯曲宽度较大时，裂纹沿着弯曲线，在弯曲宽度的中部附件发生。下好的板料边缘如有毛刺的话，从这些地方折弯也很容易产生裂纹，这是由于有毛刺的地方相当于有很多的微观裂纹，在弯曲时容易从这些微观裂纹处开裂。

弯曲过程中，机械折弯的下胎模是固定的，而数控折弯机是带滚轴的可调胎模，由于固定胎模，槽口棱角尖利，对板料的摩擦系数大，在产品成型过程中，对成型拉伸部位不能及时补料，造成成型拉裂，也是容易造成弯曲裂纹的原因之一。

要防止 Q345C 钢板弯曲过程中产生裂纹应该从提高钢板的塑性和韧性为主。理论上讲，尽量使用往复轧制的钢板。因为往复轧制的钢板纵向性能差别小，冲压性能好，折弯成型时不易产生弯曲裂纹。

加大钢材的入厂检查力度，对每批钢板均要抽样检查化学成分、相关元素含量是否超标，作弯曲或拉伸试验，检查纵向、横向塑性和韧性性能是否满足要求也是防止 Q345C 钢板弯曲过程中产生裂纹的措施之一。

另外，工艺人员在编制下料工艺时，一定考虑钢板的轧制方向，如有折弯产品，折弯方向应与纤维防线垂直，这样在折弯时就可以避免裂纹。

如果以上措施任然不能避免在折弯成型时出现裂纹时，应及时采取必要的补救办法，防止出现废品，采取及改进的措施主要有：

（1）热处理措施

对下好料的钢板进行 900 ℃正火处理。正火可以细化晶粒，均匀组织，改善钢板的综合机械性能，在不降低强度的条件下，提高钢板的塑性和韧性。

根据研究者的 Q345C 钢板拉伸试验数据(见表 2-19)和采用 900 ℃空冷正火处理后拉伸试验数据(见表 2-20)可见,正火态 Q345C 钢板拉伸强度基本没有变化,但伸长率横向与纵向变化很大。正火态 Q345C 钢板和热轧态 Q345C 钢板相比,伸长率提高了 10% 左右,而且横向与纵向的伸长率基本相同。可见,正火处理后的 Q345C 钢板塑性和韧性提高很多。基本满足了弯曲要求。对进行了 900 ℃正火处理后的材料进行压弯成型后,未发现裂纹。

表 2-20　900 ℃正火后 Q345C 钢板拉伸数据

板厚(mm)	轧制方向	抗拉强度(MPa)	屈服强度(MPa)	伸长率(%)
10	横向	530～540	360～375	28.5
	纵向	535～550	365～370	29
20	横向	500～525	335～340	26
	纵向	510～535	335～340	27

(2) 工艺措施

结合设计图纸、现场工艺,在不影响设计装配要求的情况下,可以进行必要的工艺改进。

如,保证主要轮廓尺寸不变的条件下,将折弯成型的 R 改大,降低它对材料塑性和韧性的要求,选取 R 时可以按下列关系修改:

当板厚(t)小于等于 16 mm 时:$R \geqslant t$;

当板厚(t)大于 16 mm 时:$R \geqslant 1.5t$。

如果下料后钢板上有毛刺的话,需要清除毛刺或者对有毛刺的弯曲部分进行退火处理,提高其塑性。

对超过厚板弯曲极限而又要弯曲成小半径时,尽量采用附加反压法。该方法是自由弯曲模中,下模使用强力顶料板,其能在弯曲过程中对板的变形部分增加压缩应力,从而可以使最小弯曲半径显著减小,防止裂纹的产生。

例如,要加工如图 2-57(a)所示中的折弯,可以将曲线从毛坯断面后移 $2t + R$,或者将弯曲线对齐毛坯断面,则须制出 1.5—

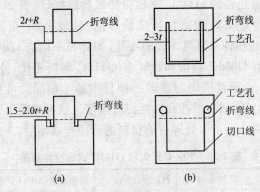

图 2-57　防止弯曲裂纹的工艺措施

$2.0t + R$ 的空槽。图 2-57(b)中进行中空弯曲加工时,首先要考虑冲出大于板厚 2～3 倍的槽,然后就行弯曲;或者在前道工序中开出圆形的工艺孔,而后进行冲裁(切口)-弯曲加工。

采用设备方面,在折弯成型时,尽量采用下胎模可调并且带有滚轴的数控折弯机,减少胎模对板料的摩擦系数,为产品成型过程中,对成型拉伸部分能及时补料创造条件,避免成型拉裂的产生。

2. 如何对 35 钢或 45 钢大型主轴锻件进行亚温正火?

电站的大型主轴、电机轴通常采用 35 钢或 45 钢等制造,并根据尺寸分组确定其力学性能要求。为保证力学性能要求,对主轴、电机轴通常采用淬火或正火加高温回火处理,在这种状态下,往往强度足够,塑性、韧性指标 δ_5、ψ、A_k 达不到要求。为此,某高校与某机械厂联合研究,对电站锻件主轴、电机轴进行锻后亚温正火加中温扩氢退火处理,提高了主轴、电机轴锻件的塑性、韧性及一次处理合格率,避免了淬火开裂。

主轴、电机轴锻件的尺寸示意图如图 2-58 所示,锻后热处理工艺:亚温(Ac_1～Ac_3)正火加中温扩氢退火如图 2-59 所示。

对完成上述处理的工件取样(纵向如图 2-58 所示)进行了力学性能试验,结果见表 2-21。各项力学性能指标达到

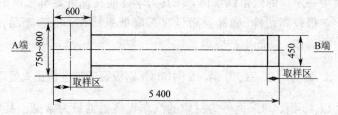

图 2-58 主轴、电机轴锻件示意图

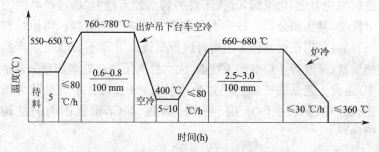

图 2-59 35A、45A 钢主轴与电机轴热处理工艺

JB/T 1270—2002 的要求,且塑性、韧性较好,使主轴、电机轴一次处理合格率由常规工艺方法处理的 20% 左右提高到 70% 以上。

表 2-21 35A、45A 钢主轴力学性能试验结果

材 质	取样	σ_s(MPa)	σ_b(MPa)	δ_5(%)	ϕ(%)	A_k(J)
45A 钢	A端	310	570	26	37	38
	ϕ750 mm	305	565	22	38	35
	B端	320	570	21	26	32
	ϕ450 mm	330	600	26	35	35
35A 钢	A端	290	505	28	52	52
	ϕ800 mm	270	490	25	46	46
	B端	300	480	25	40	36
	ϕ450 mm	285	480	25	45	34
JB/T 1270—2002 35A、45A 钢	A端	255	470	14	22	24
	B端	255	470	16	30	31

主轴、电机轴经亚温正火和中温扩氢退火后,工件晶粒细化,

并保留一定量的残留铁素体,使其力学性能在保证足够强度的前提下获得较高塑性、韧性。而且显著降低返修率,消除废品,缩短生产周期,降低生产成本。

3. 如何对35钢、40钢、45钢、40Cr钢板簧销轴进行正火处理?

以45钢、40Cr钢等为材质的汽车板簧销轴最为常见。其中,主机对销轴的尺寸精度及表面粗糙度等要求较严格。为了降低产品的内应力,细化组织,改善工件的切削加工性能,提高产品的力学性能,某集团公司的技术人员编制了正火工艺规程。将原材料下料后,采用正火处理工艺后再进行机械加工,这样既保证了产品的质量,又改善了切削加工性能,大大提高了生产效率和产品合格率,正火工艺见表2-22。经过生产验证,该公司技术人员认为该正火处理的适用于35钢、40钢、45钢、40Cr钢范围内的结构钢种。

表2-22 常见结构钢正火工艺表

钢种	装炉温度(℃)	加热温度(℃)	保温时间(min)		冷却	硬度(HBW)
35	≥800	870±10	$t=AKD$ A:箱式炉加热系数,一般为1; K:装炉间隙系数,一般为2; D:工件有效厚度或直径(mm)	根据正常装炉量:有效厚度或直径≥40 mm的保温时间为60~70 min;有效厚度或直径≥60 mm的保温时间为70~80 min	在室外通风的空气中或者风扇冷却	146~197
40		860±10				155~217
45		850±10				170~217
40Cr		860±10				179~229

亚共析钢正火后的金相组织应为片状珠光体 + 均匀的铁素体,晶粒度5~8级。对有特殊要求的极重要件用金相显微镜检测,一般只做布氏硬度检测。

正火后的工件硬度测试采用布氏硬度测试,并达到硬度要求。测试平面的最小面积应大于测试钢球直径的3倍,压痕中心距边缘不得小于10 mm,随机抽取批量的2%~3%,每件测试1~2处,工件的脱碳层、氧化层不超过毛坯零件单面加工余量的1/2,

畸变量应控制在不妨碍以后的机械加工和使用的范围内。

正火装出炉要求：

(1) 箱式电炉升温≥800 ℃,将工件散放在箱式电炉有效加热区,装炉量及堆放形式的确定应保证工件均匀受热,不因受外力而产生变形,因升温时间及保温时间太长而产生氧化、脱碳超标。

(2) 严禁装、出炉时将工件、工装、扒子、钩子冲击炉内壁、炉丝搁砖及电阻丝。

(3) 一般装炉量：45 kW 箱式电炉,装炉量小于 400 kg；60 kW 箱式电炉,装炉量小于 700 kg。

(4) 适宜经济的装炉量升温时间为 60～80 min。出炉待空冷的工件应用火钩扒开均匀冷却。

正火后,降低了板簧销轴的内应力,细化了晶粒,消除了锻轧件的组织缺陷,改善了切削加工性能,提高了板簧销轴的综合力学性能,可以为下一步热处理做好组织上的准备。另外,研究者认为,对性能要求不高的普通结构件,表 2-22 所示的正火制度也可作为最终热处理。

4. 如何利用正火提高 50W470 电工钢磁感应强度降低铁损？

对热轧坯料进行正火处理是改善冷轧无取向电工钢磁性的重要措施,它往往能提高磁感应强度和降低铁损。但有文献指出"如果热轧采用大于 700 ℃ 高温卷取,应当省掉正火工序"。显然,增加正火工序会提高生产成本,对于某些无取向电工钢究竟是否需要进行正火处理应作具体的分析。对此,有研究者研究了含 1.53wt％Si 的无取向低碳电工钢的正火处理对不同退火工艺条件下材料晶粒尺寸的影响以及各工艺环节的析出物尺寸分布,并测定了有无正火条件下材料的最终磁性。结果表明,正火处理使冷轧退火后材料的晶粒尺寸和析出物尺寸增大,从而使磁感应强度 B_{50} 略有增高,铁损 $P_{15/50}$ 有较明显的降低。

研究者的试验材料为 50W470 无取向低碳电工钢,其主要化学成分(质量分数 wt％)为：≤0.06 C、0.15～0.30 Mn、1.0～

2.0 Si、≤0.030 S、≤0.030 P、0.1～0.3 AL、余量 Fe。试样取自厚度为 2.65 mm 的热轧带钢,卷取温度为 680 ℃。热轧后的显微组织如图 2-60 所示,晶粒度为 5 级。

图 2-60 试样热轧后的显微组织

首先对热轧坯料进行正火处理,然后对无正火和有正火的试样进行冷轧和退火加工。为了模拟用连续炉进行正火处理,试验时将箱式电阻炉空炉升温至一定温度,然后将试样放入炉内加热。为避免试样在加热时氧化,将试样放在不锈钢罩盒内,空隙填满铁粉,同时插入铠装热电偶测定盒内试样的温度变化。开始加热时加热速度很快,随后逐渐减慢。根据生产条件正火处理温度为(1 000±30) ℃。将炉温设定在正火温度的上限,试样入炉后达到正火温度下限后的时间称为正火时间。一般要求正火后晶粒尺寸略大些,但晶粒尺寸过大会造成桔皮缺陷,合适的晶粒度为 2～3 级。正火时间越长,晶粒尺寸就越大。经过研究者多次试验最后确定的正火工艺为(1 000±30) ℃×0.5 min,晶粒度可达 3 级,其显微组织如图 2-61 所示。

研究者随后对无正火和有正火两种条件下的试样分别进行了压下率为 81% 的冷轧,冷轧后试样厚度为 0.5 mm。对冷轧后的试样进行了退火处理,退火温度为(920±30) ℃,退火时间分别为 1 min、1.5 min 和 2 min。为了测定各阶段的析出物尺寸分布,采用了碳膜复型方法来萃取析出物,然后在透射电镜下考察析出

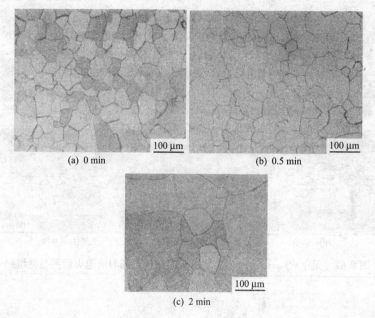

图 2-61 不同正火时间处理后试样的显微组织

物的尺寸分布。用磁性材料测量仪分别测定其磁感应强度 B50 和铁损 P15/50。

图 2-62 为无正火和有正火处理后的试样在冷轧退火后的显微组织。图 2-63 为退火后试样晶粒度与退火时间的关系。如图 2-63 所示,无论在无正火还是有正火条件下,晶粒尺寸都随退火时间增长而增大。在同样退火条件下,有正火的退火后晶粒尺寸比无正火的要大。这很可能是由于正火后的析出物尺寸增大,因而使析出物对晶界的钉扎作用减弱而造成的。通过这些分析也可确定退火时间为 2 min 比较合适,两种条件下的退火后晶粒度分别达到 4 级和 3 级。

热轧后有正火和无正火条件下试样经冷轧和 2 min 退火后析出物尺寸分布如图 2-64 所示。统计的粒子数都在 150 个以上。由图 2-64 可知,热轧试样经正火后,析出物尺寸分布的峰值右

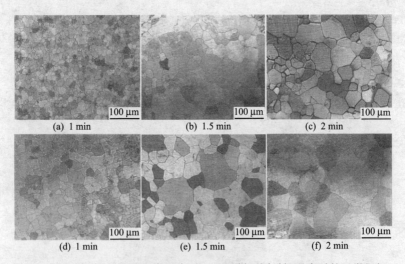

图 2-62 无正火(a,b,c)和有正火(d,e,f)试样不同时间退火后的显微组织

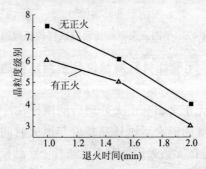

图 2-63 试样晶粒度与退火时间的关系

移,即析出物尺寸变大。

磁性测试结果可见,无正火和有正火试样的磁感应强度 B_{50} 分别为 1.650 T 和 1.651 T,铁损 $P_{15/50}$ 分别为 4.571 W/kg 和 4.137 W/kg。表明有正火试样的磁性比无正火的要好,即 B_{50} 变化不大,而 $P_{15/50}$ 可降低 9.5%。晶粒尺寸对弱磁场条件下的磁感应强度(B_8、B_{25})是有影响的,晶粒尺寸越大,则 B_8 和 B_{25} 越

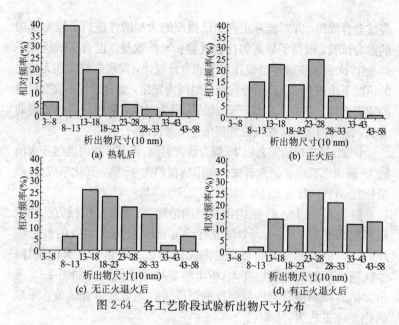

图 2-64 各工艺阶段试验析出物尺寸分布

高;而晶粒尺寸对强磁场条件下的磁感应强度(B_{50}、B_{100})几乎没影响。因此,正火后B_{50}变化不大。对铁损而言,其中主要包含了磁滞损耗P_h和涡流损耗P_e。晶粒尺寸增大,一般会使P_h减小而P_e增大,而无取向电工钢的P_h是主要组分。因此,在两者的综合作用下,晶粒尺寸增大,最终还是使铁损降低。

由实验与分析可见,研究者在对所考察的无取向低碳电工钢合适的正火处理工艺为(1 000±30) ℃×0.5 min;合适的退火工艺为(920±30) ℃×2 min,处理后材料的晶粒度达到3级。在同样退火条件下,有正火的试样退火后的晶粒尺寸比无正火的要大。正火处理后材料最终磁性比无正火处理的要好,磁感应强度B_{50}略有升高,而铁损$P_{15/50}$较明显降低。

5. 如何通过正火使45钢内部裂纹得到愈合?

研究钢铁内部损伤自修复与裂纹自愈合,实现材料智能化是一项非常有意义的工作。根据某文献,有研究者研究了20MnMo钢内部裂纹愈合规律,并对实际生产中已报废的大型锻件进行了较为成功的愈合试验,取得了显著的社会效益和经济效益。也有文献研究了45钢淬火裂纹在脉冲电流作用下的愈合规律,发现裂纹能在无熔化的情况下出现愈合,且愈合在极短时间内发生,愈合过程不改变材料的原有结构。还有人以优质碳素结构钢为对象,采用普通热处理的方法,进行内部裂纹在高温加热条件下愈合的研究。

例如,某高校研究者以45钢为研究对象,研究了如何通过正火消除45钢内部裂纹。研究者试验选用的材料为45钢,其化学成分(质量分数wt%)为0.47C、0.61Mn、0.21Si、0.025S、0.030P。

研究者为研究45钢内部裂纹的消除,首先通过机械方法和镦粗预制高度为12 mm,中部含有约6 mm长内部裂纹的鼓形试样,在45钢内部预置的裂纹见图无论无正火还是有正火的试样,冷轧退火后的析出物也变大,析出物平均尺寸的演变如图2-65所示。然后将制得含有内部裂纹的试样进行热处理愈合试验。采取的热处理工艺为:

(1) 一次加热正火:加热温度分别为800 ℃、850 ℃、900 ℃、950 ℃,保温30 min空冷正火;

(2) 在第一次加热愈合的基础上,重复进行一次同样的正火处理,目的是探讨重复愈合次数(愈合时间)的影响。

由图2-65可见,该裂纹较平直,宽度约(1.1~1.2) μm。由

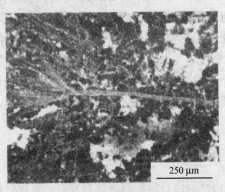

图2-65 预置的45钢内部裂纹顶端形貌

于内部裂纹预置过程中温度较低(800 ℃),畸变量较大(40%),所以裂纹顶端出现了许多放射状微裂纹。对含内部裂纹试样进行 800 ℃加热,保温 30 min 空冷正火处理,正火后裂纹附近的组织形貌如图 2-66 所示。可见 45 钢在 800 ℃正火,裂纹面附近已出现少量细晶粒,原连续状的裂纹出现某些间断,内部裂纹已开始出现愈合迹象。整个基体组织是典型的铁素体 + 珠光体组织。

图 2-66　45 钢 800 ℃保温 30 min 正火后裂纹形貌

随后,研究者对含有裂纹试样分别加热 850 ℃、900 ℃、950 ℃保温 30 min 正火处理,45 钢内部裂纹愈合情况如图 2-67 所示。与图 2-66 相比,裂纹愈合区的组织形貌特征与基体相比更为明显。原黑色裂纹已被白色细小的等轴晶粒所取代,且沿原裂纹面形成了一条宽约(20~25)μm 的愈合带。愈合带顶端呈放射状特征(图 2-67(d)、(e)和(f)),且晶粒很细,这与图 2-65 预置的裂纹顶端出现放射状微裂纹相对应。且裂纹的愈合首先是从裂纹顶端微裂纹处开始,其愈合程度远大于裂纹中部(图 2-67(g)、(h)和(i))。对基体来说,由于加热温度较高,奥氏体晶粒粗大,且成分不均匀,当冷却时,先共析铁素体沿晶界大量析出,并向晶内生成相互平行的针状铁素体,这是典型的魏氏组织,这种基体组织对材料有不良影响,在以后的热处理中应予以消除。

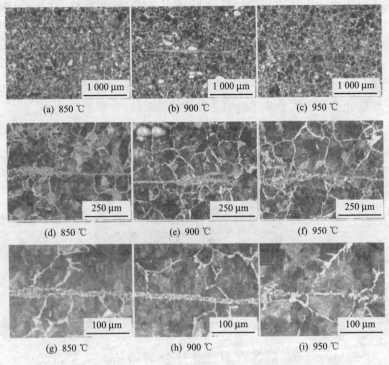

图 2-67 带裂纹 45 钢经 850 ℃、900 ℃、950 ℃保温 30 min 正火后裂纹区形貌

有关文献的研究表明，愈合区白色细小的等轴晶粒是由铁素体组成。由于在愈合处理过程中存在大量的原子迁移与扩散，钢内各元素的分子动力学位势又不相同，造成扩散趋势不一致，铁原子优先向裂纹愈合区扩散迁移，形成铁的富集区，这是愈合区主要由铁素体组成的主要原因。愈合区铁素体晶粒细小的原因可归结为：内裂纹在预置处理过程中，由于变形较大(40%)，裂纹附近存储了大量的应变能和晶粒畸变能，为奥氏体冷却时先共析铁素体形核和核长大提供了充分的形核能量，从而提高了先共析铁素体的形核率。

由图 2-67 还可以看出，随着加热温度的提高，愈合带的宽度变窄(由 20 μm→16 μm→14 μm)。其原因是随加热温度的升高，原子扩散速度加快。裂纹边缘靠近基体一方的晶粒逐渐长大，而裂纹中心部位晶粒还来不及长大，故而呈现高温愈合带较窄的细小晶粒区。

还有文献介绍，加热温度高达 1 200 ℃ 时，裂纹愈合晶粒与基体晶粒基本相同，愈合带消失，裂纹得到完全修复。

考察第二次正火处理后愈合效果，研究者发现对含内部裂纹的 45 钢在 850 ℃、900 ℃、950 ℃ 加热，保温 30 min 空冷，经第二次正火处理后愈合效果与一次加热愈合差别不大。愈合区组织特征基本相同。

可见，裂纹愈合程度主要取决于加热温度。愈合过程主要集中在前期，而后期延长愈合时间或增加愈合次数，对裂纹的愈合作用并不明显。其他有关文献也证实了这一点。但钢内部裂纹愈合存在一个最低的愈合温度。试验证实，45 钢的最低愈合温度为 800 ℃。高于 800 ℃，45 钢内部裂纹才有可能发生愈合。而且，温度越高，愈合带越窄，直至消失。

三、淬火与回火

1. 淬火与回火对碳钢硬度的什么影响？

对碳钢进行淬火是提高其力学性能的有效方法之一。实践证明，零件经热处理后得到的硬度直接受含碳量、加热温度、冷却速度、回火温度这四个因素的影响。目前，有研究者通过对碳钢进行淬火试验，确定这些因素对碳钢硬度的影响。

研究者实验用材料分别采用 ϕ10 mm～20 mm 的 20 钢、45 钢和 T8 钢，含碳量分别为 0.20%、0.45% 和 0.80%，且忽略钢中硅、锰、磷、硫等杂质元素的影响。考察含碳量、加热温度、冷却速度、回火温度对碳钢硬度的影响(保温时间均为 30 min)，考察因素和因素水平见表 2-23。实验后检测各试块宏观硬度，每个试样测 3 点，取其平均值作为最终结果。

表 2-23　热处理方案及结果

试样编号	钢号	淬火温度(℃)	硬度(HRC)	冷却方式	回火温度(℃)
1	20	880	26.0	水	—
2	45	850	58.6	水	—
3	T8	780	66.5	水	—
4	45	760	54.0	水	—
5	45	1 000	27.0	水	—
6	45	850	5.1	炉冷(退火)	—
7	45	850	17.0	空冷(正火)	—
8	45	850	30.0	油	—
9	45	850	50.0	水	200
10	45	850	37.0	水	400
11	45	850	26.7	水	600

含碳量对碳钢硬度的影响如图 2-68 所示。可以看出,随含碳量的增加,碳钢的硬度值也在增加。这是因为亚共析钢的组织是由不同数量的铁素体与珠光体组成的。随含碳量的增加,组织中珠光体数量相应增加,钢的硬度直线上升。

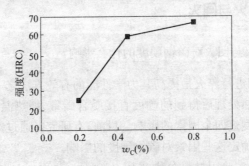

图 2-68　含碳量对碳钢硬度的影响

淬火温度对 45 钢硬度的影响如图 2-69 所示。可见,随淬火温度的升高,硬度先升高后下降,在 850 ℃较高。超过这一温度后,硬度下降迅速。这是因为对于成分一定的碳钢,淬火后的硬度是由马氏体中饱和的碳以及未转变残余奥氏体的量所决定。在一定的淬火温度下,奥氏体中溶解碳的多少受合金碳化物的溶解所限制,碳化物的分解难易和扩散难易是其主要影响因素。所以在较低温度淬火时,奥氏体中溶解的碳量较少,转变的马氏体中饱和的碳也较少,所以硬度较低。当淬火温度升到一定值时,有利于碳化物的溶解和元素的扩散,使奥氏体中溶解适量的碳,从而淬火后获得高硬度的马氏体。但淬火温度过高,奥氏体中溶解的碳量过多,会使奥氏体的稳定性增加,在淬火过程中未能转变成马氏体,组织中剩余的残余奥氏体增多,即使经回火后仍存在较多的残余奥氏体,从而降低硬度。另外淬火温度过高还会促使晶粒长大、粗化,同时高温脱碳现象严重,也影响硬度的提高。

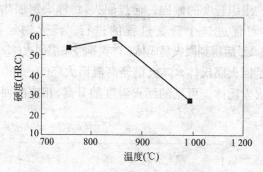

图 2-69　淬火温度对 45 钢硬度的影响

冷却速度对 45 钢硬度的影响如图 2-70 所示。可看出,随冷

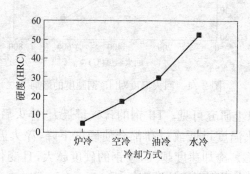

图 2-70　冷却方式对 45 钢硬度的影响

却速度的加快,硬度迅速增加。这是因为冷速不同,得到的显微组织也不同,所以硬度不同。45 钢退火后的显微组织为珠光体 + 铁素体,正火后为索氏体 + 铁素体,油淬后为细针马氏体 + 屈氏体,水淬后为细针马氏体 + 残余奥氏体。正火冷却速度比退火冷却速度快,得到的索氏体比珠光体更细小,硬度会增加;油冷又快一些,得到硬度高的马氏体。水淬得到的马氏体量增加,硬度上升较快。

回火温度的高低对 45 钢硬度的影响如图 2-71 所示。可看出,在低温回火时 45 钢的硬度最大。钢经淬火后得到的马氏体和残余奥氏体均为不稳定组织,具有向稳定的铁素体和渗碳体的两相混合物组织转变的倾向。通过回火,将淬火钢加热(低于 A_1 线温度),可促进这个转变过程的进行。淬火钢经低温回火(150~250 ℃)后得到回火马氏体,淬火钢经中温回火(350~500 ℃)后得到的是回火屈氏体,淬火钢经高温回火(500~650 ℃)后得到的是回火索氏体。可见随回火温度的升高,相应的回火组织硬度会下降。

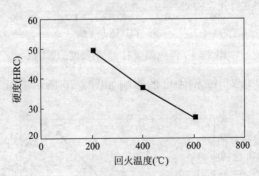

图 2-71　回火温度对 45 钢硬度的影响

通过以上研究可见,T8 钢的含碳量最大,淬火后硬度最大。45 钢的淬火温度过低或过高都会使硬度下降,淬火温度一般取 850~860 ℃。冷却速度越大,碳钢的硬度越大,且变化较大。碳钢低温回火会得到更高的硬度。

2. 如何通过热处理提高45钢性能？

45钢是一种优质碳素结构钢，该钢硬度较低，强度较高，塑性和韧性尚好，切削加工性能较好，除了用来做模具的模板、导柱外，还经常用于制作承受负荷较大的小截面调质件和应力较小的大型正火零件。综合机械性能较好是45钢的特性是表面硬度低，不耐磨。如果需要较高的表面硬度，可以对45钢进行调质和表面淬火来使工件的表面硬度得到提高。对心部强度要求不高的表面淬火零件常见的有曲轴、传动轴、齿轮、蜗杆、键、销等。但45钢在水淬时有形成裂纹的倾向，所以用来制作形状复杂的零件时应在热水或油中淬火。45钢的化学成分及热处理临界温度可参见表2-24。

表2-24　45钢的化学成分及临界温度

化学成分（%）								临界温度（℃）			
C	Si	Mn	P	S	Ni	Cr	Cu	A_{c1}	A_{c3}	A_{r3}	A_{r1}
0.42~0.50	0.17~0.37	0.50~0.80	0.035	0.035	0.25	0.25	0.25	724	780	751	682

现以某厂生产的45钢短轴为例，介绍其加工流程。45钢短轴的加工工艺流程为：下料→锻造→粗机械加工→正火→精机械加工→箱式炉淬火、回火→精磨。作为45钢短轴，其热处理技术要求为：箱式炉加热淬火、回火，硬度达到40 HRC~45 HRC。

(1) 45钢的正火

45钢属于中碳结构钢，正火工艺的目的在于细化晶粒、调整钢的硬度、改善切削加工性能，同时改善锻造组织、消除锻造应力，赋予轴整体的最终力学性能。一般低碳钢和中碳结构钢多采用正火作为预备热处理，研究者生产中的45钢短轴的正火工艺见表2-25。

表2-25　45钢正火工艺参数

热处理项目	加热温度（℃）	保温时间（h）	冷却方式
正火	840~860	1~1.5	出炉空冷

(2) 45 钢的淬火

淬火是为了得到马氏体组织,再经过回火后,可使工件获得良好的使用性能。45 钢的奥氏体稳定性较差,要想获得高硬度的马氏体组织,必须要在加热后快速进行淬火冷却。但 45 钢的导热性比较好,淬火时可以直接进炉加热,加热温度一般为 820~860 ℃。以短轴为例,加热温度约为 760~780 ℃,保温 0.5 h,此处需要注意的是,如果保温时间过长,45 钢表面就无法获得晶粒细小均匀的马氏体组织,并且氧化脱碳严重,淬火质量达不到要求。在工件装炉量过大的情况下,可以将保温时间延长大约 0.25 h。由于 45 钢是淬透性较低的钢材,因此建议选用具有较大的冷却能力且淬火变形小、开裂性小的三硝水作为冷却介质,以代替水—油双液淬火或碱液的分级淬火,达到简化操作过程、改善劳动条件、降低生产成本、提高产品质量的目的。具体的 45 钢淬火工艺参数见表 2-26。

表 2-26 45 钢淬火工艺参数

热处理项目	加热温度(℃)	保温时间(h)	冷却方式	硬度(HS)
淬火	760~780	0.5	三硝水	40~45

(3) 45 钢的回火

因为部分轴类零件要求强度高,而部分零件要求硬度高,所以力学性能指标应通过淬火后的回火来确定工件通过在 250~500 ℃ 之间进行的中温回火后弹性极限和屈服强度高,内应力基本消除,有一定韧性。回火后得到回火屈氏体(马氏体回火时形成的铁素体基体内分布着极其细小球状碳化物或渗碳体的复相组织),硬度约为 HRC35~50。一般来说,硬度要求和工件大小可以决定回火保温时间的长短,也可以说工件的硬度大小取决于回火后的回火温度,与回火时间关系不大,但必须回透,大部分工件的回火保温时间在 1 h 以上。例如,研究者生产中的 45 钢短轴构件因为淬火后硬度达到 HRC56~59,为满足图纸上工件的硬度要求,研究者采用中温回火来保证工件的最终硬度要求,具体的回火工艺参数见表 2-27。

表 2-27 45 钢回火工艺参数

热处理项目	加热温度(℃)	保温时间(h)	冷却方式	硬度(HS)
中温回火	400～440	1	水	40～45

45 钢短轴经过以上正火、淬火、中温回火处理后,具有回火屈氏体组织,其主要特征为极细小的粒状碳化物分布在铁素体基体内,针状形态逐渐消失,只是隐约可见,碳化物在电镜下能清晰分辨两相,可以看出碳化物颗粒已明显长大(在光学显微镜下不能分辨,只能观察到暗黑的组织),具有较高的弹性极限和韧性,其心部强韧性及表面硬度显著提高。

由以上研究者的研究生产可见,通过正火、淬火、中温回火等热处理工艺,改变了 45 钢的内部组织,从而改变其性能,使 45 钢短轴具有了优良的综合机械性能和良好的切削加工性能,不仅改善了表面耐磨性,而且工件中心部分也得到了较高韧性,满足了使用要求。

3. 如何对超高碳钢进行热处理?

碳是超高碳钢中的主要元素,含量在 1.3%～1.9%之间。根据资料,当其碳含量高于 1.8%时,无论采取何种方式都难以消除网状渗碳体,且材料的室温塑性也很差。

铝强化铁素体,提高 Al 温度,是超高碳钢中主要的合金元素之一。超高碳钢中加入铝后采用普通的热处理工艺就可以消除网状碳化物。其最佳含量约为 1.5%。

硅与铝有同样的作用,但硅有明显的石墨化作用并影响后加工质量及室温塑韧性,因而对于超高碳钢的普通热处理工艺,应控制硅的含量。

在超高碳钢中加入铬可阻止石墨化并稳定碳化物,提高淬透性,推荐加入量为 1.5% 左右。加入锰可以减少钢内杂质硫、磷的有害作用。

有研究者采用超高碳钢对其进行了热处理研究,以期研制超高碳钢的生产和热处理工艺。采用的超高碳钢化学成分(质量分数wt%)为:1.4C、1.6Cr、1.5Al、0.35Si、0.42Mn、0.01S、0.019P。

研究者为了使超高碳钢最终获得理想的超细组织,如超细化的珠光体、超细化的马氏体等,应使超高碳钢首先具备良好的原始组织。方法是先在较高温度奥氏体化使碳化物充分溶解,经淬火高温回火后大量的超细碳化物颗粒弥散析出(如图2-72所示),这些超细碳化物在二次热处理中将阻碍奥氏体晶粒长大,为得到最终的超细组织奠定了基础。球化热处理工艺经比较优化后选取为950℃加热0.5 h油冷,700℃回火4 h空冷。

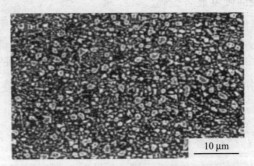

图2-72 950℃×0.5 h油冷 + 700℃×4 h空冷的UHCS球化组织

通过比较各淬火工艺的硬度值确定淬火温度。表2-28是球化组织分别在不同淬火温度下进行淬火(淬火介质分别为油和盐水)的硬度值,结果表明,淬火介质与淬火温度对硬度影响均较大。淬油的硬度值很低,说明超高碳钢超细化后,由于晶界、相界增多而导致淬透性下降。淬水时在较低温度时硬度比较低,随温度升高,硬度值呈上升趋势。这是由于在较低温度奥氏体化时,材料处于三相区($\alpha + \gamma + Fe_3C$)(如图2-73所示),由于有α相存在使硬度较低,而处于$\gamma + Fe_3C$两相区后硬度值就有了明显的提高,但过高的奥氏体化温度将会使碳化物溶解过多,影响超细化效果,故选取略高于A_1的860℃比较适宜。为了与淬火态对比,在相同温度进行空冷以获得超细珠光体。

表 2-28 不同淬火温度、淬火介质下二次淬火的硬度值(HRC)

T(℃)	800	820	840	860
油	20	33	36	40
盐水	38.5	56.5	64	66

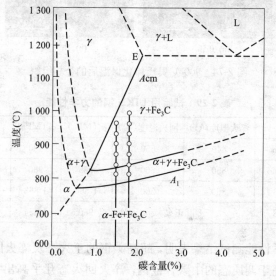

图 2-73 超高碳钢相图(图中圆圈表示被选择的奥氏体化温度)

如图 2-74 所示是超高碳钢 900 ℃奥氏体化保温时间为 0.5 h 和 1 h 后的金相照片。当保温时间为 1 h 时碳化物颗粒尺寸增大,数量显著减少,因此保温时间应低于 0.5 h,研究者试验选择保温时间为 15 min。为保持超高碳钢的强度,选取 500 ℃回火,但其力学性能显示塑性偏低,因此回火温度需再做调整。

研究者试验用超高碳钢经上述热处理后其力学性能见表 2-29。为了进行对比,表中同时列出两种常见的中碳合金钢调质后的力学性能。

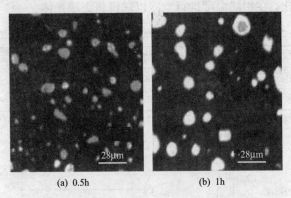

(a) 0.5h　　　(b) 1h

图 2-74　900 ℃奥氏体化保温后的金相组织

表 2-29　试验用 UHCS 钢的力学性能

	淬火温度(℃)	回火温度(℃)	σ_s(MPa)	σ_b(MPa)	δ(%)
40CrMn	840	550	835	980	9
40CrNiMo	850	600	785	980	10
U HCS	860	500	1 560	1 868	2
U HCS	860 正火		960	1 454	11.5

力学性能测试结果表明，超高碳钢的正火态及淬火回火态的强度都高于调质态的中碳合金钢，淬火回火态几乎高出一倍，但塑性大大降低，因此需要提高回火温度及延长回火保温时间，而正火态已达到中碳合金钢的塑性水平。

通过以上热处理工艺试验可见，1.4%C 超高碳钢经球化处理后，淬火与正火加热温度在 860 ℃、保温时间以 15 min 为宜，回火温度须高于 500 ℃。

4. 如何通过热处理提高超高碳钢的耐磨性？

超高碳钢由于含碳量高，组织中有脆性较大的先共析粗大网状碳化物存在。脆性很大，若不采取合适的热处理工艺，很容易造成早期开裂、破碎。因此要对超高碳钢进行适当的球化处理，使超高碳钢中先共析碳化物破碎、细化,以球状析出,同时铁基体晶粒也得到细化,获得球状碳化物均匀分布在超细铁基体晶粒上的组织,再经过适当的二次热处理(正火、固溶和时效等),可获得优异的力学性能;进一步热加工变形也容易进行。而研究在不同热处理条件下,滑动速度、接触压力等工艺参数对高碳钢摩擦磨损性能的影响,探讨其影响机理,将有效地节约材料和能量,提高机械装备的使用性能和寿命,减少维修费用。为此,有研究者采用表 2-30 所示化学成分的材料对其进行了研究。

不同的热处理:球化退火(812 ℃,40 min,炉冷 + 750 ℃,20 min,炉冷),正火(860 ℃,40 min,空冷),淬火 + 低温回火(860 ℃,40 min,油冷 + 220 ℃,2 h,空冷)。热处理后的试样进行显微组织观察、力学性能测定和摩擦磨损试验。

表 2-30　超高碳钢的化学成分(质量分数 wt%)

材料	C	Cr	Al	Si	Mn	Nb	V	Ti	Fe
UHCS-1.3C	1.31	1.49	1.65	0.40	0.43	0.008	0.036	0.050	其余

经不同热处理工艺处理后的显微组织示如图 2-75 所示。如图 2-75(a)所示,超高碳钢铸态组织为片状珠光体加网状碳化物。实际上,过冷奥氏体发生珠光体转变时,形核以后基本上是侧向长大,是以片状渗碳体为主干,然后以渗碳体分枝形式向前长大,渗碳体分枝长大的同时,使与其相邻的奥氏体贫碳,从而促使铁素体在渗碳体枝间形成。最终形成渗碳体和铁素体片层相间的珠光体组织。由于超高碳钢铸态组织不均匀、成分偏析大,并且组织中有大量粗大网状、硬脆、强度低的先共析碳化物,故其力学性能很差。经球化退火处理后的碳钢组织中碳化物非常细小,分布很均匀如图 2-75(b)所示。大部分碳化物的尺寸小于 1 μm,大颗粒的碳化物主要是分布在铁素体基体的晶界处,而小颗粒则多处于晶内,这是由于不完全奥氏体化的大颗粒碳化物的存在抑制奥氏体长大,冷却过程中在晶内析出细小的碳化物,在 750 ℃等温时球化长大。故经球化退火处理后的组织主要为球状或粒状珠光

体,其性能与铸态时相比有很大改善。正火处理后组织是片状珠光体加颗粒状碳化物如图 2-75(c)所示,片状珠光体体积分数较高,碳化物颗粒密集,间隙很小,进一步共析转变析出的碳化物就会依附在已有的颗粒碳化物上,铁素体则在碳化物颗粒间隙形核长大,最终形成粒状珠光体。如图 2-75(d)所示,在860 ℃油淬时,由于碳化物阻碍奥氏体长大,导致淬火后的组织形态的改变,说明碳化物超细化后淬火时相变过程发生了变化,得到了大量的板条马氏体。在 220 ℃低温回火时,得到回火马氏体。淬火可以显著提高钢的强度和硬度,而回火可以减少或消除淬火应力,保证相应的组织转变,提高钢的韧性和塑性。

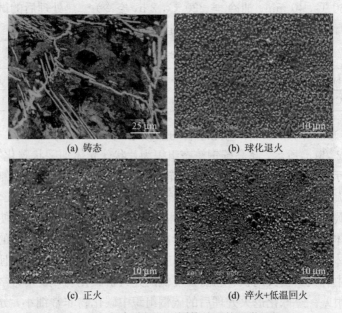

(a) 铸态　　(b) 球化退火

(c) 正火　　(d) 淬火+低温回火

图 2-75　超高碳钢经不同热处理的显微组织

图 2-76 所示为不同热处理条件下超高碳钢的摩擦学特性曲线。可以看出,三种热处理条件下,摩擦副的摩擦系数随滑动速度和载荷的增加基本上呈减小趋势变化,且淬火 + 低温回火后的摩擦系数最小如图 2-76(c)所示,球化退火后摩擦副的摩擦系

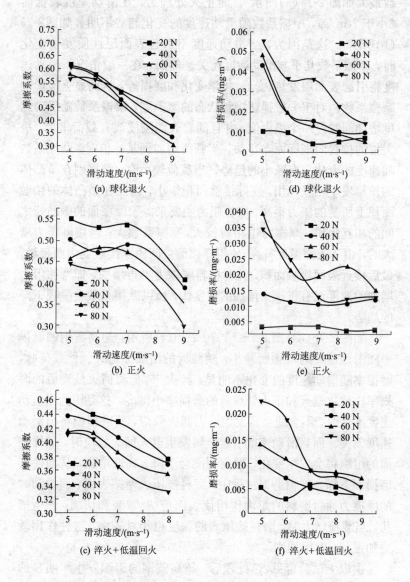

图 2-76 不同热处理条件下超高碳钢的摩擦学特性曲线

数最大如图 2-76(a)所示。而正火处理后,在滑动速度较低时(小于 7 m/s),摩擦系数随滑动速度的变化趋势不明显如图2-76(b)所示。这是因为,当滑动速度不引起表面层性质发生变化时,摩擦系数几乎与滑动速度无关。然而,在一般情况下滑动速度将引起表面层发热、变形、化学变化和磨损等,从而显著地影响摩擦系数。对于一般弹塑接触状态的摩擦副,摩擦系数随滑动速度增加而越过一个极大值,并且随着表面刚度或者载荷增加,极大值的位置向坐标原点移动。当载荷增加到某一值时,摩擦系数随速度的变化只有减小的趋势。当载荷较小时,摩擦副在微凸体的顶端发生相互作用,实际接触面积很小,因此在微凸体的接触面积上所受的压力很高,摩擦阻力主要来源于摩擦面的微凸峰之间的相互阻碍,摩擦力也相对较大,摩擦系数大;当接触压力增大时,由于表面温度升高,使得摩擦面之间由点接触变为面接触,最后接近表面接触面积,此时材料摩擦力不再增加,即摩擦阻力增加的速度没有正压力增加的速度快,所以摩擦系数会呈现下降的趋势。

如图 2-76(d)、图 2-76(e)、图 2-76(f)所示,超高碳钢的磨损率随滑动速度的增加而减小,随载荷的增加而增大。低载荷时,磨损率随滑动速度的变化不明显;淬火 + 低温回火处理后的磨损率比球化退火和正火处理后的磨损率小得多。这是因为当滑动速度不大时,不会使金属发生退火回火效应,线磨损度将与滑动速度无关。而当滑动速度引起金属发生退火回火效应时,试样表面的组织将会发生变化,硬度可能会下降,韧性增强,从而使其磨损率下降。摩擦磨损过程中,磨料被压入摩擦表面,而滑动时的摩擦力通过磨料的犁沟作用使表面剪切、犁皱和切削,产生槽状,当载荷增大时,磨料被压入的深度也相对较大,这种作用就更加强烈,磨损加剧。

由以上试验可见,热处理后,超高碳钢的组织发生了明显的变化:经球化退火后,其组织由铸态时的细片状珠光体加网状碳化物转变成球状或粒状珠光体;正火后,超高碳钢组织转变为片状珠光体加颗粒状碳化物；经淬火 + 低温回火处理后，组织转变成回火马氏体。并且经淬火 + 低温回火处理后的组织性能优于球化退火处理后的。

在球化退火、正火及淬火等热处理条件下，摩擦副的摩擦系数随滑动速度和载荷的增加基本上呈减小趋势；且淬火 + 低温回火后的摩擦系数最小，球化退火后摩擦副的摩擦系数最大。

不同热处理条件下，超高碳钢的磨损率随滑动速度的增加而减小，随载荷的增加而增大。低载荷时，磨损率随滑动速度的变化不明显；淬火 + 低温回火处理后的磨损率比球化退火和正火处理后的磨损率小得多。

5. 如何解决 T8、T10 碳素工具钢淬火变形及开裂？

对于模具材料为 T8、T10 的碳素工具钢，热处理技术要求硬度为 HRC62～67，变形量在 ±0.02 范围。根据资料，某公司模具淬火(碳素钢淬火)采用"10% 盐水-油"双液淬火法，工件入水后凭听声音及振动来确定入水时间，若操作不当就会使工件变形和开裂。后来，该公司又采用过零件的断面每增厚 3～4 mm，在冷却盐水中停留就增加 1 s 的方法计算工件入水时间，但仍存在开裂现象，而且以上方法操作起来很不方便。

针对以上情况，淬火时既要保证表面淬硬和有足够的淬硬层深度，又要尽量减少淬火内应力所造成的变形和开裂。研究人员结合图 2-77 曲线进行具体的分析，发现快冷的目的主要是在于抑制珠光体(或贝氏体)转变，使冷却速度线躲过图 2-77 中 S 曲线的鼻尖部(一般为 500～650 ℃)。这就要求工件在 500～650 ℃ 的范围内快速冷却。而在 500 ℃ 以下时，过冷奥氏体的稳定性增加，孕育期增长，冷却速度减慢不会引起奥氏体的分解，这样对于减少低温马氏体转变所产生的组织应力和热应力是很有好处的。因此，若得到如图 2-77 所示的理想冷却曲线的冷却介质，便可以很好地解决上述淬火操作的基本矛盾。

根据淬火介质冷却的三个阶段，认为淬火介质在三个阶段中，

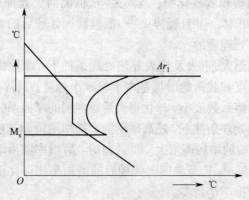

图 2-77 理想冷却曲线

起主要作用的是第二个阶段—沸腾阶段。

从淬火所获得的组织来看,希望第一阶段(蒸汽膜阶段)较短;第二阶段越早结束越好,而且希望此阶段具有足够的冷却速度;至于第三阶段(对流阶段)冷却速度越慢越好。

根据以上分析,配制一种聚乙烯醇的水溶液或"光亮淬火剂"作为碳素工具钢的淬火介质较为理想。这是由于溶液的黏度增加,使冷却的第一阶段的蒸汽膜不易破裂,延长了蒸汽膜期,而在 500~650 ℃区域内,其冷却速度与盐水相似,而在 200~300 ℃低温区内,由于在工件表面形成乳胶似的一层薄膜,阻碍了对流阶段的冷却,因而使这个阶段的冷却速度大为降低,并且随溶液黏度的增加,降低的越多。

这种介质是介于水油之间的冷却介质。按 0.6%~0.8%聚乙烯醇 + 10%~20%NaOH(混合水溶液),4%ZnCl + 10%~20%NaOH(混合水溶液) + H_2O(光亮淬火剂),配出的两种较为理想的淬火介质。

生产实践证明,在这两种淬火介质中,用低黏度的聚乙烯醇碱水溶液来代替水冷,能较好地减少碳钢工件的开裂。但聚乙烯醇溶液配制时需用砂网或纱布包扎过滤,操作起来较为麻烦;而"光亮淬火剂"配制则方便许多,它们的最大特点是 500~650 ℃具有较强的冷却速度,在低温区 200～300 ℃ 具有较小的冷却速度,它们吸取了无机物和有机物作为淬火剂的优点。

工件经这种"光亮淬火剂"淬火后,可以得到光亮润滑的表面,如果将模具两端的销钉或螺钉孔用 1.0 mm 左右的铁皮做一个卡子卡着,可大大地减少两端头的热应力和组织应力,这对于较为复杂的工模具减少变形开裂起着十分重要的作用。因此,用铁皮卡子卡着模具两端头的螺钉或销钉孔的方法,在聚乙烯醇水溶液或"光亮淬火剂"中淬火,就可以基本消除用碳素工具钢制作模具的变形开裂问题。

在模具的销钉或螺钉孔处硬度很高且变形过大,将影响模具的装配。因此,一般在模具的两端头孔处硬度要求应为 HRC40～50;在模具的刃口部分硬度要求应为 HRC62～67。

通过试验,热处理工艺可参如图 2-78 所示。根据金相分析,在孔的两端处组织为贝氏体,在模刃口部分的组织为回火马氏体 + 少量残余奥氏体,其刃口硬度为 HRC62,两端头处为 HRC40。经生产实践证明,模具使用寿命有了大幅提高,每刃磨一次为 2 万～3 万冲次,比原来提高了两倍以上。经过研究者一年的使用,无论是聚乙烯醇碱水,还是"光亮淬火剂"的使用性能均良好。凡经这种淬火剂和加卡子的办法,模具的刃口部分硬度均在 HRC62～65,控制变形量在 ±0.02 mm 范围以内。

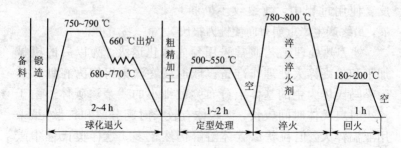

图 2-78 热处理工艺

需要说明的是,虽然聚乙烯醇水溶剂和"光亮淬火剂"在使用一定时期后会老化,介质黏度增加,使冷却能力有所降低,并且淬火时液体表面有少量蒸汽挥发并伴有臭气,但对人体影响不大。

6. 如何对 T12 锉刀快速加热淬火热处理?

锉刀是五金工具中用途最广泛,使用最多的一种工具。锉刀材料通常为 T12,这是由于碳素工具钢材料价格低廉、容易加工,热处理后具有相当高的硬度、耐磨性好。而且由于锉刀在使用过程中受力较小,锉削速度较慢,利用碳素工具钢就可满足基本性能要求。但在使用中发现,新锉刀往往在使用后不久就锉不动而报废了。在受力较大和锉较硬的工件时,其寿命更低。因此,掌握提高锉刀寿命的方法是非常有意义的。

锉刀在锉削工件时,是依靠锉刀上锉刃切入工件表面,然后在推力的作用下,锉刀把工件表面一层一层切削掉,最终提高工件表面光洁度并使尺寸达到要求。锉刀的工作原理示意图如图 2-79 所示。由于锉刀的刃较薄,在使用过程中锉刀与工件接触的瞬间产生一个较大的冲击力,使锉刃产生微裂纹。在反复使用过程中,微裂纹不断扩展,最终产生严重崩刃而使锉刀报废。

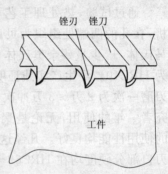

图 2-79 锉刀工作原理示意图

锉刀热处理工艺通常采用预先球化退火,为以后的机械加工和最终淬火处理作准备。球退最终淬火组织为在针状+隐晶马氏体为主的基体上分布弥散细小的残余渗碳体。由于淬火时奥氏体时间较长,渗碳体有较长时间分解和扩散,虽采用亚温淬火,但粒状渗碳体溶解仍然较多。这样奥氏体中碳浓度就较高。淬火后,马氏体以孪晶为其亚结构,脆性较大,韧性不足,容易产生裂纹,在冲击力作用下产生崩刃而使锉刀寿命降低。

一般情况下,经传统热处理工艺处理的锉刀在使用过程中,由于基体脆性较大而产生崩刃,影响使用寿命。因此要提高锉刀的寿命,就必须提高基体的韧性,同时还要保证锉刀有较高硬度和耐磨性,从而提高锉刀的使用性能。为此,有研究者采用充分球化退火与快速加热淬火新工艺来提高基体韧性。新工艺采用适当延长球化时间(注意不能退火时间太长,否则产生石墨而使基体脆性增加),使渗碳体充分球化,聚积长大如图2-80所示,由于淬火时奥氏体化时间较短,再加上渗碳体粒状较粗,溶入奥氏体中碳浓度较低,在其后淬火得到以板条马氏体和隐晶马氏体为主的基体组织,在其上分布较大颗粒残余渗碳体如图2-81所示,由于板条马氏体韧性较好,使锉刀基体韧性得以提高。采用充分球化退火、快速加热淬火新工艺,克服了通常热处理后产生高碳马氏体引起的脆性增加,另外用新工艺加工处理时,锉刀基体上分布着大颗粒渗碳体,对提高锉刀的磨削性能有很大帮助。图2-82为经新工艺处理的锉刀,在使用20万次后的宏观照片,可以看出其崩刃现象并不明显。而经传统工艺处理过的锉刀,在使用不到10万次已产生严重崩刃而不能使用了。

图2-80 新工艺退火 400×

由此可见,锉刀经充分球化和快速加热缩短奥氏体化时间淬火，可以提高锉刀基体韧性，克服锉刀产生的严重崩刃现象，大大提高锉刀寿命。

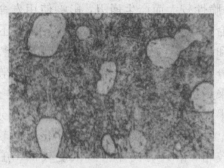

图 2-81　快速加热淬火　2 000 ×

图 2-82　新工艺锉刀宏观照片

7. 如何对中碳弹簧 60 钢进行亚温淬火？

60 钢属于亚共析钢，普通淬火工艺是将其加热到 Ac_3 以上 30～50 ℃，保温，然后淬火。若淬火温度在 Ac_3 以下则组织中有铁素体存在，则认为钢强度、硬度不足，所以生产者往往不采用。实验证明，亚温淬火对 60 钢制件防止淬火裂纹的效果很好。根据生产需要，某单位要对 60 钢制金属线材弯曲试验机夹持板进行淬火处理，它的功能是在两块夹持板的中间夹住要试验的钢丝的一端，另一端由摆头带动，并进行 180 度往复弯曲运动，直到折断为止。因此，要求夹持板表面要有较高硬度和较高的耐磨性能。

60 钢制金属线材弯曲试验机夹持板的（C＝0.63%，Mn＝0.7%，S＝0.3%）技术要求是：HRC52～55。60 钢普通淬火工艺加热温度为 810～830 ℃（因是水淬，故加热温度取下限 810 ℃）热处理后，经磨床磨削，发现全部夹持板都有纵向和弧形裂纹，有的裂纹长达数毫米，只好报废。

后经有关技术人员分析检查，夹持板厚度为 5 mm，水淬时表面和心部淬透。由于表面和心部组织转变的不同时性，当表面已形成一个坚固的马氏体时，由于马氏体比容大，因而伴随着体积的膨胀，使表层受到向外胀大拉应力，而心部受到压应力的作用。当拉应力的值超过钢的强度时，形成了由表向里的纵向裂纹。其中，弧形裂纹则出现在工件的凹槽、孔眼处，主要是这些地方冷却条件差，淬火后形成较大的拉应力，且又容易产生应力集中现象，所以形成裂纹。

为解决淬火裂纹问题，有关研究人员进行了一些工艺试验。从表 2-31 中可以看出，在仍旧保持水淬时，只有 7、8、9、10、11 五组淬火后，经磨床磨削后无明显裂纹，且硬度值符合要求（11 组硬度偏低）。除第 7 组外，其余四组淬火温度在 740～780 ℃ 之间，而 60 钢的临界点 Ac_1 为 727 ℃，Ac_3 为 766 ℃，因此，淬火加热温度均在两相区内，属于亚温淬火范围。

亚温淬火，近年来在国内外生产实践中已有应用。它打破了亚共析钢淬火必须进行完全奥氏体化的传统热处理观念，而在两相区内加热淬火。亚温淬火多见于低碳钢、合金渗碳钢及 45 钢，而对类似弹簧钢见到的资料却不多。

研究者为摸索一个最佳热处理方案，又做了如下的工艺试验。表 2-32 中的试验共进行了四组，每组 3～4 块试样，从表中可以看出 2、3、4 组比较理想，既有高硬度，又不产生裂纹。

表 2-31　夹持板淬火工艺试验记录

顺序	淬火加热温度(℃)	保温时间(分)	淬火剂(水温15℃)	淬火后硬度(HRC)	回火温度(℃)	结果
1	820	5	水	62	200	多处产生裂纹
2	810	5	水	63	200	有明显裂纹
3	820	5	油	48	200	无裂纹
4	810	5	油	49	200	无裂纹
5	820	5	水淬油冷	55	200	有轻微裂纹
6	810	5	水淬油冷	56	200	无裂纹
7	800	5	水	61	200	无裂纹
8	780	5	水	60	200	无裂纹
9	760	5	水	58	200	无裂纹
10	750	5	水	56	200	无裂纹
11	740	5	水	52	200	无裂纹

表 2-32　夹持板亚温淬火工艺试验记录

顺序	淬火加热温度(℃)	保温时间(分)	淬火剂(水温15℃)	淬火后硬度(HRC)	回火温度(℃)	结果
1	740	5	水	51.5	200	硬度不够
2	750	5	水	55	200	无裂纹
3	760	5	水	56.5	200	无裂纹
4	780	5	水	59.5	200	个别地方有轻微裂纹

为了慎重起见，研究者在第二批夹持板热处理时，大部分改为亚温淬火，加热温度为750℃和760℃两种，淬火后工件无一裂纹。而少部分淬火加热温度为780℃即刚超过Ac₃线，热处理后仍有个别的夹持板有微小裂纹。同时，研究者又采用了65钢制的夹持板(C=0.68%，Mn=0.71%，Si=0.31%)进行了批量试验，淬火温度取740～745℃时，效果良好(65钢临界点Ac_1为727℃，Ac_3为752℃)。

亚温淬火对60钢制件防止淬火裂纹效果较好的原因是由于

工件的原始组织是正火状态，金相组织是细珠光体+铁素体（无大块铁素体）。从 Ac_1 线进入两相区，淬火加热温度是 740～760 ℃，此时室温状态时的珠光体转变为细小晶粒的奥氏体。由于淬火加热温度低，保温时间短，这些刚形成的细小晶粒的奥氏体没有充分长大的条件，因此，淬火后得到细小马氏体。又由于在两相区内加热淬火，奥氏体中的含碳量较完全淬火加热时高，亚温淬火后，马氏体的硬度相应提高，弥补了由于铁素体的存在而使硬度下降的缺憾，所以，亚温淬火后硬度下降的现象并不突出。

亚温淬火后低温回火，铁素体做为塑性相存在，能防止应力集中现象的产生。由于铁素体的存在分隔了马氏体，断裂时裂纹不可能只沿马氏体扩展，必然通过铁素体。因为铁素体能产生塑性变形而吸收和消耗了大量能量，有力地阻止了裂纹的进一步扩展，所以提高了钢的韧性，减少了产生裂纹的机会。

亚温淬火由于铁素体的存在，和完全淬火相比较，奥氏体中的含碳量增加，故淬火后残余奥氏体量增多且比较稳定。由于残余奥氏体的存在，同样可以吸收和阻止裂纹的进一步扩展，使淬火开裂的机会减少。

研究者的实验表明，为防止淬火裂纹，中碳弹簧钢淬火温度在接近 Ac_3 线时效果最佳。当然，防止工件产生裂纹有许多方法，如可选用合金钢，采用较缓和的冷却介质进行淬火；进行合理结构设计；采用水淬油冷来减慢马氏体在 M_s 点以下的冷却速度等。但这些方法势必增加成本，增加工序，操作复杂。因此，只有采用亚温淬火才是防止中碳弹簧钢产生淬火裂纹的最经济、最简便、比较可靠的方法。

8. 如何进行 T9 钢细丝通电加热淬火？

T9 钢经常被使用制作 $\phi 0.2$ mm×40 mm 的仪表零件，该材料零件在表内往复运动传递推力。热处理技术要求硬度为 HRC 55～60，直线度 0.55 mm。实践证明，对这种细钢丝淬火，必须解决好两个关键问题：一是控制加热和冷却条件，使弯曲畸变合格；二是淬火动作快，以免钢丝降温淬不硬。为达到次要求，有研究者设计制作了一台淬火装置，将成盘钢丝的一段夹持于装置中，进行通电加热淬火，取得了满意效果。

如图2-83所示为研究者设计的钢丝通电加热电源原理图。将细钢丝夹持在淬火装置上，接于经过变压器降压的电路中，接通电源，钢丝发热至淬火温度，快速冷却即完成钢丝淬火。

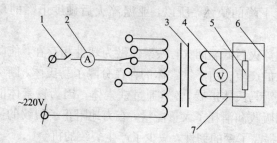

图2-83 钢丝通电加热电源原理图
1—开关；2—电流表；3—互耦变压器(2～5 kW)；4—电压表；
5—淬火钢丝；6—淬火装置；7—导线

如图2-84所示为钢丝通电加热淬火装置，该装置由3部分组成。一是方形油盒(图中9)，内装煤油作为淬火冷却介质；二是钢丝的夹持、张紧机构(图中2、3、5、6、7)，用于夹持钢丝并使之在加热与冷却过程处于张紧状态；三是支承翻转机构(图中8、11、12、14)，用于支承夹持张紧机构，并在钢丝加热后翻转淬入煤油中。

$\phi 0.2$ mm的T9钢丝通电加热淬火按以下步骤进行：
①将钢丝通电加热淬火装置接于互耦变压器输出端；
②将变压器输出电压调到15～17V；
③预留钢丝伸缩量，即按钢丝加热伸长量把滑动导体移至左端，将成盘钢丝的一段(约420～430 mm)单根夹持于两铜导体中间；
④接通开关约2～3 s，钢丝被加热到810 ℃左右(目测温度)；

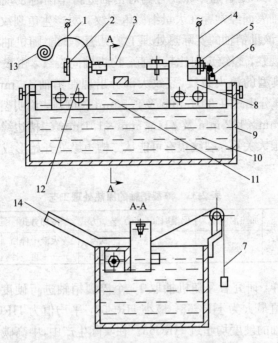

图 2-84 钢丝通电加热淬火装置
1、4—导线;2—固定铜导体;3—淬火工件(T9钢丝);5—滑动铜导体;6—滑轮组;
7—钢丝绳及配重物;8、12—电木支座;9—方形油盒;10—煤油;11—角铁转轴;
13—成盘钢丝;14—绝缘手柄

⑤断电后迅速抬起手柄把钢丝翻转淬入煤油中。

⑥剪断已淬火的钢丝。将淬火后的数根钢丝,整齐装入 $\phi 16$ mm×450 mm 不锈钢管内,于 170 ℃硝盐中回火 30 min。回火后清洗钢丝表面残盐,制成 $\phi 0.2$ mm×40 mm 钢丝,浸油保护。

经检验,热处理硬度达到 HV688~713(HRC59~60),直线度 0.05 mm,符合产品技术要求。

9. 如何避免 T8A 销轴淬火裂纹的产生?

销轴材料为 T8A 钢,淬火硬度要求为 HRC43~48。某厂在使用 CJK6136 普通车床及刀具对销轴进行车削时发现经粗车削后的销轴表面经常存在大量细微龟裂纹。对产生龟裂纹的销轴进行分析，该批销轴的实际热处理工艺见表 2-33。随机抽取部分淬裂销轴观察，裂纹走向比较平直，均为轴向裂纹，由表面裂向心部，为典型的淬火裂纹，裂纹大部分出现在销轴 41 mm 长度段上，少部分出现在 30.5 mm 及 8.5 mm 长度段，说明裂纹的出现与 $\phi11$ mm×1.2 mm 及 $\phi11.2$ mm×1.1 mm 二槽边缘处的应力集中有很大关系，裂纹很有可能从二槽边缘处开始形成并发展至一定长度。

表 2-33 淬裂销轴的原热处理工艺

设备	加热温度(℃)	保温时间(min)	装炉方式	冷却方式	处理结果
RX3-20-12 箱式炉	840	35	铁丝扎串	淬火液中停留 5～6 s 再空冷	95%淬裂

同样，研究者又随机抽取 15 个淬裂销轴进行硬度检查，其中硬度值最大为 HRC68，最小 HRC63，平均值为 HRC64.5，且淬裂销轴的硬度均超过 HRC63。在实际生产中，中高碳钢制小尺寸轴类零件(直径在 $\phi8$～14 mm 之间)经淬火后，若其硬度大于 HRC56，则需注意工件的淬裂倾向。而上述销轴的淬火硬度均大于 HRC63，分析其开裂原因，主要是由于本批销轴在冷却过程中从淬火液提出的温度过低导致销轴淬裂。

从现场调查并结合检查结果来看，发生淬裂的关键原因是销轴在水中冷却时间控制不当，出水过晚，造成 $\phi12$ mm 的 T8A 销轴淬透，由于组织应力及热应力的共同作用，当销轴表面形成的切向拉应力大于轴向拉应力，且超过材料的断裂强度时，销轴便发生轴向淬火裂纹。

销轴的装炉方式及加热参数不适宜也是一个方面。原先销轴用镀锌铁丝扎编成串后入炉加热，且销轴在高温下经过较长时间的保温，而零件出炉后又没经预冷(790 ℃左右)直接进入淬火液淬冷，造成了销轴在炉内受热不均及随后淬冷过程中，上下不同深度处销轴的冷却状况的差异，铁丝下端销轴更易淬裂。随着加热温度的提高及保温时间的延长，增大了销轴淬裂的倾向。

炉温的不均匀性也是值得关注的方面。由于长时间的频繁使用，造成炉丝及炉门的严重损伤，致使在加热过程中，炉口与炉内温度的严重不均。

预防 T8A 销轴淬火裂纹措施：

(1) 针对特定的材质及机加工工艺，在热处理设备条件有限的前提下，首先改销轴的装炉方式，即将销轴用铁丝扎编成串改为铁盘吊装(如图 2-85 所示)，以保证加热、淬冷及出液时销轴温度的均匀与一致性。这点对防止易裂小轴类零件而言很重要，而现场作业员也容易忽视。

(2) 严格控制销轴在淬火液中的冷却时间。对易裂销轴在淬火液或水中的冷却时间一般按 0.25 s/mm 计，并在冷却过程中

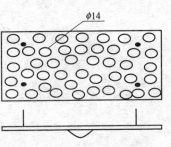

图 2-85 淬火销轴吊盘示意图

上下窜动吊盘，以尽量使工件均匀冷却，到时迅速转入油中或空冷(如此处理后，销轴颜色为青灰色，其硬度一般在 HRC50～56 之间)，并将冷至 60～100 ℃的销轴立即入炉进行回火。若销轴淬后硬度大于 HRC56，需注意销轴的淬裂倾向。因 T8A 的 M_s 点为 230 ℃左右，只要控制销轴的出水温度在约 230 ℃，及时油冷或空冷并冷至 60～100 ℃左右温度，及时回火，便可有效防止销轴的淬火裂纹。

(3) 因 T8A 材料的 Ac_1 温度为 730 ℃，一般水淬适宜的加热温度为 790 ℃左右，因此将销轴淬火加热温度调整为 800 ℃，保温时间严格按 1.2 min/mm 共 15 min(入炉到温后)后即进行淬火。对单层排放销轴而言,在一般箱式炉中加热时，保温时间按 1.2 min/mm 已足够。改用吊盘吊装后(相当于单层加热)，销轴在炉内受热状况趋向一致，同时销轴在水中淬冷时的状态也趋向

一致，有利于保证销轴硬度的均匀性。另外，对易裂销轴在淬火前进行 740 ℃ 30 min 短时退火处理，也很有益处。

总之，只要将销轴零件的装炉及淬冷方式由铁丝扎串改为铁盘吊装加热及淬冷，严格控制销轴在水中的淬冷时间及出水温度，并经油或空冷处理后（HRC50～56），立即进行回火，同时注意销轴的加热温度及保温时间，便可有效预防易裂销轴的淬火裂纹。此外，为防止 T8A 销轴淬火裂纹产生，保证销轴质量，在对销轴选材时还需重视零件的材质。

第三章 合金钢的热处理

为了提高钢的机械性能、工艺性能或物理化学性能,有意识地在钢中加入一些合金元素,这种钢称为合金钢。合金钢在机械制造中的应用日益广泛,一些在恶劣环境中使用的设备以及承受复杂应力、冲击载荷、摩擦条件下工作的工件往往离不开合金钢。

在合金钢中,经常加入的合金元素有锰、硅、铬、镍、钼、钨、钒、钛、铌、锆、稀土元素等。合金元素在钢中的作用非常复杂,一些合金元素的加入可影响奥氏体形成速度,一些合金元素可不同程度地延缓珠光体和贝氏体相变,还有一些合金元素能使淬火钢在回火过程中的组织分解和转变速度减慢,增加回火抗力。了解合金钢在热处理过程中的组织变化,掌握合金钢的热处理工艺可以高效、可靠地对其构件进行热处理,以满足其生产需要。本章主要根据合金钢热处理生产中遇见的各种常见问题,介绍其解决方法和热处理工艺。

一、合金钢退火

1. 合金钢退火不软化怎么办?

在现代机器制造业中,大多数零件需要经过切削加工,因此,改善材料的切削加工性能对提高产品质量,降低生产成本具有重要意义。

影响材料切削加工性能的因素有很多,如材料的成分、组织、力学性能与热处理等。其中,材料的成分、组织与力学性能是内因,热处理是外因。热处理是通过改变合金的组织和性能来改善材料的切削加工性能。

材料的机械加工,首先对材料的硬度提出了要求。一般材料的硬度应低于HBS255,以HBS170~235为最佳。为了达到机械加工的目的,大多数钢件在铸、锻、轧之后与机加工之前,均采用退火的方法来降低硬度。通常以退火后的硬度作为切削加工性能的主要依据。在材料退火过程中,碳钢退火后,比较容易满足以上硬度要求。但是,某些合金钢零件经正常退火时,不软化的现象时有发生。那么,怎么才能防止这一现象的发生哪?

下面,我们以 W18Cr4V 高速钢和 18Cr2Ni4WA 高级优质合金渗碳钢为例,根据一些文献及某高校的研究成果来分析其合金钢退火不软化的原因,并找出解决问题的方法。

W18Cr4V 高速钢属于高合金钢,合金元素总含量为 23%(质量分数 wt%);18Cr2Ni4WA 属于高级优质合金渗碳钢(属于中合金钢),合金元素总含量为 7%(质量分数 wt%)。将上述两种钢材改锻成 $\phi 16 \text{ mm} \times 100 \text{ mm}$ 长的棒料,然后进行软化退火。

高速钢 W18Cr4V 是一种硬化性能很高的合金钢,经锻造空冷后,其硬度在 HRC50 以上,而 18Cr2Ni4WA 钢经锻后空冷,其硬度也在 HRC40 左右,W18Cr4V 与 18Cr2Ni4WA 两种钢都很难进行切削加工,因此必须进行软化退火。

W18Cr4V 钢采用普通退火与等温退火两种方法,并在不同的工艺条件下进行等温退火,以主要改变钢的奥氏体化温度和等温温度;18Cr2Ni4WA 钢采用等温退火与高温回火的方法。具体热处理方法与工艺如图 3-1 所示,处理后的结果见表 3-1、表 3-2,

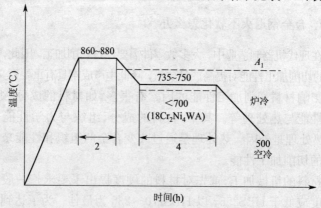

图 3-1 W18Cr4V 和 18Cr2Ni4WA 2 种钢的等温退火工艺曲线

显微组织如图 3-2 所示。

表 3-1　W18Cr4V 与 18Cr2Ni4WA 钢的软化退火(回火)结果

钢种	热处理		硬度	组织
	方法	工艺		
W18Cr4V	普通退火	于 860~880℃加热 3~4 h；以 25℃/h 的冷却速度,缓冷到 500℃后出炉空冷	HBS269~286	索氏体(S)+碳化物(C)
	等温退火	于 860~880℃加热 2~3 h；于 720~750℃等温 3~4 h 后炉冷至 500℃,出炉空冷	HBS235~273	索氏体(S)+碳化物(C)
18Cr2Ni4WA	等温退火	于 860~880℃加热 2~3 h；于温度低于 700℃等温 3~4 h 后炉冷至 500℃,出炉空冷	HBS322~379 (HRC35~41)	贝氏体(B)+马氏体(M)
	高温回火	于 650℃加热 2~3 h；油冷	HBS246~284 (HRC24~30)	回火索氏体(回火 S)

表 3-2　W18Cr4V 钢经不同等温退火后的硬度

奥氏体化温度(℃)	等温温度(℃)	硬度(HBS)
880	750	235
	735	246
	720	263
860	750	243
	735	251
	720	273

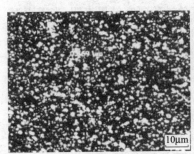
(a) 720℃等温

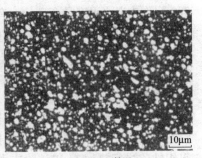
(b) 750℃等温

图 3-2　W18Cr4V 钢在 880℃加热后在 720℃和 750℃的等温转变组织(SEM 照片)

由表 3-1 可知,采用普通退火方法,W18Cr4V 钢硬度偏高,经等温退火处理,硬度降低。而对于 18Cr2Ni4WA 钢,即使采用等温退火方法,仍不软化。由表 3-2 可以看出,高速钢(W18Cr4V) 在 860~880℃时,随着等温温度的提高,硬度下降,其在 735~750℃时的等温退火硬度值小于 HBS255,完全满足切削加工的要求。那么,为什么 18Cr2Ni4WA 采用等温退火仍然不软化?

根据有关理论,钢的锻后退火软化机理是基于奥氏体的形成与过冷奥氏体的转变理论,所以必须从奥氏体的形成与过冷奥氏体的转变这 2 个方面去考虑和研究合金钢的退火不软化问题。

从奥氏体软化过程看,合金钢的退火软化问题首先取决于加热时形成的奥氏体的合金度。退火加热温度是影响奥氏体合金度的主要工艺参数。W18Cr4V 钢含碳量为 $0.7\%\sim0.8\%$,这相当于铁碳平衡相图的共析成分,但是由于大量合金元素的作用,导致高速钢中出现莱氏体,该钢属于亚共晶钢,只能采用不完全退火方法,其加热温度应为:$Ac_1+(30\sim50)$ ℃(该钢的 Ac_1 约为 830 ℃)。这种不完全的奥氏体化,一方面保留了大量未溶碳化物,冷却时,过冷奥氏体(A)以此作为新相形核的基础,对形成低硬度的粒状珠光体有利;另一方面由于奥氏体成分不均匀,合金度较低,从转变动力学来看,有利于加快 $\gamma'\to P$ 的转变过程。因此,W18Cr4V 钢采用 860~880 ℃作为退火温度是合理的。有关试验研究结果表明,当退火温度为 850~900 ℃时,W18Cr4V 钢的硬度最低。

18Cr2Ni4WA 钢属于亚共析钢,其退火应属于完全退火,其退火温度应高于 Ac_3,该钢的 Ac_3 为 810 ℃,选择 860~880 ℃作为退火温度原则上是合理的。因为该钢退火前的原始组织与高速钢的不同,锻轧后空冷,其组织为贝氏体,还有部分属非正常组织,没有未熔碳化物。只有完全奥氏体化,充分重结晶,才能对产生的组织缺陷进行热加工,以消除应力,降低硬度。

从冷却条件对软化行为的影响方面看,奥氏体化后的冷却条件决定随后的组织转变,奥氏体化后的冷却条件对软化行为产生重大的影响。等温退火跟普通退火的区别在于冷却方式不同。前者采用等温冷却，即将钢件冷却至临界点 A_1 以下的某一温度时长时间保温，使奥氏体向珠光体转变。两者共同的目的都是想得到接近平衡状态的珠光体型组织，以求软化。但是在不同的过冷度下，所得到的组织的粗细程度与硬度有较大的差异。等温退火可以通过选择等温温度准确地控制过冷度，从而得到预期的组织与性能，收到最佳的软化效果。普通退火所采用的连续冷却方式，特别是冷却速度较快时，难以控制过冷度，中间经过许多个小的过冷区间，在经过这些过冷区间时发生或多或少的转变，往往导致组织与性能不均匀，退火后硬度偏高。

即使采用同样的退火冷却速度，合金钢与碳钢的软化退火的效果也不相同。因为两者的 C 曲线位置相距较大，合金钢的过冷奥氏体稳定性强，按照碳钢的冷却速度难以发生 $\gamma' \rightarrow P$ 的转变。C 曲线的位置越靠左的合金钢退火软化越困难。所以，只要等温温度与等温时间选择恰当，对某些合金钢零件采用等温退火方法能保证奥氏体完全向珠光体转变，其中等温温度是退火软化的关键。钢的 TTT 曲线为选择等温温度提供了依据。

如图 3-3 所示是 W18Cr4V 钢的等温转变 C 曲线。由图 3-3(a)可知，W18Cr4V 钢的相变临界点温度 A_1 约为 820 ℃，选择等温温度的原则是一定低于 A_1，等温温度愈接近 A_1，碳化物粒子愈能充分析出，并有足够长的时间聚集、长大，铁素体中的碳及合金元素含量减少，硬度降低。需要指出的是，在实际生产中均为非平衡冷却，实际临界点不是 A_1 而是 Ar_1，所以，确切地说，等温温度应稍低于 Ar_1 对应的温度（W18Cr4V 钢的 Ar_1 对应的温度为 760 ℃左右）。高速钢（W18Cr4V）在 880 ℃加热，于 720～750 ℃等温转变后的显微组织如图 3-2 所示。可见，粒状碳化物分布在铁素体基体上。将图 3-2 与表 3-2 的结果进行综合分析可知：珠光体转变发生在温度较高时，得到的碳化物颗粒较粗（如图 3-2(b)所示），硬度较低；等温转变温度低，碳化物粒子越细小，越弥散（如图 3-2(a)所示），则硬度越高。如图 3-3(b)所示出了

W18Cr4V 钢的等温温度与珠光体硬度之间的关系。可见,在 730 ℃以上等温,其硬度增大,可满足要求。W18Cr4V 钢在 900 ℃奥氏体化,于 725 ℃,750 ℃ 保温 1 h,硬度急剧下降,分别为 HBS246 和 HBS230。试验证明,采用普通退火法时,难以软化的合金钢经等温退火后一般都可以软化。热处理时需注意的问题是,合金钢不能过分软化。若太软,机加工表面缺陷很难消除,表面质量不易保证。

研究者试验所采用的 18Cr2Ni4WA 与 W18Cr4V 钢退火工艺基本相同(如图 3-1 所示)。然而,18Cr2Ni4WA 钢表现退火不软化行为。对此,必须从该钢的 TTT 曲线特征进行分析。图 3-4 为 18Cr2Nr4iWA 钢的等温转变 C 曲线。

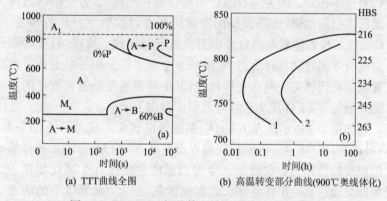

(a) TTT 曲线全图   (b) 高温转变部分曲线(900 ℃奥线体化)

图 3-3　W18Cr4V 钢的等温转变 C 曲线(TTT 图)
1—转变开始;2—转变结束

将图 3-4 与图 3-3(a) 比较,不难发现 18Cr2Ni4WA 钢的 C 曲线只有下半部分,没有上半部分,即不存在珠光体型转变,在 A_1 以下无论等温多长时间,均不会发生 $\gamma' \rightarrow P$ 转变,而随后的冷却过程中可能发生向马氏体或贝氏体的转变。由此可见,凡是没有 Ar' 转变的合金钢决不可能退火软化,而通常采用高温回火(小于 700 ℃)的方法来降低硬度,提高切削加工性能。高温回火的软化机理完全不同于等温转变机理,它是通过过饱和固溶体的脱溶、

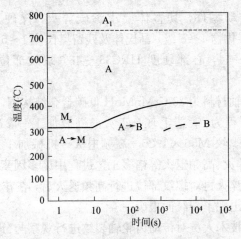

图 3-4　18Cr2Nr4WA 钢的等温转变 C 曲线(TTT) 图

碳化物相的析出进行的。转变以及聚集长大和 α 基体的回复、再结晶等一系列复杂的变化，使钢的组织转变为粒状珠光体(回火索氏体)，从而达到回火软化的目的。

2. 如何防止 20CrMnMoH 钢的高频退火裂纹？

20CrMnMOH 钢属于低碳合金结构钢，是制造主传动器主动齿轮轴中经常采用的材料，该材料制备的主传动器主动齿轮轴在渗碳淬火和高须退火后经常产生裂纹。

例如，某典型主传动齿轮轴零件如图 3-5 所示，是车桥上一

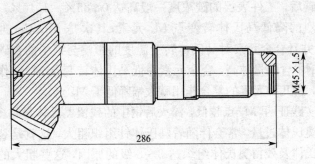

图 3-5　齿轮轴

个重要的传动零件,其整体要求渗碳淬火,淬硬层深1.2~1.6 mm,碳化物1~5级,马氏体及残留奥氏体1~5级,齿面硬度HRC58~64,心部硬度HRC33~48,螺纹部位硬度HRC30~38。

该齿轮轴材料为20 CrMnMoH低碳合金结构钢,制备该齿轮轴的工艺流程为:锻造毛坯—正火—机械加工—渗碳淬火—回火—抛丸—螺纹M55×1.25—高频退火—机械加工。但由于在锻造、渗碳淬火、高频退火等诸多工艺过程中诸多因素的影响,该零件先渗碳淬火再对螺纹部位进行高频退火后,在花键及螺纹部位批量性地出现了裂纹而报废。

经有关技术人员对传动齿轮轴裂纹进行观察与分析,裂纹起源于退火过渡区的花键根部表面,沿轴向向未完全退火的区域扩展,裂纹表面无旧痕及其他明显的材料宏观缺陷。经检查裂纹件的表面渗碳层和心部的金相组织以及渗碳层全部合格,但碳化物大多呈不均匀的网状分布,为4~7级,马氏体及残留奥氏体3~8级。心部组织粗大,达3~8级。经检查与分析,该齿轮轴原材料的化学成分、低倍组织等均合格,但锻件的晶粒偏粗大,晶粒度达3~5级,局部区域有过热现象。正火虽改善了该齿轮轴的过热状况,但未能有效细化晶粒。

由于20CrMnMoH钢的淬透性和耐回火性较好。钢中的Cr、Mn、Mo是碳化物形成元素,在钢中均可与碳作用形成碳化物。经渗碳后,工件表层的碳浓度一般高达0.85%~1.10%。碳是最强烈的降低马氏体转变点M_s元素,其次是Mn、Cr,再次是Mo,并且合金元素对马氏体转变温度的影响与钢中的含碳量有关,钢中含碳量越高,合金元素降低马氏体转变点M_s的作用越显著,这几种元素的复合作用就大幅降低了M_s点。

实践证明,M_s点越低,淬火后钢中的残留奥氏体量越多,而残留奥氏体过量,常会伴随着马氏体针组织粗大,这就是裂纹件中马氏体及残留奥氏体组织达3~8级的原因,这些粗大的马氏体针有可能产生显微裂纹,加上残留奥氏体不稳定,在高频退火及随后的空冷过程中会发生转变,形成马氏体而产生较大的内应力,增大了高频退火后开裂倾向。所以,主传动齿轮轴高频退火后产生裂纹的原因是渗碳淬火组织不良,高频退火工艺以及锻坯组织控制不当所造成的。

具体讲,该 20CrMnMoH 钢齿轮轴渗碳淬火后表层的碳与合金形成了大量合金碳合物,合金碳化物具有更高的熔点和分解温度,由于高频加热速度极快,合金碳化物不能充分溶解和均匀化;且合金碳化物的形成降低了表层奥氏体中碳与合金的含量,使奥氏体的稳定性降低,C 曲线左移,在高频退火后空冷时奥氏体将转变成托氏体,合金碳化物被保留下来。而次表层由于未形成合金碳化物,奥氏体中的合金含量并未降低,奥氏体组织最稳定,使 C 曲线右移,M_s 点降低,马氏体转变的临界冷却速度降低,即使在空冷条件下奥氏体也能转变成马氏体由于该钢种的耐回火性较好,高频退火的自回火不会使马氏体发生相变(只转变成回火马氏体),此区域所发生的组织转变将对表层产生较大的拉应力。

由于渗碳淬火后的主动齿轮轴在高频退火时,表面加热温度过高,加热速度过快,退火过渡区表面和次表面被加热,温度已达奥氏体化,而心部组织没有发生变化,在随后的冷却过程中表层组织转变成托氏体和索氏体以及粒状(或网状)碳化物,使渗碳淬火后所形成的表面压应力被消除;而次表层将发生马氏体转变,形成的组织应力对表层将产生马氏体转变,形成的组织应力对表层将产生巨大的拉应力。当形成的拉应力大于材料脆断抗力,则导致裂纹;如果已有显微裂纹,则可能导致裂纹扩展为宏观裂纹。

由于已退火区域的韧性较好,抗裂能力增大,阻碍了裂纹的扩展,促使裂纹向韧性较低的未完全退火区域扩展,即花键部位,这就是为何会在退火过渡区出现裂纹,并使裂纹又向未完全退火部位扩展的原因。

与此同时,当锻后晶粒度达 3~5 级,而正火又未能完全消除过热魏氏组织并细化晶粒时,这些粗大组织将被遗传,使得淬火马氏体组织粗大,脆性增大,心部组织粗大,同时由于粗大的原始组织引起组织的不均匀性增大,内应力增大,这些因素都容易导致工件开裂。且粗晶粒在渗碳时晶界缺陷较多,碳原子在晶界的扩散速度比晶内大得多,晶界与晶内存在一定的浓度差,因而碳化物优先在晶界产生,当晶界碳浓度足够高时,沿晶界形成了网状碳化物。而晶内的碳浓度往往未达到饱和状态,所以渗碳后沿晶界易形成网状碳化物;而细晶粒的晶界与晶内浓度差小,渗碳时晶界与晶内同时形成碳化物,而不会沿晶界聚集成网状。因此,原始晶粒越粗大,渗碳过程中形成网状碳化物的倾向就越大,这也就是裂纹件出现不均匀分布的网状碳化物的原因。

由于渗碳表层的网状碳化物在高频退火中会阻碍加热和冷却的均匀性,造成应力集中,且网状碳化物降低了材料的韧性,从而产生沿晶开裂。

对于采用20CrMnMoH钢生产的主传动齿轮轴,由于其材料的合金元素含量较高,为改善渗碳淬火后金相组织,需对其渗碳淬火工艺进行改进,降低渗碳温度、淬火温度及炉内碳势,图3-6为该厂改进前的工艺曲线,图3-7为该厂经研究改进后的工艺曲线。

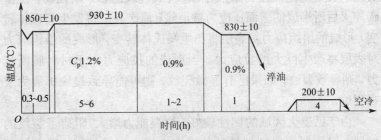

图 3-6 改进前工艺

由于高频感应加热速度快,对主传动齿轮轴来说,必须严格控制加热速度和加热温度,并且为降低残留拉应力,感应加热层

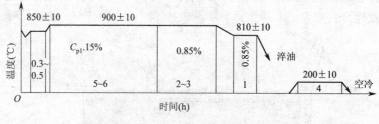

图 3-7 改进后工艺

的深度应比渗碳淬火硬化层深才能达到退火目的。为此研究者建议采取以下措施:

(1) 采用较低的屏极电压,增大工件与感应器之间的间隙,延长加热时间,至少应留有 5~10 mm 的间隙,以减慢加热速度。

(2) 采用间断加热法,以增加传导时间,让透入式加热过渡到传导式加热,利用热传导使加热层增厚。改进后的工艺采用的是两次加热,20CrMnMoH 钢的 Ac_1 为 710 ℃),Ac_3 为 830 ℃,而该材料渗碳淬火后表面的含碳量(质量分数)超过了 0.77%,已为过共析成分。为此,采用不完全退火工艺,退火温度介于 Ac_1 与 Ac_3 之间,第一次加热温度选择 820 ℃),屏极电压选用 5~6 kV(随工件与感应器之间的间隙进行调整,间隙大可选 6 kV,间隙小选 5 kV)。加热到温后断开加热,让热量向里传递,约 1 min 后进行第二次加热,加热温度选择在 680~700 ℃,以不超过 Ac_1 为好。这主要是因为 20CrMnMoH 钢的淬透性好,加热到临界点以上,即使在空气中冷却,尖角部位也有可能发生组织转变,使退火后尖角部位硬度偏高,加工螺纹困难。

(3) 改进高频加热后的冷却方式。设计专用的退火保温箱,由原来的空冷改为立即放入盛有石棉粉的保温箱里缓冷,保温箱如图 3-8 所示,使用非常方便。并加强生产中渗碳淬火件的质量检查,对随炉试样进行了严格要求和控制,且保证所选测试的试样必须是同批次产品的齿形试样,使其具有代表性,避免随意性。

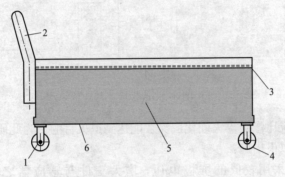

图 3-8 退火保温箱
1—万向轮;2—推手;3—隔板;4—定向轮;5—石棉粉;6—保温箱

通过控制锻坯质量,改进渗碳淬火工艺和高频退火工艺,使该厂的主传动齿轮轴在渗碳淬火、高频退火后批量性产生裂纹得到了有效控制,该厂经过几十批次的生产试验,该主传动齿轮轴再未出现裂纹,取得了显著的经济和质量成效。

3. 如何对 7CrMn2Mo 钢进行球化退火?

7CrMn2Mo 钢是美国 ASTMA681 标准中一个高锰空淬冷作模具钢,即 A6 钢。其主要化学成分见表 3-3。该钢淬透性高、淬火畸变小、工艺性好,由于其含碳量低,韧性较高,主要用于制造精密复杂模具和结构件。相关研究表明,7CrMn2Mo 钢球化珠光体组织的好坏对最终热处理后的力学性能尤其是塑性和韧性有显著影响,但由于该钢含锰量高,临界转变温度较低,退火球化工艺性能差,其退火组织很难达到要求。

表 3-3 7CrMn2Mo 钢化学成分(质量分数 wt%)

C	Cr	Mn	Mo	Si	Ni	Fe
0.68	1.31	2.01	0.97	0.24	0.13	余量

7CrMn2Mo 钢的 Ac_1 点和 Ac_3 点分别为 735 ℃和 770 ℃。对 7CrMn2Mo 钢采用各种常规的球化退火处理，球化效果均不好，退火组织中均出现大量的片层状珠光体，如图 3-9(a)所示。而球化退火前对其进行正火处理，其球化效果明显改善（如图 3-9(b)所示），退火组织中的片层状珠光体消失，粒状碳化物较粗。研究者实验表明，合理的正火温度为 820～850 ℃。但当正火温度偏高时，正火针状马氏体粗大，碳化物大量溶解，这时易形成片状、点状混合的珠光体组织，球化效果不好（如图 3-10 所示）。合理的正火时间为 1～3 h，时间过长时，相同退火工艺下硬度偏高。

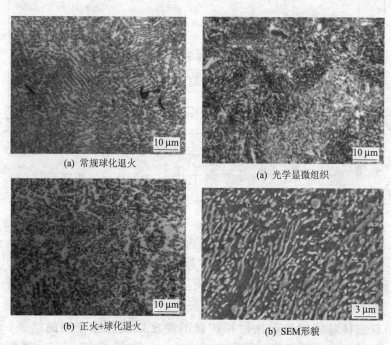

图 3-9　7CrMn2Mo 钢的退火组织　　图 3-10　7CrMn2Mo 钢经 880 ℃正火 ＋ 球化退火后的组织

研究者选用 820～840 ℃的正火温度，保温时间为 1～2 h，空冷至室温。再采用不同的球化退火工艺处理后测量硬度见表 3-4，对应的组织如图 3-11 所示，采用定量金相测定不同尺寸碳化物的含量见表 3-5。

表 3-4 不同退火工艺对试验钢硬度的影响

工艺序号	热处理工艺	正火工艺参数	球化退火处理工艺	布氏硬度(HB)
1	正火 + 连续退火	(820~840)℃×(1~2)h	750 ℃×8 h 以 20 ℃/h 冷至<500 ℃出炉空冷	220
2	正火 + 等温退火		750 ℃×8 h 以 30 ℃/h 冷至 680 ℃×8 h 再以 40 ℃/h 冷至<500 ℃出炉空冷	220
3	正火 + 亚温退火		720 ℃×12 h 以 40 ℃/h 冷至<500 ℃出炉空冷	238

表 3-5 不同尺寸碳化物的含量（颗粒分数 wt%）

工艺序号	碳化物直径(μm)				
	(0.1~0.4)	(0.4~0.7)	(0.7~1.0)	(1.0~1.3)	>1.3
1	41.6	39.2	15.6	2.0	1.3
2	37.9	46.0	12.7	2.7	0.5
3	33.6	40.5	17.5	5.8	2.3

从表 3-4 中可以看到，经工艺 3（亚温退火）处理后，试验钢退火硬度较正火 + 连续退火工艺 1 和正火 + 等温退火工艺 2 硬度值稍高，但从图 3-11 的组织和表 3-5 中碳化物颗粒的大小可以看出，球化效果正火 + 亚温退火工艺 3（如图 3-11(c)、(f)所示）优于正火 + 等温退火工艺 2（图 3-11(b)、(e)所示），而正火 + 等温退火工艺 2 优于正火＋连续退火工艺 1（图 3-11(a)、(d)所示）。因此，钢的退火硬度主要取决于铁素体基体相和碳化物相各自的硬度以及相互作用的结果，粒状珠光体除铁素体的硬度外，碳化物形态、数量、大小、分布对退火硬度起着重要作用。因此，不能简单地说碳化物颗粒半径越大，退火硬度越低。

从以上 3 种退火工艺上看，亚温退火碳化物颗粒较大，球化等级较高。原因为马氏体处于介稳状态,在稍低于 Ac_1 的温度下保温时,马氏体分解、过饱和析出粒状碳化物并成长为球状,这种球化速度较快,能在短时间内得到均匀分布的球状珠光体组织。对于 7CrMn2Mo 钢来说,3 种球化退火工艺下,退火硬度均在技术要求范围内。问题的关键是如何提高球化组织的级别。

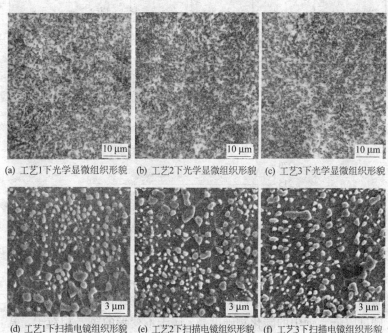

(a) 工艺1下光学显微组织形貌 (b) 工艺2下光学显微组织形貌 (c) 工艺3下光学显微组织形貌

(d) 工艺1下扫描电镜组织形貌 (e) 工艺2下扫描电镜组织形貌 (f) 工艺3下扫描电镜组织形貌

图 3-11 不同退火工艺下 7CrMn2Mo 钢的光学显微组织和扫描电镜组织形貌

720 ℃保温,时间分别为 12、24、36、48 h,以 40 ℃/h,炉冷至 500 ℃以下空冷。7CrMn2Mo 钢硬度随 720 ℃保温时间的变化曲线如图 3-12 所示,对应的金相和 SEM 组织如图 3-13 所示,由定量金相测定碳化物颗粒大小随 720 ℃保温时间的变化见表 3-6。

表 3-6 保温时间对碳化物颗粒大小的影响（颗粒分数，%）

退火参数	碳化物直径(μm)				
	(0.1~0.4)	(0.4~0.7)	(0.7~1.0)	(1.0~1.3)	>1.3
720 ℃×12 h	33.6	40.5	17.5	5.8	2.3
720 ℃×24 h	23.1	32.3	29.3	9.2	5.7
720 ℃×36 h	19.3	43.6	23.8	9.4	3.6
720 ℃×48 h	18.3	37.9	25.5	12.4	5.9

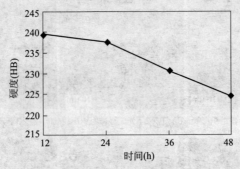

图 3-12 试验钢退火硬度随保温
时间的变化曲线(720 ℃)

从图 3-12、图 3-13 和表 3-6 中可以看出，随亚温 720 ℃ 退火时间的延长，球状碳化物颗粒长大，小颗粒碳化物减少，试验钢硬度降低。钢中的碳化物硬度高，属于不变形的第二相粒子，第二相颗粒的尺寸越大，所占体积分数越小，硬度越低。当碳化物颗粒体积分数一定时，颗粒半径越大，则硬度越低。

对 7CrMn2Mo 钢采用亚温循环退火处理，其工艺参数见表 3-7。从表 3-4 中可以看出试验钢在第一次退火 720 ℃ 保温 12 h 硬度较高为 HB238，再一次进行 720 ℃ 保温时，由于碳化物继续长大（如图 3-14 所示）硬度降低。由表 3-7 可知，相同亚温退火温度条件下，其退火硬度主要取决于退火时间的长短；由图 3-11 可以看出，碳化物颗粒的粗细也主要取决于

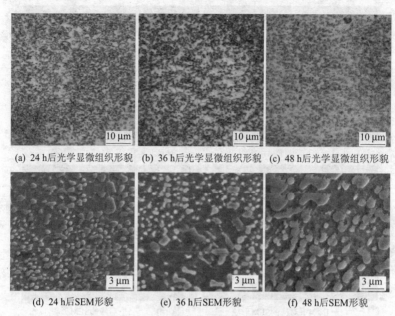

图 3-13 试验钢 720 ℃退火不同时间后的
光学显微组织和相应的 SEM 形貌

退火时间的长短。

表 3-7 试验钢亚温循环退火工艺参数及退火硬度

工艺序号	正火工艺参数	亚温循环退火处理工艺参数	硬度(HB)
4	(820~840)℃×(1~2)h	720 ℃×12 h 40 ℃/h 冷至<500 ℃→出炉空冷至室温→720 ℃×36 h 40 ℃/h 冷至<500 ℃出炉空冷	223
5		720 ℃×36 h 40 ℃/h 冷至<500 ℃→出炉空冷至室温→720 ℃×12 h 40 ℃/h 冷至<500 ℃出炉空冷	223

由物理化学相分析测定 7CrMn2Mo 钢退火态碳化物的种类及各相在合金中的含量见表 3-8，各种碳化物的相对含量见表 3-9。从表 3-8、表 3-9 中可以看出，7CrMn2Mo 钢退火态碳化物主

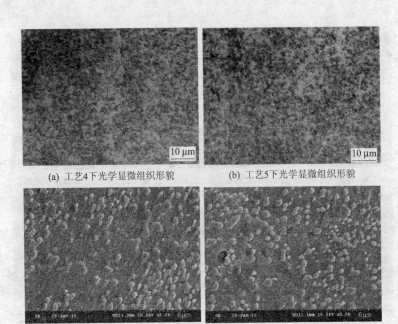

(a) 工艺4下光学显微组织形貌　　(b) 工艺5下光学显微组织形貌

(c) 工艺4下对应的SEM形貌　　(d) 工艺5下对应的SEM形貌

图 3-14　亚温循环退火光学显微组织和对应的 SEM 形貌

表 3-8　7CrMn2Mo 钢中各碳化物中合金元素的含量（质量分数 wt%）

碳化物	Fe	Mn	Cr	Mo	C	N	Σ
M_3C	0.688 5	0.035 4	0.017 3	0.033 4	0.054 7		0.829 3
$M_{23}C_6$	8.775 9	1.135 6	1.036 7	0.462 3	0.634 7		12.045 2
$M_2C, M_6C, M(C,N)$ 和 X	0.096 8	0.003 6	0.022 6	0.514 0		0.002 5	0.656 3

表 3-9　7CrMn2Mo 钢中各种碳化物的相对含量（质量分数 wt%）

M_3C	$M_{23}C_6$	$M_2C, M_6C, M(C,N)$ 和 X
6.13	88.69	4.85

要为 $M_{23}C_6$ 和小部分合金 M_3C 及其他类型的碳化物。而碳化物 $M_{23}C_6$ 的弥散度高并且聚集作用远小于 Fe_3C，退火保温时不容易长大。再者，$M_{23}C_6$ 中溶有大量的合金元素 Cr、Mo、Mn，珠光体

转变时,不仅需要碳在奥氏体中的扩散和重新分布,而且需要碳化物形成元素在奥氏体中的扩散和重新分布,这些碳化物形成元素在奥氏体中的扩散速度比碳的扩散要低几个数量级。故碳化物 $M_{23}C_6$ 是影响 7CrMn2Mo 钢球化过程慢的原因之一。

在热处理过程中,合金元素对奥氏体转变的影响首先表现在对临界点 Ac_3 和 Ac_1 的影响。7CrMn2Mo 钢中合金元素锰的含量较高达 2.01%,而锰是扩大 γ 相区的元素,强烈地降低 A_3 和 A_1 点,使转变的过冷度减小,转变的驱动力减小,增加过冷奥氏体的稳定性,推迟珠光体的转变。弱碳化物形成元素锰在钢中形成含锰较高的合金渗碳体(见表 3-7),故锰减慢珠光体转变时合金渗碳体的形核与长大速度。

合金元素对铁碳相图的重要影响之一是改变钢共析点碳含量的位置。7CrMn2Mo 钢中碳及合金元素的含量使此钢接近共析成分,退火时容易形成片层状珠光体组织。珠光体中的片层状渗碳体单位体积界面面积很大,因此具有高的界面能,根据界面能理论,片层状珠光体将转变成单位体积界面面积最小的球状珠光体组织。这种转变通过扩散完成,时间较长。所以,从成分而言该钢球化难度较大。因此,7CrMn2Mo 钢退火前必须进行正火处理,合理的正火温度为 820~850 ℃,正火时间 1~3 h。对于 7CrMn2Mo 钢,采用 720 ℃亚温退火球化效果较好,720 ℃亚温退火时,随保温时间的延长,球状碳化物颗粒长大,硬度降低。720 ℃保温 48 h 时,硬度为 HB225,并且球化等级满足技术要求。

4. 如何对 21CrMo10 钢锻件进行去氢退火?

21CrMo1 属于高温性能良好,可焊接性好的耐热钢,也是管模常用的材料用钢,由于管模的工作环境十分恶劣,要求其具有良好的综合高温性能、抗冲击性能和可焊性能。但如何才能使其材料的使用性能通过精炼、优良的锻造和合理的热处理工艺保证其优越的性能,钢锭经锻造后的高效去氢退火,避免氢白点的产生是得到合理退火组织的关键。

例如,某企业50 t UHP电炉冶炼,VD处理后21CrMo10钢水中氢含量≤$2.5×10^{-6}$。8 t八角钢锭浇注后,在锭模中冷却到600 ℃脱模,送锻造车间加热炉内加热进行锻造。锻材规格为500 mm×500 mm。经锻造后的锻材在500~600 ℃左右待料,送入加热炉按去氢退火工艺进行退火。装炉量为80 t。钢中的氢含量退火前为$(1.44~1.80)×10^{-6}$,退火后为$(0.32~0.42)×10^{-6}$。

表3-10是21CrMo10钢的化学成分,21CrMo10钢的Ac_1为780 ℃,Ac_3为880 ℃,M_s为380 ℃,过冷奥氏体等温转变曲线图(TTT图)如图3-15所示。

表3-10 21CrMo10钢的化学成分(质量分数 wt%)

C	Cr	Ni	Mo	Mn	Si	P	S
0.18	2.40	0.24	0.34	0.31	0.27	0.013	0.009

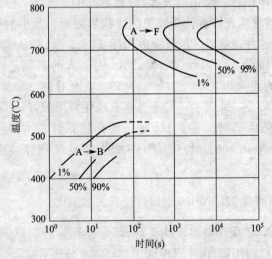

图3-15 21CrMo10钢的TTT曲线

21CrMo10钢的去氢退火工艺如图3-16所示,曲线由4个阶段组成,根据此去氢退火工艺,处理一炉锻件所需的最长退火时间

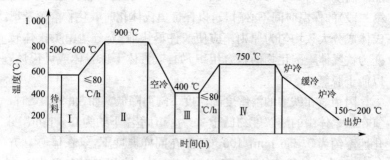

图 3-16　21CrMo10 钢的去氢处理工艺曲线

大约为 66 h,对退火后的锻件取样进行含氢量测定,钢中残余氢含量为 $(0.32\sim0.42)\times10^{-6}$,硬度为 HB226~256,金相组织为回火托氏体,如图 3-17 所示。故此工艺达到了去氢、高效、节能、保证退火质量的各项要求。

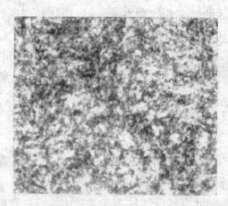

图 3-17　21CrMo10 钢的去氢处理后的组织,回火托氏体,×1000

需要注意的是,21CrMo10 钢的去氢处理工艺退火的第一阶段为待料,过冷奥氏体在 500~600 ℃等温和待料过程中可以转变为铁素体-珠光体组织,使相界面增加,从而增加相变重结晶时奥氏体的形核率,有利于获得细小、均匀的奥氏体组织。

根据 21CrMo10 钢的 Ac_3 为 880 ℃,将去氢退火的奥氏体化加热温度定为 900 ℃,此阶段(21CrMo10 钢的去氢退火工艺中的第二段)的保温时间不必过长,以保证奥氏体化时碳化物溶解及奥氏体成分大致均匀为原则。应使锻件尽快地、充分地由奥氏体转变为铁素体+碳化物的整合组织,如:铁素体+珠光体或贝氏体,以便于脱氢。

因为氢在铁中的溶解度随温度下降而降低。如,在 900 ℃时,氢在铁素体中的溶解度约低于 2.8 ppm,室温下约为 0.5 ppm,变化速率约为 0.256 ppm/100 ℃;而在同样温度下,氢在体心立方的 α-Fe 中的溶解度小于面心立方的 γ-Fe 中的溶解度,且氢在体心立方的 α-Fe 中的扩散系数大于在面心立方的 γ-Fe 中的扩散系数。所以为提高去氢退火生产率、节能降耗,去氢应选择在以铁素体为基体的组织中进行,因为氢在铁素体中的溶解度最小且扩散速度最快。

由于 21CrMo10 钢中含有一定量的合金元素,过冷奥氏体较为稳定,珠光体的转变曲线向右移,而贝氏体转变区处于曲线的左下方,如图 3-15 所示。

为缩短去氢退火时间,应先将过冷奥氏体转变贝氏体组织,然后再升温,使贝氏体组织回火转变为铁素体+碳化物的整合组织(21CrMo10 钢的去氢退火工艺中的第三段、第四段)这样既保证了脱氢效果,又可达到节能降耗的目的,同时还可保证得到良好的退火组织。

根据 21CrMo10 钢的 TTT 图,某企业的研究者将贝氏体转变温度确定为 400 ℃,等温后加热到 Ac_1 稍下的 750 ℃。这一方面有利于剩余的过冷奥氏体转变为珠光体;另一方面随着加热温度升高,氢的扩散系数增大,可使氢的扩散速度加快,并获得了回火托氏体组织,如图 3-17 所示,硬度为 HB226~256。

5. 如何解决 27SiMnNi2CrMoA 钢硬度高机械加工难问题?

27SiMnNi2CrMoA 钢属低碳马氏体空冷硬化型超高强度钢,化学成分见表 3-11。

表 3-11　27SiMnNi2CrMoA 钢炉号与化学成分（质量分数 wt%）

炉号	C	Si	Mn	P	S	Ni	Cr	Cu	As	Mo
A2244	0.26	1.49	1.37	0.020	0.008	1.70	0.24	0.14	0.040	0.43
A2246	0.28	1.49	1.34	0.024	0.014	1.73	0.30	0.08	0.008	0.43

27SiMnNi2CrMoA 钢具有良好的强韧配合，主要用于制做重型矿用钎具。其中(50～60) mm 热轧圆钢硬度高达 HRC40 以上，原退火工艺为 750 ℃×4 h 炉冷至 650 ℃(8～10) h 炉冷，550 ℃以下出炉空冷。用 RX159 型箱式炉退火时，退火周期大于 20 h，且退火效果不理想，工件硬度不均匀，硬度值在 HBS260～300 左右。由于硬度高，27SiMnNi2CrMoA 钢机械加工困难而需重新退火，因此成为该钢生产中的一个难点。

为解决 27SiMnNi2CrMoA 钢硬度高，加工困难等难题，有关研究人员经过选择加热温度、保温时间、等温温度、中冷方式(由加热温度至等温温度的冷却方式)、等温时间和冷却方式等不同因素并进行正交试验，得出加热温度以 690 ℃最佳，等温温度以 650 ℃较佳的工艺路线。并发现随等温时间的延长，硬度稍有下降；保温时间超过 1 h 后对退火硬度的影响甚小，因此一般取保温时间为 1～2 h。从而探索出 27SiMnNi2CrMoA 钢低温等温退火新工艺，即加热温度高于低温退火工艺中的加热温度而低于等温球化退火工艺中的加热温度(一般稍低于 Ac_1 点)的等温退火工艺。

实践证明，27SiMnNi2CrMoA 钢低温等温退火新工艺具有很好的适应性，且退火过程中允许炉温有较大的不均匀性与波动性而对退火硬度无明显影响。27SiMnNi2CrMoA 钢经不同退火工艺处理后与退火硬度的关系见表 3-12。

从表 3-12 可以看出，工艺 1、2 均可在短时间内将退火硬度降至 HBS250 左右，工艺 5(即原工艺)，不仅周期长，且退火效果不如低温等温退火工艺 3，当加热温度为 700 ℃时，保温时间以不超过 2 h 为宜。

表 3-12 退火工艺与退火硬度(HBS)的关系

退火工艺	等温时间(h)			
	1	2	4	8
①690 ℃×5 min 炉冷至 650 ℃等温	252	250	249	241
②700 ℃×1 h 炉冷至 650 ℃等温	249	—	—	—
③700 ℃×2 h 炉冷至 650 ℃等温	236	229	229	
④700 ℃×4 h 炉冷至 650 ℃等温	234	229	229	
⑤750 ℃×4 h 炉冷至 650 ℃等温	—	292	262	230

注：工艺①~⑤均为随炉升温,等温后出炉空冷

ϕ55 mm 热轧圆钢退火试验结果见表 3-13，由表 3-13 可知退火温度为 690 ℃稍优于 700 ℃，采用低温等温退火工艺可在短时间内将退火硬度降至 HBS260 以下。

27SiMnNi2CrMoA 钢初验样淬火工艺一直采用 890 ℃×20 min 油淬，200 ℃×1 h 空冷。ϕ50~60 mm 热轧圆钢在以前该厂一直采用原退火工艺,初验合格率为 84.36%。而采用低温等温退火工艺后,初验合格率由 84.36%提高到 100%。

表 3-13 ϕ55 mm 热轧圆钢退火试验结果(退火工艺随炉升温)

试验号	试样规格(mm)	装炉量(支)	退火工艺	退火硬度(HBS)	退火周期(h)
1	ϕ55×260	2	690 ℃×0.5 h 炉冷至 650 ℃×1 h 空冷	260	2.5
2	ϕ55×260	2	690 ℃×0.5 h 炉冷至 650 ℃×2 h 空冷	255	3.5
3	ϕ55×200	2	690 ℃×2 h 炉冷至 640 ℃×1 h 空冷	257	4
4	ϕ55×200	2	690 ℃×2 h 炉冷至 640 ℃×2 h 空冷	248	5
5	ϕ55×200	1	700 ℃×2 h 炉冷至 650 ℃×2 h 空冷	263	5

由表 3-14 退火工艺、组织与硬度关系可知,原始组织为贝氏体的热轧态 27SiMnNi2CrMoA 钢经常规等温球化退火工艺退火后,得到

的组织不是球状珠光体,而是粒状贝氏体,如图3-18所示。这种组织的硬度与粒状贝氏体中的岛团大小有关,随着等温时间的延长,岛团裂解变小,硬度下降,最终转变为铁素体 + 点状碳化物。采用低温退火工艺后,由于加热温度低于 Ac_1 点,得到的组织是回火贝氏体(见表3-14中工艺),由于 Ac_1 点在709~729 ℃温度范围内,因此得到的组织可能有以下几种情况:实际加热温度超过 Ac_1 点得到小岛团的粒状贝氏体(见表3-14中工艺7);实际加热温度未达到 Ac_1 点,此时得到的组织为回火贝氏体;对尺寸较大的工件由于炉温的不均匀性及材料成分偏析等因素的影响,工件的退火组织可能为回火贝氏体 + 粒状贝氏体的混合组织。

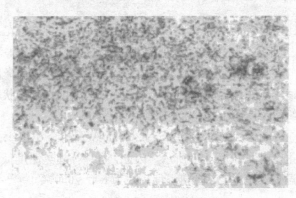

图3-18 27SiMnNi2CrMoA 钢常规等温球化
退火组织粒状贝氏体(B粒)×500

表3-14 退火工艺、组织与硬度的关系

退火工艺	金相组织	硬度(HBS)
① 750 ℃×4 h 炉冷至 650 ℃×2 h 空冷	B粒,岛团较大	292
② 750 ℃×4 h 炉冷至 650 ℃×6 h 空冷	B粒,岛团较①小	262
③ 750 ℃×4 h 炉冷至 650 ℃×10 h 空冷	B粒,岛团较②小	221
④ 750 ℃×4 h 炉冷至 650 ℃×24 h 空冷	F,F上分布有点状碳化物	203

续上表

退火工艺	金相组织	硬度(HBS)
⑤ 750 ℃×4 h 炉冷至 650 ℃×48 h 空冷	F,F 上分布有点状碳化物,较④稍粗	198
⑥ 750 ℃×10 min 炉冷至 650 ℃×6 h 空冷	B粒 + 少量 F,岛团较小	229
⑦ 700 ℃×2 h 炉冷至 650 ℃×2 h 空冷	B粒,岛团较小	229
⑧ 670 ℃×2 h 空冷	回火 B	255

注:随炉升温,试样半径为 27×5 mm,厚为 15 mm,90°角扇形试样,B-贝氏体,F-珠光体,B粒-粒状贝氏体。

对比研究者提供的表 3-14 中的工艺 2、6、7 可知,在 Ac_1～Ac_3 点之间,加热温度越高,保温时间越长,在随后的等温过程中形成的粒状贝氏体组织中的岛团越粗大,硬度越高;降低加热温度与适当缩短保温时间有利于形成硬度较低的小岛团状粒状贝氏体组织,而且缩短退火工艺周期。

$\phi50$～60 mm 热轧 27SiMnNi2CrMoA 钢的金相组织是以贝氏体为主,如图 3-19、3-20 所示。因此,可选择加热温度低于 Ac_1 点的低温退火工艺,其加热温度一般为 600～650 ℃。

图 3-19　27SiMnNi2CrMoA 钢热轧组织×500
B + 少量 M　　规格:$\phi55$ mm

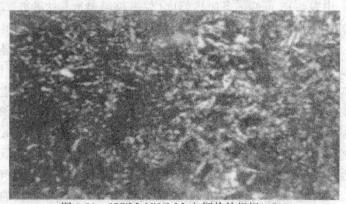

图 3-20　27SiMnNi2CrMoA 钢热轧组织×500
B＋M＋少量 A_R　　规格：$\phi 60$ mm

27SiMnNi2CrMoA 钢 Ac_1 点为 709～729 ℃。从理论上讲，低温退火工艺中加热温度越接近 Ac_1 点，退火效果越好。实际生产中，工件尺寸一般较大，退火在大型或较大型炉内进行，炉温存在较大的不均匀性及一定的波动性，温控亦存在误差。对同一个工件而言，由于成分偏析，各处的 Ac_1 点亦存在差异，因此，当控制的温度接近 Ac_1 点时，工件的实际加热温度就有可能超过 Ac_1 点而发生奥氏体转变，此时，如在低于 Ar_1 点 30～40 ℃等温就将形成硬度较低的小岛团状粒状贝氏体组织，如直接出炉空冷，这部分奥氏体将在随后的空冷中转变为马氏体等组织而使硬度显著升高，试验结果见表 3-15。

表 3-15　等温、不等温退火对硬度的影响（随炉升温）

试样规格(mm)	装炉量(支)	工艺	退火硬度(HBS)	组织
$\phi 55\times 300$	2	690 ℃×2 h 空冷	302	B＋M
$\phi 55\times 300$	2	680 ℃×3 h 空冷	286	B＋M
$\phi 55\times 400$	1	670 ℃×4 h 空冷	263	回火 B
$\phi 55\times 400$	3	680 ℃×2 h 炉冷至 650 ℃×2 h 空冷	249	—

由表 3-15 可知,当加热温度(仪表控制温度)达 690 ℃ 或 680 ℃ 时,如直接空冷而不经等温处理则将得到硬度较高的贝氏体 + 马氏体组织,而经 650 ℃×2 h 等温处理后,则硬度明显下降。因此,当加热温度接近 Ac_1 点时,必须经过等温处理。而且,在某厂热轧 27SiMnNi2CrMoA 钢采用低温等温退火工艺的生产中,工件规格 50～60 mm、400～500 mm,装炉量 15～20 支、3～4 层叠放,推荐的退火工艺为 690 ℃×2 h 炉冷至 650 ℃×2 h 出炉空冷,周期 6～7 h,经多次抽查,硬度为 HBS250～260,低温等温退火效果均优于原工艺,而且退火周期仅为原工艺的 1/4～1/3,采用该工艺后再没有发生过因加工困难而需重新退火的现象,该钢的力学性能初验合格率也达到 100%。

6. 35CrNi3MoV 钢存在组织遗传晶粒粗大怎么办?

35CrNi3MoV 是一种合金结构钢,其化学成分见表 3-16,该钢具有良好的综合力学性能,可用于制造高强韧性的锻件。在生产过程中,35CrNi3MoV 锻后组织多为粗晶组织,组织遗传性极强。

表 3-16　35CrNi3MoV 钢的成分(质量分数 wt%)

C	Si	Mn	P	S	Cr	Ni	Mo	V
0.32	0.03	0.26	0.005 6	0.005	1.24	3.28	0.36	0.13

生产上,消除组织遗传常用的方法主要有高温正火、临界区高温侧正火、高温预回火和等温退火等。在实际生产过程中,等温退火是细化晶粒的常用手段。

为解决 35CrNi3MoV 钢存在组织遗传晶粒粗大问题,最近有研究者采用等温退火与其他工序相结合的方法对 35CrNi3MoV 钢进行热处理,不仅解决了 35CrNi3MoV 钢存在组织遗传问题,并且获得了细小均匀的等轴晶,晶粒度可达 9～10 级。

研究者在研究过程中共制定了 7 条工艺路线,见表 3-17。表 3-17 中等温退火均指将试件加热至 850 ℃ 保温 10 h 后炉冷至

640 ℃等温退火。

为了模拟工厂中大型零件的加热过程,研究过程中电阻炉升温速度为 1 ℃/min,这一速度与直径 1 000 mm 以上零件的心部升温速度相近,并且试件通过两相区 700～850 ℃的升温速度仅为 0.5 ℃/min,如图 3-21 所示为工艺路线 5 的热处理流程图,其余路线的加热过程类似。对试件进行热处理后使用苦味酸饱和溶液显示晶界,测定试件晶粒度以判断各工艺路线细化晶粒的效果。

表 3-17 热处理工艺路线

编号	工 艺 名 称	工 艺 路 线
1	等温退火	640 ℃/24 h
2	等温退火	640 ℃/48 h
3	高温预回火 + 临界区高温侧正火 + 等温退火	700 ℃/10 h 空冷 + 780 ℃/10 h 空冷 + 640 ℃/24 h
4	高温预回火 + 临界区高温侧正火 + 等温退火	700 ℃/10 h 空冷 + 780 ℃/10 h 空冷 + 640 ℃/48 h
5	等温退火(24 h) + 正常正火	640 ℃/24 h + 850 ℃/4 h
6	等温退火(48 h) + 正常正火	640 ℃/48 h + 850 ℃/4 h
7	等温退火(60 h) + 正常正火	640 ℃/60 h + 850 ℃/10 h

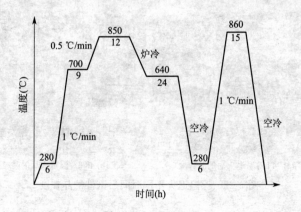

图 3-21 No.5 的热处理工艺曲线

表 3-18 为热处理后各试件的晶粒度情况,试验结果表明工艺路线 7 能够显著细化晶粒,且晶粒大小非常均匀,是一种可靠的热处理方法。

表 3-18 热处理后各试件的晶粒度

编号	晶粒度情况
1	晶粒度 7~8 级,但存在粗大的非等轴状晶粒
2	晶粒度 7~8 级,但存在粗大的非等轴状晶粒
3	明显分开的珠光体(细晶区)和马氏体区域(粗晶区)
4	明显分开的珠光体(细晶区)和马氏体区域(粗晶区),马氏体区域减少
5	细晶区 8~9 级,粗晶区 5~6 级
6	细晶区 8~9 级,粗晶区 5~6 级(粗晶区面积减少)
7	晶粒度 9~10 级,晶粒大小均匀且为等轴状晶体

工艺路线 1、2 表明,仅使用等温退火能够有效细化晶粒,但是处理后的样品仍然存在粗大的非等轴状晶粒。因此,等温退火虽然能够细化晶粒,但是无法获得均匀的等轴状晶粒,不能彻底消除锻造所带来的各向异性。图 3-22 为 24 h 和 48 h 等温退火后的晶粒度。

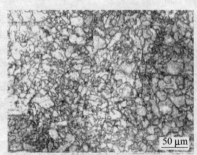 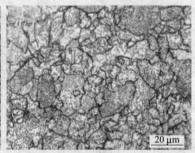

(a) 24 h 等温退火后的晶粒度　　　　(b) 48 h 等温退火后的晶粒度

图 3-22 等温退火不同时间后试件的晶粒度

研究者在实验中发现,经过工艺路线 3、4 处理后的试件,出现了明显分开的马氏体和珠光体区域,珠光体区域晶粒细小,但马氏体区域晶粒异常粗大(3级),图3-23为工艺路线3马氏体与珠光体区交界处。

试验结果说明,相对于工艺路线1、2,工艺路线3、4在等温退火前进行的高温预回火和临界区高温侧正火非但没有能够起到细化晶粒的作用,反而阻碍了退火过程中珠光体的形成,使得很大一部分未能转化为珠光体的奥氏体转变成了马氏体,并且保留了组织遗传特性。

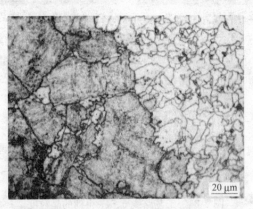

图3-23 工艺3马氏体与珠光体区交界处

工艺路线5、6、7是在等温退火后正常正火。与工艺路线1、2相比,可见工艺路线5、6、7均获得了细小的等轴状晶粒,如图3-24所示。该研究结果表明,等温退火后进行正常正火能够有效消除锻造带来的各向异性。同时,通过对比工艺路线5、6、7可见,增加退火时间和延长正火时间都能有效的细化均匀晶粒。

分析图3-24为工艺路线5、6、7得到的晶粒度,可见工艺路线6比工艺路线5延长退火时间24 h后,晶粒均匀度得到改善,细晶区的面积明显增大,粗大晶粒减少;工艺路线7在工艺路线6的基础上退火时间增加12 h,正火时间延长到60 h,获得了均匀且细小的晶粒,不但完全消除了组织遗传,还使晶粒度等级达到了9~10级,所得晶粒尺寸在20 μm以下,大小均匀且呈等轴状。

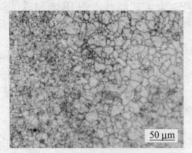 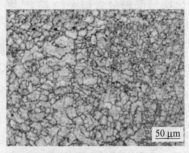

(a) 工艺路线5得到的晶粒度　　　(b) 工艺路线6得到的晶粒度

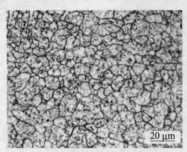

(c) 工艺路线7得到的晶粒度

图 3-24　工艺路线 5、6、7 得到的晶粒度

研究结果表明,等温退火能够消除组织遗传并细化晶粒,但是仅使用等温退火对工件进行热处理不能完全细化均匀晶粒,难以彻底消除锻后材料的各向异性。

等温退火前进行高温预回火和临界区高温侧正火对等温退火过程中珠光体的形成具有阻碍作用,使材料最终形成马氏体与珠光体并存的状态。

等温退火后进行正常正火能够大大改善晶粒的均匀程度,延长退火时间和正火时间都能够促进晶粒的细化及均匀程度。60h 等温退火 + 850 ℃/10 h 正火能够获得 9~10 级晶粒度。等温退火 + 正常正火工艺对加热过程的升温速度不敏感,即使在缓慢加热的条件下也能获得很好的效果,适合于大型零件的生产,具有更高的可靠性和可操作性。

7. Cr12MoV 钢模脆性大易损坏怎么办?

生产中有人反映采用 Cr12Mo 制作的模具在使用过程中屡屡生产崩裂和裂纹,导致模具报废,影响其生产过程。针对这一问题,有关科研人员进行了相关研究。

Cr12MoV 属于 Cr12 型莱氏体冷作模具钢,是我国较成熟的钢种,其化学成分见表 3-19。该钢具有淬透性好、硬度高、耐磨性好、热处理变形小等优点,常用于制作承受重负荷、生产批量大、形状复杂的冷作模具,如冷冲、冷镦、冷挤压模等。但该钢脆性大,如何提高其强韧性,是该钢使用过程中急需解决的问题。为解决该钢种脆性大,在提高其强韧性的研究中发现,热处理因素对模具失效的影响最大,其对模具失效的影响约占 50% 左右。

表 3-19 Cr12MoV 钢化学成分(质量分数 wt%)

C	Mn	Si	Cr	Mo	V	S	P
1.45~1.70	≤0.35	≤0.40	11.00~12.50	0.40~0.60	0.15~0.30	≤0.030	≤0.030

分析其研究者提供的 Cr12Mo 制作模具样品材料的原始金相组织,如图 3-25 所示。可看出,组织中碳化物连成了空间网状结构,组织分布极其不合理,产生这种现象的原因可能是该钢制作模具外加工时,预备热处理错用了完全退火工艺所致,在其缓慢冷却过程中,钢中析出网状渗碳体,使钢的力学性能下降,增加了钢淬火脆裂的危险。测试其硬度,原始试样的硬度平均值为 54 HRC,冲击韧度及抗弯强度分别为 5.2J·cm^{-2} 和 1189 MPa,这都与组织中碳化物的分布不合理有直接关系。观察其样品的断口形貌,可见其断口有明显的解理断口痕迹,呈典型的脆性断裂,如图 3-26 所示。

通常,Cr12MoV 钢作为模具使用,其常用的预备热处理是球化退火,其目的是改善毛坯的组织,降低材料的硬度,便于切削加工,同时为后续的热处理工艺做好组织准备。但有时在热处理过程中球化退火难以达到其理想效果,原因是由于热处理时的球化退火温度较低,几乎不能改变大量先共析碳化物的分布、大小和形状。为此,生产过程中当常规球化退火工艺效果不理想时,可采用高温调质处理代替球化退火。

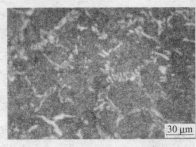

图 3-25　Cr12MoV 原始试样金相组织图

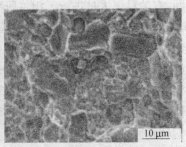

图 3-26　Cr12MoV 钢原始试样的断口形貌(弯曲试样)

其常用的预备热处理是球化退火、采用高温调质处理代替球化退火和而后将两组试样在同样的淬火＋回火工艺条件下进行最终热处理工艺见表 3-20。

表 3-20　Cr12MoV 钢的热处理工艺

	工艺Ⅰ	工艺Ⅱ
预备热处理	860 ℃×2 h 随炉冷至 750 ℃等温 2 h 随炉冷至 500～550 ℃取出空冷	1 100℃×20 min 分级淬火＋700 ℃×1 h 回火取出空冷
最终热处理[2]	淬火:(1 020～1 040)℃×40 min 油淬(560～850 ℃两级预热)回火;250 ℃×1 h	

Cr12MoV 钢的调质处理中,淬火温度可达 1 100 ℃以上,高的温度一方面促进了较小碳化物的完全溶解,另一方面也促进了大碳化物尖角的局部溶解,而且溶入基体的碳化物在随后的高温回火过程中再度均匀弥散析出,使碳化物的形态、大小及分布得到改善,有利于提高模具的强韧性。

图 3-27 为 Cr12MoV 经两种不同的热处理工艺后的金相组

织。可看出,经重新热处理后,均得到回火马氏体＋残余奥氏体＋碳化物的组织。相对于原始试样而言,钢中碳化物的形态及分布明显改善,且经工艺Ⅱ处理的试样的碳化物比工艺Ⅰ处理的碳化物更细小,分布更均匀。

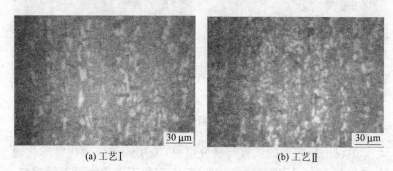

(a) 工艺Ⅰ　　　　　　　　(b) 工艺Ⅱ

图 3-27　Cr12MoV 经两种不同的热处理工艺后的金相组织

表 3-21 为不同工艺热处理后的力学性能测试结果。可以看出,经工艺Ⅰ处理后,材料的硬度无明显变化,但由于碳化物形态及分布更合理,其冲击韧度及抗弯强度达到 7.5 J·cm^{-2} 和 1 313 MPa,相对于原始试样提高了 44.8% 和 10.5%。由于组织中碳化物更加细小、均匀分布,经工艺Ⅱ处理后,材料的硬度有一定程度的提高,达到 HRC58.0;同时冲击韧度及抗弯强度达到 8.556 J·cm^{-2} 和 2183.5 MPa,相对于原始材料,提高了 31.7% 和 83.7%,而相对于球化退火试样,提高了 13.7% 和 66.2%。

表 3-21　不同工艺热处理后的力学性能测试结果

	硬度(HRC)	冲击韧度(J·cm^{-2})	抗弯强度(MPa)
工艺Ⅰ	55.0	7.524	1 313.4
工艺Ⅱ	58.0	8.556	2 183.5

图 3-28 为不同工艺热处理后的 Cr12MoV 钢的断口形貌。相对于原始试样而言,试样断口的韧窝明显增多,说明通过热处理后 Cr12MoV 钢的韧性有明显的增加。同时还可看出,用工艺Ⅱ处理的试样断口的韧窝的大小及密度均大于用工艺Ⅰ处理的试样,

进一步说明调质处理有利于提高模具的强韧性,这与前面的力学性能测试的结果是一致的。

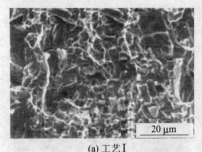 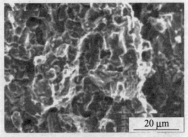

(a) 工艺Ⅰ   (b) 工艺Ⅱ

图 3-28 不同工艺热处理后的 Cr12MoV 钢的断口形貌

由以上研究者的试验与研究可见,采用调质处理代替球化退火作为 Cr12MoV 钢的预备热处理,更有利于碳化物形态的改变,对提高模具强韧性有比较明显的效果。

8. 42MnMo7 钢冷拔钢管时经常出现裂纹与拔断怎么办?

42MnMo7 钢是德国某公司开发的钢种,该钢种的化学成分见表 3-22。该钢具有优良的综合性能,主要用来生产 N80 级油套管。42MnMo7 钢的正常组织为粗大的贝氏体或贝氏体与马氏体混合组织,塑性低,脆性大,冷拔时经常出现裂纹、裂口、拔断等现象,造成大批钢管报废,同时模具消耗也特别高。根据现场分析,产生冷拔裂纹的原因很多,但退火质量不好是造成 42MnMo7 钢管裂口和拔断的主要原因。为此,有关研究人员针对这一问题进行了退火试验。

表 3-22 42MnMo7 钢的化学成分(质量分数 wt%)

C	Si	Mn	P	S	Cu	Ni	Cr	Mo
0.42	0.20	1.71	0.016	0.009	0.13	0.05	0.03	0.18

试验材料冷拔毛管料采用热轧短尺油管 $\phi 88.9 \times 6.45$,经再加热(温度 900~950 ℃,时间 20 min)后二次减径到 $\phi 63.5$,减径

后实际平均壁厚 6.6 mm，拔制成品规格为 $\phi26.5$。为减少材料本身缺陷的影响，所有来料都经过双探并合格。拔制工艺见表 3-23。

表 3-23 冷拔拔制表

道次	规 格	延伸系数	拔制方式	其他工序
0	$\phi63.5\times6.6$			打头、酸洗、润滑
1	$\phi56\times6.4$	1.18	短芯棒拔制	退火、酸洗、润滑
2	$\phi48\times6.5$	1.18	无芯棒拔制	退火、改头、酸洗、润滑
3	$\phi42\times6.5$	1.17	无芯棒拔制	退火

按表 3-23 的冷拔工艺分别取两批毛管料在链式冷拔机上拔制，然后按两种不同的退火工艺进行热处理，经酸洗润滑后进行下一轮拔制，观察拔制后的钢管质量，连续重复几个道次的试验，直至拔出成品。为消除冷拔变形量过大对钢管质量造成影响，道次延伸系数 <1.2。

结果表明，对 42MnMo7 钢采用 930～960 ℃ 加热、长时间保温的高温退火处理，可减少马氏体组织的数量，显著提高钢管的塑性和韧性，满足冷拔工艺的要求，基本可以杜绝裂纹、裂口、拔断现象。

42MnMo7 钢的两种热处理工艺：（辊底式连续退火炉，燃料为重油）

工艺 1：温度 820～850 ℃，加热速率 3 min/mm，保温时间 30 min，空冷；

工艺 2：温度 930～960 ℃，加热速率 3 min/mm，保温时间 40 min，堆冷。

采用工艺 1 退火的钢管显微组织主要为上贝氏体，还有少量的马氏体，体积百分数约 15%，工艺 2 的显微组织为上贝氏体，马氏体数量极少，体积百分数不到 1%。

不同工艺处理方式 42MnMo7 管的机械性能见表 3-24 所示。为便于结果分析，研究者也列入了来料毛管的机械性能。由表 3-24 可知，毛管和采用工艺 1 退火的钢管强度差不多，但毛管的塑性明显优于采用工艺 1 退火的钢管的机械性能,而采用工艺 2 退火的钢管屈服强度较高,塑性也好。

表 3-24　不同处理方式 42MnMo7 钢管的机械性能

道次	规格	退火工艺Ⅰ			退火工艺Ⅱ		
		Rm(MPa)	$Rp_{0.2}$(MPa)	A(%)	Rm(MPa)	$Rp_{0.2}$(MPa)	A(%)
0	$\phi63.5\times6.6$	850	560	17	870	570	18
1	$\phi56\times6.4$	835	525	8.4	892	724	17.6
2	$\phi48\times6.5$	890	563	5	841	688	18
3	$\phi42\times6.5$				850	643	18.4

注:采用工艺 1 退火的钢管由于拔制几道次后已全部裂,故未再对成品热处理。

从拔制情况看,对于毛管第一道次拔制都较顺利,没有拔断现象发生,拔后的钢管内外表面也较光滑,没有产生裂纹。采用工艺 1 退火后的钢管在第二道次拔制时开始出现大量拔断,未断的钢管外表面也能观察到明显的网状裂纹。继续拔制时,可见拔制后的钢管内外表面都出现大大小小的裂口,导致材料全部报废。

而采用工艺 2 退火后的钢管每道次拔制都顺利,表面光滑,内外表面都没有发现裂口的产生,也没拔断现象,拔制后的钢管经无损检测探伤全部合格。由此可见,钢管经再加热二次减径后,由于加热温度较高,基本可消除热加工时产生的残余应力和加工硬化,冷却后的钢管组织与正火后的组织基本相同,钢管的综合性能好,伸长率高。对 42MnMo7 钢为细晶粒贝氏体,其连续冷却曲线如图 3-29 所示,因此,钢管的综合性能好,伸长率高。

采用工艺 1 材料全部报废的主要原因是钢管经冷拔变形后产生加工硬化和残余应力,使塑性下降。采用 820~850 ℃的不完全退火时,虽然已基本奥氏体化,但由于采取空冷,冷速较大,贝氏体还未完全转变,温度已降至其冷却转变终了线以下,因而剩下部分发生马氏体转变,钢管的最终组织为贝氏体以及少量马氏体。马氏体的存在,使钢管的塑性下降,硬度高而脆性大,在冷拔时就容易产生裂纹、裂口和拔断。

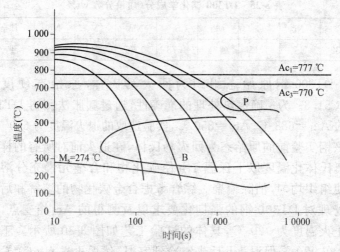

图 3-29　42MnMo7 钢管的连续冷却转变曲线

而采用工艺 2 进行 930~960 ℃ 的完全退火，钢管则完全奥氏体化。加热速度快且过热度大，晶粒形核率高且不易长大，因而奥氏体的原始晶粒度小。保温时间长，有利于奥氏体均匀化。在连续冷却时采用堆冷，由于冷速适中，奥氏体刚好能完全转变为贝氏体，基本上不发生马氏体转变，因此钢管的最终组织为贝氏体，几乎没有马氏体。这样，钢管的塑性好，强度也高。既满足冷拔需要，又能保证成品性能。

9. DT300 钢退火后硬度高机械加工性能不好怎么办？

DT300 钢是一种高强度高韧性的低合金超高强度钢，具有高达 1 800 MPa 的抗拉强度及 100 MPa·m$^{1/2}$ 以上的断裂韧性。在其被广泛应用到航天航空及兵器工业。但使用者在对其加工时发现其钢的硬度偏高，机械加工性能不好。为此，某科研机构有关研究者采用正火空冷 + 660 ℃ 退火和正火热送 + 660 ℃ 退火两种不同的热处理工艺对 DT300 钢进行了软化退火研究，实验用 DT300 钢采用双真空冶炼工艺(VIM + VAR)，其化学成分见表 3-25。

表 3-25 DT300 钢化学成分(质量分数 wt%)

C	Ni	Cr	Mo	Si	Mn	V	Nb	其余
0.32	5.7	1.13	0.74	1.78	0.76	0.11	0.04	Fe

DT300 钢原始态组织为回火马氏体,原始态硬度为 HRC51.8。为了确保热处理的准确性,通过膨胀法测得 DT300 钢的 $Ac_1=688\ ℃$、$Ac_3=850\ ℃$,实验选取的退火温度为 660 ℃。因该钢实验前的原始态为回火马氏体,在退火前对所有的样品在奥氏体化温度以上保温 1 h 使碳化物和合金元素充分溶解并使组织均匀,消除偏聚。综合考虑合金碳化物的溶解和后续热处理对 DT300 钢的强韧化要求以及测得的 Ac_3 相变点,选取正火温度为 920 ℃,具体的试验工艺如图 3-30 所示。工艺 1 是在 920 ℃保温 1 h 后先空冷到室温,然后再送入 660 ℃ 的退火炉内保温不同时间后取出空冷;工艺 2 是在 920 ℃保温 1 h 后取出,当观察到试样表面发黑时再送入 660 ℃退火炉保温不同时间后取出空冷。将所有硬度块从中间切开,观察心部组织并测试其洛氏硬度。

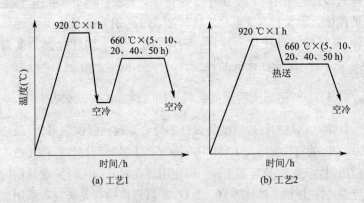

图 3-30 实验退火工艺

该钢的连续冷却曲线,如图 3-31 所示,在冷却速度高于 0.028 ℃/s 或从奥氏体化温度冷却到 M_s 点所用的时间小于 24 h

时，DT300 钢冷却到室温得到组织为淬火态马氏体。该钢的 M_s 点约为 270 ℃，若在奥氏体化后未冷却到 270 ℃以下，则组织形态仍为奥氏体，当冷却到室温时将发生过冷奥氏体转变，得到高硬度的淬火态马氏体组织。

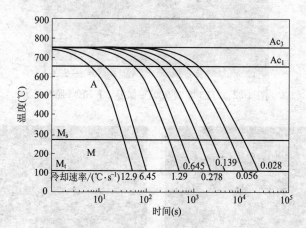

图 3-31 DT300 钢连续冷却转变曲线

正火态组织的 SEM 如图 3-32 所示。由于 DT300 钢的 Cr、Ni、Si 等增加过冷奥氏体稳定性提高钢的淬透性的合金元素含量较高，且试样尺寸较小，在空冷时过冷奥氏体将转变成马氏体和少量残余奥氏体。经硬度测试，正火态硬度为 HRC54.3，不易切割加工。

对正火后的试样用图 3-30 中退火工艺 1 在 660 ℃进行保温 5、10、20、40 和 50 h 的退火处理。由于正火态组织为淬火马氏体，在随后的退火保温过程中将发生马氏体高温回火分解，铁、碳及合金元素将在长时间的保温过程中发生充分的长程扩散，碳化物从过饱和 α 固溶体中析出且随保温时间的延长不断聚集长大，如图 3-33 所示。随着碳化物的大量析出，α 铁基体中固溶的碳逐渐减少最后趋于平衡，通过回复、再结晶形成多边形的铁素体。α 相固溶碳原子的减少和碳化物的聚集长大都会导致钢的硬度降低，对改善加工性能有利。

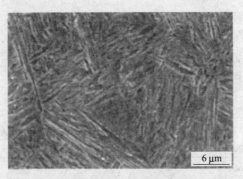

图 3-32　DT300 钢 920 ℃保温 1 h SEM 照片

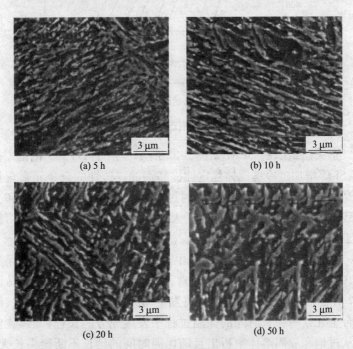

(a) 5 h　　　　　　　　　(b) 10 h

(c) 20 h　　　　　　　　　(d) 50 h

图 3-33　正火后在 660 ℃退火保温不同时间的 SEM 图

DT300 钢的碳化物主要以 Fe_3C 的形式析出。另外，碳化物形成元素 Cr 和 V 在保温过程中分别形成 M_7C_3、$M_{23}C_6$ 和 MC 碳化物，Mo 一部分溶入 Cr 和 V 的碳化物中，其余的 Mo

固溶于基体中。Mn和Si主要固溶于基体中,不会随保温时间的延长而析出。合金元素在基体中的固溶量对钢的硬度也有一定的影响。保温5h后的SEM组织与正火态的板条马氏体组织相比,碳化物的析出明显,原板条界面模糊,在这段时间内碳从马氏体中析出快,对应的硬度降低最为明显(图3-34),马氏体中固溶碳含量的减小是中碳钢退火软化最主要的影响因素。随保温时间的延长,马氏体中碳含量趋于平衡,碳化物析出总量不再增加,因此在保温时间大于10h时,硬度下降速率明显减小。继续延长保温时间,碳化物颗粒尺寸将随保温时间的延长而明显增大,这时硬度的降低受碳化物的聚集长大及α相的回复和再结晶的影响较大。若再延长保温时间,硬度值趋于稳定,软化不再明显,考虑到能源及经济效益等因素,确定适宜的软化退火时间为20h。

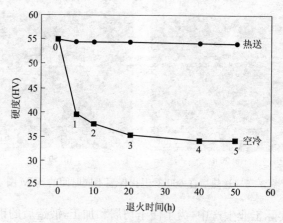

图3-34 退火保温时间对硬度的影响

热送退火硬度随退火时间的变化如图3-34所示。由图3-34硬度随热送退火保温时间的变化关系可知,在50h内硬度基本不随保温时间发生变化。用2%硝酸酒精腐蚀其组织,得到的SEM组织(图3-35)均为淬火态马氏体,观察不到碳化物的析出,即碳原子大部分仍以固溶态存在于马氏体中。由于固溶在马氏体中的碳含量越高,引起的晶格畸变就越大,马氏体硬度就越高,因此,得到的退火组织与正火态组织硬度水平基本相同。由图 3-35 可知,在实验时间 50 h 内出炉空冷后得到的组织仍为马氏体,并没有发生共析铁素体和贝氏体转变,这也是由于钢中碳和合金元素的影响提高了过冷奥氏体稳定性而将 C 曲线右移的缘故。

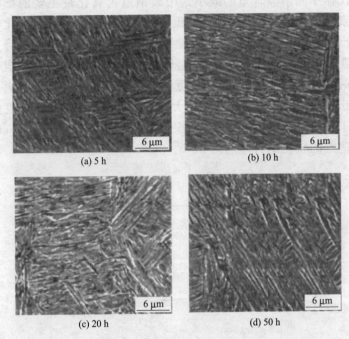

图 3-35　送热后在 660 ℃退火保温不同时间的 SEM 图

在实际工业生产中,为了便于切屑和加工,锻造后的钢锭往往需要退火。在退火前钢件装炉时的初始温度及其组织对退火后的组织及相应的硬度有重要的影响。若退火前锻锭组织状态为奥氏体,即未冷却到 M_s 点以下时,则在 660 ℃退火后空冷得到的组织仍为高硬度的板条马氏体,不能降低其硬度,改善加工性能。因此,对于 DT300 钢,在冷却时应充分考虑到锻锭的尺寸等因素,保证退火装炉前整体锻锭温度低于 M_s 温度。

10. 退火工件表面存在大量氧化皮怎么办？

金属材料进行冷塑性成型时，由于加工硬化作用使其成型困难，因此一般需要在成型的中间阶段需要对材料进行恢复塑性的软化退火处理。构件经中间退火后，构件的表面会产生氧化形成氧化皮，氧化皮的存在不仅对后序塑性成型表面润滑带来不利影响，而且在材料变形时破碎的氧化物会压入材料表面，划伤工件。因此，在中间退火后过程中要对材料表面的氧化物进行清除。

在高强度钢和超高强度钢旋压过程中，中间退火产生的氧化物的清除一直倍受关注。传统的清除氧化物方法是强酸洗或采用手工打磨。

酸洗会造成金属腐蚀和氢的渗入，氢的渗入还有导致材料氢脆的危险。另外，酸洗过程产生的酸雾也会污染环境。手工打磨氧化皮不仅工作劳动强度比较大，还容易产生清除不彻底的弊端。

近些年来，一些企业为解决工件表面存在的氧化皮问题，采用超声波清洗。超声波清洗工件表面氧化物是在酸性清洗液中进行。它是靠引入超声振动以加速和加强金属氧化物与酸的作用，在超声波"空化"效应的过程中，由"空化"作用产生的强大机械冲击力使物体表面的氧化皮迅速溶解或剥落，达到清除工件表面氧化物的目的。

超声波技术酸洗工件表面氧化物可以采用磷化"三合一"配方，在超声清洗液体中，超声波会生产液体内张应力，引起"空化"作用。"空化"作用时气泡的闭合将在工件表面产生上千个大气压的冲击波和很高的温度，在超声波的搅拌作用下能够迅速促进除油、除锈和磷化。工件表面的氧化物及油污在超声"空化"场中一般经 8~15 min 可完全清除，并在表面生成不溶性磷酸锌薄膜。

超声波酸洗氧化皮的原理是钢铁件在空气炉中加热后，其表面会生成一层 5~10 μm 的黑色氧化物（俗称氧化皮），其结构如图 3-36 所示。磷酸是中强度酸，对铁

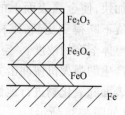

图 3-36 氧化物结构

有较大的结合能力。它在任何浓度下都几乎没有氧化性,其挥发性很低。氧化皮中的 Fe_2O_3、Fe_3O_4 和 FeO 可被磷酸溶液溶解,其反应式如下:

$$Fe_2O_3 + 6H_3PO_4 \longrightarrow 2Fe(H_2PO_4)_3 + 3H_2O$$

$$Fe_3O_4 + 8H_3PO_4 \longrightarrow 2Fe(H_2PO_4)_3 + Fe(H_2PO_4)_2 + 4H_2O$$

$$FeO + 2H_3PO_4 \longrightarrow Fe(H_2PO_4)_2 + H_2O$$

磷酸溶液去除钢铁氧化皮的过程如图 3-37 所示。

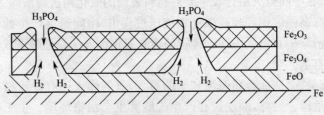

图 3-37　磷酸溶解剥离氧化皮示意图

Fe^{+2} 在磷酸中的溶解速度比 Fe^{+3} 大,通过氧化皮缝隙渗入的磷酸在溶解 Fe_2O_3 和 Fe_3O_4 的同时以更快的速度溶解底层的 FeO,这种化学反应促使氧化皮脱离基体。同时,钢铁基体与磷酸反应,但速度比溶解氧化物慢,其反应式为:$Fe + 2H_3PO_4 \longrightarrow Fe(H_2PO_4)_2 + H_2 \uparrow$。

由于缓蚀剂的作用,金属基体腐蚀速度很慢,但在基体表面生成的气体外溢时会加速撕裂和剥离外层氧化皮,在超声波作用下磷酸溶解混合速度加快,使金属表面上的磷酸溶液不断得到更新,维持并接近整体溶液的浓度。"空化"效应产生的强大机械冲击力使工件表面除氧化物进行地快而彻底(如图 3-38 所示)。

在磷化过程中,ZnO 在过

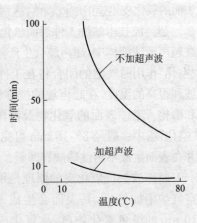

图 3-38　不同温度时除氧化物速度

量磷酸中生成 $Zn(H_2PO_4)_2$、$Zn(H_2PO_4)_2$ 在氧化剂的催化作用下，其水溶液与洁净的金属表面（铁表面）接触时产生游离磷酸 (H_3PO_4)，其反应式如下：

$$Zn(H_2PO_4)_2 \rightleftharpoons ZnHPO_4 + H_3PO_4$$

$$3ZnHPO_4 \rightleftharpoons Zn_3(PO_4)_2 \downarrow + H_3PO_4$$

金属与磷酸反应产生的 H_2 被吸附在待磷化金属表面上，形成一层气膜将金属表面与溶液界面屏蔽隔离，阻止了磷化膜结晶形成。超声波"空化"作用有利于氢气的脱附和与氧化剂的催化，提高了金属表面形成的晶胞活性中心数目，进一步促进磷化膜的形成，改善了磷化膜的性能，此膜在空气中具有抗腐蚀性，还具有减摩润滑性能，其孔洞结构对润滑膏有很好的吸附作用，经皂化后形成润滑性很好的硬脂酸锌层，可直接进行旋压等成型工艺。

采用超声波清洗过程中，要注意将超声波清洗后残留在构件表面的除油、除锈及磷化后附着在工件上的残液彻底清除干净。否则，这些残留的酸性介清将会导致超高强度钢渗氢，出现"氢脆"现象。

酸洗后的漂洗一般采用常规的热水和流动水。因此，水资源和能源的浪费较严重。而超声波漂洗则利用了超声波无孔不入的特点以及"空化"作用能够迅速彻底地将工件上附着的残液及杂物清除干净，达到后续加工的质量要求。

超声波清洗工件，其超声波清除效果取决于"空化"作用，而"空化"作用的产生与超声强度有关。在超声波功率为 0.3 W/cm^2 时，水溶介质就能产生"空化"。在一定范围内超声强度越大"空化"作用越明显，当功率密度增加到一定程度就会出现饱和现象。超声波清洗功率密度一般选则 $1\sim1.2$ W/cm^2 为最佳。

超声波振动频率对于清洗效果有很大影响，同等功率情况下低频率时易于激发空化。据有关资料报道，$16\sim2.5$ kHz 空化作用最好；氧化物清洗时，采用 $16\sim20$ kHz 低频为宜。

清洗过程中，超声波清洗温度是影响清洗速度的另一重要因素。通常,适当提高清洗温度可增强"空化"能力,提高化学反应速度,缩短清洗时间。但超声波清洗温度不易过高。否则,过高的超声波清洗温度将使蒸汽压增加,致使超声波的"空化"作用反而降低。因此,清洗过程中必须保持合适的温度。

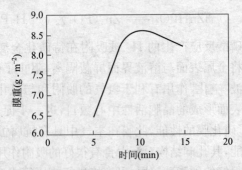

图 3-39　清洗时间对膜重的影响

一些研究与试验表明,水溶性介质一般在 50℃ 左右"空化"效果最佳。磷化膜的性质将随着磷化时间的变化而有所改变。如图 3-39 所示为膜重随时间的变化趋势。由图可见,随着时间的增长,膜重增加,在 10 min 处膜重出现最大值。随后,磷化膜膜重下降。由此可以确定超声磷化时间在 10 min 左右为宜。而且,有关超声波的"空化"作用实验表明,在磷化初期超声波能有效地清理金属表面,提高表面均匀性。而且,超声波的"空化"作用的结果还能及时去掉磷化反应中产生的氢,使磷化反应加速。但当超声磷化的时间超过 10 min 后,声波对磷化成膜又产生了新的负面影响。由此可见,超声清洗过程中时间的控制是十分重要的,使用者应该根据具体工件的氧化程度和使用的介质种类及浓度认真选取。

11. 如何进一步提高 IF 钢深冲性能?

高强度 IF 钢板(简称 IF-HSS)由于具有优异的深冲性能和较高的强度而越来越受到国内外汽车工业的青睐。实际上,退火条件对高强 IF 钢的性能有着显著的影响。冷轧板在退火过程中要发生再结晶,形成再结晶织构,消除冷变形造成的晶体缺陷。所以退火条件直接决定着钢板的最终组织和织构从而决定了钢板的最终性能。

例如,有研究者采用验室冶炼的 Ti 处理和 Ti, Nb 复合处理的高强 IF 钢对其退火(化学成分见表 3-26),研究其高强 IF 钢退火温度和时间对高强 IF 钢再结晶的影响,进而研究对其深冲性能的影响。

表 3-26 实验用高强 IF 钢成分(质量分数 wt%)

序号	C	N	S	P	Mn	Si	Als	Ti	Nb
1	0.004 6	0.001 8	0.011	0.09	0.20	0.045	0.033	0.074	<0.005
2	0.004 8	0.003 2	0.008	0.088	0.194	0.055	0.034	0.076	0.025

用于测定再结晶规律的冷轧板为 1# 钢。试样尺寸为:25 mm×30 mm×1.07 mm。把试样在盐浴炉中按不同的工艺处理,然后测定退火后试样的表面洛氏硬度和金相组织,确定其再结晶温度。实验采用正交实验方法,测定了恒温(800 ℃)和恒时(90 s)两种情况下的再结晶规律。

恒温处理工艺:盐浴炉炉温恒定在 800 ℃ 而处理时间从 30 s 到 210 s,时间间隔为 30 s。

恒时处理工艺:试样在盐浴炉内保温时间为 90 s,炉温从 680 ℃ 到 830 ℃ 之间变化,温度间隔为 30 ℃ 或 40 ℃。定义硬度曲线上硬度值下降 50% 所对应的温度(或时间)为再结晶完成温度(或再结晶完成时间)。将退火板按 GB 5027—85 加工成 1# 标准试样,力学性能测试在 INSTRON-2185 材料实验机上进行。

图 3-40、图 3-41 分别示出了 1# 钢在恒时条件下的硬度及组织变化规律。由图 3-40、图 3-41 可见,随着退火温度的提高,洛氏硬度降低,晶粒增大。在 90 s 恒时条件下,1# 钢在 680 ℃ 时已完成了再结晶。在温度达到 680 ℃ 以后,硬度变化比较平缓,这一阶段发生的只是晶粒的进一步长大。温度为 830 ℃ 时,晶粒最

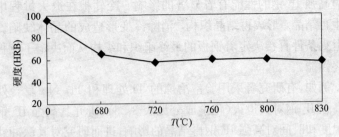

图 3-40　90 s 恒时条件下退火温度对 1# 钢硬度的影响

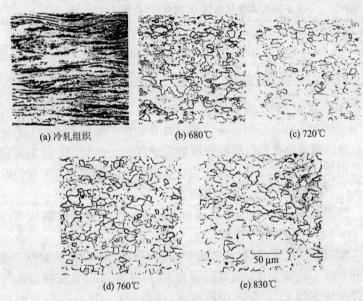

图 3-41　90 s 恒时条件下退火温度对 1# 钢组织的影响

大,这说明了退火温度越高,再结晶及再结晶晶粒长大越充分。图 3-42,图 3-43 分别给出了 1# 钢在恒温条件下的硬度及组织变化规律。随着退火时间的延长,硬度降低,晶粒变大。在 30 s 时,1# 钢在 800 ℃ 已完成了再结晶;30 s 后进行的主要是晶粒长大,这一点也在组织及硬度分析中得到证实。对于 1# 钢,在 800 ℃ 退火条件下完成再结晶的时间约为 20 s。

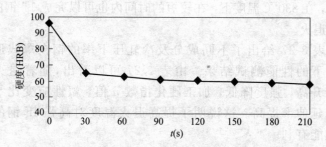

图 3-42　800 ℃ 恒温条件下保温时间对 1# 钢硬度的影响

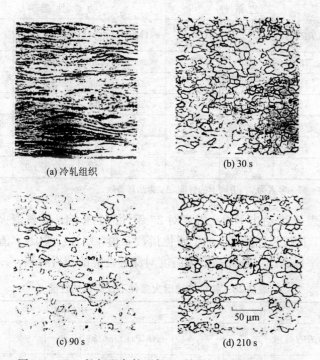

图 3-43　800 ℃恒温条件下保温时间对 1# 钢组织的影响

由此可见，增加均热温度和时间均有利于硬度下降和再结晶晶粒充分长大。对于 1# 钢，再结晶充分完成的温度和时间最佳组合是：830 ℃×210 s，但考虑到连续退火线比较短，根据实验研究,在 830 ℃温度下,在较短的时间内也可以完成 1# 钢的再结晶退火。

表 3-27 给出了不同成分及冷轧压下率的钢在罩式退火条件下的性能测试结果。由表 3-27 可以看出,随着退火温度的升高,强度降低,加工硬化指数 $\bar{n}$ 值,塑性应变比 $\bar{\gamma}$ 值和总延伸率提高。这说明了提高退火温度对高强 IF 钢的深冲性能有利。

表 3-27　各种罩式退火条件下试验钢的性能

钢号	工艺条件			力学性能				
	CRR(%)	退火温度(℃)	退火时间(h)	σ_b(MPa)	δ(%)	$\bar{n}$	$\bar{\gamma}$	$\Delta\gamma$
1*	72.4	680	4	385	25.5	0.196	1.082	/
1*	72.4	720	4	375	30	0.22	1.256	/
1*	72.4	750	4	350	38	0.22	2.525	/
1	78.6	680	4	384	35.5	0.196	1.665	0.27
1	78.6	720	4	372	36.5	0.216	1.846	0.21
2	80	720	4	352	30.2	0.197	1.97	0.0

注:带 * 号者为 0% 方向上的性能,Δ_γ 为凸耳参数。

表 3-28 给出了退火温度对 2# 钢性能的影响。随着退火温度提高,抗拉强度降低,加工硬化指数 $\bar{n}$ 值,塑性应变比 $\bar{\gamma}$ 值和总延伸率提高。可见提高退火温度对深冲性能的获得有利。

表 3-28　各种连续退火条件下试验钢的性能

钢号	工艺条件			力学性能				
	CRR(%)	退火温度(℃)	退火时间(h)	σ_b(MPa)	δ(%)	$\bar{n}$	$\bar{\gamma}$	$\Delta\gamma$
2	80	800	2	378	40	0.241	1.588	0.24
2	80	830	2	373	41	0.251	1.759	0.41
2	84	800	2	375	40.8	0.239	1.807	0.13
2	84	830	2	368	41.7	0.247	1.97	0.27

高强 IF 钢在退火过程中将发生回复、初次再结晶及晶粒长大,同时对深冲性能至关重要,$\bar{\gamma}$ 纤维织构也在此阶段形成。因此,退火工艺对高强 IF 钢的深冲性能起决定作用。根据 Dillamore 的织构"定向形核和定向生长理论",随着退火温度的提高,高强 IF 钢的再结晶驱动力增大,使{111}取向晶粒在再结晶过程中的形核和长大的几率增加。因此,随退火温度提高,高强 IF 钢再结晶晶粒充分长大并且{111}织构充分发展从而在高强 IF 钢中获得了高的 $\bar{\gamma}$ 值。

通过有关研究者对高强 IF 钢再结晶规律及退火条件的研究可见,无论在罩式还是连续退火条件下,退火温度和时间都对高强 IF 钢再结晶有很大影响。提高退火温度和延长退火时间都对高强 IF 钢再结晶晶粒的充分形核和长大有利。无论在罩式还是连续退火条件下,随着退火温度提高,抗拉强度降低,δ、$\bar{n}$ 值、$\bar{\gamma}$ 值提高。因此,提高退火温度对高强 IF 钢的成形性能有利。

12. 是否可以缩短 42CrMo 钢的球化退火时间?

42CrMo 钢是高强度螺栓常用材料,商用 42CrMo 钢热轧材的化学成分见表 3-29,组织以贝氏体为主,存在少量的铁素体 + 珠光体,在盘条周缘有少量马氏体(图 3-44),其实验钢热轧材的布氏硬度为 HB305~320。

表 3-29　42CrMo 钢热轧材的化学成分(质量分数,wt%)

C	Si	Mn	P	S	Cr	Mo	Ni	Ti	Al	Cu
0.41	0.23	0.61	0.025	0.015	0.95	0.17	0.08	0.018	0.023	0.18

螺栓典型的生产流程为:热轧盘条→棒材→球化退火→酸洗→磷化→皂化→拉拔→(二次球化退火,其中球化退火的目的是使钢材获得足够的塑性,以满足拉拔和冷镦成形的要求。球化退火处理往往需要长达 20 h 左右,是螺栓生产工序中耗能、耗时最多的工序。因此,简化钢材的球化退火工艺,具有重要的意义。

在简化 42CrMo 钢球化退火工艺方面,有研究者按如图 3-45

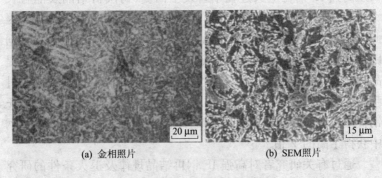

(a) 金相照片 (b) SEM照片

图 3-44 实验钢轧材的组织

所示工艺在 Gleeble-3500 热模拟实验机上进行了实验,并针对工业生产中 42CrMo 钢广泛采用的两相区等温退火和亚临界退火工艺,通过相变点的经验公式确定出热轧钢的退火工艺(如图 3-46 所示)。将 Gleeble 热模拟后的试样沿轧制方向线切割,取其中试样的一半按图 3-46(b)工艺退火 2h,另一半试样制成金相试样后经 4%硝酸酒精侵蚀后,在 HITACHI S-4300 型场发射扫描电镜(SEM)下观察其组织形貌,用 AkashiMVK-E 显微硬度计测量了热模拟实验后试样的硬度。

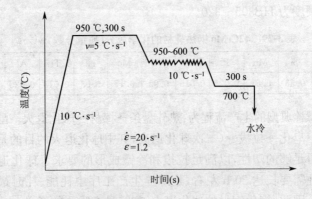

图 3-45 实验钢的 Gleeble 热模拟曲线

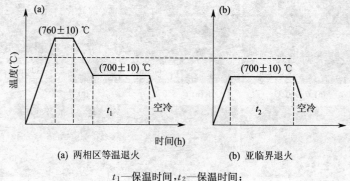

(a) 两相区等温退火 (b) 亚临界退火

t_1—保温时间，t_2—保温时间；

图 3-46 42CrMo 钢的球化退火工艺曲线

图 3-47 为 $\varepsilon=1.2$、$\dot{\varepsilon}=20\ s^{-1}$ 条件下试样在 600～950 ℃ 变形后在 700 ℃ 保温 300 s 水冷后的微观组织。可见，在 750 ℃ 以上变形时，组织由铁素体 + 马氏体（水淬前为未转变奥氏体）组成。随着变形温度降低，铁素体转变量增加并变得细小。在先转变铁素体边缘有碳富集，700 ℃ 变形时发生了部分珠光体转变如图 3-47(d)所示。650 ℃、600 ℃ 如图 3-47(e)、(f)所示变形时得到的铁素体组织十分细小（约 1 m），呈均匀的等轴状，组织为铁素体 + 碳化物。这是由于过冷度大、形变储能高，促进了铁素体在变形奥氏体晶界和晶内形核所致。从上述变形后等温过程中微观组织的演变过程可以看出，实验钢的变形奥氏体稳定性好，当变形温度超过 700 ℃ 时，转变需要的孕育时间长，奥氏体不易发生完全珠光体转变；而当变形温度低小于 700 ℃ 时，变形后等温 300 s 可直接获得铁素体 + 碳化物的组织。

按图 3-46 所示退火工艺制度对热轧材和 Gleeble 热模拟后的试样进行球化退火处理，得到的组织示于图 3-48。可见，42CrMo 钢按图 3-48(a)的退火工艺在两相区温度下保温 2 h，再随炉冷却到 700 ℃ 时，未保温组织中已出现球状渗碳体，同时在两相区保温时，奥氏体在冷却过程中发生了珠光体转变如图 3-48(a)所示。经 6 h 退火后，片层状珠光体仍然存在如图 3-48(b)所示。

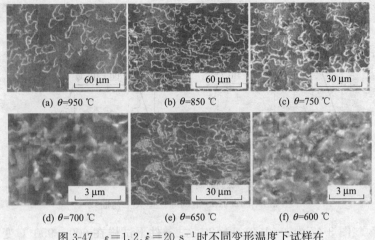

图 3-47 $\varepsilon=1.2$、$\dot{\varepsilon}=20\ \mathrm{s}^{-1}$时不同变形温度下试样在
700 ℃保温 300 s 水冷后的组织

随着保温时间的延长,片层状珠光体退化形成短棒状、球状渗碳体如图 3-48(c)所示。如定义碳化物二维尺寸的长和宽分别为 a,b,取球状碳化物形状因子 a/b≤3,可见不大于形状因子数值 3 的超过 90%。按球化退火工艺如图 3-46(b)所示对其材料进行处理后,可见随着保温时间的延长,从贝氏体中脱溶出来的渗碳体和贝氏体原来具有的球状渗碳体按 Ostwald 熟化机制长大如图 3-48(d)、(e)所示。观察按照图 3-48(b)的球化退火工艺进行处理的热模拟试样的组织,可看到保温 2 h 得到的球状渗碳体的尺寸及分布已达到了热轧钢材长时间球化退火(≥16 h)的组织特征如图 3-48(g)所示。应变量为 $\varepsilon=1.2$、$\dot{\varepsilon}=20\ \mathrm{s}^{-1}$时,750 ℃ 及 700 ℃ 的退火试样,其渗碳体球化率达到 90% 如图 3-48(g)、(h)所示;650 ℃ 退火试样的球化率已达到 95%,而且 650 ℃ 退火试样的渗碳体颗粒长大充分、分布均匀如图 3-48(i)所示。且热模拟试样球化退火组织的明显特征是铁素体呈等轴状,渗碳体均匀分布于铁素体晶界上。

利用 Photoshop 软件测定了不同典型组织的渗碳体球化率和渗碳体分散度,测定结果见表 3-30。对照组织图 3-48 可见,渗碳体球化率越高,球化效果越好,分散度越小,球状渗碳体分布越均匀。

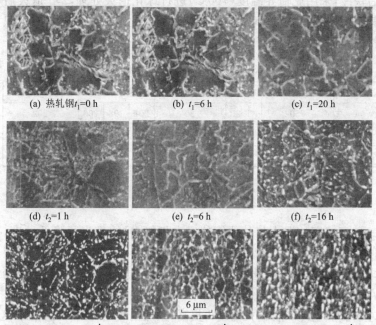

(a) 热轧钢 $t_1=0$ h　　(b) $t_1=6$ h　　(c) $t_1=20$ h

(d) $t_2=1$ h　　(e) $t_2=6$ h　　(f) $t_2=16$ h

(g) $t_2=2$ h,$\theta=750$ ℃,$\varepsilon=1.1$,$\dot{\varepsilon}=20$ s^{-1} (h) $t_2=2$ h,$\theta=700$ ℃,$\varepsilon=1.2$,$\dot{\varepsilon}=20$ s^{-1} (i) $t_2=2$ h,$\theta=650$ ℃,$\varepsilon=1.2$,$\dot{\varepsilon}=20$ s^{-1}

图 3-48　42CrMo 热轧钢和热模拟试样的球化退火组织

表 3-30　不同典型组织的渗碳体球化率和渗碳体分散度

试样类型	实验条件	球状碳化物数(个)	非球状碳化物数(个)	球化率(%)	分散度
热模拟 ($\dot{\varepsilon}=20$ s^{-1})	变形温度 (℃)	750	55.1	5.6	90.7	0.15
		700	49.7	4.6	91.6	0.09
		650	34.8	1.6	95.7	0.07
热轧材	退火时间 (h)	16	33.8	3.3	91.2	0.09
		20	33.3	2.6	92.8	0.05

测得热模拟退火试样的硬度列于表 3-31。由表 3-31 可见,热模拟试样的硬度≤HV210,达到了 GB/T 3077—1999 对 42CrMo

钢退火材的要求。因此,可以说 42CrMo 钢在 650~750 ℃大变形后快冷,采用亚临界温度(700℃)进行球化退火处理,2 h 退火后其组织球化明显,达到了热轧材长时间球化退火(≥16 h)的组织特征,且其硬度≤HV210。

表 3-31 热模拟退火试样的硬度

试样序号	变形温度(℃)	应变量	应变率(s^{-1})	硬度(HV)			平均硬度(HV)
1	750	1.2	20	201	198	206	202
2	700	1.2	20	196	198	193	196
3	650	1.2	20	195	193	195	194

13. 如何进行高速钢球化退火?

高速钢的退火与其他钢的退火相似,目的是为了降低硬度,便于机械加工,为淬火做好组织准备及消除锻造后的应力。根据传统工艺理论,高速钢的退火应该采用普通退火,其退火温度为 Ac_1 + 40~60 ℃,即:840~880 ℃×4~6 h,随炉缓冷至 500 ℃左右出炉空冷。若退火温度再提高,则加剧氧化脱碳,而且溶于奥氏体中的合金元素会增多,从而导致奥氏体在珠光体区域冷却时稳定性增大,不能充分进行珠光体转变,使退火时间延长。但一些公司在正常生产中,高速钢刀具毛坯材料一般采用等温退火方法,即:860~880 ℃×4~6 h,升温速度小于 100 ℃/h,随炉缓冷至 720~750 ℃保温 4~6 h,随炉缓冷至 500 ℃以下出炉空冷至室温。生产实践证明,高速钢刀具毛坯等温退火方法的工艺周期很长,一般需要二三十个小时。

在高速钢刀具生产过程中,有时会遇到淬火过热、回火跑温或淬火温度低造成硬度不足等情况,这就需要返修重新退火处理。对于一般企业而言,将这些半成品的高速钢刀具,在短时间内进行基本没有氧化脱碳、工艺周期尽量短的光亮退火通常是一个比较难的课题。

例如,某公司高速钢刀具淬火后进行回火。其回火方法是

560 ℃×3 次。由于某种原因引起操作上失误,致使一批 W6Mo5Cr4V2 高速钢 φ16 锥柄钻头 2 000 支在回火时出现跑温,第一次回火温度达到 650 ℃,发现时已持续了 30 min,经检测钻头的硬度降至 HRC59,工艺要求钻头热处理后硬度大于 HRC63。所以,生产的钻头硬度不足不能交工。

对于钻头的生产与交货必须要满足组织和硬度两方面的要求,钻头由于硬度不合格要进行返修。由于当时没有相关高速钢成熟的热处理工艺,技术人员通过借鉴相关文献资料,针对等温退火等方法的不足,结合生产实际制定出了循环球化退火工艺方法,如图 3-49 所示。分别采用等温退火和循环球化退火两种方法对其钻头进行返修,并从金相组织、使用寿命、工艺周期等方面作了对比。结果发现采用等温退火的金相组织明显不如循环球化退火的金相组织好。重新淬火后,等温退火的金相组织三次回火不充分,回火程度达不到 1 级,有明显的晶界。而采用循环球化退火(如图 3-49 所示)返修钻头的回火组织符合要求。循环球化退火的钻头金相组织比等温退火钻头的金相细密、碳化物分布较均匀。循环球化退火的钻头重新淬火后,三次回火充分,回火程度达到 1 级。在使用寿命对比试验中,循环球化退火返修品的钻孔数是等温退火返修品的约 2 倍。在工艺周期上,循环球化退火所需时间才是等温退火所需时间的一半。

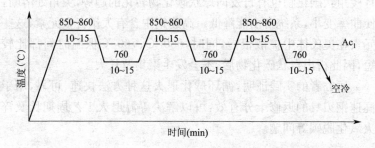

图 3-49 高速钢循环球化退火工艺曲线

循环球化退火之所以可以解决 W6Mo5Cr4V2 高速钢组织与

硬度两方面问题,研究者认为 W6Mo5Cr4V2 高速钢的 Ac_1 点约为 835 ℃,循环球化退火是将工件加热到高于 Ac_1 点进行短时间保温,再转入低于 Ac_1 点的温度等温,循环三次,能够得到满意的组织与合适的软化效果,主要是碳化物的析出规律和高速钢本身特性所决定的。

高速钢中的碳化物主要是 M_6C、$M_{23}C_6$ 和 MC,其中 $M_{23}C_6$ 型碳化物最容易溶解,但溶解温度高于 900 ℃,而 M6C 和 MC 型在温度高于 1 150 ℃才明显溶解,循环球化退火工艺的加热温度为 850~860 ℃,所以在奥氏体形成的四个阶段中,只可能发生奥氏体晶核的形成及轻微长大过程,不可能出现碳化物的溶解及奥氏体均匀化现象。这种不均匀奥氏体和部分未溶碳化物,以及奥氏体中高浓度碳偏聚区,促进了碳化物的非自发形核,加速了球化。这种组织特性使碳的扩散距离大为缩短,析出碳化物所消耗的总能量降低,加上原始组织为回火马氏体,这些因素都非常利于点状碳化物的分散均匀析出,残余碳化物愈多,且分布越弥散,球化析出时碳的扩散距离愈小,越容易形成球化组织,该工艺的第二、第三个循环,其组织中未溶的碳化物及第一个循环中析出的碳化物数量非常多,使碳扩散距离减小,从而较快达到球化(分散析出大量点状碳化物)和基体组织软化(硬度降为 HB223~255)的效果。在 760 ℃停留 10~15 min 等温,不仅析出点状碳化物,而且棱角状碳化物也有自发向球状碳化物转化的趋势,尖角处溶断,使曲率变小,系统自由能降低。高速钢中含有大量合金元素,这些元素在奥氏体中扩散很慢,同时,860 ℃、760 ℃保温时间都比较短,因此析出点状碳化物后,不会发生聚集及长大。

研究者的实践证明,循环球化退火这种方法快速、可靠,用于高速钢刃具的返修十分有效,可以解决等温退火工艺周期长及淬火氧化脱碳等问题。

14. 如何解决 W6Mo5Cr4V2 高速钢钻头淬火后晶粒粗大问题?

W6Mo5Cr4V2 高速钢的淬火温度是 1 235 ℃,但由于淬火过程中仪表故障，实际淬火加热时的温度已达到 1 265 ℃，金相检验其淬火后的晶粒度达到 9.0 级，且淬火后的高速钢钻头变形严重。金相分析，W6Mo5Cr4V2 高速钢 1 265 ℃淬火后的组织的与正常淬火后三次回火的组织相比，碳化物数量较少，碳化物形状已由等轴状向角状过渡，有的呈棱角状。这种过热组织，将使工件的机械性能降低，脆性增大，甚至钻头在使用的过程中会发生崩裂等问题。对于这种由于在淬火过程中出现的加热温度过高产生的晶粒粗大问题必须返修，否则，钻头无法出厂和正常使用。

对于 W6Mo5Cr4V2 高速钢钻头淬火后晶粒过大的返修必须慎重。根据相关技术人员的实际操作经验，返修时可以采用图 3-50 所示的循环加热球化退火工艺曲线。

退火设备可以选用密封性良好的井式炉。为防止氧化脱碳，返修刀具装炉后，炉温升至 550 ℃后可滴入适量的甲醇等混合液，并注意工件的摆放，以不产生变形为准。

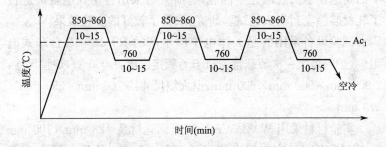

图 3-50　W6Mo5Cr4V2 高速钢循环加热球化退火工艺

正常情况下，W6Mo5Cr4V2 高速钢循环球化退火后的组织为索氏体加均匀分布的碳化物。如在金相显微镜下观察，可看到大颗粒的碳化物为初生碳化物。初生碳化物为碳化物的现象是由于过热淬火造成的；金相显微镜下观察到的形状像针尖的点状碳化物是二次碳化物，且二次碳化物分布较均匀、数量也较多。

W6Mo5Cr4V2 高速钢经研究者制定的图 3-50 循环球化退火

后,再经过 1 225 ℃淬火加热,等温 280 ℃×2 h,回火 560 ℃×1 h 一次,可以看到基体组织为淬火马氏体和残留奥氏体,处理后的 W6Mo5Cr4V2 高速钢与正常淬火组织基本相同,且退火后钻头的硬度可达到 HRC63 至 HRC64,完全满足设计指标和客户使用性能的要求。

15. 如何防止高速钢在台车式炉中的退火脱碳?

高速钢在热处理过程中极易脱碳,国外先进特钢厂大多使用带有可控气氛的罩式或真空罩式炉对轧材进行退火,以控制脱碳层深度。由于各种原因,目前国内生产高速钢的专业厂家,大多采用煤或电等为热源的台车式炉退火,高速钢轧材在台车式炉中退火过程中经常产生脱碳现象

以往解决这一问题都是从改进台车式炉密封性入手,但由于该炉型结构本身的局限性,控制脱碳的效果不大。针对台车式炉中的高速钢退火脱碳这一问题,有研究者采用台车式电阻炉进行了轧材装箱密封退火的试验研究,取得了较好的实验效果。

试验设备采用的是天津电炉厂生产的 RT-150-10 台车式电阻炉,炉内最大一次装载量为:4.5 t,额定温度:1 000 ℃,炉膛尺寸:2 800 mm×900 mm×600 mm;退火箱尺寸:2 700 mm×350 mm×270 mm。

实验材料采用 W9Mo3Cr4V 高速钢轧材及 $\phi 23$ mm×100 mm 的 W9Mo3Cr4V 高速钢光棒试样(用 $\phi 25$ mm 的轧材同心车制成,以去除氧化皮和脱碳层)一起进行退火试验。

实验时,研究者将每个试样与同规格的一支轧材捆绑在一起,装入退火箱进行退火试验。捆绑的轧材退火前均取样进行脱碳层深度分析。轧材装箱量:600~700 kg/每箱;装炉量:4 箱/每炉。用正交试验法确定台车式电阻炉退火加热中各因素对高速钢轧材脱碳层深度的影响程度,并从中选出最优搭配参数。正交试验的因素及位级的确定见表 3-32。

表 3-32 因素位级表

水平	因素				
	A 温控制度	B 炉内部位	C 箱中部位	D 铸铁屑厚度(mm)	E 铸铁屑比例/新:旧
1	里点 880 ℃ 外点 860 ℃	炉门部	箱上层	20	20:80
2	里点 860 ℃ 外点 880 ℃	炉上部	箱中层	40	40:60
3	里点 880 ℃ 外点 880 ℃	炉里部	箱底层	60	50:50
4		炉底部	靠箱边	80	70:30

正交试验及数据结果见表 3-33。从表 3-33 可以看出,试样的最优参数搭配为 $A_1B_2C_3D_1E_1$ 和 $A_1B_2C_3D_4E_1$,轧材的最优参数搭配为 $A_1B_3C_1D_2E_3$ 和 $A_1B_3C_4D_1E_3$。按这 4 组最佳参数搭配条件进行试验验证,验证结果见表 3-34。从表 3-34 可知轧材退火的最佳参数搭配为 $A_1B_3C_1D_2E_3$。

表 3-33 $L16(4^5)$ 正交试验和结果

试验号	因素及水平					脱碳层深度(mm)	
	A	B	C	D	E	试样	轧料*
1	1	1	1	1	1	0.20	0.30
2	1	2	2	2	2	0.15	0.25
3	1	3	3	3	3	0.20	0.05
4	1	4	4	4	4	0.20	0.10
5	2	1	2	3	4	0.60	0.40
6	2	2	1	4	3	0.30	0.40
7	2	3	4	1	2	0.45	0.10
8	2	4	3	2	1	0.40	0.30
9	3	1	3	4	2	0.55	0.40
10	3	2	4	3	1	0.20	0.45
11	3	3	1	2	4	0.25	0.05

续上表

试验号	因素及水平					脱碳层深度(mm)	
	A	B	C	D	E	试样	轧料*
12	3	4	2	1	3	0.30	0.15
13	4	1	4	2	3	0.60	0.50
14	4	2	3	1	4	0.30	0.60
15	4	3	2	4	1	0.20	0.50
16	4	4	1	3	2	0.30	0.40
试样	K_1'	0.75	1.95	1.05	1.25	1.00	最优参数搭配 $A_1B_2C_1D_1E_1$ 和 $A_1B_2C_1D_4E_1$
	K_2'	1.75	0.95	1.25	1.40	1.45	
	K_3'	1.30	1.10	1.45	1.30	1.40	
	K_4'	1.40	1.20	1.45	1.25	1.35	
	R'	0.25	0.25	0.10	0.04	0.11	
轧材	K_1	0.70	1.60	1.15	1.15	1.55	最优参数搭配 $A_1B_3C_1D_2E_3$ 和 $A_1B_3C_4D_1E_3$
	K_2	1.20	1.70	1.30	1.10	1.15	
	K_3	1.05	0.70	1.35	1.30	1.10	
	K_4	2.00	0.95	1.15	1.40	1.15	
	R	0.32	0.25	0.05	0.07	0.11	

注：表中轧材的脱碳层深度是指退火后、前的差值

表 3-34 验证试验结果表

试验条件	平均脱碳层深度(mm)		轧材脱碳层控制合格率	
	试样	轧材退火前后差值	抽样数(支)	合格率
$A_1B_2C_1D_1E_1$	0.30	0.20	9	77.8%
$A_1B_2C_1D_4E_1$	0.40	0.25	9	66.7%
$A_1B_3C_1D_2E_3$	0.25	0.10	9	88.9%
$A_1B_3C_4D_1E_3$	0.30	0.15	9	66.1%

从极差 R 结果分析，台车式电阻炉对高速工具钢轧材脱碳影响的最大因素是：温控制度(A)和炉内部位(B)。轧材在箱中的部位(C)、覆盖铸铁屑厚度(D)、铸铁屑新旧比例(E)3 因素均为非主

要因素。

分析各参数可见,因素 B(炉内部位)和因素 C(轧材在箱中的部位)是为试验目的所设,在实际生产中无法保证,故其最优参数 B_3C_1 无实际意义。从 R 及最佳参数 $A_1D_2E_3$ 分析,温控里点高于外点对防止脱碳有很大帮助;而铸铁屑只需保证在 40mm 厚就可起到保护脱碳的作用,再增加厚度对降低脱碳层深度无明显作用。铸铁屑的新旧比例加大,对降低脱碳层深度也无明显作用,反而提高了生产成本。但从试验过程中了解到,铸铁屑的不同覆盖方法,却对防止脱碳起很大的影响。

分析其温控制度和炉内部位对脱碳影响,台车式电阻炉温控制度和炉内部位对脱碳的影响可归结为台车式炉本身结构密封性差造成的。一般台车与炉内墙两侧设计有砂封装置,相比之下密封性最好;炉后墙与台车设计有凹凸砖密封插口,密封性次之;炉口炉门处则因活动门设计,加之炉门上设有测温孔,相比之下密封性最差。这样由于炉内各部密封性的差别,加之冷热气体密度的差别,容易使外界冷空气通过炉门底部或砖体的缝隙流入炉内,使炉内存在冷热气体流动。在退火过程中虽然炉内前后两点温度一致,也会因炉内密封性不同,而导致炉内各部存在温差。炉门处跑温最多,冷热空气交换也最多。但当炉后部温度高于近炉门处温度时,由于炉气流动,使炉内里外两部分的实际温差缩小,有阻止炉门处进行冷热气流交换的作用;反之则加剧了炉门处的冷热空气对流。最主要的是由于促进了富氧空气的进入,增加了炉内氧化气氛,从而加剧轧材脱碳。因此,不同的温控制度对高速钢轧材退火脱碳造成影响是不同的。

从退火脱碳情况分析,试验过程中光棒试样在不同条件下退火,脱碳层深度均能符合国标要求;退火前分析轧材脱碳层深度全部符合国标要求,但在退火后却只有约 30% 达到国标,统计结果见表 3-35。即使在最佳参数搭配退火时,轧材也只有约 80% 达到国标(见表 3-34),而且这个数据在实际生产中是没有意义的。

表 3-35 23 mm 的高速钢轧材退火脱碳情况统计表

脱碳层深度要求(mm)	试样脱碳层深度(mm)	轧材脱碳层深度(mm)			抽样数(支)	合格率(%)
		退火前	退火后	退火后前差值		
≤0.60	0.05～0.60	0.15～0.30	0.30～0.80	0.05～0.60	64	28

根据上述高速钢在台车式电阻炉内脱碳情况可推知,以煤为热源的侧燃式、底燃式台车式炉本身就存在气流流动和气流循环,密封性比台车式电阻炉还差,又加上煤在燃烧过程中会释放出氧化性有害气体,所以更难有效地控制轧材脱碳。因此,用常规方法不能完全解决高速钢轧材在台车式炉中退火时脱碳层深度超标问题。

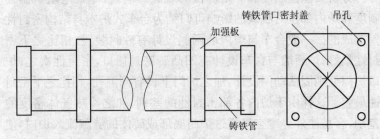

图 3-51 高速钢轧材退火专用铸铁管

根据上述试验结果及台车式炉密封性差这一结构特点,研究者从退火箱着手进行了改进。采用专门设计的铸铁管进行轧材装箱退火(如图 3-51 所示),并加防脱碳保护剂保护。用 W9Mo3Cr4V 高速钢在台车式电阻炉中进行退火试验验证,该轧材的退火脱碳层深度,全部控制在国标要求以内(见表 3-36),而且,每炉的脱碳情况稳定。同时,专门设计的铸铁管采取了加固措施,使用寿命比原来的退火箱长,并有利于台车式炉的装卸操作,可在燃煤等其他类型的台车式炉上推广使用。

表 3-36 W9Mo3Cr4V 钢轧材用铸铁管装箱退火后的脱碳层深度

轧材规格 D(mm)	20		21		22		23		24		25	
样号	01	02	03	04	05	06	07	08	09	10	11	12

续上表

轧材规格 D(mm)	20	21	22	23	24	25
脱碳层深度(mm)	0.50 0.45	0.40 0.40	0.45 0.50	0.50 0.45	0.55 0.50	0.50 0.60
国标要求≤ $0.35+1.1\%D$	≤0.57	≤0.58	≤0.59	≤0.60	≤0.61	≤0.62

由研究者的研究结果可见,用台车式电阻炉进行高速钢退火时,在工艺允许的温度范围内,采用炉内里点温度高于外点温度的方法,对控制脱碳层深度有很大帮助,但不能有效解决高速钢脱碳这一问题。在退火箱中覆盖铸铁屑的新旧比例和厚度,不是解决台车式电阻炉高速工具钢轧材退火脱碳问题的关键因素。但在台车式炉使用铸铁管装箱退火,能有效地解决高速工具钢轧材脱碳层深度超标问题。

16. W9Mo3Cr4V 高速钢锻材方坯酸洗后为什么产生裂纹?如何避免这种裂纹?

高速钢锻材交货状态为退火态,退火以后还要经过酸洗、修磨、切头。交货以后用户要再次酸洗做进一步检查。例如,某公司经过酸洗、修磨、切头的 W9Mo3Cr4V 高速钢 40 mm×40 mm 方坯再次酸洗产生裂纹,裂纹出现在锻坯修磨部位和端部锯切表面,另外有的方坯在 4 个角部也出现纵向裂纹。

为找到方坯出现裂纹的原因,有关研究人员分别从经过酸洗修磨后再酸洗出现裂纹的方坯(简称有缺陷料)和正常生产的经过一次酸洗的方坯中取样,对比检查 2 种坯料的金相组织和切断修磨后再酸洗的切口和修磨表面。结果发现,有缺陷料金相组织为黑白相间的基体 + 碳化物,碳化物稀疏部位的基体组织呈黑色与针状,可能是回火马氏体,也可能是贝氏体;碳化物聚集部位的基体组织呈白色,为马氏体和残余奥氏体。经过分析认为,如果黑色针状组织是回火马氏体,则说明 W9Mo3Cr4V 高速钢锻材方坯退火不充分;如果是贝氏体,则说明 W9Mo3Cr4V 高速钢锻材方坯未经退火。正常生产 W9Mo3Cr4V 高速钢锻材坯料的组织为索氏体 + 碳化物的正常退火组织。

为了观察切头修磨后再酸洗的切口和修磨表面的状况,研究者首先分别将这两种坯料的无缺陷处局部修磨,并在 200~400 mm 长度处切断,随后观察其切口和修磨表面。

修磨分为重磨和轻磨,重磨用力较大,磨削量较大,磨削时坯料与砂轮相接触的金属表面发红,冷却后观察重磨表面由中心到边缘按温度高低表现为:青色→红色→黄色→蓝色→紫色→棕色;轻磨用力较小,磨削量较小,磨削时金属表面不发红,轻磨表面颜色由中心到边缘为:黄色→蓝色→紫色→棕色。经磨削观察,2 种坯料的修磨表面均未出现裂纹;正常坯料切口未出现裂纹,有缺陷料刚切断的切口上也未出现裂纹,但隔日再看有的切口上则出现了裂纹。

为找到开裂的原因,研究者将上述 2 种经修磨切断的方坯各取 5 支一同酸洗,溶液为 25% 硫酸,温度大约控制在 80 ℃ 左右,酸洗时间为 0.5 h。酸洗后发现,有缺陷坯料的切口上了出现裂纹,裂纹方向大致与锯切纹路垂直,裂纹深度为 2~5 mm。同时,酸洗后发现其方坯的轻磨部位也出现裂纹,但相邻的重磨部位未发现裂纹。正常坯料无论是切口还是修磨表面酸洗后均未发现裂纹。

为了进一步查找其裂纹的形成原因,研究者随后又单独将正常坯料进行了长时间未加热酸洗。在酸洗 1.5 h 后,仍未发现坯料产生裂纹;酸洗 13 h 后发现坯料出现过酸,原磨痕变为较深的沟槽,并出现波状蚀沟。

以上实验说明有缺陷的坯料修磨表面未经酸洗时不出现裂纹,酸洗后发现其方坯的轻磨部位也出现裂纹,应该说这种裂纹是应力腐蚀裂纹。进一步讲,实验过程中不出现裂纹的修磨表面和 13 h 后的修磨表面在以后受到拉力的作用也会产生裂纹。

产生应力腐蚀的基本条件是存在拉应力和化学腐蚀,拉应力的产生与修磨和锯切过程中金属发热产生组织转变有关。由于金属不同的组织具有不同的比容,高速钢基体组织的比容由大到小的顺序是:马氏体>贝氏体>回火马氏体>托氏体>索氏体。修磨或锯切过程中,表层金属由高比容的组织转变为低比容的组织时便产生收缩,内部金属限制了其收缩,从而就会在表层金属中出现拉应力。拉应力越大,产生应力腐蚀开裂的可能性越大。

从高速钢坯料的退火状态和修磨程度对酸洗裂纹的产生的影响程度看,有缺陷料未经退火或退火不充分,基体组织为贝氏体(或回火马氏体)＋马氏体和残余奥氏体。轻磨和锯切时,表面温度在 800 ℃以下,贝氏体(或回火马氏体)和马氏体分解形成比容较小的托氏体或索氏体(如图 3-52 所示),使表面产生拉应力。

图 3-52　有缺陷坯料的轻磨表面附近的显微组织 500×

轻磨时,高速钢坯料在刚修磨切断后不出现裂纹是由于表层金属温度较高,伴随产生体积膨胀,部分抵消了上述组织转变造成的拉应力,因而不会开裂。但待坯料冷却以后,热膨胀消除,只剩下拉应力,如果该拉应力超过金属的抗拉强度,便可能使表面金属开裂,因而往往修磨切头后当时看不到裂纹,但隔一段时间便可能看到裂纹。如果所形成的拉应力较小,坯料在磨削之后尚不足以使金属开裂。但酸洗时,腐蚀作用加上这种应力便可能促使金属开裂,产生裂纹。

重磨时,金属表面温度最高可达 900～1 000 ℃,在较高温度的作用下表层金属发生奥氏体化,冷却后重新转变为比容更大的马氏体,一般不会产生拉应力,因而酸洗后重磨部位不产生裂纹。

正常生产坯料重磨表面附近的显微组织组织如图 3-53 所示。

研究者认为,有缺陷坯料角部出现纵裂纹可能也是因为未经退火或退火不充分,组织应力未消除所致。

正常生产的坯料由于经过比较充分的退火,其基体组织为稳定的索氏体,比容最小。轻磨时,温度较低,不发生组织转变,因而不产生组织应力。重磨时表层金属部分发生奥氏体化,形成部分白亮的马氏体(如图 3-53 所示),在表层金属中产生压应力,压应力不产生应力腐蚀,因此正常料无论是轻磨还是重磨均不出现裂纹。

图 3-53 正常生产坯料重磨表面附近的显微组织 100×

除有缺陷料硬度偏高外,该企业在生产过程中 40 mm×40 mm 方坯硬度偏高现象时有发生,其原因可能是退火装炉量大、退火炉温度不均匀等造成实际退火温度偏低,组织转变不充分,形成了回火马氏体或托氏体,组织转变不充分的这些坯料修磨时表层金属均可能发生组织转变,形成更为稳定但比容更小的索氏体,再酸洗时便可能产生裂纹。

由以上实例可见,对于高速钢方坯必须进行充分退火,退火后硬度应不大于 HB 300 就可解决以上 W9Mo3Cr4V 高速钢锻材方坯酸洗后的裂纹问题。

17. 如何对 M2 高速钢刃具焊接毛坯进行退火?

作为刃具,为节约成本大多数是由高速钢和 45 钢焊接而成。

由于柄部 45 钢与刃部 M2 高速钢化学成分差异很大,其焊后退火过程中,在焊缝处容易发生碳的定向迁移。退火加热保温时间对焊缝金相组织、硬度和淬回火后焊缝强度的影响很大。如果高速钢刃具焊接毛坯的退火处理不好,刃具的强韧性得不到保证,甚至会产生产品淬回火后断裂问题。另外,退火工艺控制不当或退火时间过长,也会加大耗能提高刃具成本。

以某公司的退火工艺为例,先前其 M2 高速钢刃具焊接毛坯退火温度 840~860 ℃,保温时间 8~9 h。为降低能源消耗,提高产品质量,该厂的技术人员首先使用长 2 m(Ⅰ级)镍铬—镍硅热电偶,UJ33a(0.05)级直流电位差计和量程 0~50 ℃(分度值 0.1 ℃)的精密玻璃液体温度计分别测定单桶炉、双桶炉满载条件下的均温时间。然后在单桶炉中对经相同淬火、回火工艺处理的 M2 钢丝锥焊接毛坯作退火处理,保温时间分别选择 5 h、6 h、7 h,磨削丝锥外圆,用敲击方式逐件检查焊缝断裂情况,并与 9 h 退火进行比较。观察了不同退火加热保温时间下的焊缝金相组织,测定其焊缝柄部一侧 45 钢脱碳层深度,高速钢一侧渗碳层深度和硬度。

退火炉均温时间仪表控温:850 ℃从控温仪表显示温度达到 850 ℃起计时,至炉子心部温度达到 850 ℃的时间为退火炉均温时间。厂单桶炉和双桶炉满载条件下的均温时间分别为 4.75 h 与 3.5 h。

在金相显微镜下观测摩擦焊、闪光焊丝锥毛坯,分别经 5 h、6 h、7 h 和 9 h 加热保温退火后的焊缝金相组织,采用显微硬度计测定焊缝硬度,其组织形貌特特征与硬度梯度曲线分别如图 3-54 和图 3-55 所示。

从图 3-54 和图 3-55 可以看出,碳钢、高速钢焊接毛坯退火后,在焊缝碳钢一侧形成脱碳层,最靠焊缝处是较大晶粒的铁素体组织;在焊缝高速钢一侧形成渗碳层,靠近焊缝处硬度最高。测得不同时间退火后焊缝碳钢一侧的脱碳层深度、高速钢一侧的渗碳层深度(见表 3-37)。由表 3-37 可见,随退火加热保温时间的增

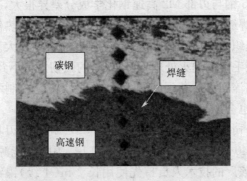

图 3-54 摩擦焊 5 h 加热保温退火后边缘位置焊缝组织

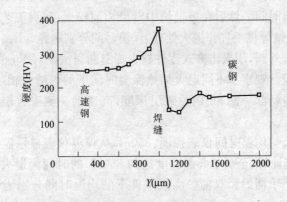

图 3-55 摩擦焊 5 h 加热保温退火后边缘位置硬度梯度

加,脱碳层和渗碳层的深度都有扩大趋势。产生以上现象的原因与高速钢中的碳化物形成元素有关。

有关研究表明,高速钢中的 W、Mo、Cr、V 是强碳化物形成元素,在退火过程中,W、Mo、Cr、V 对 45 钢中的碳具有强烈的定向牵引作用,45 钢中的碳向高速钢一侧扩散,在 45 钢一侧产生脱碳区,高速钢一侧形成碳的富集区,随退火时间加长,45 钢脱碳区的宽度和高速钢富碳程度都加剧,这种组织对刀具使用性能是十分有害的。

表 3-37 不同时间退火后焊缝脱碳层深度与渗碳层深度

退火时间(h)		5	6	7	9
脱碳层(mm)	边缘	0.25	0.25	0.27	0.30
	中间	0.27	0.25	0.28	0.32
渗碳层(mm)	边缘	0.40	0.45	0.37	0.50
	中间	0.40	0.45	0.40	0.47

退火加热温度为 850 ℃，经不同加热保温时间的丝锥毛坯进行敲击实验，断裂情况见表 3-38 所示。由表 3-38 可见，同种焊接方法情况下，随保温时间增加，高速钢丝锥的断裂率增加，闪光焊接的质量较好。

表 3-38 不同加热保温时间的丝锥毛坯断裂率

丝锥规格及焊接方式	退火时间(h)	淬火方式	试验总数(件)	敲断数量(件)	断裂率(%)
M14 丝锥摩擦焊	5	真空	102	6	5.9
	6	真空	101	8	7.9
	7	真空	105	12	11.4
M16 丝锥闪光焊	5	真空	110	0	0
	5	盐浴	110	0	0
	6	真空	104	0	0
	6	盐浴	105	0	0
	7	真空	101	0	0
	7	盐浴	102	0	0
M22 丝锥摩擦焊	5	真空	100	0	0
	6	真空	100	0	0
	7	真空	100	0	0
M16 丝锥闪光焊（不同批次）	5	盐浴	147	0	0
	6	盐浴	142	3	2.1
	7	盐浴	137	6	4.4

由研究者的实验与研究可见，M2 高速钢刃具焊接毛坯在退火温度范围内（Ac_1 点以上 10~20 ℃，840~860 ℃），加热时间不易过长，以免形成稳定碳化物，造成性能下降。退火时间采用均温时间加 1~2 h 为宜。另外，退火时间的长短还要取决于退火炉的温度分布（即退火炉均温时间）和工件装填的程度。且在实际生产中，由于该厂技术人员的改进，使得 M2 高速钢刃具焊接毛坯退火工艺由原来的加热 840~860 ℃×保温 8~9 h，降低为加热 850 ℃×保温 5.5（单桶炉退火）h 和 850 ℃×保温 5（双桶炉退火）h，使得该厂产品质量大幅度提高，耗能大幅度下降。

18. 如何避免 W6Mo5Cr4V2 高速钢在退火过程中产生增碳与表面着色？

高速钢因其高硬度、高强度、高耐磨性广泛应用于工具制造业，但高速钢的高碳含量、高合金元素含量，给生产企业的质量控制带来很大困难。脱碳与表面着色是影响高速钢质量的重要因素之一，国标对此有明确规定。为减少高速钢的脱碳，生产厂家在高速钢退火过程中需添加保护剂。但如果保护剂中含有渗碳，就容易造成高速钢退火过程中渗碳，而渗碳在高速钢生产中是不允许的。某工具制造厂在对原材料 W6Mo5Cr4V2（即 M2）热轧盘条、冷拔钢丝进行入厂检验时发现：热轧盘条与冷拔钢丝都有碳含量超标现象。其中，规格为 $\phi 5.6$~10.8 mm，碳含量在 0.90%~1.01%（内控标准正常碳含量应为 0.83%~0.88%）；在做脱碳层深度检验时，发现上述热轧盘条与冷拔钢丝原材料表层都有着色现象，而着色现象也是高速钢生产中是不允许的。那么，热轧盘条与冷拔钢丝的碳含量超标、表层着色问题是成分控制问题？还是由表层渗碳引起的哪？为此，相关技术人员采用不同的实验方法对此进行了系统研究。

实验用材料选用某工具制造厂的退火 W6Mo5Cr4V2（M2）热轧盘条和冷拔钢丝，某钢厂生产的 M2 45 mm×45 mm，50 mm×50 mm 方坯（方坯均为同一个批号），方坯的主要化学成分见表 3-39。

为找出着色试样与正常脱碳试样的区别,将盘条或钢丝在锻锤上冷锻拍扁,使用 SPECTROM8 型直读光谱仪进行光谱逐层分析;用传统化学分析方法进行碳含量测定。

表 3-39 试验钢种 W6Mo5Cr4V2(M2)方坯的主要化学成分(质量分数 wt/%)

	C	W	Mo	Cr	V
实测值	0.86	5.75	4.65	3.96	1.77
标准要求	0.80~0.90	5.50~6.75	4.50~5.50	3.80~4.40	1.75~2.20

对问题盘条和钢丝重新制样、观察,与正常脱碳试样进行比较发现有明显不同。具体情况见表 3-40,两种组织如图 3-56 和图 3-57 所示。

表 3-40 两种试样表层金相观察的比较

	肉眼观察	100 倍观察	500 倍观察
问题试样	蓝色	颜色深于基体	组织较细
正常试样	白亮色	颜色浅于基体	组织较粗

图 3-56 问题试样显微组织(100×)

由于生产厂家与工具制造厂碳含量的测定及其分析方法的不同(生产厂家采用光谱分析,工具制造厂家采用化学分析),碳含量偏高是否由化学分析的误差引起,两种分析方法之间误差有多大、

图 3-57 正常试样显微组织(100×)

生产厂家的化验人员分析结果是否可靠,为此作了光谱和化学两种分析方法比较与不同试验人员对检测结果的影响实验。

光谱和化学两种分析方法比较试样取自 M2 45 mm×45 mm,50 mm×50 mm 方坯,共 15 支试样。光谱分析点为方坯对角线 1/4 处,化学分析采用在方坯对角线 1/4 处钻取钢屑,分析结果见表 3-41。

表 3-41 用光谱、化学方法检测 M2 方坯的碳含量(%)

编号	光谱分析	化学分析	偏差
1	0.866	0.86	+0.006
2	0.869	0.88	-0.011
3	0.864	0.85	+0.014
4	0.861	0.86	+0.001
5	0.848	0.86	-0.012
6	0.880	0.88	0
7	0.880	0.87	+0.01
8	0.880	0.87	+0.01
9	0.860	0.84	+0.02

续上表

编号	光谱分析	化学分析	偏差
10	0.870	0.86	+0.01
11	0.860	0.85	+0.01
12	0.850	0.85	0
13	0.850	0.85	0
14	0.860	0.87	−0.01
15	0.840	0.85	−0.01

从表 3-41 可以看出,光谱分析和化学分析之间误差范围在 0~0.02% 之间。对按炉送检钢材成品试样与方坯对照结果统计情况表明,方坯碳含量等同于钢材成品样。因此,可以认为这两种分析方法均没有出现系统偏差,其结果真实可信。

从不同试验人员对检测结果的影响方面分析,所有参试的试验人员均为该厂光谱室化验员和该省钢铁检测中心的化验员,采用化学分析的方法。试样取自某工具制造厂生产的 M2 ϕ3.5 mm 钢丝和 ϕ3.2 mm 钢丝,某钢厂生产的 M2 ϕ10 mm 盘条和 ϕ8.0 mm 钢丝。ϕ3.5 mm 钢丝和 ϕ3.2 mm 钢丝的分析采用车削方法取样,ϕ10 mm 盘条和 ϕ8.0 mm 钢丝为钻样(每个试样取 2 份,并且按顺序编号)。试样清洗剂为乙醚,分析结果见表 3-42~表 3-44。

表 3-42 M2 钢丝表面层碳含量分析结果(%)

编号	光谱室人员化验结果	省检测中心人员化验结果	偏差
1	0.95	0.95	0
2	0.96	0.95	0.01
3	1.03	1.0	0.03
4	0.96	0.94	0.02
5	0.95	0.94	0.01
6	0.93	0.91	0.02
7	0.92	0.90	0.02
8	0.91	0.92	0.01

表 3-43　ϕ10 mm 盘条碳含量分析结果(%)

编号	光谱室人员化验结果	省检测中心人员化验结果	偏差
1	0.83	0.82	0.01
2	0.83	0.83	0
3	0.84	0.83	0.01
4	0.83	0.82	0.01
5	0.84	0.83	0.01

表 3-44　ϕ8 mm 钢丝碳含量分析结果(%)

编号	光谱室人员化验结果	省检测中心人员化验结果	偏差
1	0.88	0.89	0.01
2	0.90	0.88	0.02
3	0.89	0.87	0.02
4	0.85	0.84	0.01
5	0.85	0.86	0.01

由表 3-42～表 3-44 可知,不同化验人员得出的结果最大相差 0.03%,且仅有一试样。国标允许碳含量分析误差为 0.025%,因此可以认为生产厂家光谱室化验人员的化学分析结果可靠。

将盘条和钢丝拍扁,然后采取逐层做光谱分析的方法,检验碳含量的变化情况。其中 ϕ8 mm 盘条为有着色层盘条,ϕ10.0 mm 盘条为正常盘条,钢丝为用正常 ϕ10.0 mm 盘条拔制成 ϕ8.0 mm 钢丝,取两支分别编号为 1#、2#。具体检验结果如图 3-58 所示。

由图 3-58 可知,ϕ8 mm 盘条表层碳含量明显高于心部碳含量,与金相检验为着色层相对应;ϕ10 mm 盘条表层于心部碳含量基本相同,金相检验为半脱碳层。

ϕ8 mm 盘条表层碳含量高于心部碳含量,说明在盘条生产过程中存在部分增碳现象。ϕ8 mm 钢丝表层碳含量高于心部碳含量,并超出国标(0.80%～0.90%)的上限,说明用正常盘条拔制钢丝过程中有增碳现象。

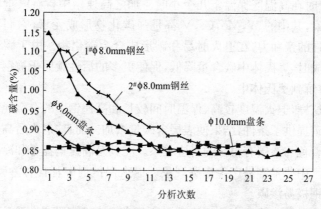

图 3-58 M2 钢碳含量的逐层光谱分析曲线

通过以上几种方法检测可以肯定,在对高速钢产品进行脱碳层深度测定时,如果试样表层有着色现象,说明在生产过程中有增碳,即着色与渗碳有很好的对应关系。需要注意的是,有时会因制样不当造成表面着色而引起误判,尤其是在使用金刚石研磨膏制样的情况下比较容易发生。因此,在用金刚石研磨膏制样时,试样腐蚀前一定要将研磨膏残余清洗干净,以防由于试样表层油性造成试样着色,同时在进行脱碳层深度测量时,不能仅从腐蚀颜色来判断,一定要结合高倍组织分析来界定。

由于高速钢在退火时的温度较高(一般在 860~900 ℃),与渗碳所需的温度较接近。理论上,高速钢渗碳包括分解、吸收和扩散三个过程。分解是从渗碳剂中分解生成活性强、渗入能力大的活性碳原子;吸收是活性碳原子扩散到钢件表面,在钢件表面发生吸附作用,进而形成固溶体或化合物;扩散是由于表层吸收活性碳原子后碳浓度增高,而里层含碳量相对较低,于是表层和里层存在着浓度的差别,这样碳原子就从表面的高浓度区向里层的低浓度区扩散。因此渗碳的实质就是碳原子的定向移动,其定向移动都是靠热扩散来完成的,所以退火温度对扩散的影响是最大的。

另外,渗层厚度与时间有密切关系,由于高速钢退火时间较长,有时在高温区保温十几个小时。加之高速钢中含有大量的合金元素,其中的 W, Mo, Cr, V 都是强碳化物形成元素,它们和碳有较强的亲和力,在退火时易和碳形成合金碳化物。由于碳化物在形成时,奥氏体中碳含量降低,促使更多的活性碳原子被钢件吸收,溶解到奥氏体中。

这样,退火温度较高、保温时间较长和高速钢中的合金元素都给渗碳提供了条件,结果使表层含碳量增加。而且,退火后高速钢表层着色与渗碳有很好的对应关系。尤其是高速钢盘条和冷拔钢丝生产中非常容易产生渗碳现象。退火保护剂中若含有渗碳剂,高速钢极易渗碳。

为避免和防止高速钢渗碳与表层着色现象的发生,可采用铁屑作为保护剂。实践证明,采用铁屑作为退火保护剂可有效地防止高速钢退火过程中渗碳与表层着色现象的发生。

19. 钢中出现白点怎么办?如何消除?

合金结构钢、轴承钢、工具钢等钢锭锻轧材或连铸坯轧材常出现白点,如从生产中查找形成白点的原因非常困难。例如,炉料水分大、炼钢以后未经真空精炼炉(VHD)脱气或脱气时间不足、一次去碳量不够、锻压比不够、锻轧后空冷时间过长、在缓冷坑中的缓冷时间短、退火等温时间不够、退火冷却太快等原因都可能在钢中形成白点,难以找出白点的形成规律。所以说,冶金生产全过程的许多环节不当均有可能诱发白点。

影响形成白点的因素很多,但产生白点的诱因却只有两个:一个是氢含量高;另一个是内应力大。而做好去氢退火,是防止白点的关键。

为避免白点的形成,传统的生产工艺周期一般很长,耗能大,生产率低。因此,选择合理的去氢退火工艺具有重要意义。

图 3-59 是 Fe-H 相图,由图 3-59 Fe-H 相图可知,氢在钢中的溶解度极小,氢在 α-Fe 中比 γ-Fe 中的溶解度更小,这就为脱氢和设计去氢退火工艺有利于氢的扩散逸出奠定了基础。

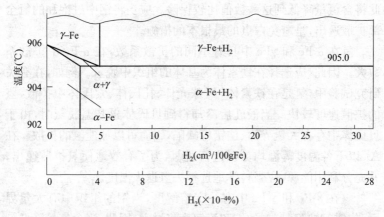

图 3-59 Fe-H 相图的一部分(在一个大气压下)

根据相关研究,当将钢加热到 905 ℃以上,钢中含氢量过高时将会析出氢气,以 $\gamma\text{-Fe}+H_2$ 的状态存在。而在 905 ℃以下发生共析转变时,由 $\gamma\text{-Fe} \rightarrow \alpha\text{-Fe}+H_2$,此时也析出氢气。从图 3-59 可见,在 905 ℃以下,氢在铁素体中的溶解度约低于 0.000 3%。氢原子存在于晶格间隙中,也可以在位错、界面等缺陷处存在。

对于氢在钢中形成白点的作用实质虽然存在不同的观点,但多数研究者认为,氢溶解于钢中会降低钢的塑性。

实质上,过饱和的氢在钢中的显微孔隙中形成具有一定压强的氢气分子,氢气析出时,氢气分子体积急剧膨胀并聚集在一起,成为一个气泡,撑开孔隙后即形成白点。按照某位学者的说法:"氢是产生白点的"元凶"。此时,若存在内应力,将协助氢撑开孔隙,形成脆性裂纹。因此,内应力是产生白点的"帮凶"。

当钢的加热温度为 900 ℃时氢在铁素体中的溶解度低于 2.8×10^{-4}%,室温下约为 0.5×10^{-4}%,溶解度变化速率约为 0.256×10^{-4}%/100 ℃。

另外,若钢中增加 Ni 含量,将增大氢在钢中的溶解度。因此,含镍钢产生白点的敏感性较大。

有资料认为,钢中含氢量 $<1.78 \times 10^{-4}$% 时不产生白点,因

此将含氢量降低到这一数值比较保险。应当将钢中过饱和的氢全部扩散逸出,是避免白点的最根本的措施。

氢在 α-Fe 和 γFe 中具有不同的扩散系数,在 α-Fe 中扩散系数大。因此,应选择在铁素体为基体的组织中脱氢。例如,在有关研究试验中,氢是在铁素体 + 珠光体、托氏体、索氏体中扩散,氢的扩散速度较快。当锻轧后冷却得到贝氏体再升温脱氢时,由于贝氏体中存在大量界面、位错等缺陷,因而可以加速氢的扩散。在 A_1 以下各温度等温均可以进行脱氢,为了有效地使氢扩散逸出,并充分利用能源,应当科学地选择去氢退火温度。

氢在 α-Fe 和 γ-Fe 中有一定溶解度,当钢的组织中有大量界面、位错等缺陷时,氢的饱和溶解度将增大,因此,当含氢量降低到饱和溶解度时,就难再继续扩散了。氢在 α-Fe 中的扩散系数 $D_α$ 比在 γ-Fe 中扩散系数 $D_γ$ 大得多。根据有关文献的内容,温度越低,氢在 α-Fe 中的扩散系数越大,如:1 300 ℃,$D_α/D_γ$≈1;700 ℃,$D_α/D_γ$≈8;600 ℃,$D_α/D_γ$≈14;400 ℃,$D_α/D_γ$≈D71;300 ℃,$D_α/D_γ$≈180。由此可见,温度越低,氢在 α-Fe 中的扩散越快,可以用图 3-60 表示氢在 α-Fe 中的扩散系数与温度的关系。

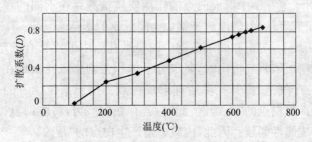

图 3-60 氢在 α-Fe 中的扩散系数与温度的关系

由以上分析可见,为了消除钢中的白点,就要进行等温退火。等温退火时的等温温度和冷却速度的选择是关键。

有研究表明,退火缓冷到 150 ℃ 时,氢在钢中的溶解度约为 $0.878×10^{-4}$%。电炉炼钢的钢水含氢量一般为 (4～6)×10^{-4}%,VHD 真空脱气处理后氢含量≤$2.5×10^{-4}$%。由于不同温度下铁素体中氢的溶解度不同,扩散系数也不等。由于扩散通量 $J = -D\dfrac{\mathrm{d}c}{\mathrm{d}x}$,所以,氢的去除既与扩散系数 D 成正比,又与氢在钢中的浓度梯度 $\dfrac{\mathrm{d}c}{\mathrm{d}x}$ 成正比。

扩散系数 D 随温度降低而变小。浓度梯度 $\dfrac{\mathrm{d}c}{\mathrm{d}x}$ 与含氢量、锻件尺寸和溶解度等因素有关,是个变量。因此,可以考虑分等温阶段和冷却阶段脱氢。

等温阶段脱氢:钢锻轧后空冷到 M_s 点稍上等温(约 300 ℃ 左右),此时的组织转变为具有铁素体基体的贝氏体组织,此时铁素体中氢的平衡溶解度仅仅约为 1.26×10^{-4}%。那么,氢处于过饱和状态,则开始脱氢。等温一段时间后,锻件表面层脱氢到约 1.26×10^{-4}% 时,由于与锻件心部形成较大浓度梯度,造成氢扩散的热力学条件。锻轧材直径越大,浓度梯度越小,因此大锻件去氢退火时间较长。

为了加速扩散,可将钢加热到 A_1 温度稍下(如 700 ℃ 左右)等温,以增大扩散系数 D。温度在 700 ℃ 时氢的饱和溶解度约为 2.29×10^{-4}%,保温一定时间后,心部氢浓度达到此值时,即达到饱和溶解度。若需氢原子继续扩散,则工件需要降温,冷却到下一段较低的温度,使氢重新达到过饱和状态,脱氢才能继续进行。钢件缓冷到 600 ℃ 左右等温,氢在铁素体中的溶解度约降低到 2.03×10^{-4}%,又达到过饱和状态,且形成一定的浓度梯度,继续扩散脱氢。保温一段时间后,当心部达到饱和溶解度时,保温完毕,扩散脱氢停止。

冷却阶段脱氢:当钢中含氢量达到 2×10^{-4}% 左右时,可以在炉中连续缓冷,缓冷过程将持续脱氢,冷却速度控制在 15~40 ℃/h 范围内,冷却到 150~200 ℃ 后出炉空冷。缓冷是降低内应力的重要措施,通过缓冷将含氢量降低到 1.8×10^{-4}% 以下,且消除了组织应力和热应力,此时就不会产生白点了。这样,不断等温,不断降温,不断降低溶解度,不断保持浓度梯度,则能不断扩散脱氢。因此,等温和缓冷相结合,可以达到去氢、防止白点的目的。

生产中,在制定去氢退火工艺前,应当了解钢锭的冶金过程,测定钢水中的含氢量。去氢退火保温时间应当依据钢中的含氢量、锻轧材尺寸而定。锻轧材尺寸不同,缓冷速度和出炉温度也不同。表 3-45 列举了 42CrMo 钢采用某种退火工艺时退火等温时间与钢锭含氢量、工件尺寸的关系。

表 3-45 42CrMo 钢去氢退火参数

截面尺寸 (mm)	去氢退火保温时间/h(按钢锭氢含量分等级)					冷速 ($℃·h^{-1}$)	出炉温度(℃)
	$\leqslant 2.5×10^{-6}$	$3.5×10^{-6}$	$4.5×10^{-6}$	$6×10^{-6}$	$7×10^{-6}$		
≤300	8~12	15~22	20~40	40~60	45~70	50	400
300~500	12~20	22	40~60	60~110	70~140	40 20	300
500~800	20~32	22~80	60~180	110~295	140~360	30 15	200

近些年来,有研究者开发了 5CrNiMo、5CrMnMo 钢锻轧材去氢退火新工艺,实现了节能、降耗,提高了生产率。如:5CrNiMo、5CrMnMo 钢 550 mm 大模块方坯原来去氢退火保温 135 h,约一周后才能出炉,新工艺以含氢量 $2.8×10^{-4}$ % 为计算依据,在 680 ℃ 等温,保温时间用计算机辅助设计,等温后缓冷到 200 ℃ 出炉。经过超声波探伤,没有白点。提高生产率 30%,节能 35%。

45Cr2NiMoVSi 钢按老的退火工艺处理 600 mm 方坯时间最长可达 226 h,约 9~10 天才能完成一炉钢的退火。新工艺采用 720 ℃、650 ℃ 分阶段保温,400 ℃ 以上采用 20~40 ℃/h 冷却,400~200 ℃ 以下采用 15~20 ℃/h 冷却,生产率比原工艺提高 40%。新工艺应用的结果表明,在保证退火质量前提下,新工艺比传统老工艺大幅度节能、降耗,且可以大幅度地提高生产率。

20. 如何软化 DT300 钢以利于机械加工?

DT300 钢是一种新型低合金超高强度钢。它是一种中低碳的 SiMnCrNiMoV 系并添加微量元素的多元低合金超高强度钢,基体组织主要为低碳的板条马氏体组织,具有高达 1800 MPa 的抗拉强度以及 100 MPa·m$^{\frac{1}{2}}$以上的断裂韧性。此钢种可用于制造承受高应力状态的结构件,在航空、航天工业中被广泛应用。但该钢的强度和硬度相当高,机械加工前必须对钢进行软化,以改善其加工性能。DT300 钢的化学成分见表 3-46。

表 3-46　DT300 钢的化学成分(质量分数 wt%)

C	Si	Mn	S	P	Ni	Cr	Mo	V	N
0.33	1.78	0.76	0.003	0.005	5.78	1.10	0.65	0.12	0.0024

软化退火工艺可降低钢的硬度以利于机械加工,同时为最终热处理做好组织准备。DT300 钢出厂的锻材一般均采用锻后空冷。由于终锻温度不一、冷却速度不一,所得组织及硬度变化较大。为规范锻后空冷状态,首先对锻材进行 950 ℃×1 h 空冷的正火处理,正火后 DT300 钢材料硬度一般在 HRC40.5 左右,正火态 DT300 钢组织为板条马氏体,如图 3-61 所示。显然,空冷正火工艺得到的材料硬度不适宜直接机械加工,还需对按上述规范对正火后的试样进行不同温度(640 ℃、650 ℃、及 660 ℃)不同保温时间(5~50 h)的软化退火处理。

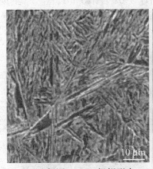
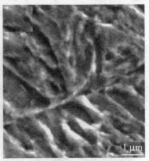

(a) 保湿 1 hSEM 组织形态　　(b) 局部放大后 SEM 组织形态

图 3-61　DT300 钢 950℃正火保温 1h 的 SEM 组织

根据有关文献,软化主要从基体和第二相两方面考虑。实现

· 225 ·

铁素体基体相的软化,需降低或消除固溶强化、弥散强化、细晶强化等强化因素的强化作用,主要是减少合金元素和杂质元素的原子固溶强化作用;减少位错密度;粗化晶粒,减少相界面积等。除铁素体的硬度外,碳化物形态、数量、大小、分布对退火硬度起着重要作用。钢的化学成分一定时,主要考虑的是后者。有文献指出,碳化物呈颗粒状分布较其呈片状分布具有更低的硬度。这是由于相同含碳量的钢,粒状珠光体具有较少的相界面,其硬度低,塑性高。进行球化退火软化主要应该控制碳化物颗粒的弥散度和颗粒尺寸。对于成分一定的钢,退火碳化物的体积分数是固定的,因此,主要是增大碳化物颗粒的平均直径,从而有效地降低硬度。

从图 3-61 可看出,正火态 DT300 钢组织为板条马氏体及少量贝氏体,碳化物形成元素得到充分固溶,没有观察到析出物的存在,但具有较高的硬度。该钢淬透性较高,若采用奥氏体化退火,则需要相当缓慢的冷却速度。同时,所得到的组织将主要由珠光体组成,其中的片状渗碳体对加工性能不利。为改变该钢的组织与性能,一些研究者建议考虑在铁素体区对该种钢进行软化退火(相当于高温回火,获得回火索氏体),可以选取的温度范围为 640~660 ℃,且提供了 DT300 钢在 640 ℃、650 ℃ 和 660 ℃ 进行不同保温时间退火后的组织(如图 3-62、图 3-63、图 3-64 所示)和退火后 DT300 钢的硬度(如图 3-65 所示)。

(a) 640 ℃退火保温5 h　　(b) 640 ℃退火保温10 h

图 3-62

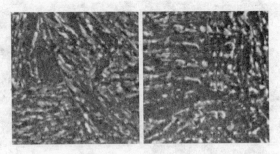

(c) 640 ℃退火保温20 h　　　(d) 640 ℃退火保温40 h

图 3-62　640 ℃退火不同保温时间的 SEM 组织

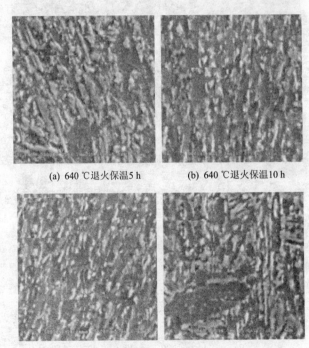

(a) 640 ℃退火保温5 h　　　(b) 640 ℃退火保温10 h

(c) 640 ℃退火保温20 h　　　(d) 640 ℃退火保温30 h

图 3-63　650 ℃退火不同保温时间的 SEM 组织

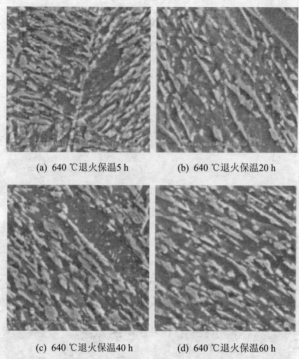

(a) 640 ℃退火保温5 h　　(b) 640 ℃退火保温20 h

(c) 640 ℃退火保温40 h　　(d) 640 ℃退火保温60 h

图 3-64　660 ℃退火不同保温时间的 SEM 组织

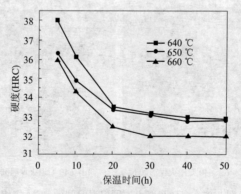

图 3-65　不同温度下退火保温时间对硬度的影响

根据研究者测量的该钢种的 Ac_1 为 670 ℃，Ac_3 为 810 ℃，M_s 为 265 ℃。理论上，DT300 钢在 Ac_1 温度以下的铁素体区退火过程中(640～660 ℃)，短时间保温会有少量 ε 碳化物(冷却后成为合金渗碳体)析出；随加热温度的升高及保温时间的延长，碳化物析出量增多；同时在较高温度加热，碳得到较充分扩散，马氏体分解为低碳的 α 相和弥散的 ε 碳化物，α 相经回复和再结晶形成多边形的铁素体，ε 碳化物则在聚集、长大过程中与母相失去共格关系，并逐渐形成粗粒状的渗碳体。由于粒状颗粒相对于板条状片体较易于滑移运动的进行，从而使硬度有较大程度降低。保温时间继续增加，碳及合金元素原子长程扩散，通过胶态平衡，小颗粒溶解，大颗粒长大。因此，渗碳体向粗大的粒状转化成为退火过程中的主要组织变化。

由图 3-62、图 3-63、图 3-64 可见，其组织转化过程与理论分析大致相同。并且还可看出，随退火温度的升高，渗碳体球化。退火温度越高，渗碳体越易球化，碳化物越易析出；随保温时间的增加，渗碳体的球化越加充分。当达到足够的保温时间之后，渗碳体(包括原片状渗碳体和析出的渗碳体)的球化达到平衡，组织形态不再发生明显的变化，硬度也将保持在稳定状态(图 3-65)。

由此可见，经正火预处理后，DT300 钢可获得均匀的马氏体及贝氏体组织。为改善其加工性能以及降低钢中的硬度便于应用，DT300 钢在低于 Ac_1 温度条件下保温较长时间，可使马氏体等脆硬组织得到有效减少，降低钢材的硬度。

在退火加热中，由于铁、碳等元素的扩散，α 相通过回复、再结晶形成多边形的铁素体，渗碳体则不断聚集、长大成粗粒状。其中，渗碳体颗粒越粗大，DT300 钢退火软化效果的越明显。

实践证明，在 660 ℃对 DT300 钢保温加热 20 h，炉冷至小于 300 ℃空冷，可得到相对较低的硬度，可获得良好的机械加工性能。

21. 如何对 H13 钢进行退火？

H13 钢是热作模具钢，化学成分见表 3-47。这种钢在锻轧后应进行软化退火,以降低硬度便于切削加工和模具成形。表 3-47 所示化学成分的 H13 钢的临界点为:$Ac_1 = 835$ ℃,$Ar_1 = 770$ ℃,$M_s = 304$ ℃。退火工艺可以根据测定的 H13 钢的临界点及已测的 H13 钢退火用 TTT 图制订。

根据某研究者在 Formastor-Digital 相变仪上进行的热模拟试验,H13 钢在 860 ℃加热,以 15 ℃/h 的冷速冷却,在 820 ℃时过冷奥氏体开始发生转变,在 786 ℃时过冷奥氏体转变结束,转变产物的硬度 200 HV。

表 3-47　H13 钢的化学成分(质量分数 wt%)

C	Si	Mn	Mo	Cr	V
0.34	0.91	0.39	1.34	5.11	0.91

根据实验测定的钢临界点及热模拟试验结果,有研究者制定了如表 3-48 所示的退火工艺。即,在 840 ℃、850 ℃及 860 ℃温度加热,在冷却速度为 10～15 ℃/h,20～30 ℃/h 及 50 ℃/h 的工艺条件下对其 H13 钢进行退火。随后,测量了不同加热温度及冷却速度退火条件下 H13 钢的硬度(HB)见表 3-48,退火后组织如图 3-66 所示。

表 3-48　H13 钢不同退火加热温度及冷速时硬度(HB)

H13 钢	840 ℃	850 ℃	860 ℃
10～15 ℃/h	183	174	168
20～30 ℃/h	—	187	187
50 ℃/h	190	197	—

由图 3-67 与表 3-48 可见,H13 钢采用表 3-48 所示的退火工艺处理后,所得的组织为在铁素体基体上分布着粒状碳化物。H13 钢的退火温度为 860 ℃、冷却速度为 10～15 ℃/h,钢的硬度较低,软化效果较好。

热做模具钢退火软化的目的是为解决加工性问题,使之有利于机械加工和模具成型。所以要求其硬度尽可能降低(如瑞典产

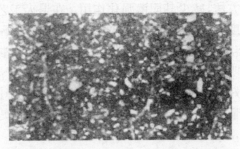

图 3-66　H13 钢 860 ℃加热 20 ℃/h 冷却组织 3 000×

的 H13 钢硬度可降到 HB185)。为研究其 H13 钢退火后硬度与碳化物类型及大小,研究者将 H13 钢分别以 860 ℃加热、20 ℃/h 冷却速度冷却(见表 3-49 中的退火工艺 Ⅰ)和 900 ℃加热、220 ℃/h 冷速冷却进行退火(见表 3-49 中的退火工艺 Ⅱ),测定其硬度、碳化物颗粒尺寸、结构、基体化学成分可见,随退火温度升高和冷却速度加快,基体中 Cr、Mo、V 的含量稍有减少,但不同退火工艺退火后碳化物颗粒尺寸和碳化物类型有所不同。两种退火工艺的碳化物中都含有尺寸小的碳化物颗粒,这种小尺寸的碳化物颗粒为 VC 粒子,而颗粒尺寸大的为铬的碳化物粒子。

比较表与表 3-49 的退火工艺,可见在加热温度有利的条件下,冷速为 $(10\sim15)$ ℃/h 时,钢的退火硬度最低。

表 3-49　H13 钢退火硬度、基体成分、碳化物尺寸及相类型

退火工艺	硬度 (HB)	碳化物颗粒尺寸(nm)	结构类型	集体成分(w %)				
				Mo	Cr	Mn	V	Si
Ⅰ	186	141~490	Fe_3C,VC,Cr_7C_3	0.94	3.70	0.40	0.145	1.07
Ⅱ	204	130~350	$Cr_{23}C_6$ VC	0.81	3.68	0.40	0.126	1.07

根据有关理论,要想得到硬度低的退火组织,应当从两方面入手:一是加热温度,二是控制碳化物的形态及大小。

从加热温度方面考虑,H13 钢中的 Si、Mn、Cr、Mo、V 有固溶强化铁素体的作用,因此可考虑通过阻碍 Cr、Mo、V 的碳化物溶

入奥氏体的方法,减少其固溶强化作用。在退火工艺上,H13钢奥氏体化温度应选在 Ac_1 稍上温度,使之得到成分不均匀的奥氏体,保留未溶的碳化物核心。

实践证明,当 H13 钢的退火温度在 840～860 ℃范围内时,钢的软化效果好。如退火温度太高,钢中碳化物的溶解量将增加,未溶碳化物数量减少,奥氏体中碳及合金元素量增多,奥氏体成分趋向于均匀化,不利于退火冷却时形成球化组织。

从碳化物的形态、大小及分布对钢的硬度影响分析,钢中碳化物的形态、大小及分布对钢的硬度影响显著。一般情况下,碳化物呈片状的珠光体具有较高的硬度;钢中球状碳化物分布在铁素体基体上才可能使其具有较低的硬度。当钢的化学成分一定时,碳化物的体积分数一定,若碳化物粒子聚集,使半径增大,则粒子间距增大,对位错运动的阻碍作用减小,钢的强度、硬度降低。

从以上实验研究可见,对 H13 钢锻后进行软化其退火温度可以选择 850 ℃±10 ℃加热,以(10～15)℃/h 冷速冷却,这样可得到在铁素体基体上分布着大颗粒铁和铬的碳化物及少量 VC,此时钢的硬度最低,最有利于进行机械加工。

22. 如何对 S7 钢进行退火?

S7 是耐冲击工具钢,其化学成分见表 3-50。S7 钢的临界点 $Ac_1=780$ ℃,$Ar_1=718$ ℃,$M_s=230$ ℃。这种钢锻轧后应进行软化退火,以降低硬度,便于切削加工。

表 3-50　S7 试验用钢的化学成分(质量分数 wt/%)

C	Si	Mn	Mo	Cr	V
0.563	0.290	0.630	1.214	3.060	0.218

进行软化退火时可根据测定的 S7 钢的临界点及已测的 S7 钢退火用 TTT 图制订退火工艺。例如,根据有关研究者在相变仪上进行了热模拟试验,S7 钢在 840 ℃加热,以 15 ℃/h 的冷速冷却,在 755 ℃过冷奥氏体开始转变,在 747 ℃转变结束,转变完成

后产物的硬度 195HV。因此,可根据表 3-51 对其进行退火,退火后组织如图 3-68 所示。

由表 3-51 可见,退火温度在 800～840 ℃、冷却速度小于 50 ℃/h 时钢材得到的硬度比较低。观察其图 3-67 可见,S7 钢在 840 ℃加热、15 ℃/h 冷却得到组织为铁素体基体上分布着粒状碳化物。

表 3-51　S7 钢不同退火加热温度及冷速时硬度(HB)

S7 钢	800 ℃	820 ℃	840 ℃
15 ℃/h.	197	194	195
50 ℃/h	201	192	207
100 ℃/h	248	—	269

图 3-67　S7 钢 840 ℃加热、15 ℃/h 冷却组织 500×

根据表 3-50 可知,S7 钢中含有 C、Si、Mn、Mo、Cr、V 等元素。这些元素在 S7 钢中可通过固溶强化作用提高钢的强度和硬度。因此,要软化 S7 钢,就要想办法通过调节温度阻碍其 Cr、Mo、V 等碳化物形成元素溶入奥氏体,减少其固溶强化作用。

在退火工艺上,S7 钢奥氏体化温度应选在 Ac_1 稍上,这样可得到成分不均匀的奥氏体并保留未溶的碳化物核心。

理论与实践表明,S7 钢的退火温度为 800～840 ℃时,钢的软化效果好。如果退火温度太高,S7 钢中的碳化物溶解量将会增加,未溶碳化物数量将减少,奥氏体中碳及合金元素量增多,奥氏

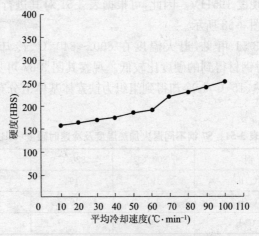

图 3-68 普通正火对钢件硬度影响

体成分趋向于均匀化,这样不利于退火冷却时形成球化组织。

在 S7 钢退火软化时还应该注意控制钢中碳化物的形态及大小,以免使钢的硬度增加。实践证明,钢中珠光体的碳化物呈片状时具有较高的硬度;钢中铁素体基体上分布球状碳化物时,其硬度较低。

当钢的化学成分一定时,碳化物的体积分数一定;若碳化物粒子聚集,使半径增大,则粒子间距增大,对位错运动的阻碍作用减小,钢的强度、硬度降低。

由此可见,S7 钢锻后软化退火在退火工艺为 (820 ± 10) ℃ 加热,以 $(15\sim30)$ ℃/h 冷速冷却,可以获得铁素体基体上分布着粒状碳化物,钢的硬度为 200HB 以下,基本可以满足机械加工要求。

二、合金钢正火

1. 如何对 20CrMoH 锻造毛坯进行等温正火?

正火是将钢材或钢件加热到临界点 Ac_3 或 Acm 以上的适当温度,保持一定时间后在空气中冷却,得到珠光体类组织的热处理工艺。正火是一种传统老工艺,因其设备、工艺要求简单,耗能少,一直被广泛采用。

随着现代化工业的发展及对产品质量要求的提高,特别是汽车行业引进的各种型材多样化,普通的正火处理工艺已不能满足齿坯预先热处理的要求。在实际生产中,正火加热温度常常略高于临界点 Ac_3 或 Acm。如果正火作为预先热处理,则更宜取临界点 Ac_3 或 Acm 温度范围的上限值,提高加热温度能够促进奥氏体均匀化,增大过冷奥氏体的稳定性,这样有利于组织均匀化。另外,为了减少后续渗碳、淬火后的变形缺陷,要求其奥氏体化温度要高于以后进行的热处理温度。

等温正火是指合金钢件经加热其组织转变为奥氏体后直接进入等温炉,随炉冷至等温温度保持一定时间使其完成(先共析铁素体 + 珠光体)或珠光体相变,而后出炉空冷的工艺过程,适于过冷奥氏体相稳定、珠光体相变温度范围窄的中高碳合金钢种。

齿坯采用等温正火,能够对相变进行控制,即齿坯奥氏体化后,迅速冷却到 A_1 以下的珠光体相变温度等温,使相变在等温温度下进行,避免了带状组织超差、非平衡组织(α-Fe 魏氏体组织、马氏体组织、贝氏体组织)出现,为切削加工及渗碳淬火做好组织和性能准备。

锻造毛坯采用普通正火处理时,在冷却过程中,由于钢件堆放在空气中冷却或进行吹风冷却,位于钢件堆表面和中心位置的不同钢件冷却速度不同,位于钢件堆内部的钢件散热条件差、冷却较慢;由于季节变化,空气流通情况也不同,其冷却速度也不一样,加之钢件发生的连续冷却转变是在一个相当大的冷却温度范围内完成的,因而获得的显微组织和性能也不尽相同。

处于钢件堆表面位置的齿坯的散热条件较好,冷却速度较快,奥氏体在珠光体相变的温度范围内没有完全转变,就降到贝氏体相变温度范围,过冷奥氏体转变为贝氏体型组织,即出现了非正常组织,比如粒状贝氏体等。非正常组织的出现,使硬度偏高甚至超高,硬度可以达到 HRC43 或更高,给切削加工带来很大的困难,不仅增加工具消耗而且严重影响零件加工质量和生产效率。位于钢件堆内部的齿坯由于散热条件较差,其冷却速度较慢,就可能出现正火带状组织超差。

相关研究表明,通常的正火加热温度为 $Ac_3+(30\sim50)$ ℃。此温度是奥氏体再结晶温度,获得的晶粒比较小,有利于正火后获得细晶粒的先共析铁素体加珠光体,由于晶(相)解数量增多,使处理后钢的强韧性提高。这种性能的正火作为最终热处理是可取的,但作为改善切削加工性的预先热处理是不合适的,它既增大了切削阻力,又不易断屑。同时,由于加热温度不高,奥氏体的均匀化程度不足,也不易形成均匀的纤维组织。为此需要适当提高加热温度,使奥氏体成分均匀和晶粒较为粗化,过冷奥氏体的稳定性有所提高,在相同冷却条件下,使先共析铁素体和珠光体的形成温度降低,冷却后获得块状铁素体加细片状珠光体组织。因此,近年来这类钢件的正火加热温度较传统的加热温度大幅提高,达到 $Ac_3(100\sim150)$ ℃。但由于高温奥氏体化对贝氏体转变动力学的影响较小,冷却速度较大,正火后组织内有贝氏体形成,出现硬度过高和"打刀"、"崩刃"问题。

目前我国汽车齿轮用钢主要以 20CrMnTi 为主,该种钢 Ti 的加入虽有使晶粒细化的作用,但因大颗粒多棱角的 TiN 质点的析出,往往容易成为疲劳断裂源。为此,发达国家中汽车齿轮用钢已禁止加 Ti。

在国内,某大型集团公司近几年来开发的 9 t、16 t、30 t 系列载重卡车投放市场以来,变速箱齿轮及后桥主、从动齿轮均出现过打齿现象。有研究者综合分析后认为,齿轮的渗碳有效硬化层浅、芯部硬度低是造成齿轮失效的主要原因。而作为 20CrMnTi 材料来讲,其淬透性范围比较宽,当其淬透性处于下限时,对于模数大的后桥齿轮就无法保证其淬透性。因此,设计部门借鉴日本等发达国家的经验,将此系列车型后桥齿轮、变速箱齿轮材料改为 22CrMo、20CrMo,即相当于日本材料 SCM822H、SCM820H。还有的研究者通过分析对比 20CrMoH 钢普通正火和等温正火的组织和性能,比较两种工艺的缺点及生产组织中的可行性,从而确定不同等温温度对零件组织和性能的影响。同时对在实际生产中,锻造后连续冷却和利用锻造余热等温正火的组织和性能进行分析和比较,最终确定锻造后等温正火的最佳工艺参数。

普通正火和等温正火的硬度对比,将 20CrMoH 钢试样放入 920 ℃炉中加热,保温 10 min,采用不同冷却规范。普通正火是将试样空冷或吹风冷却,等温正火是将试样迅速冷至 600 ℃左右不同温度的炉中等温保持,而后取出空冷。对处理后的试样测定硬度,观察显微组织。普通正火的冷却速度对钢件硬度的影响如图 3-68 所示。

由图中可看出随着冷却速度增大,硬度逐渐增高。获得最佳硬度 HBS170～200 的冷却速度范围比较小。

等温正火的等温温度对钢件硬度的影响如图 3-69 所示。随着等温温度的降低,硬度逐渐增高,但当等温温度低于 540 ℃,等温处理后的硬度迅速升高。

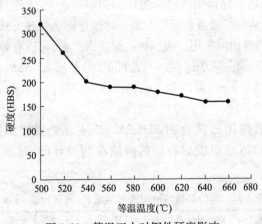

图 3-69 等温正火对钢件硬度影响

20CrMoH 钢试样经不同冷却速度正火处理后,冷却速度较慢的钢试样,其显微组织为先共析铁素体加珠光体,冷却速度较快的钢件,显微组织中有贝氏体出现。20CrMoH 钢试样经不同温度等温正火处理后,等温处理温度高于600 ℃时,获得的钢试样的显微组织为共析铁素体加珠光体,当等温温度低于540 ℃时,获得的钢试样的显微组织为铁素体加大量贝氏体。

根据上述相关研究者试验结果可知,20CrMoH 渗碳钢进行普通正火处理时,随着冷却速度增大,相变温度降低,先共析铁素体的尺寸减小,数量减少,珠光体数量增多,硬度有所提高。冷却速度继续提高,则会有贝氏体形成。如采用等温正火,则在一个比较宽的温度范围内 600~660 ℃均可获得最佳的显微组织和硬度,而且在生产中容易控制,并可降低成本。

2. 如何高温正火消除 85Cr2Mn2Mo 钢的组织遗传?

85Cr2Mn2Mo 钢同深层渗碳钢 20Cr2Mn2Mo 钢一样会产生组织遗传。85Cr2Mn2Mo 钢组织遗传的粗大非平衡组织给后续加工与使用带来了很多问题。目前,采用操作简便的正火工艺消除其高碳合金钢组织遗传实验表明,经多次反复(至少两次)常规正火后,可以消除该钢的组织遗传。但多次正火,无论对零件本身分析,还是从经济效益上看都不是一种很好的热处理方式。而利用有关研究者提出的采用一次加热高温正火工艺,可以有效的细化了奥氏体晶粒,消除组织遗传。与此同时,分析其 85Cr2Mn2Mo 钢的奥氏体再结晶温度,可以为人们提供有益的探试。在此方面,某高校研究者的系统研究值得参考借鉴。

研究者选用的试验钢 85Cr2Mn2Mo 是为模拟深层渗碳钢 20Cr2Mn2Mo 经渗碳后表层的碳浓度而设计的,化学成分见表 3-52。

表 3-52　85Cr2Mn2Mo 钢的化学成分(质量分数 wt%)

元素	C	Mn	Cr	Si	Mo	S	P	Fe
含量	0.84	2.39	2.05	0.54	0.4	0.029	0.032	余量

85Cr2Mn2Mo 钢经长时间(>50 h)高温(920~950 ℃)渗碳后晶粒度为 1 级。为了缩短试验周期,试验采用将该钢加热到

1 230 ℃,保温 1 h 油淬,获得了同渗碳后相同的非平衡粗化组织,如图 3-70 所示。

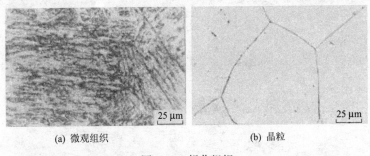

(a) 微观组织　　　　(b) 晶粒

图 3-70　粗化组织

由于目前尚无明确的 85Cr2Mn2Mo 钢高温正火的温度至奥氏体再结晶的温度(θ_R),故研究者采用冷加工金属再结晶工艺,将钢加热转变为奥氏体后,再继续加热至某一温度,在该温度保温 1 h,将再结晶达到 95% 以上的温度定为奥氏体的再结晶温度。用金相法确定奥氏体再结晶温度(θ_R)的工艺示于图 3-71。图中 θ_R 为奥氏体再结晶温度,θ_n 为常规的正火温度,高温正火奥氏体再结晶晶粒细化情况如图 3-72 所示。

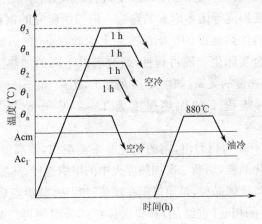

图 3-71　高温正火工艺

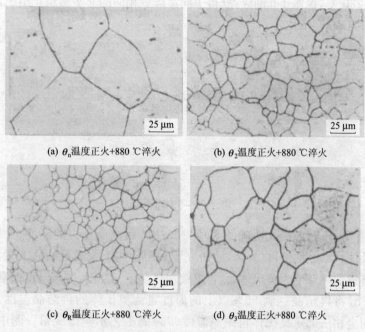

(a) θ_n温度正火+880℃淬火　　(b) θ_2温度正火+880℃淬火

(c) θ_R温度正火+880℃淬火　　(d) θ_3温度正火+880℃淬火

图 3-72　高温正火奥氏体再结晶晶粒细化组织

钢的奥氏体再结晶温度(θ_R)受材料的成分、原始组织、杂质、第二相和变形度等诸多因素的影响。但当所研究的钢种确定后，实际上只有加热速度的影响。按照上面确定 θ_R 的方法，根据实验设备结合实际生产的可行性，研究者以不同的加热工艺，测定 θ_R 与加热速度的关系（如图 3-73 所示），图中 $\theta_{R1} \sim \theta_{R5}$ 分别为再结晶温度，规程 1 的加热速度为 1~2 ℃/min，2、3、4 均为 10 ℃/min。

从图 3-71 可以看出，钢的粗化非平衡组织，经高温正火可以有效地细化晶粒，切断二次加热淬火中的组织遗传，高温正火之所以能细化奥氏体晶粒，是通过钢在加热过程中，临界点(Ac_1、Ac_3、Ac_m)发生的相变（重结晶）和奥氏体继续升温的再结晶二次"生核和核长大"的控制来实现的。有关重结晶可以细化组织的理论

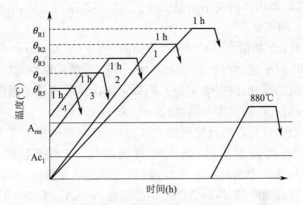

图 3-73 加热速度对再结晶温度的影响

和在生产中的应用早已悉为共知。而钢的奥氏体再结晶的理论研究尚不充分，其再结晶温度也没有明确定义。

由有关研究知，在同一钢的所有组织中，马氏体的比容最大，奥氏体的比容最小，而它们的比容差还与含碳量有关，当含碳量为1%时，其比容差值可达到 $0.0052\ cm^3 g^{-1}$。因此，马氏体转变为奥氏体的同时，会产生组织应力，导致相变硬化。

众所周知，金属冷加工过程中产生的加工硬化可以通过加热发生回复再结晶，实际上奥氏体也可以在应变能的驱动下，通过控制适当的加热温度使其再结晶。控制再结晶是获得细化晶粒的手段之一。但相变硬化与加工硬化的再结晶相比，由于奥氏体再结晶发生在较高的温度，原子扩散快，所以，它的择优生核与核的择优长大会不明显。因此，奥氏体再结晶后的晶粒更易具有等轴性。当然控制其再结晶温度与时间要比冷加工金属再结晶的范围窄。

研究者在实验中发现，当以不同的加热速度加热时，由于相变经历的时间不同，相变产生的组织应力松弛程度不同，从而奥氏体的再结晶温度也有所不同。加热速度慢（1~2 ℃/min），则再结晶温度（θ_{R1}）高，加热速度快（10 ℃/min），再结晶温度（θ_{R5}）低，如图 3-74 所示。在实际生产条件下，可以认为这是两种极端的加热速度。所以,奥氏体的再结晶温度虽然随加热速度而变化,但只能在$\theta_{R1} \sim \theta_{R5}$间变化。

研究者试验指出,85Cr2Mn2Mo 钢的 Ac_1=730 ℃,Acm=810 ℃,而 θ_R 和 Acm 之间存在着 $\theta_R = Acm + 150$ ℃的关系,虽然还缺少更加系统的研究,但它确实为人们确定奥氏体的再结晶温度提出了有益的探试,值得参考借鉴。

由以上研究者的研究可知,85Cr2Mn2Mo 钢的粗大非平衡组织,经一次高温正火后,组织可得到细化,切断了组织遗传。85Cr2Mn2Mo 钢的高温正火温度(奥氏体再结晶温度)随着加热速度的提高而降低,但最低的再结晶温度 $\theta_R = A_{cm} + 150$ ℃。

3. 如何利用锻造余热正火消除 9Cr2Mo 钢粗大网状碳化物?

生产中,某锻造公司在生产 9Cr2Mo 小轧辊过程中(辊身直径为 185 mm),按要求热处理后网状碳化物≤3 级,球状珠光体组织 1~4 级。然而整批集中锻造,然后一起进行正火和等温球化退火处理,工艺曲线如图 3-74 所示。生产后,检验结果显示网状碳化物多为 3.5~4 级,球化珠光体多为<1 级。网状碳化物和球化组织均不合格。探讨其小轧辊生产不合格的原因,该厂的技术人员经分析后认为,采取如图 3-74 所示的工艺曲线 9Cr2Mo 小轧辊网状碳化物和球化组织均不合格的原因是正火冷却时工件不能散开,冷却速度太慢,渗碳体在晶界偏聚形成的。

由于碳化物偏聚,导致了伪共析珠光体中的碳含量偏低。在球化退火时,奥氏体中的碳化物难以析出,同时因冷却速度慢形成的较大的片状珠光体中的碳化物很难熔断,球化时缺少核心,使组织中保留了大量的片状珠光体。所以,该厂的技术人员认为消除粗大的网状碳化物是解决生产中锻件不合格的首要问题。

针对存在的问题,该厂的工程技术人员讨论提出了新的试验方案:小轧辊由轧坯两火锻成,最后一火锻造比至少要保证 1.5,并将终锻温度控制在 750~850 ℃,锻后立即进行喷雾冷却,将辊身表面温度冷却至 350~400 ℃,防止奥氏体析出碳化物,进而在

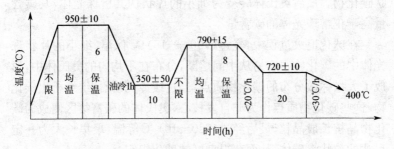

图 3-74 小轧辊锻后正火及球化退火工艺曲线

奥氏体晶界上形成粗大的网状碳化物,从而达到正火的目的。球化退火仍采用原来的等温球化退火工艺。

采用改进后的工艺共生产 4 个熔炼炉号 110 支小轧辊,检验后碳化物网状和球化组织全部合格。表 3-53 为 4 个熔炼炉号的小轧辊的抽检结果。

由此可见,通过工艺的调整,小轧辊的质量有了显著提高,同时省去了重新高温正火的工序,节约了能源,并有利于实现连续作业,提高工作效率。

表 3-53 新工艺生产轧辊检验结果

熔炼炉号	网状碳化物级别	球化组织级别
00037	1	2
00045	1	1
00062	2.5	2
00063	1	2

研究者通过实验研究认为,9Cr2Mo 钢的 Accm 约为 860 ℃,终锻温度控制在 750～850 ℃,虽然锻造时有碳化物析出,但通过变形,大的碳化物沿变形方向被拉断;降低终锻温度,细化了奥氏体晶粒,晶界面积增大,碳化物在晶界上分布更分散;通过喷雾冷却,抑制了奥氏体中的碳化物析出,防止了在晶界上形成连续的网

状碳化物。最后奥氏体转变为细小的片状伪共析珠光体,其碳含量高于正常珠光体的碳含量。

在球化退火过程中,经过(790＋15)℃保温,细小的片状珠光体中的碳化物很容易从中间熔断,分布在不均匀的奥氏体中,形成了大量弥散分布的碳化物质点;经过缓冷,奥氏体继续析出碳化物,这些碳化物质点作为非自发核心,奥氏体的碳富集区便成为碳化物晶核长成晶粒,最后经过(720±10)℃等温,聚集长大为一定尺寸的粒状渗碳体,从而获得良好的球化组织。

由研究者的研究可见,在处理类似 9Cr2Mo 小轧辊这样的规格较小的过共析钢锻件时,如果适当的降低终锻温度,并且保证最后一火锻造比不小于1.5,锻后快速冷却,可以有效的消除粗大的网状碳化物,收到良好的正火效果,同时对获得优良的球化组织有很好的促进作用。

4. 如何通过正火处理提高热锻模具使用寿命?

热锻模具是在外力作用下,利用金属材料的塑性把金属加工成一定形状制品的工具。它的服役条件恶劣,承受着巨大的拉伸、压缩和剪切载荷,处于复杂的应力状态下,受到周期性的冲击荷载作用和高温状态下的强烈机械磨损,使用中常因变形、局部塌陷、疲劳裂纹而失效。

模具寿命与多种因素有关,而热处理是众多因素中最关键的环节。为提高 5CrMnMo 钢热锻模具的使用寿命,某工厂的技术人员对该材料进行了热处理工艺试验,以期解决生产中遇见的实际问题。

根据热锻模具多采用 5CrMnMo 和 5CrNiMo 钢的实际情况,研究者采用其化学成份见表 3-54 中的 5CrMnMo 材料,以花键孔齿轮胎模锻模具(简称胎模)为研究对象,该材料原始组织为珠光体＋铁素体,如图 3-75 所示。原始组织中的夹杂物为氧化物,个别部位的夹杂物超过 4 级。试样沿原材料纤维方向截取,按标准加工成室温拉伸、冲击试样,测定的原始力学性能见表 3-55。

图 3-75 5CrMnMo 钢原始组织 500×

表 3-54 热锻模具钢化学成分(质量分数 wt%)

牌号	元素含量				
	C	Cr	Ni	Mn	Mo
5CrMnMo	0.50~0.60	0.60~0.90		1.20~1.60	0.15~0.30
5CrNiMo	0.50~0.60	0.50~0.80	1.40~1.80	0.50~0.80	0.15~0.30

表 3-55 5CrMnMo 钢原始力学性能

性能参数	σ_b(MPa)	HB	δ(%)	ψ(%)	α_k(J/cm^2)
数值	798.3	112	3.35	29.1	36.57

研究者采用三种热处理工艺:

(1)910 ℃正火预处理,终处理工艺为 760℃加热,油冷至(150 ℃左右 + 500 ℃)×60 min 回火(油冷);

(2)550 ℃去应力退火预处理,终处理为 900 ℃加热,300 ℃等温冷却 1 h + 500 ℃×60 min 回火(油冷);

(3)550 ℃去应力退火预处理,终处理工艺为 870 ℃加热,油冷至室温 + 500 ℃×60 min 回火(油冷)。

经三种工艺处理后样品的硬度见表 3-56,不同温度回火后的硬度见表 3-57。

表 3-56 试样经淬火后的硬度

工艺序号	热处理工艺	平均硬度(HRC)
1	910 ℃正火,760 ℃加热,油冷至150 ℃左右空冷	63
2	550 ℃去应力退火,900 ℃加热,300 ℃等温冷却1 h	49
3	550 ℃去应力退火,870 ℃加热,油冷至室温	63

表 3-57 试样经不同温度回火后的硬度

工艺序号	回火温度400 ℃时的硬度(HRC)	回火温度450 ℃时的硬度(HRC)	回火温度500 ℃时的硬度(HRC)	回火温度550 ℃时的硬度(HRC)
1	51	47	44	42.5
2	47	42	40	36
3	49	45	41	40

由研究者的实验可以看出,随回火温度的提高硬度降低,但经正火预处理的硬度降低缓慢,抗回火稳定性高(见表 3-57)。经不同工艺处理后,试样的室温冲击韧性随回火温度的变化见表 3-58。从表 3-58 中可以看出,试样经不同温度回火后,工艺(1)的 α_k 值始终大于工艺(2)和工艺(3)的 α_k 值。表 3-59 是不同工艺处理后的 5CrMnMo 钢性能比较,可见正火预处理后的样品性能较佳。

表 3-58 试样经不同温度回火后的 α_k 值

工艺序号	回火温度400 ℃时的 α_k 值(J/cm²)	回火温度450 ℃时的 α_k 值(J/cm²)	回火温度500 ℃时的 α_k 值(J/cm²)	回火温度550 ℃时的 α_k 值(J/cm²)
1	25.5	27.5	32.6	38.2
2	20.6	21.5	21.6	28.4
3	18.2	18.6	19.6	26.2

表 3-59 不同工艺处理后 5CrMnMo 的室温力学性能比较

工艺序号	HRC	σb(MPa)	α_k(J/cm²)	ψ(%)	δ(%)
1	44	1 548	32.6	42	13

续上表

工艺序号	HRC	σ_b(MPa)	α_k(J/cm^2)	ψ(%)	δ(%)
2	40	1 556	21.6	41	11
3	41	1 568	19.6	35	11

由研究者的研究可见,经工艺(1)处理后的 5CrMnMo 钢试样强韧性较好,这是因为淬火前的 910 ℃正火,细化了原始组织和碳化物。采用临界温度淬火,碳在奥氏体中的溶解度相同时,经工艺(2)和工艺(3)处理,需加热到 860 ℃以上,而工艺(1)只需加热到临界温度(5CrMnMo 钢为 760 ℃)就能达到要求。临界温度加热,奥氏体刚刚形成,晶粒细小且含碳量低,淬火后出现较多的低碳马氏体,如图 3-76 所示。

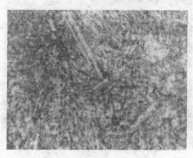

图 3-76　工艺(1)处理后的板条马氏体组织 500×

由理论分析可知,低碳马氏体具有比较高的断裂韧性,有利于防止热锻模具的早期脆断。虽然在临界温度淬火,可能会出现一些细小的分散铁素体,但数量少且均匀分布,对强度影响不大,却使韧性增强。

研究者按工艺(2)处理的试样,组织为下贝氏体和上贝氏体的混合组织,如图 3-77 所示。因淬火温度高,晶粒较粗大,钢的韧性低。特别是硬度偏低,影响了使用寿命。按工艺(3)处理的试样,组织中有较多的针状马氏体(如图 3-78 所示),韧性低、脆性大,容易出现早期脆断。

图 3-77 工艺(2)处理后的贝氏体组织 500×

图 3-78 工艺(3)处理后的针状马氏体组织 500×

比较研究者的三种工艺,工艺(1)对强韧性提高较明显。特别值得注意的是,晶粒细化后,使材料的热稳定性有所提高,增强了模具的热疲劳抗力。模具原材料中由于夹杂物比较严重,特别是在中心部位易在大块脆性夹杂物上出现裂纹,并向基体内传播。由于工艺(1)晶粒得到细化,晶界数量明显增加,对强韧性效果提高较明显,使微裂纹传播受到较大阻力,所以改善和消除了原材料的脆裂现象。

从应用效果观察与分析,花键孔齿轮胎模,工作前表面预热温度约 150～200 ℃,锻打速度 10 次/min～15 次/min。在锻打过程中,型腔温度可达 400～500 ℃,用水冷却后继续工作。该类热锻模具以前用870 ℃加热淬油＋500 ℃×60 min 回火工艺处理,在服役过程中损坏相当快,平均寿命700件左右,主要失效类型是在模腔底角应力集中处早期脆断。后改用900 ℃加热,300 ℃等温淬火＋500 ℃×60 min 回火处理,模具寿命提高到了1 000～1 500件;而采用910 ℃正火预处理,760 ℃加热,油冷至150 ℃左右＋500 ℃×60 min 回火工艺处理,锻打3 000件仍未失效。用不同工艺处理后的同一规格的花键孔齿轮胎模的使用寿命比较见表3-60。

表 3-60　不同工艺处理后的花键孔齿轮胎模使用寿命对比

锻模处理工艺	使用寿命件	失效形式
910 ℃正火,760 ℃加热,油冷至150 ℃左右空冷,500 ℃×1 h 回火	3 000	型腔磨损,疲劳裂纹
550 ℃去应力退火,900 ℃加热,300 ℃等温冷却 1 h,500 ℃×1 h 回火	1 500	型腔磨损,塌陷
550 ℃去应力退火,870 ℃加热,油冷至室温,500 ℃×1 h 回火	700	型腔塌陷,脆断

由研究者的实验可见,5CrMnMo 钢热锻模具采用910 ℃正火,760 ℃加热,油冷至150 ℃左右淬火,500 ℃×60 min 回火(油冷)的工艺处理,显著改善了钢的强韧性,明显提高了模具使用寿命。

5. 如何控制18CrNiMo7-6齿轮钢正火时冷却速度？

18CrNIMo7-6钢是一种表面硬化钢,主要用于生产重型齿轮,特别是重型卡车和沿海机械传动齿轮,当前也用于新的电力机车传动系统齿轮,具有高强度、高韧性和高淬透性等优点,广泛应用于矿山、运输、机车牵引、起重和风电等工业领域。

近几年,18CrNIMo7-6钢走向国产化。18CrNIMo7-6钢连续冷却后极易得到贝氏体(B)组织,由于贝氏体的硬度很高,不利于切削加工和渗碳、淬火处理。因而,有使用者要求钢材退火后的显微组织为铁素体(F) + 珠光体(P)。国内某钢厂的研究者根据使用者的要求并结合生产实际,对 18CrNIMo7-6 钢的热处理试验后的显微组织进行了研究,为钢材退火后得到铁素体 + 珠光体组织提供了依据,并根据试验结果制定出实际生产过程中要求的热处理曲线,获得铁素体 + 珠光体组织。

试验材料采用国内生产的 18CrNIMo7-6 钢,钢材规格为 ϕ180 mm。为获得 F + P 组织,研究者依照 18CrNIMo7-6 钢连续冷却转变曲线,首先对材料进行正火处理以消除其原始组织缺陷。18CrNIMo7-6 钢 Ac_3 温度约 830 ℃,正火时,钢中 Ni 主要溶于奥氏体中,它将抑制先共析相-铁素体的析出,从而加大珠光体量并使之细化。钢中 C、Mn、Cr、Mo 除固溶外,还有形成合金碳化物的倾向,并能促进残余奥氏体向贝氏体的转变,特别是 Mo 使正火组织中的珠光体向贝氏体的转化最强烈。因此,钢种这几种元素应按标准下限控制,以阻止残余奥氏体向贝氏体转变。

试验材料的化学成分见表 3-61,样品取自 ϕ180 mm 圆钢低倍片,切成楔形样品,样品半径 50 mm,角度 45°。在实验室进行热处理模拟试验,采用高温箱式电加热炉,热处理炉主要参数见表 3-62。

在连续冷却曲线中,贝氏体开始转变温度在 600 ℃ 左右,连续冷却时,珠光体转变鼻尖温度约为 660 ℃,由先共析铁素体转变到发生珠光体转变需要约 3 h 孕育期。现场生产过程中曾经按理论计算和分析的结果去指导生产,但结果得到的组织为含贝氏体或非平衡组织,说明理论和实际生产存在一定偏差。因此,研究者制定 8 组热处理制度,试验后以对比分析(见表 3-63),热处理后显微组织如图 3-80 所示。

表 3-61 试验 18CrNIMo7-6 齿轮钢的化学成分(质量分数 wt/%)

C	Mn	Si	S	P	Ni	Cr	Mo	Al	Cu	N
0.165	0.59	0.24	0.006	0.008	1.56	1.71	0.28	0.034	0.15	0.012 9

表 3-62　实验室箱式热处理炉主要参数

型号	额定功率(kW)	额定电压(V)	额定温度(℃)	热电偶类型	炉温均匀性(℃)	炉腔有效加热尺寸(mm)
SX-10-13	10	380	1 350	S	±10	400×200×160
SX-12-10	12	380	1 000	K	±10	500×300×200

表 3-63　正火工艺对试验 18CrNiMo7 石齿轮钢组织与 HB 硬度值的影响

样品号	热处理制度	试验结果	HB 值
1	870 ℃ 1 h,炉冷(10 h),≤300 ℃空冷	B	340~350
2	900 ℃ 1 h,炉冷(11 h),≤300 ℃空冷	B	340~350
3	900 ℃ 1 h,30 ℃/h 660 ℃ 4 h,炉冷(6.5 h),≤300 ℃空冷	F+P	190~210
4	900 ℃ 1 h,转炉 660 ℃ 4 h,炉冷(6.5 h),≤300 ℃空冷	F+P+B	300~320
5	870 ℃ 1 h,30 ℃/h 660 ℃ 4 h,炉冷(6.5 h),≤300 ℃空冷	F+P	190~210
6	870 ℃ 1 h,转炉 660 ℃ 4 h,炉冷(6.5 h),≤300 ℃空冷	F+P+B	300~320
7	900 ℃ 1 h,30 ℃/h 640 ℃ 4 h,炉冷(6 h),≤300 ℃空冷	F+P	190~210
8	900 ℃ 1 h,转炉 640 ℃ 4 h,炉冷(6 h),≤300 ℃空冷	F+P+B	300~320

由研究者提供的试验结果(见表 3-63)和显微组织照片(如图 3-79 所示)可以看出,正火 900 ℃和 870 ℃组织与退火 660 ℃和 640 ℃组织均没有明显差别,这也可能是样品太小的缘故。显微组织取决于正火后的冷却速度。30 ℃/h 炉冷能得到 F+P 组织;转炉冷却速度约在 50 ℃/h,混有部分贝氏体组织;正火后断电炉冷冷却速度约 70 ℃/h,得到条带状明显的贝氏体组织。这是因为先共析铁素体转变到发生珠光体转变孕育期不够。综合以上分析,正火后慢冷却速度(30 ℃/h)能得到典型的 F+P 组织。

由表 3-63 可知,样品 3、5、7 硬度值最低,在 HB190~210,组织为典型的 F+P 组织;样品 1、2 硬度值最高,在 HB340~350,组织为条带状贝氏体组织;而组织为 F+P+B 的样品 4、6、8 硬度

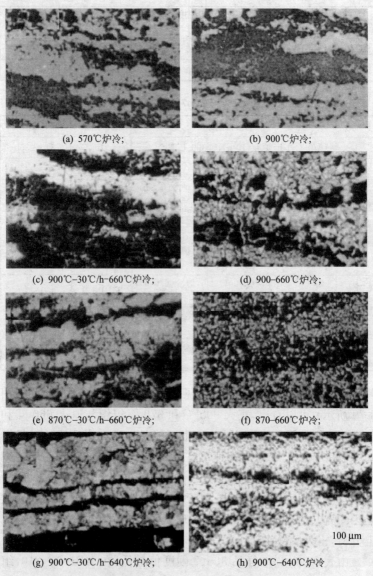

图 3-79 正火工艺对 18CrNiMo7-6 齿轮钢组织形貌的影响

在HB300～320。

根据试验结果,研究者制定出现场实际热处理曲线,如图3-80所示,按此曲线对φ108 mm规格精锻材进行热处理试验,钢材定尺寸长度5.0 m,共30支钢材,总重量约30 t,每支钢材之间用垫铁隔开,正火后及等温退火后采用毛30 ℃/h炉冷方式进行冷却,热处理后钢材的显微组织为铁素体＋片层状珠光体组织,如图3-81所示。

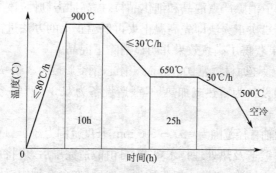

图3-80　工业生产30 tφ180 mm 18CrNIMo7-6齿轮钢的热处理曲线

图3-81　φ180 mm18CrNIMo7-6齿轮钢正火后的组织形貌

可见,18CrNIMo7-6钢显微组织状态取决于正火后冷却速度,正火后慢冷却速度(30 ℃/h)能得到F＋P组织。正火后转炉冷却混有部分贝氏体组织;正火后断电炉冷得到条带状明显的贝氏体组织。实际生产中按照试验结果得到的热处理曲线组织生产,可以得到具有良好显微组织结构的 18CrNIMo7-6 钢。

6. 如何利用二次正火消除 20CrMnMo 混晶并使晶粒细化?

齿轮轴锻坯件自由锻后需进行细化晶粒的正火处理,目的是使晶粒度及力学性能符合制造规范的要求。起初,某大型制造厂对于该锻件的加工工艺为一次正火法。结果处理后,发现锻件出现明显的混晶,最大晶粒度达不到制造规范的要求,经常造成锻坯报废。为了消除严重混晶和细化晶粒,提高冲击韧性,该厂技术人员采用了二次正火法即先高温正火再低温正火的办法进行晶粒的细化,结果获得了满意效果并明显消除了混晶。

该厂锻坯原材料为 20CrMnMo 钢锭,钢锭质量为 300~2 000 kg。锻造加热设备为蓄热式加热炉,锻造设备为双 3 t 蒸气-空气自由锻锤。

齿轮轴直径范围为 ϕ200~500 mm,长度范围为 800~1 000 mm。锻件的原锻造及热处理技术要求:自由锻造完毕后,应将锻坯立即转入沙坑中坑冷,以防止氢脆致裂。然后,在台车炉内对锻件进行一次正火热处理,正火温度为 920 ℃。接着进行一次高温回火处理,以消除鼓风冷却的内应力。热处理后,要求本体套样的晶粒度≥5 级,冲击吸收功 A_K≥28 J。

实际检测结果表明,齿轮轴锻坯的晶粒度和力学性能均达不到船舶制造规范的要求。如图 3-82 所示为齿轮轴的显微组织,可以看出锻坯晶粒极为粗大且存在严重混晶现象,依据 GB/T 6394—2002《金属平均晶粒度测定方法》标准评定,实测最大晶粒的晶粒度为 2 级,最小晶粒的晶粒度为 7 级,晶粒度的跨级度为 5 级,而常规晶粒度的跨级度一般不超过 3 级,表明锻坯存在严重过热及严重混晶现象。随后的冲击吸收功测量结果仅为 8 J,而制造规范要求冲击吸收功≥28 J。冲击吸收功过低也表明齿轮轴晶粒粗大和出现过热情况。

分析其粗晶及混晶产生的原因,一是可能是由于合金元素含量较高;二是构件的截面尺寸大,加上锻造时锻打不充分,铸态树

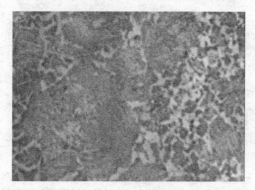

图 3-82　20CrMnMo 钢齿轮轴中的混晶组织×100

枝状结晶偏析不能被充分去除,导致组织粗细不均。图 3-83 中,铁素体呈网络状分布,说明组织中仍保留明显铸态树枝状结晶形态,证明了锻造比和锻造次数即反复镦粗拔长次数不够。

根据文献有关文献,二次正火可有效地细化晶粒和消除混晶,第一次正火温度应为 $Ac_3+(100\sim200)$℃,第二次正火温度应为 $Ac_3+(25\sim50)$℃。第一次正火采用较高奥氏体化温度的目的是割断原始组织中晶粒和新生晶粒之间的联系,重新结晶并使奥氏体均匀化,但是这时所得奥氏体晶粒仍较粗大。在第二次正火时,正火温度较第一次正火温度低并延长保温时间及采取适当的冷却速度,目的是获得较细的晶粒。

根据 20CrMnMo 钢的 Ac_3 点和生产实际状况,研究者选择第一次正火温度为 980~1 000 ℃,第二次正火温度为 860~880 ℃。

根据研究者对正火后的样本进行金相检测,显微组织如图 3-83 所示。依据 GB/T 6394—2005"金属平均晶粒度测定方法"标准评定,晶粒度达到 7.5~8 级,晶粒已经明显细化,视场中晶粒跨级度小于 3 级,晶粒度和混晶级别符合制造规范要求。冲击吸收功平均测量值为 48J,符合该厂重要构件的制造规范要求。

根据新工艺的实际运用情况,研究者在第一次试验取得满意效果后,对之后的齿轮轴按新工艺处理,每处理一批产品都套样,

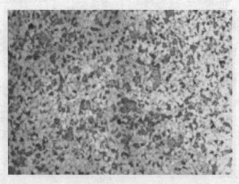

图 3-83 经二次正火后 20CrMnMo 钢齿轮轴锻坯的显微组织×100

并对套样进行晶粒度分析。通过 25 炉次的数据统计,晶粒度均在 5 级以上,平均达到 6.5～8.0 级。冲击吸收功均符合制造规范要求,平均值为 40 J。齿轮轴的合格率由原来的 60% 提高到 100%。挽救了大批不合格产品。以前,有多批 20CrMnMo 钢齿轮轴产品不合格,最大晶粒的晶粒度在 2～3 级,应用二次正火法对这些已被判报废的齿轮轴进行处理,结果晶粒度在 7 级左右,全部合格,重新利用后挽回经济损失 300 多万元。扩大了产品应用范围。新工艺除了在齿轮轴产品的成功应用外,在其他产品如输入主动齿轮、离合器齿轮和摩擦片、摩擦座等产品也获得了成功应用。因为这些产品在以前也面临粗晶和混晶以及冲击韧性偏低的问题。像输入主动齿轮、离合器齿轮和摩擦片、摩擦座等产品在以前有大量报废,通过新工艺对它们重新处理,均达到满意效果,挽回经济损失达 60 万元。例如,仅 2008 年该厂就有 20 多个品种的齿轮和磨擦片产品,重量高达 50 多吨,经过该厂技术人员二次正火法重新处理,产品均通过 LR(英劳氏)船检,挽救构件数量可观,经济效益也非常显著。

7. 等温正火前期如何选择快冷用冷却介质?

锻坯经过等温正火后,不仅改善了材料的组织和性能,还减小了齿轮在渗碳淬火后的淬火变形。良好的应用效果使等温正火得到越来越广泛的应用,但是现用等温正火生产线存在的不足之处也时有所闻。根据有关资料,在分析所有不足之处后,有研究者发现,从等温正火前期快冷介质的选择入手,可以解决这些问题。

(1)存在的不足及其产生原因

根据市场调研和相关资料,从其用途和使用效果方面反应有以下五类不足之处:①没有等温正火生产线就不能进行工件的等温正火;②形状尺寸出格的工件无法进行等温正火;③淬透性较差和厚度较大的工件,难以达到要求的正火组织和硬度;④为保证风冷效果,锻坯必须装得很稀疏;⑤等温正火后一些工件的硬度和组织差异仍然较大。

根据有关资料,相关专家认为高速风冷的缺点是所有这些问题的产生原因。与水、油等冷却介质相比,风冷的弱点是:①风冷总有迎风面和背风面。迎风面冷却快,背风面冷却慢。风速越大,二者的差异也越大。②离出风口远近不同,获得的冷却速度差异很大。为避免风压衰减过快,风冷室大多很小。③在不大的风冷室中,为保持风路畅通,工件必须装得尽量少。④风冷本身的冷却速度就不够快。

但是,高速风冷只是可供选择的冷却介质之中的一种。有关研究者从钢材转变特点和锻坯的有效厚度对等温正火前期快冷的要求出发,分析介绍了冷却介质的选择原则,并建立一种简便的选择方法,供技术人员解决前述五类问题时参考。

(2)钢种特点对前期冷却的要求

等温正火的工艺过程如图3-84所示。到达等温温度之前的快冷阶段,就是文中所述的前期快冷。图3-84中的等温转变包括开始的先共析铁素体析出和随后的珠光体转变。由于多数渗碳钢的先共析铁素体转变非常迅速,实际生产中不可能在钢材发生先共析铁素体转变之前把工件冷却到要求的等温温度。因此,等温正火的前期快冷只能要求在钢材发生珠光体转变之前把锻坯冷却到等温温度。图3-85是20CrMnTi钢的等温转变曲线图。从图3-85中可以找出在600 ℃附近等温时,该钢材珠光体转变的开始与结束时间。为让技术人员了解钢种特点对前期冷却的要求,研究者选择了几种常用渗碳钢,并把它们的这些数据汇集起来,见表 3-64。从表 3-64 可以看出,钢种不同,珠光体转变的时间也不同。

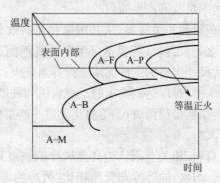

图 3-84 等温正火过程的示意图

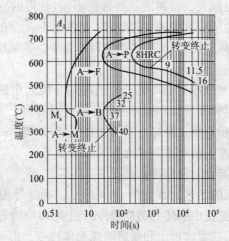

图 3-85 20CrMnTi 钢的等温转变曲线

表 3-64 几种常用钢的珠光体转变开始时间和结束时间

钢种	等温温度(℃)	珠光体转变开始时间(s)	珠光体转变完成时间(min)
20CrMnTi	600	35	7.5

续上表

钢种	等温温度(℃)	珠光体转变 开始时间(s)	珠光体转变 完成时间(min)
20CrMo	600	300	12
20CrNi3	600	110	17

(3) 常用冷却介质的冷却速度对比

常用冷却介质和方式有：静止空气冷却、普通风冷、高速风冷、油冷、水冷，以及新近推出的在匀速冷却液中冷却。多数齿轮锻坯属于中小型工件，水冷太快，可不予考虑。对淬透性较差钢种制造的中等厚度工件，有时需要冷却速度接近油的冷却介质。因为600 ℃左右的工件出油后向等温炉的转移过程必然引起烟火，用油都出于不得以。

匀速冷却液属于水性溶液，它具有水性介质不燃烧和没有烟火的特点。从高温冷却到三四百度的过程中，在冷却过程曲线图上，匀速冷却液的冷却曲线接近一条直线。这说明，在这一温度范围，它的冷却速度变化很小。匀速冷却液的命名，就出自它的这一特点。

与快速风冷相比，匀速冷却液有以下优点：冷却速度变化很小；工件上不同部位都能接触介质，冷却效果均匀；不燃烧，无烟火；具有比油更好的流动性；冷却速度适中，可用于中小工件；不需要专门的设备，只要有装介质的槽子和等温炉，就可以完成不同形状大小工件的快冷处理。其的缺点是冷却速度不如油快，不适于大型工件。

用符合国际标准的冷却特性测试仪检测这几种冷却介质的冷却特性，并把它们的过程曲线画在同一张图上（如图 3-86 所示）。可以看出，不同冷却介质的冷却速度快慢相差很大。

说明：普通风冷是用普通电扇吹风，高速风冷是用空压机产生的压缩空气吹冷，探棒离风口约 20 cm。

(4) 圆棒直径对冷却快慢的影响

常用渗碳钢多属低合金结构钢，一般认为低合金结构钢的导

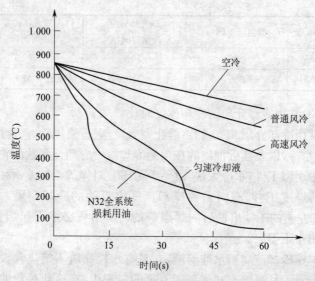

图 3-86 常用冷却介质的冷却曲线

热特性差别不大。因此,可以利用热处理书上提供的不同直径棒料在普通矿物油中的冷却曲线,来确定棒料在油中冷却时,表面和中心冷却到不同温度的时间。在图 3-87 的冷却曲线中,横坐标为对数坐标,表示冷却时间,单位为 s;纵坐标表示温度。几个纵坐标表示棒料经历的不同加热温度。图 3-87 中用了实线和虚线两种曲线,分别表示棒料的中心和表面的温度变化情况。曲线上的数据,表示棒料的直径(mm)。将参考图 3-87 中的数据,并把它们用到等温正火前期快冷介质的选择中。

(5) 棒料直径与冷却到 600 ℃ 所需时间的关系曲线

多数齿坯的等温温度在 600 ℃ 附近,因此取 600 ℃ 为等温温度的代表。由图 3-87 可看出,棒料表面和心部冷却到 600 ℃ 所需时间差别很大。为了简化问题,我们假定:油中表面冷却到 600 ℃ 的棒料,在快速转移到等温炉的过程中内外温度能基本趋于一致,且大约为 600 ℃。选定 900 ℃ 的温度作为有代表性的正火加热温度。按照这些约定,从图 3-87 中读取不同直径棒料表面冷却到

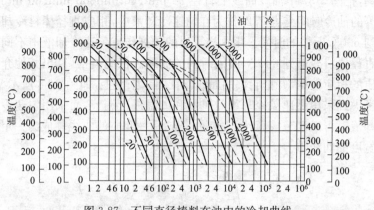

图 3-87 不同直径棒料在油中的冷却曲线

500 ℃所需时间的数据,作成棒料油冷到 600 ℃所需时间和直径的关系曲线(如图 3-88 所示)。然后,在图 3-86 中比较不同冷却介质冷却到 500 ℃所需的时间长短。办法是,先过纵坐标上 500 ℃刻度作一水平线。该水平线与各冷却介质的冷却曲线的交点对应的冷却时间,可作为各介质使棒料冷却到 600 ℃所需的时间。把这几个时间列成表,并以油冷时间为Ⅰ,求出了其他介质中冷却到 600 ℃所需时间相对于油冷的倍数值,并制成见表 3-65。

表 3-65 不同介质中冷却到 600 ℃所需时间对比

冷却介质	冷却速度比值	冷却时间比值
普通油	1	1
静止空冷	0.09	11
快速风冷	0.13	7.7
高速风冷	0.22	4.5
匀速冷却液	0.46	2.2

再按表 3-65 所列冷却时间长短的比例关系,算出其他介质中冷却到 600 ℃所需的冷却时间。具体的做法是,以匀速冷却液为

例,把图 3-87 中油冷曲线上直径 20 mm、40 mm、60 mm、80 mm 等的油冷时间乘上 2.2,作为在匀速冷却液中,相应直径棒料冷却到 600℃所需的时间。用这样算出的数据作成匀速冷却液中不同直径棒料冷却到 600 ℃所需时间的曲线。依此类推,算出其他介质的相应数据,并把它们的曲线作在同一张图上,如图 3-88 所示。考虑到采用高速风冷时可对风量和风温进行调节,而采用匀速冷却液时可以调节液温,图 3-88 中把这两种介质的曲线画成为一定宽度的曲线带。

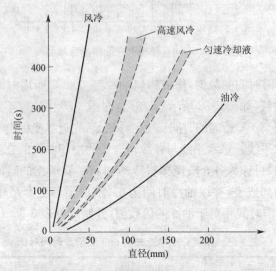

图 3-88　冷却到 600 ℃所需时间与棒料直径的关系曲线

在图 3-88 的曲线中,纵坐标反应的是正火加热后的过冷奥氏体的珠光体转变特性,横坐标反应的是工件的形状大小的影响。当形状确定下来之后,比如在图 3-88 中只针对棒料时,横坐标就只表示工件大小的影响。其他形状的工件,用同样的思路,也可以作出相应的类似图线来。图线内的曲线或者曲线带,则表示不同冷却介质(及其用法)的特性。

(6)等温正火前期快冷用冷却介质的选择方法

考虑钢种特点对前期冷却要求及冷却快慢对材料的影响,根据齿轮锻坯的钢种、棒料直径和和研究者提供的曲线(图 3-88),就可以为等温正火前期快冷选择淬火介质了。下面结合例子讲述选择方法。

例 1,为 $\phi 30$ mm 的 20CrMnTi 棒料选择介质。

首先,从表 3-64 中找到 600 ℃等温时 20CrMnTi 开始珠光体转变的时间为 35 s,接着在一张相当于图 3-88 的曲线中,从纵坐标 35 s 处作一条水平线,从横坐标直径 30 mm 处向上作一条垂线。这两条直线的交点 A,正好落在匀速冷却液曲线带中,如图 3-88 所示。普通风冷和高速风冷的相应曲线都在 A 点的左边,这说明它们的冷却速度都过慢,不适合用做该齿轮锻坯等温正火前期快冷的冷却介质;而匀速冷却液则正好可以选用。

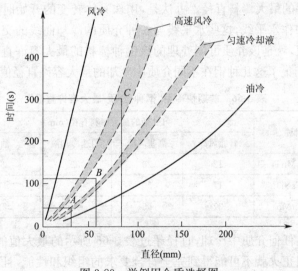

图 3-89 举例用介质选择图

例 2,为 $\phi 60$ mm 的 20CrNi3 棒料选择介质。

从表 3-64 查出 20CrNi3 钢材开始珠光体转变的时间为 110 s,先在图 3-89 上时间为 110 s 处做成相应的水平线,再从图 3-89 横坐标的 $\phi 60$ mm 处作成相应的垂线,两线相交于 B 点。B 点在高速风冷曲线带的右边,说明用高速风冷的办法,满足不了该类锻坯等温正火前期快冷的要求。匀速冷却液的曲线带在 B 点的右边,这说明应当选择匀速冷却液。

例 3,为 ϕ80 mm20CrMo 棒料选择介质。

从表 3-64 找出 20CrMo 开始珠光体转变的时间为 300 s(5 min),并在图 3-89 中作一条水平线。再从 ϕ80 mm 作一条垂线,两线相交于 C 点。C 点正好在高速风冷的曲线带内,说明高速风冷可以在钢材发生珠光体转变之前把该锻坯冷却到 600 ℃左右的温度。当然,匀速冷却液的曲线也在 C 点的右边,同样适于该锻坯等温正火前期快冷之用。

例 4,为不同钢种确定最大棒料直径。

从表 3-64 所举的 4 种钢开始珠光体的时间,可以确定各介质能处理的最大棒料直径。办法是,用珠光体转变的开始时间在图 3-89 中作水平线,这些水平线与各种介质的冷却曲线的交点所对应的值,就是该介质可能处理的该钢种棒料的最大容许直径。表 3-66 汇集了这几种钢在不同介质中冷却的最大容许直径值。

表 3-66 前期快冷用"钢种-介质-最大容许直径"

钢种	可处理的最大棒料直径(mm)			
	普通风冷	高速风冷	匀速冷却液	油冷
20CrMnTi	12	20	32	60
20CrNi3	17	50	65	110
20CrMo	37	95	140	218

在任何介质中冷却,直径超过表 3-66 所示的最大值的工件,其等温正火就不可能得到完全符合要求的组织和性能,且组织和性能的差异也必然增大。

(7)选择介质时的几点注意事项

1)研究者提供的只是粗略估算法。建立粗略估算法主要依据的是钢的等温转变曲线、油等介质的冷却曲线和棒料冷却曲线。而这些曲线或特性本身又受多种因素影响。即便钢种、介质和棒料尺寸都相同,所获得的这三项特性也不可能完全一致。同时,在建立粗略估算法的过程中还采用了一些简化问题的假定。因此,使用者在使用时要尽量考虑到实际生产中的一些具体情况加以修正。

2) 多个工件装挂在一起冷却时,锻坯获得的冷却速度通常比估算值要慢。

3) 其他形状的锻坯,使用者可以先将其他形状的锻坯换算成棒料直径,然后再使用此方法选择介质。

8. 正火对 16MnDR 钢板组织及力学性能有什么影响?

16MnDR 钢板系压力容器中使用量最大的低温压力容器钢板。为保证低温容器使用时安全可靠,要求容器用钢板具有均匀稳定的组织性能和良好的低温冲击韧性,控轧控冷工艺生产的 16Mn 系列部分钢板其性能特点是屈服、抗拉强度有较大富裕量,而冲击功值略低于标准要求或富裕量不大,通过随后的正火处理其冲击功可大幅度提高。针对 16MnDR 钢板焊接工艺及焊后热处理工艺对钢板或容器最终性能的影响有过文献报道,而对于出厂前即焊前热处理的研究涉及较少,为优选出适宜的正火工艺参数为实际工业生产提供依据和理论指导,某高校研究者将轧后钢板进行热处理,钢的化学成分见表 3-67,具体热处理工艺参数见表 3-68。

表 3-67 16MnDR 试验钢的化学成分(质量分数 wt/%)

C	Si	Mn	P	S	其余
0.14	0.38	1.43	0.014	0.003	Fe,V,Al

表 3-68 16MnDR 钢板的热处理工艺参数

加热温度(℃)	保温时间(min)	冷却方式
750、780、810、840、880、920、960	40	空冷
780、920	20、60、80	空冷

图 3-90(a)是 16MnDR 钢板热轧后的显微组织,热轧后 16MnDR 钢板为铁素体 + 珠光体,铁素体晶粒尺寸存在一定的差别。如图 3-91(b)～3-91(h)所示为 16MnDR 钢板在不同的正火温度下保温 40 min 对应的显微组织照片。正火温度为 840 ℃ 或低于 840 ℃ 时,组织中含有未转变完的先共析铁素体,在 880 ℃ 或高于 880 ℃ 时,根据室温钢的组织形态变化,研究者推测在高温加热及保温过程中原有热轧状态的组织已经发生了完全奥氏体化。因此,断定其 16MnDR 钢板在 750～840 ℃ 的热处理温度属于亚温正火,而在温度 880～960 ℃ 时的热处理属于正火。

16MnDR 钢亚温正火时其高温组织为奥氏体 + 部分剩余的先共析铁素体。加热温度为 750 ℃ 的室温组织如图 3-90(b)所示,尺寸为 1～2 μm 的珠光体球团占据着块状铁素体晶界的绝大部分,同时经重新奥氏体化空冷至室温形成的铁素体晶粒相当细小。当加热温度升高到 780 ℃,块状铁素体的含量逐渐减少,新生铁素体含量逐渐增加,珠光体球团的尺寸也有所增加,如图 3-90(c)所示。提高加热温度至 840 ℃,新生铁素体含量进一步增加,尺寸与低温加热时相比也有所增加。升高温度至奥氏体单相区时,16MnDR 钢板形成的室温组织为尺寸均匀的多边形铁素体与均匀分布着的珠光体,珠光体球团尺寸随正火温度的提高而增加,如图 3-90(f)～图 3-90(h)所示。

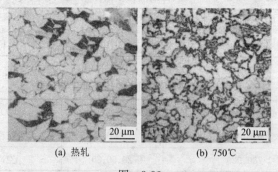

(a) 热轧　　　　　　(b) 750℃

图 3-90

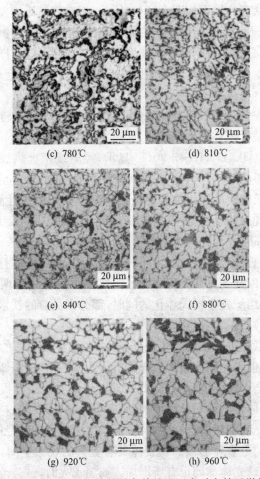

图 3-90 16M nDR 钢热轧后各热处理温度对应的显微组织

一些研究表明,当奥氏体晶粒范围内存在变形及温度甚至化学成分的不均匀性,连续冷却时铁素体形核存在着较大的时间间隔,在有利位置优先形核的铁素体晶粒将在随后冷却过程中发生长大,后形核的晶粒可在较小的临界晶核尺寸上长大且长大时间相对较短,于是室温组织中出现铁素体晶粒尺寸的不均匀性。因此组织不均匀性与转变的不同时性有关。

热轧状态的组织如图 3-90(a)所示，相变前奥氏体发生多次再结晶，形变不均匀性对组织均匀性影响较小，而相变前由于经受多道次变形，必然导致钢板各处温度不均匀，加剧了同一厚度处相变的不同时性。因此热轧后的组织中铁素体尺寸有一定差别，但差别不大。

从图 3-90(b)～3-90(e)可看出，组织中包含有未转变完的块状先共析铁素体和附生铁素体，形态、尺寸的巨大差异导致组织极其不均匀。图 3-90(f)～3-90(h)显示，经离线正火热处理的钢板其组织变得相对均匀，这主要是由于钢板重新进行完全奥氏体化，减弱了奥氏体前的组织结构对最终热处理钢板组织性能的影响；同时正火处理过程中影响其最终组织性能的因素较少，且易于控制。

在加热及保温过程中，由于珠光体组织含碳量高，且碳的扩散距离较短，因此先发生奥氏体化。当加热温度接近于两相区的下限温度时，组织发生奥氏体化的同时，部分大晶粒的铁素体通过吞并细小晶粒而长大。冷却时，奥氏体转变产物主要分三个部分：大晶粒的铁素体进一步朝着奥氏体长大；在相界处形核的铁素体也发生长大，但受到原有粗大的先共析铁素体的限制；未转变完的剩余奥氏体全部转变成珠光体，此时球团也受到限制。提高加热温度后，奥氏体化的体积分数增加，原有粗大的铁素体晶粒也部分被奥氏体化。冷却后，相变产物与较低温度时形成的转变产物一致，唯一不同的是重新形核的铁素体具有更大的长大空间，因此尺寸相对较大，珠光体球团也有所增加。亚温正火时，试验范围内延长保温时间与提高加热温度具有相同的相变特点。同时可知加热温度为 780 ℃，保温时间 40 min 时奥氏体与先共析铁素体还未能达到平衡，此时奥氏体成分分布不均匀且具有一定的梯度。

冷却时，新形核的铁素体的长大方向受成分的影响较为敏感，成分的梯度分布导致了新生的准多边形铁素体的生成。正火时，随着加热温度升高奥氏体晶粒尺寸呈幂指数增加，相变时较少的形核位置导致铁素体晶粒相对较为粗大且所占含量较少。

表3-69为16MnDR钢板在各正火温度保温40 min对应的铁素体晶粒尺寸以及铁素体组织所占的比例。表3-69中显示铁素体尺寸随正火温度的升高而增加，但铁素体体积分数却随温度升高而减少。这是因为升高加热温度，奥氏体晶粒增大且均匀性增高，先共析铁素体形核部位减少，铁素体晶粒增大及因过冷奥氏体稳定性增强，在相同冷却条件下，发生珠光体转变的伪共析程度增大，珠光体数量增多。

表3-69 16MnDR钢各正火温度对应的铁素体晶粒尺寸及所占的比例

正火温度(℃)	880	920	960
铁素体晶粒尺寸(μm)	11.2	12.4	13.7
铁素体体积分数(%)	74.8	72.5	71.5

分析其保温时间对试验钢组织的影响，16MnDR钢亚温正火时，随着保温时间的增加，块状铁素体的数量及尺寸逐渐减少，珠光体球团尺寸随保温时间的延长差别较小。正火时随着保温时间的增加，铁素体晶粒尺寸、珠光体球团和体积分数都有所增加。表3-70列出了研究这在920 ℃正火各保温时间对应的铁素体晶粒尺寸及铁素体体积分数。可见，在完全奥氏体化条件下，通过增加保温时间与提高加热温度均能增大奥氏体晶粒尺寸和提高奥氏体晶粒均匀性，因此延长保温时间与升高加热温度获得的最终组织具有相同的变化趋势。

表3-70 16MnDR钢920 ℃不同保温时间对应的铁素体晶粒尺寸及体积分数

保温时间(min)	20	40	60	80
铁素体尺寸(μm)	10.6	12.4	13.9	14.2
铁素体体积分数(%)	75.3	72.5	69.4	68.7

考察其加热温度对试验钢力学性能的影响，图3-91显示出不同加热温度下16MnDR钢的强度变化。当加热温度处于两相区时，16MnDR钢的屈服强度处于355.5～367.1 MPa。可见，加热温度对屈服强度的影响较小；而16MnDR钢的抗拉强度在531.7～

558.5 MPa 变化,且随加热温度的升高逐渐降低。当加热温度处于单相奥氏体区时,屈服强度和抗拉强度随温度的变化不大,分别处于 371.5～374.6 MPa 和 517.2～526.1 MPa。正火同亚温正火相比,试验钢的屈服强度较高但抗拉强度却较低。这是因为亚温正火时获得的粗大铁素体晶粒及铁素体内较低的碳过饱和度决定了试验钢较低的屈服强度,同时细小的珠光体球团决定了其具有较高的抗拉强度。

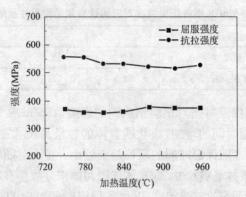

图 3-91　加热温度对 16MnDR 钢强度的影响(保温 40 min)

　　由相关理论知,冲击载荷在各变形阶段和断裂阶段的变化过程,对应着冲击吸收能量的变化,最大载荷值对应的冲击能量消耗。其中,包含了试样缺口根部弹性变形功和塑性变形功,此时裂纹已在缺口根部萌生,因而最大载荷值对应的冲击能量消耗即为裂纹形成功。

　　图 3-92 为研究者 16MnDR 钢热处理加热温度与钢的冲击功和裂纹形成功之间的关系分析。可见,当加热温度低于 780 ℃时,16MnDR 试验钢的裂纹形成功值很低,仅处于 31.8～32.5 J;当加热温度高于 810 ℃时,裂纹形成功处在 48.2～60.3 J。但从冲击功总的变化趋势来看,冲击功先随加热温度的升高而增加,当处于单相奥氏体区时反而逐渐降低。从试验的几个温度点来看,正火后 16MnDR 钢板的冲击功要明显高于亚温正火后获得的冲击功。

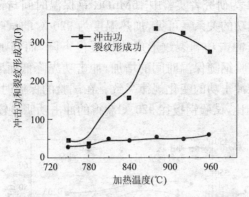

图 3-92 加热温度对 16MnDR 钢冲击功及
裂纹形成功的影响(保温 40 min)

研究者实验中保温时间对试验钢力学性能的影响如图 3-93 所示。可见,当加热温度为 920 ℃时,16MnDR 钢的屈服强度和抗拉强度均变化不大;当加热温度为 780 ℃,屈服强度变化较小,抗拉强度则随保温时间的延长而提高。保温时间在 20~80 min 变化时,随着时间的延长,加热温度为 920 ℃的试验钢其屈服强度始终高于 780 ℃处理的试验钢,而抗拉强度正好相反,16MnDR 钢的热处理保温时间与强度的关系如图 3-93 所示。

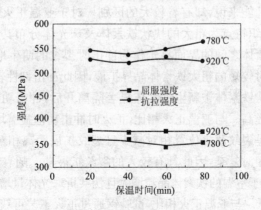

图 3-93 16MnDR 钢保温时间对强度的影响

图 3-94 为研究者实验中 16MnDR 钢保温时间与钢的冲击功和裂纹形成功的关系。可见,加热温度为 920 ℃的试验钢随保温时间的延长冲击功和裂纹形成功均缓慢下降,而当加热温度为 780 ℃时试验钢随保温时间的增加,冲击功先降低而后增加。裂纹形成功与冲击功的变化规律一致。在试验的保温时间范围内,与 780 ℃相比,试验钢板在 920 ℃获得的冲击功明显较高。

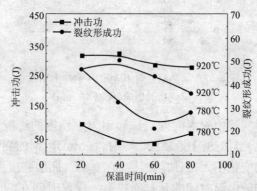

图 3-94　16MnDR 钢保温时间对冲击功及裂纹形成功的影响

通过研究者实验与理论分析,观察其材料的力学性能变化规律,试验钢加热温度和保温时间对强度性能指标影响并不显著,而对于冲击性能来说,却有着较大的区别。对于亚温正火低温区处理时,其组织特点为粗大的块状铁素体及珠光体分布其周围。珠光体与铁素体之间的界面易于作为冲击时裂纹的萌生地点,裂纹沿距离相对较短的粗大铁素体晶界扩展,因此冲击韧性较差。

当块状铁素体被新生铁素体显著隔离开后,冲击功值有了很大程度的提高。与亚温正火相比,正火时冲击功值显著增加,很可能的原因是裂纹萌生位置相对减少且裂纹扩展距离相对较大,扩展路径也相对复杂,因此具有较大的裂纹扩展功。随着加热温度的升高,由于室温的铁素体晶粒增大且伪共析珠光体量增加将导致冲击功降低。与亚温正火相比,试验钢通过正火工艺可获得更高的冲击功。为避免中厚钢板由于中心偏析而导致心部未能完全奥氏体化及确保合适的均匀化时间,厚 12 mm 的钢板适宜的加热温度可选择 920 ℃(加热速率为 1.5~2.0 min/mm),保温时间 40 min。

为试验钢的韧脆转变温度,研究者采用能量法与宏观断口形貌相结合的方法来确定试验钢的正火工艺参数选择加热温度 920 ℃,保温时间 40 min,并与轧制状态进行比较。根据能量法,取上阶能与下阶能的 1/2 所对应的温度,作为韧脆转变温度。从图 3-95 来看,试验钢板正火后上阶能约为 350 J,下阶能约为 10 J,二者平均值所对应的温度在 −64 ℃左右,而轧制状态时钢板的韧脆转变温度为 −56 ℃左右。

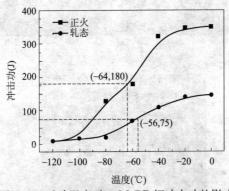

图 3-95 试验温度对 16MnDR 钢冲击功的影响

试验温度 −100 ℃、−60 ℃及 −40 ℃所对应正火状态试验钢的宏观断口形貌如图 3-96 所示,其中图片右侧为开槽区域。由实验钢的断口形貌可以看出,在 −100 ℃时 16MnDR 钢断口呈现完全脆性断裂;在 −60 ℃时,16MnDR 钢的前扩展区为韧性断口,后扩展区为脆性断口,韧性断口约占整个断口面积的一半;而在 −40 ℃时,仅在中心少数区域出现脆性断裂。由此可见研究者采用能量法测定的韧脆转变温度与 50% 韧性断口形貌对应的试验温度基本相符。从图 3-95 中测定的韧脆转变温度可以看出,正火具有较低的韧脆转变温度,且试验温度为 −40 ℃时,两者的冲击功值分别为 323 J 和 110 J。GB 3531—2014《低温压力容器用低合金钢钢板》中要求 16MnDR 钢在 −40 ℃时冲击功不小于 27 J,尽管轧态时也能满足冲击功的要求,但采用加热温度 920℃,保温时间 40min 进行正火的钢板可获得更高的冲击功,且相对较低的韧脆转变温度,钢板使用时更为安全可靠。

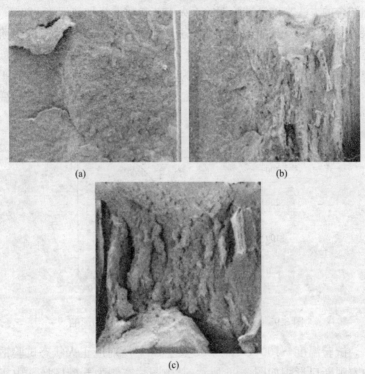

图 3-96 试验温度对应的正火钢宏观断口形貌

综合以上研究与分析可见,16MnDR 试验钢板采用正火工艺与亚温正火工艺相比,可获得良好的组织和优异的力学性能。对于厚 12 mm 的 16MnDR 钢板当加热温度 920℃(加热速率为 1.5～2.0 min/mm 板厚),保温 40 min 时,各项力学性能均满足国家标准要求。

9. 如何利用正火提高中碳微合金非调质钢的力学性能?

非调质钢的强韧化处理是非调质钢应用中的一项重要技术。

通过一定的加工工艺处理,非调质钢的良好性能可得到充分的发挥。根据有关资料,通过选择不同的化学成分和相应的轧制(锻制)工艺,非调质钢可以具有与碳素及合金结构钢调质后一样的强度。虽然其韧性稍差,但在采取某些韧化措施后,也已可以达到相应的韧性水平。

正火是一种简单有效的强韧化处理工艺。正火处理可以使中碳非调质钢的显微组织进一步细化,改变铁素体-珠光体的组织形态,有效地提高钢的冲击韧度,最大限度地改善非调质钢的性能,以扩大使用范围,物尽其用。其中,许多学者研究了(中碳)非调质钢的正火工艺和性能,以能使正火工艺在非调质钢的应用中发挥作用。

对于非调质钢的正火,析出沉淀强化、细晶强化是非调质钢的主要强化机制。非调质钢经控制轧制(锻造)和控制冷却,控制变形量、变形温度、冷却速度等工艺参数,钢中的 V、Nb、Ti 等合金碳氮化合物在冷却过程中析出大量弥散分布的微细合金碳氮化合物,发生沉淀强化,以及先共析铁素体呈细小、弥散析出,分割和细化奥氏体晶粒,从而使钢的强度与硬度增加,基体组织显著强化,具有良好的力学性能。但是,在实际生产中受各种条件的影响,坯料的性能和质量均匀性难以满足零件的技术条件。

强度很好韧性不足是中碳微合金非调质钢的力学性能特点。通常工程构件的服役条件总是要求强度和韧性兼得,或者说,在获得好的强度的同时,不损失其他性能。为调整压力、加工后坯料的强度、硬度和韧性,取得足够的、强韧兼有的力学性能,并且保证坯料质量均匀性,满足零件的技术条件,生产中常对非调质钢的热轧(锻)坯料作正火处理,以进一步细化显微组织,改善性能和质量。也有文献认为,正火也可作为一种对性能的补救措施。

大量的实践和理论研究表明,非调质钢的力学性能受下列显微组织的影响:铁素体和珠光体的比例;铁素体晶粒尺寸和珠光体团的尺寸;珠光体片间距及微合金元素的析出强化的作用。

采用不同的正火工艺,控制加热温度、冷却方式等,可得到相应的显微组织和性能。其中,某机械制造厂的研究者根据所使用的材料38MnVS6、S55S1、48MnV,运用正火工艺处理中碳铁素体-珠光体型非调质钢工件的坯料,得到很好的效果。表3-71～表3-73是热轧(锻)态的性能数据、经正火处理后的力学性能数据以及S55S1钢的化学成分。

表3-71 38MnVS6力学性能

	$R_{e1}(N \cdot mm^{-2})$	$R_m(N \cdot mm^{-2})$	A(%)	Z(%)	$Ku_2(J)$
热轧态 ϕ180 mm	560	880	12.0	15.0	16.0
热轧→正火(900～920 ℃加热,风冷)	585	850	21.5	42.0	53.5
热轧→锻造(1 150 ℃加热,850 ℃锻造,风冷)	610	930	16.0	34.0	44.0
热轧→锻造(同上)→正火(900～920 ℃加热,风冷)	555	810	23.0	50.0	61.0

表3-72 S55S1化学成分(质量分数 wt%)、力学性能

力学性能	$R_{e1}(N \cdot mm^{-2})$	$R_m(N \cdot mm^{-2})$	A(%)	Z(%)	$Ku_2(J)$
热轧态 ϕ70 mm	425	800	20.0	36.0	33.0
热轧→正火(880～900 ℃加热,空冷)	455	795	22.5	45.0	47.5

C	S	Si	Mn	P	Cr	Ni	Cu	Al
0.52	0.042	0.22	0.94	0.011	0.14	0.066	0.20	0.036

表3-73 48MnV力学性能

	$R_{e1}(N \cdot mm^{-2})$	$R_m(N \cdot mm^{-2})$	A(%)	Z(%)	$Ku_2(J)$
热轧态 ϕ160 mm	560	900	9.0	9.5	13.0
热轧→正火(900～920 ℃加热,空冷)	525	795	23.5	53.0	54.0
热轧→锻造(锻造比2:5)	545	880	13.5	24.0	28
热轧→锻造→正火(同上)	495	765	17.5	42.5	46

图 3-97 是 48MnV 热轧态(a)和正火态(b)的金相组织。经正火后的显微组织细化,晶粒度 8 级。图 3-98 是 38MnVS6 热轧态(a)和锻后正火态(b)的金相组织。晶粒度由 4 级细化为 8 级。图 3-99 是 S55S1 的热轧态(a)和正火态(b)的金相组织,正火后的晶粒度为 7~8 度。

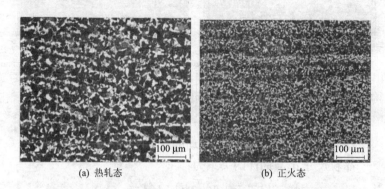

(a) 热轧态　　　　　　　　　(b) 正火态

图 3-97　48MnV 金相组织

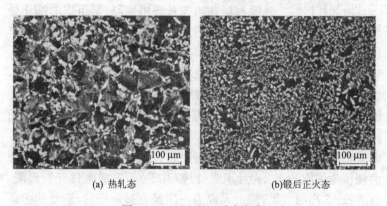

(a) 热轧态　　　　　　　　　(b)锻后正火态

图 3-98　38MnVS6 金相组织

热轧态坯料或锻造坯料经适当温度正火处理,可显著细化晶粒,有效提高钢的韧性,特别是冲击韧度,并对强度有有利的影响。由理论知,影响材料强度和韧性的主要原因是化学成分和组织结

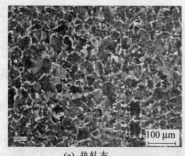 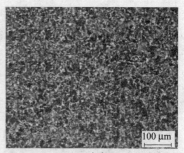

(a) 热轧态　　　　　　　　(b) 正火态

图 3-99　S55S1 金相组织

构。材料晶粒尺寸(d)与屈服强度的关系为：

$$\sigma_y = \sigma_i + K_y d^{-\frac{1}{2}}$$

（σ_y 为晶体内部阻滞位错移动的应力）

晶粒尺寸 d 与韧性的关系为：

$$\beta Tc = \ln B - \ln C - \ln d^{-\frac{1}{2}}$$

（Tc 为脆性转变温度）

由晶粒尺寸与强度和韧性的关系式可见，材料组织的细化处理是同时提高材料强度和韧度的最为有效途径。且晶粒越细，单位体积内晶界多，变形抗力增大，表现为强度增高。

由研究者的实验和分析可见，正火工艺较为简单，操作方便，生产周期短，成本较低，可改善材料的性能，稳定零件质量，是很经济的一种热处理工艺。根据研究者在偏心轴（如图 3-100 所示）、锤轴（如图 3-101 所示）、张紧轮结合件（如图 3-102 所示）及齿轮驱动轴（如图 3-103 所示）上的应用和有关资料，正火的单位能源消耗仅为调质的 1/2。且正火处理（几乎）不造成工件开裂报废。低的投入，高的效果，使正火成为一项经常被应用的、重要的中碳非调质钢强韧化工艺。

从以上研究案例看，不同的正火工艺参数，可得到不同的显微组织和性能。因此，生产中使用者需根据零件的技术条件研究制订适合自己所使用材料的正火工艺。

图 3-100 偏心轴

图 3-101 锤轴

图 3-102 张紧轮结合件

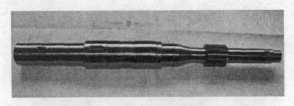

图 3-103 齿轮驱动轴

10. 正火温度对含钛高铬耐热钢显微组织和性能有哪些影响?

铬含量为 9%~12% 的马氏体耐热钢以其高的抗高温蠕变和抗热疲劳性能以及良好的抗高温氧化、耐腐蚀性能成为热电厂中主要设备用材的主选或更新换代材料。为提高该类钢的抗高温蠕变强度,通常采用由铌、钒等组成的细小稳定的 MX 型碳氮化物较密集地析出在基体中进行强化。钛的碳化物 TiC 比铌、钒的碳氮化物更稳定,通过钛的微合金化有望进一步提高该类钢的高温强度。为研究钛在高铬耐热钢中的作用规律,某高校研究者研究了正火温度对含钛高铬耐热钢的显微组织和力学性能的影响。

研究者试验用钢采用真空感应炉熔炼,其化学成分见表 3-74,经锻造后轧制成厚度为 10 mm 板材。从板材上截取试样分别进行 1 000 ℃、1 050 ℃、1 100 ℃、1 150 ℃保温 1 h 正火处理,然后进行 750 ℃×1 h 高温回火。

表 3-74 试验用钢的化学成分(质量分数 wt%)

试验用钢	C	Si	Mn	Cr	Ni	Mo	V	Nb	Co	Ti	N	B
steelA	0.066	0.14	0.47	10.68	0.53	1.63	0.22	0.06	3.0	0	0.007 7	0.007 2
steelB	0.062	0.14	0.53	10.44	0.53	1.62	0.22	0.06	3.0	0.14	0.008 3	0.003 3

图 3-104 是经锻造、轧制、然后进行 1 100 ℃正火和 750 ℃高温回火后的扫描电镜照片,图 3-105 是电解萃取残留物 X 射线衍射谱。从图 3-105 中可以看出,两种钢的显微组织均为板条状回火马氏体基体,$M_{23}C_6$ 型碳化物分布在原奥氏体晶界和板条界

上,并含有少量的 M_3B_2 型硼化物相。此外,含钛钢中还有尺寸约在 2μm 的 TiC 颗粒如图 3-104(b)所示。M3B2 和 TiC 相的能谱分析结果见表 3-75。在透射电镜下,含钛钢经 1 100 ℃正火和 750 ℃高温回火后,在回火马氏体的板条界附近区域分布有大量的尺寸约 10 nm 的 TiC 析出相(如图 3-106 所示)。观察其图 3-104(a)与图 3-104(b)还可见,尽管两种钢的含碳量基本相同,但含钛钢中分布在马氏体板条间的 $M_{23}C_6$ 型碳化物量低于不含钛的钢,这是由于部分碳与钛结合形成了 TiC,用于形成 $M_{23}C_6$ 型碳化物的碳相应地减少了。

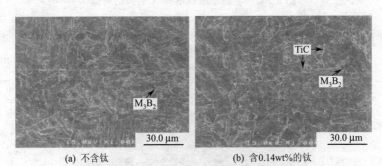

(a) 不含钛　　　　　　　　(b) 含0.14wt%的钛

图 3-104　高铬耐热钢的扫描电镜照片
(1 100 ℃正火 + 750 ℃高温回火)

表 3-75　试验钢中 M_3B_2 和 TiC 相的能谱分析结果

金属元素	V	Cr	Fe	Mo	Ti
M_3B_2 in steel A	3.90	23.15	40.57	32.39	0
M_3B_2 in steel B	2.28	19.60	60.20	16.98	0.94
T C in steel B	—	0.85	1.78	—	97.37

图 3-107 是钢的晶粒大小与正火温度之间的关系曲线。从图 3-107 中可以看出,在 1 000~1 150 ℃范围内,随正火温度的升高,不含钛的钢晶粒明显长大,而含钛钢晶粒大小变化不大,1 150 ℃正火处理时,晶粒尺寸反而有所减小。扫描电镜观察发现,含钛钢中的粗大 TiC 颗粒非常稳定,即使加热到 1 150 ℃甚至更高温度也

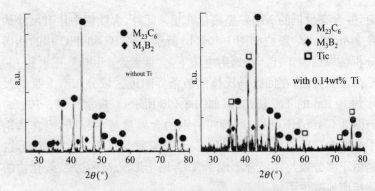

图 3-105 电解萃取残留物 X 射线衍射谱

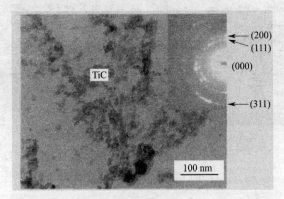

图 3-106 含 0.14wt%的钛钢中的纳米 TiC 颗粒

不溶解,这是含钛钢随正火温度的升高,晶粒大小保持基本不变的原因。此外,含钛钢由于部分碳与钛结合形成 TiC,增加了 δ 铁素体形成倾向,1 150 ℃正火处理后,试样中发现有少量 δ 铁素体,致使 1 150 ℃正火处理后晶粒尺寸减小。δ 铁素体在冷却过程中由于不发生马氏体转变,降低钢的强度。

图 3-108 是经正火和 750 ℃高温回火后钢的硬度随正火温度升高的变化规律。从图 3-108 中可以看出,含钛钢的洛氏硬度值低于不含钛合金,两种合金的洛氏硬度值均在 1 100 ℃正火处理时最高。随着正火温度的升高,原始组织中粗大 $M_{23}C_6$ 型碳化

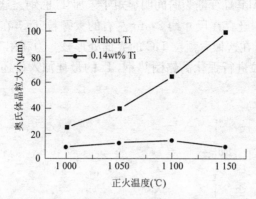

图 3-107　试样的奥氏体晶粒大小与正火温度间的关系

物、MX 型碳氮化物溶入奥氏体,高温回火时以细小形式重新析出,使硬度升高。当正火温度过高时(1 100 ℃),不含钛钢由于晶粒粗化,含钛钢由于 δ 铁素体形成而使硬度降低。尽管含钛钢中有纳米尺寸 TiC 析出,但由于大部分钛形成了微米级粗大 TiC 颗粒,致使钛的加入未能起到应有的强化作用,反而由于消耗了部分碳,减少了 $M_{23}C_6$ 型碳化物的析出。

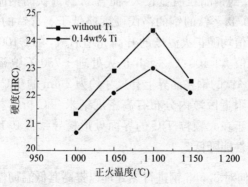

图 3-108　试样的洛氏硬度随正火温度升高的变化曲线

图 3-109 是蠕变断裂时间随应力的降低的变化曲线。可见,尽管含 0.14% Ti 的钢在马氏体板条界区域存在大量的纳米尺寸

TiC 颗粒,但其蠕变断裂时间明显短于未加 Ti 的钢。这是因为含 Ti 钢中同时还存在尺寸约 2 μm 左右的大颗粒 TiC,在蠕变过程中裂纹易于在这种大颗粒 TiC 的界面处形核。为利用 Ti 形成纳米 TiC 颗粒进行强化高铬耐热钢,Ti 的最佳加入量还需进一步优化。

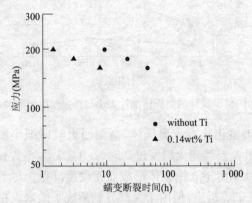

图 3-109 蠕变断裂时间与应力之间的变化曲线

由以上研究可见,在 1 000~1 150 ℃ 范围内,随正火温度的升高,不含钛的钢晶粒明显长大,而含 0.14% 钛的钢晶粒大小基本不变;含 0.14% 钛的钢的洛氏硬度略低于不含钛的钢,两种钢的洛氏硬度值均随正火温度的升高先增后减,在 1 100 ℃ 正火处理时达到峰值。1 100 ℃×1 h 正火处理+750 ℃ 高温回火处理后,含 0.14% 钛的钢在晶界上有尺寸约为 2 μm 的 TiC 颗粒,在马氏体板条界附近区域内分布有高密度纳米 TiC 析出相。蠕变过程中裂纹易于在大颗粒 TiC 的界面处形核导致含 0.14% 钛的钢的高温蠕变性能降低。

11. 如何对 3.5Ni 钢进行热处理以提高其低温韧性?

低温钢一般分为无镍钢和有镍钢,无镍钢一般指细晶粒钢和低温高强度钢,其使用温度在 −60 ℃ 以上;有镍钢是指在钢中加入合金元素镍,使其固溶于铁素体,使基体的低温韧性得到显著的改善,改变体心立方晶格金属材料共有的低温转脆现象,其使用温度可以达到－196 ℃以下。我国自行研制的－70 ℃级的09MnNiDR属镍系低温钢,具有良好的低温韧性和焊接性,在乙烯、化肥、城市煤气、二氧化碳等低温装置中得到了广泛的应用,逐渐替代进口低温钢材。但是,含镍量在3.5%～9%的低温钢在我国目前只是制订了相关产品标准,工业性生产还不成熟,我国至今仍进口设备或进口钢材在国内制造。其中,用量较大的为－100 ℃级的3.5Ni钢,国内有些钢厂也曾组织过研制,但由于冶炼、轧制和热处理技术难度较高,且钢用量又较小,未能取得突破。2005年国内某钢厂又开展了3.5Ni低温钢的研制工作,目前已经进入工业试制生产阶段。根据该钢的试制和使用情况,有关专家开展了热处理工艺对3.5Ni钢低温韧性影响的研究工作。

根据3.5Ni低温钢的相关标准,试验钢在C、Si、Mn、P、S、Ni等基本元素外,添加了微量的合金元素Mo、Ti、Nb、Cu,其化学成分见表3-76。

表3-76　3.5Ni钢化学成分(质量分数 wt%)

C	Si	Mn	P	S	Ni	Mo	Ti	Nb	Cu
0.04	0.25	0.65	≤0.01	≤0.005	3.60	微量	微量	微量	微量

实测3.5Ni钢的A_{c3}温度为787 ℃。因此,研究者制定的热处理工艺为:正火处理830℃和860℃,回火处理600℃和630℃。

在试验钢板热处理完毕后,按照标准GB/T 229—2007 金属夏比缺口冲击试验方法,对其进行了常温、－90 ℃、－110 ℃和－130 ℃低温冲击试验,力学性能试验结果见表3-77。

表3-77　3.5Ni钢力学性能试验结果

编号	热处理工艺	R_{eL} (MPa)	R_m (MPa)	A (%)	冲击功 A_{KV}(J)			
					20 ℃	－90 ℃	－110 ℃	－130 ℃
0	热轧态	480	600	24.3	275	149	13.4*	7.9* / 5*
1	830 ℃正火	440	555	32.0	310.3	293	251.7	149.7 176.5 151

续上表

编号	热处理工艺	R_{eL} (MPa)	R_m (MPa)	A (%)	冲击功 A_{KV}(J)			
					20 ℃	−90 ℃	−110 ℃	−130 ℃
2	860 ℃正火	425	550	31.3	320.8	297	272.9	231.4 209.3 93*
3	830 ℃+600 ℃	450	555	32.5	295.6	243	240.6	78.5* 14.1* 13*
4	830 ℃+630 ℃	445	550	34.0	320.6	295	257.5	184.9 24.5* 65*
5	860 ℃+600 ℃	430	540	35.8	300.1	296	275.9	235.5 193.9 62*
6	860 ℃+630 ℃	430	540	33.0	299.2	297	282.3	157.7 22.9* 133

注：*表示冲击功均值<27 J 或单值<18 J。

试验结果表明：①所有试样的屈服强度、抗拉强度均符合标准要求；②所有试样的延伸率均符合标准要求，但热轧态试样余量不大；③热轧态试样−110 ℃冲击功不符合标准要求，热处理态试样−110 ℃冲击功均符合标准要求，且余量较大；④860℃热处理试样的冲击功较 830 ℃热处理试样的冲击功高。

研究者对试验钢热轧态、热处理态试样进行了金相显微组织观察（如图 3-110 所示），并且采用 Quanta 400 型扫描电镜对其等效晶粒尺寸进行了 EBSD 分析，结果见表 3-78。

表 3-78　3.5Ni 钢金相组织分析

编号	热处理工艺	金相组织	析出相	等效晶粒尺寸 (EBSD, μm)
0	热轧态	B + 少量 P + 少量 F(图1)	主要为含 Ti, Nb 的不规则颗粒或矩形颗粒，尺寸为 100～270 nm，数量少	7.92
1	830 ℃正火	B + F + 少量 P	主要为含 Ti, Nb 的球形相(15～50 nm)和少量不规则颗粒相(50～190 nm)，数量较多，均匀分布	5.01
2	860 ℃正火	B + F + 少量 P (图2)	与 1 号相比，增加了 5～10 nm 的球形析出相。析出相数量较 1 号增多，分布均匀	5.27

续上表

编号	热处理工艺	金相组织	析出相	等效晶粒尺寸 (EBSD, μm)
3	830 ℃＋600 ℃	B＋F＋少量P	与2号试样相比,细小球形相(5～20 nm)明显增多,数量多,分布均匀	5.13
4	830 ℃＋630 ℃	B＋F＋少量P	与3号试验相近	5.09
5	860 ℃＋600 ℃	F＋B＋少量P (图3)	与3号试验相近	5.24
6	860 ℃＋630 ℃	F＋B＋少量P (图4)	与3号试验相近	5.32

注:F、P、B、M、S分别表示等轴铁素体、珠光体、贝氏体(含针状F、M岛、S岛等)、马氏体和索氏体。

实验结果表明,试验钢热轧态和热处理态的显微组织均为贝氏体及少量铁素体和珠光体混合组织。830 ℃热处理后,细小的等轴铁素体比例有所增加。经正火或正火＋回火处理后,组织得以明显细化,等效晶粒尺寸变小,但正火温度太高(超过860 ℃),晶粒尺寸反而变大。回火温度对晶粒尺寸的影响不大。此外,经热处理后,析出相数量增加,尺寸变小,分布更均匀。

据有关资料介绍,日本产 SLT3N28 成品钢板(相当于 3.5Ni 钢－101℃时 A_{kv} 为 228J),在实验室经热成型加热循环后,其强度及塑性仍在标准要求的范围内,但其低温冲击功的变化出现较大的差异,热成型后低温冲击功急剧下降,以至于达不到标准要求的最低值。从试验结果中反映出这种钢板正火＋回火的供货态热处理规范使钢板的低温韧性得到了最佳体现,其实质因素是供货态的热处理已经将钢板的微观组织结构(主要是晶粒度及其亚结构)调整到了近乎最佳的状态,其他任何破坏该状态的热过程必然会造成低温韧性的损失。像热成型这样的加热过程(通常在950～1 000 ℃)会彻底破坏供货态钢板的微观组织结构,尤其是晶粒严重长大,导致低温冲击功的恶化。热成型后的正火热处理对低温韧性虽然有所改善,但改善的幅度不大,远远达不到理想要求。适当的正火＋回火热处理可大幅度改善低温韧性,使其低

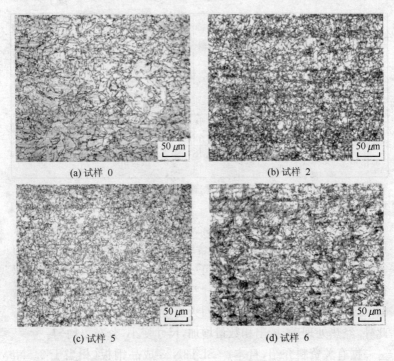

图 3-110 试样的组织

温韧性表现最佳。3.5Ni 钢板经热轧后,采用正火 + 回火热处理来提高低温韧性是十分必要而又非常有效的,其有效的正火 + 回火规范比较宽。在实际应用中,应根据钢板的碳含量对参数作适当调整,以获取最佳效果。

试验钢经 830 ℃热处理(包括正火、正火 + 回火处理)后,试样的晶粒尺寸比热轧态试样的晶粒明显细小($7.92\ \mu m$, $5.01 \sim 5.13\ \mu m$),但 860 ℃热处理(包括正火、正火 + 回火处理)试样的晶粒比 830 ℃热处理试样的晶粒略微长大($5.01 \sim 5.13\ \mu m$, $5.24 \sim 5.32\ \mu m$)。正火处理后试样中等轴铁素体比例增加,正火温度越高,等轴铁素体含量增加越多,回火温度对组织类型无明显影响。热处理后试样中的第二相质点析出数量增加,正火温度越高,析出相尺寸越小,回火处理后,析出相尺寸有更细小、弥散的趋势。

试验钢所有热处理试样的力学性能均符合规范要求,其中正火态试样和 830 ℃正火 + 630 ℃回火、860 ℃正火 + 600 ℃回火试样的低温韧性还能满足－130 ℃的要求。

由研究结果看,3.5Ni 试验钢热轧状态的显微组织不均匀,晶粒粗大,析出相基本上为 100 nm 以上的大尺寸颗粒,且数量较少。这种显微组织不利于该钢所要求的低温韧性。适当的热处理对提高 3.5Ni 钢板的低温韧性十分有效,其中 850 ℃正火处理及 850 ℃正火＋600 ℃回火处理均可以得到比较理想的低温韧性。

12. 如何通过正火消除 15MnTi 钢焊缝残余应力?

15MnTi 的综合力学性能好,常用于桥梁、电站设备、起重运输机械等较高载荷的焊接结构件。由于焊接会造成材料内应力增大,焊后容易出现韧性、强度不足的情况。为提高焊缝的强韧性,人们采取各种方法试图消除焊缝残余应力。其中,某高校的研究者通过焊后正火热处理来提高焊接接头的性能,并分析正火温度对焊接接头的组织和性能的影响。其结果表明,在焊后进行适当的热处理可显著改善焊接头的残余应力分布及力学性能。

研究者采用的实验材料为 15MnTi 钢。15MnTi 钢是一种典型的低合金钢,有较高的强度、良好的韧性和低温韧性以及焊接性能。15MnTi 钢在出厂前经退火处理,其化学成分见表 3-79。

表 3-79　15MnTi 钢化学成分(质量分数 wt%)

C	Mn	Si	Ti	Cr	Ni	V	S	P	Al
0.2	1.7	0.2	0.01～0.03	0.3	0.3	0.02～15	0.035	0.035	0.015

实验选用的焊接材料为 JH-J506 低氢钾型药皮超低氢高强度焊条。该焊条具有焊缝成型美观、电弧稳定性好、飞溅小、脱渣容易、熔深适中等优点,尤其适用于全位置焊接。焊接电流为交流或直流反接,焊接时采用短弧操作。主要用于海洋结构、船舶、压力

容器等低合金钢重要焊接结构。其化学成分见表 3-80。

表 3-80　JH-J506 化学成分（质量分数 wt%）

C	Mn	Si	S	P
0.12	0.8~1.4	<0.07	<0.035	<0.04

焊接前将 15MnTi 钢板用无齿锯切割成 120 mm×16 mm×60 mm 的坯料若干组，为方便以后加工成 10 mm×10 mm×55 mm 冲击试验标准试样，在坯料表面中心线加工一道 Y 型坡口，深度为 8 mm，坡口角度 60°，坡口形状及尺寸如图 3-111 所示。

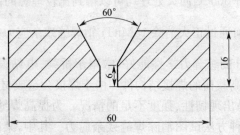

图 3-111　坡口形状及尺寸

焊接时，为减少缺陷的产生，应尽量降低焊接热输入量，焊接速度与焊接电流应控制在平衡值。由于采用多层焊可减小热输入量，减小变形，降低产生缺陷的概率。故采用多层焊技术，具体焊接工艺参数见表 3-81。

表 3-81　焊接工艺参数

焊条牌号	焊条直径(mm)	电弧电压(V)	焊接电流(A)	焊接速度(mm·min^{-1})	电流极性
JH-J506	3.2	22~30	200	120~140	直流反接

焊接后，采用 920 ℃、970 ℃ 和 1 070 ℃ 三个温度对焊接接头进行正火处理，试件的热处理时间均为 1.5 h，处理完后采用空冷处理，分别标记为试样 A、B 和 C。焊后正火前后显微组织如图 3-112 所示。

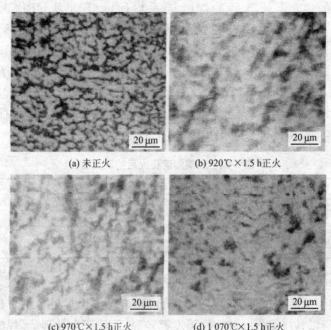

(a) 未正火　　(b) 920℃×1.5 h 正火

(c) 970℃×1.5 h 正火　　(d) 1 070℃×1.5 h 正火

图 3-112　15MnTi 钢焊缝正火前后显微组织

由图 3-112(a)、3-112(b)、3-112(c) 及 3-112(d) 可以看出，正火处理后焊缝组织比未热处理的粗大，这主要是由于焊缝金属中不存在强碳化物，不能阻止奥氏体晶粒的长大所致，且正火温度越高，组织越粗大。正火处理冷却速度较慢，且由于含碳量较低，为亚共析范围，冷却过程中先从过冷奥氏体中析出铁素体，随铁素体含量的增加，过冷奥氏体中的含碳量逐渐增大，当含碳量接近共析点且随过冷度的进一步增大，剩余的奥氏体发生共析转变，形成珠光体，且正火温度越高，冷却速度越慢，先共析铁素体越多，因此，经不同温度正火处理后，焊缝组织均为铁素体 + 珠光体，只不过正火温度越高，铁素体含量越高，而珠光体含量越低。

热处理前焊缝区的硬度见表 3-82。由表 3-82 可看出，热处理前焊缝区的平均硬度为 HRB48.7，经 920 ℃、970 ℃和

1 070 ℃正火处理后的焊缝区平均硬度分别为 HRB39.1、HRB38.3 和 HRB37.1,热处理后的硬度比热处理前降低,且正火温度越高,其硬度值越低。这主要是由于热处理前的组织为贝氏体 + 碳化物 + 残余奥氏体,而热处理后的组织为珠光体 + 铁素体,由于铁素体硬度比较低,所以热处理后的硬度比处理前下降了,且正火温度越高铁素体越多,珠光体越少,因此,硬度随正火温度升高而下降。

表 3-82　不同温度正火后的硬度值

工艺	1	2	3	4	5	平均值
未热处理	49.8	49.0	47	47.5	50.1	48.7
920 ℃正火	39.2	39.8	38.6	37.2	40.6	39.1
970 ℃正火	36.9	37.2	37.7	39.1	40.5	38.3
1 070 ℃正火	35.6	35.9	37.9	37.6	39.3	37.1

正火前后焊缝的力学性能见表 3-83。由表 3-83 可看出,未处理组别的最大拉伸力、屈服点应力、断裂时应力都是各组中最大的,所以其屈服强度和抗拉强度都较高,而经正火处理后,焊缝的应力和强度都随正火温度的升高而降低,主要由于热处理后产生的铁素体的强度较小使材料的强度下降,且正火温度越高,产生的铁素体越多,因此,焊缝金属的强度随正火温度的升高而降低。

表 3-83　不同正火处理后焊缝的力学性能

组别	最大拉伸力 (kN)	屈服点应力 (kN)	断裂时应力 (kN)	屈服强度 (MPa)	抗拉强度 (MPa)
未处理	75.336	69.542	71.074	434.64	444.21
920 ℃	68.501	62.387	65.422	389.92	408.89
970 ℃	65.327	57.939	58.941	362.12	368.38
1 070 ℃	65.846	56.756	57.815	354.73	361.34

热处理前后焊接试样冲击韧度见表 3-84。从表 3-84 可看出,焊接试样的韧性最差,1 070 ℃正火处理后韧性最好。通过焊后热处理可使试样冲击功数值增大,韧性有所提升,且随正火温度的升高冲击韧度呈现逐渐增加的变化。铁素体韧性较高,珠光体韧

性较差,因此,随正火温度的升高,焊缝金属韧性增加,但韧性增加幅度较小,这主要是由于正火温度升高,晶粒较粗大,且冷却速度慢过冷度较小,形成的珠光体的片层间距较大,都导致焊缝金属的韧性变差。

表 3-84 热处理前后焊接试样冲击韧度($J \cdot cm^{-2}$)

试样编号	未热处理组	920 ℃正火	970 ℃正火	1 070 ℃正火
1	73.2	85.6	87.3	92.9
2	73.9	88.3	89.7	90.2
3	73.4	87.6	92.2	90.8
平均值	73.5	87.1	89.4	91.3

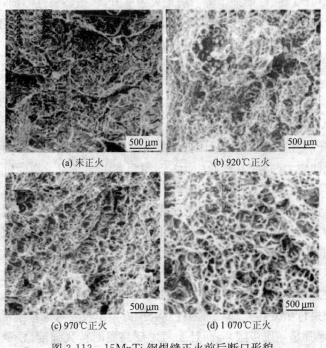

(a) 未正火　　(b) 920℃正火
(c) 970℃正火　　(d) 1 070℃正火

图 3-113　15MnTi 钢焊缝正火前后断口形貌

5MnTi 钢焊缝正火前后断口形貌如图 3-113 所示。从图 3-

113(a)可看出,焊缝断口的撕裂棱与解理台阶均不明显,但形貌主要表现为河流状花样,呈脆性断裂的特征。观察图 3-113(b)、3-113(c)及且 3-113(d),断口微观形貌均以韧窝为主,没有河流状花样。据此分析,经过正火处理后,焊缝金属的韧性得到了较为明显的提升。随正火温度升高,韧窝数量逐渐增加,且韧窝变大变深,这反映了韧性随正火温度升高而增加,韧性的增加主要是由于铁素体的含量增加引起的。

由此可见,15MnTi 焊缝组织为贝氏体 + 碳化物 + 残余奥氏体,经正火处理后的组织均为珠光体 + 铁素体,且正火温度越高,铁素体含量越高,珠光体含量越少。经不同温度焊后正火处理后焊缝金属的硬度减小,且随正火温度升高,硬度减小越多,屈服强度和抗拉强度明显下降。随正火温度升高,虽然韧性增加,但韧性增加幅度较小。考虑焊缝地综合力学性能,15MnTi 钢焊缝的最佳正火温度建议采用 920 ℃为好。

三、合金钢淬火与回火

1. 如何在提高 20Cr1Mo1V1 圆钢强度的同时降低其硬度?

汽轮机,燃气轮机紧固件在应力松弛条件下工作,工作时承受着拉伸应力(间或有弯曲应力)。对材料的要求是:高的抗松弛性、足够的强度、低的缺口敏感性,在高温下工作时还要求一定的持久强度、小的热脆倾向和良好的抗氧化性。国内设计的螺栓寿命为 20 000 h,最小密封应力为 1500 kg/cm^2,当用屈服极限作为依据时,安全系数取 0.5~0.6;用蠕变极限作依据时,安全系数取 0.8;用持久强度作依据时,安全系数取 0.6~0.7。在运行过程中如果发现硬度升高,冲击韧性降低或金相出现严重网状组织,螺栓就应进行恢复热处理。紧固件热处理方案不仅要考虑室温机械性能(尤其是屈服极限),而且要考虑到高温时持久强度、松弛稳定性、持久塑性和持久缺口敏感性。因为螺栓的脆性断裂主要是由于钢在热处理后具有低的持久塑性和大的持久缺口敏感性所造成的,对螺栓钢来说,后者是重要的性能。

为提高螺栓钢强度的同时降低其硬度,某公司研究人员选择了 $\phi32$ mm 的 20Cr1Mo1V1 钢对其进行了淬火热处理,其化学成分见表 3-85,热处理前后 20Cr1Mo1V1 圆钢的机械性能见表 3-86。

表 3-85　20Cr1Mo1V1 圆钢的化学成分(质量分数 wt%)

C	Si	Mn	P	S	Ni	Cr	Mo	V
0.22	0.27	0.30	0.018	0.006		1.29	0.90	0.85
0.18~0.25	≤0.35	≤0.50	≤0.030	≤0.030	≤0.60	1.0~1.30	0.80~1.10	0.70~1.10

表 3-86　20Cr1Mo1V1 圆钢的机械性能

试样号	热处理规范	温度(℃)	σ_s(MPa)	σ_b(MPa)	δ_5(%)	Ψ(%)	d_{kn}(J×cm^{-2})	HB	$\sigma^T \times 10^5$(MPa)
7	1 000 ℃保温 0.5 h 油淬 + 710 ℃ 保温 6 h 空冷	室温	752	860	21	72	234	282	248
			726	859	21	70	260	285	
		570	470	499	14.6	83.3		185	
110	1 030 ℃保温 0.5 h 油淬 + 506 ℃保温 2 h 升至 720 ℃保温 4 h 空冷	室温	481	511	21.2	83			277
			809	910	20	69	188	275	
			812	912	19	68	222	278	
		570	491.67	561.8	17.2	81.0		200	
			491	544	17.1	80.0			
厂标 30.8 4.015	1 000 ℃保温 0.5 h 油淬 + 710 ℃保温 6 h 空冷	室温	≥683	≥834	≥18	≥50	≥98	241~285	

从表 3-86 可看出优选工艺 1 030 ℃保温 0.5 h 油淬 + 560 ℃保温 2 h 升至 720 ℃保温 4h 空冷比采用原生产工艺的机械性能好,而且在提高强度的同时,硬度降低,这正是生产中所需要的,解决了生产中常出现的强度低、硬度高的问题。

另外,还可看出 1 000 ℃保温 0.5 h 油淬 + 710 ℃保温 6 h 空冷后其 σ_b 比标准规定值只高 25 MPa,一旦用于 $\phi100$ 这样的

20Cr1Mo1V1 不合格的可能性极大。而 1 030 ℃保温 0.5 h 油淬 + 560 ℃保温 2 h 升至 720 ℃保温 4 h 空冷后的 σ_b 比标准规定值高 80 MPa，即使用于 ϕ100 这样的 20Cr1Mo1V1,不合格的可能性较小。

从材料的性能考虑,20Cr1Mo1V1 钢淬火温度为 1 030 ℃淬火后的性能优于 1 000 ℃淬火后材料的性能。从化学成分上考虑,这种含 V0.85% 的 Cr-Mo-V 钢,适当提高淬火温度,有利于 V 的碳化物溶解。因此,选定 1 030 ℃淬火是 20Cr1Mo1V1 钢的最佳淬火温度。其强化原理是通过固溶强化、碳化物相沉淀强化来提高其热强性。另外,提高奥氏体化温度也可使钢的松弛稳定性增加。

从金相组织方面分析,1 030 ℃保温 0.5 h 油淬 + 560 ℃保温 2 h 升至 720 ℃保温 4 h 空冷的金相组织比 1 000 ℃保温 0.5 h 油淬 + 710 ℃保温 6 h 空冷的金相组织细小。由图 3-114、3-115 透射电镜薄膜照片可见,970 ℃淬火时 20Cr1Mo1V1 钢中的碳化物没有溶解,整个基体遍布着颗粒较大的未溶碳化物。当温度升高到 1 000 ℃淬火,碳化物有溶解的迹象,但无明显的析出,如图 3-114 所示。当温度升至 1 030 ℃淬火,未溶碳化物基本全部溶解,回火后基体开始出现大量析出,颗粒小而弥散,多数为无规则的小颗粒,如图 3-115 所示。另外,在有限的视场中还可看到重结晶晶粒及亚晶,并且在原奥氏体晶界上有析出。有关资料表明,V1%Cr-Mo-V 钢中碳化钒呈细小均匀弥散分布在铁素体基体上时,钢具有很高的热强性。

用扫描电镜对 1 000 ℃和 1 030 ℃淬火试样的断口进行了观察,其断口微观形貌如图 3-116、图 3-117 所示。图 3-116 为韧窝断口,图 3-117 的断口除了韧窝外还有少量准解理条纹。

X 射线衍射分析表明,970 ℃油淬、1 030 ℃油淬及 1 090 ℃油淬试样分别在同一电解参数工艺中收取的碳化物量呈减少趋势。其衍射峰值强度也呈下降趋势,也就是 VC 线条高度越来越降低,至 1 090 ℃加热淬油试样的 VC 衍射线条已很微弱了。这说明随着淬火加热温度的升高,VC 颗粒逐步溶解到基体当中,到 1 090 ℃加热时,该钢中碳化物 VC 颗粒已大量溶解。经 1 030 ℃

图 3-114 1 000 ℃保温 0.5 h 油淬 + 710 ℃保温 6 h 空冷的 TEM 照片(×80 000)

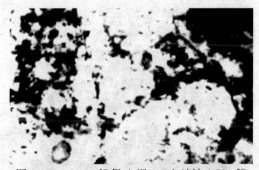

图 3-115 1 030 ℃保 A 温 0.5 h 油淬 + 710 ℃保温 6 h 空冷的 TEM 照片(×50 000)

保温 0.5 h 油液 + 560 ℃保温 2 h 升至 720 ℃保温 4 h 空冷的试样主要碳化物是 VC,其各峰形较完整、峰的强度也明显升高,如图 3-118 所示。再测 1 000 ℃保温 0.5 h 油淬 + 710 ℃保温 6h 空冷的试样所得衍射数据图大致相同,只是有少量 Mo_2C 线条出现,如图 3-119 所示。有研究指出,当钢中出现粗大的 Mo_2C 时,则钢的持久强度降低。

由以上研究可见,20Cr1Mo1V1 这种紧固件采用 1 030 ℃保温 0.5 h 油淬 + 560 ℃保温 2 h 升至 720 ℃保温 4 h 空冷的性能及组织优于目前生产工艺 1 000 ℃保温 0.5 h 油淬 + 710 ℃保温 6 h 空冷的性能及组织。并 20Cr1Mo1V1 这种紧固件在提高强度

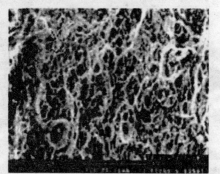

图 3-116 1 000 ℃保温 0.5 h 油淬 + 710 ℃保温 6 h 空冷的 SEM 照片(800)

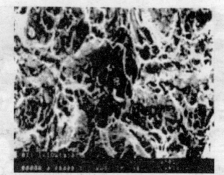

图 3-117 1 030 ℃保温 0.5 h 油淬 + 560 保温 2 h 升至 720 ℃保温 4 h 空冷的 SEM 照片

的同时硬度降低,这正是生产中所需要的,解决了生产中易出现的强度低、硬度高的问题。

2. 如何对 Cr12 进行热处理以提高其硬度和耐磨性?

Cr12 属于莱氏体钢,它是广泛用于模具行业的冷作模具钢。一般情况下,Cr12 钢中的共晶碳化物多,而且不均匀性严重,因此需反复锻造,将共晶碳化物打碎并使其均匀分布。否则不仅热处理时容易变形开裂,而且会降低工件的使用寿命。Cr12 钢具有较高淬透性,截面在 300~400 mm 以下者可以完全淬透,且该钢具有高的硬

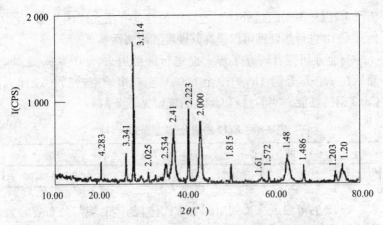

图 3-118　1 030 ℃保温 0.5 h 油淬 + 560 ℃保温 2 h 升至 720 ℃保温 4 h 空冷试样碳化物衍射曲线

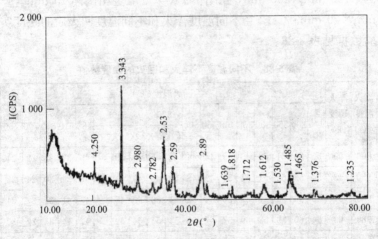

图 3-119　1 000 ℃保温 0.5 h 油淬 + 710 ℃保温 6 h 空冷试样碳化物衍射曲线

度、高的耐磨性,在 300~400 ℃时仍可保持良好硬度和耐磨性,并且热处理变形也小。因此,常用来制造断面较大、形状复杂、经受较大冲击负荷的各种模具和工具。由于该钢中存在大量碳化物,且偏析严重,因此不同的热处理工艺对钢的性能有很大影响。那么,如何对 Cr12 进行热处理可以提高其硬度和耐磨性?

有企业研究者研究了淬火前进行等温退火,860 ℃保温 2h,而后在 740 ℃等温 4h,炉冷至 500 ℃左右出炉空冷后再经淬火 Cr12 钢的性能。实验材料 Cr12 的成份见表 3-87。

表 3-87 Cr12 的成分(质量分数 wt%)

C	Si	Mn	Cr
2.00~2.30	≤0.40	≤0.40	11.50~13.00

Cr12 的等温退火得到组织为索氏体,基体上均匀分布着合金碳化物颗粒,硬度为 HB207~255。

淬火加热用盐浴炉,冷却介质为 32 号机油。试样规格:试棒为 ϕ100 mm×200 mm,在试棒的 R/2 处取金相试样 15 mm×15 mm×20 mm。Cr12 经不同温度淬火和不同温度回火后的硬度实验数据见表 3-88。

表 3-88 不同温度下淬火和回火的硬度数值

淬火温度(℃)	淬火硬度(HRC)	回火温度(℃)																
		100	200	250	300	350	400	450	500	520		550		580	610	650	700	750
										1次	2次	1次	2次					
800	50	51	50	51	50	49	49	44	44	42	45	44	39	—	40	32	28	22	21
850	53	54	53	52	51	51	49	48	48	48	45	41	—	38	34	30	24	23	
950	61	63	59	58	57	57	56	54	52	51	50	50	45	—	43	37	31	27	24
980	63	64	60	59	58	59	57	57	52	54	55	54	50	—	47	44	38	32	30
1 010	63	65	59	59	59	59	53	55	56	56	51	—	48	53	40	32	30		
1 040	64	64	59	58	59	58	58	57	57	56	51	—	49	45	41	33	32		
1 100	54	—	51	51	49	50	50	48	58	61	61	54	—	45	46	42	34	33	
1 130	43	—	41	41	42	41	42	42	44	51	57	54	49	50	—	37	34		
1 200	37	—	35	35	—	35	—	35	38	44	44	59	—	48	48	—	38	33	
1 280	35	—	36	36	37	37	36	38	39	40	41	48	60	55	55	—	—	—	

从研究者的实验(见表 3-88)可以看出,Cr12 淬火后的硬度与淬火温度有很大关系,980～1 040 ℃淬火获得的硬度较高,硬度值大约为 HRC63～64。

Cr12 的回火稳定性较高,980～1 040 ℃淬火,200 ℃ 2 次回火,每次 2 h,硬度为 HRC59～60 之间,250 ℃回火 2 h 时,硬度为 HRC58～59。其他详见表 3-88。

在生产中,对于 Cr12 的热处理工艺,一般有一次硬化法和二次硬化法种。研究表明,一次硬化法淬火温度为 1 010～1 040 ℃较好,回火温度一般为 200 ℃回火两次。二次硬化法淬火温度为 1 100～1 120 ℃较好,回火温度为 520 ℃,回火次数以 2～3 次较好。

为了获得热硬性和高耐磨性,对 Cr12 采用二次硬化处理法时,要注意采取多次回火法。因为 Cr12 钢中含有较多合金元素和碳的残留奥氏体,具有高的回火稳定性,只有经过多次回火才能使大部分残留奥氏体转变为马氏体。在淬火温度提高或回火温度降低的情况下,要增加回火次数。

实验研究表明,对 Cr12 钢淬火温度提高到 1 150 ℃时,在 520 ℃回火 4～5 次作用不显著,这样也不经济,因而不如采用提高回火温度效果好。采用冷处理可以减少回火次数。淬火后把工件冷却到 -80 ℃左右,能使大部分残留奥氏体转变为马氏体。但要注意冷处理后还要对工件进行一次 520 ℃回火,以消除内应力和使冷处理后保留下来的大部分残留奥氏体发生转变。

3. 如何防止 40Cr 钢汽车半轴淬火开裂?

40Cr 钢属于亚共析钢,缓冷至室温后的显微组织为铁素体加珠光体,含有较少的合金元素,属于低淬透性合金调质钢,经适当热处理后具有较高的强度、良好的塑性和韧性,即具有良好的综合力学性能,常用于制造汽车的连杆、螺栓、传动轴及机床主轴等机械零件。

汽车半轴的热处理一般采用调质处理。采用的半轴材料与其工作条件有关,如中型载重汽车目前大多选用40Cr钢制造,多半在机加工后进行调质处理,再经喷丸、矫直后精加工成最终产品,有时还会增加一次表面淬火工艺,以提高汽车半轴的静扭转强度和疲劳寿命。由于钢经淬火后得到的马氏体组织硬而脆,并且在工件内部存在很大的内应力,如果直接进行磨削加工则往往会出现龟裂,一些精密的零件在使用过程中将会引起尺寸变化从而失去精度,甚至开裂。因此,解决汽车半轴的淬火开裂问题是变得十分紧迫。

随着新型淬火液的广泛应用,像40Cr一类的中碳低合金钢较大直径的工件,用常规方法淬冷(机油、柴油冷却)后,仍不能满足设计要求时,可以改用其他淬火液淬火并调整相应的热处理工艺参数,在满足设计要求的前提下,一般能有效解决由于常规油淬时出现硬度不足的问题。

对此,某高校研究者根据40Cr钢汽车半轴的实际淬火工艺,分析其导致淬火开裂的主要原因,并对给定40Cr钢汽车半轴进行金相组织和热处理工艺分析,找出造成半轴开裂时的组织状态和断裂的主要形式;根据分析结果确定出最终的热处理工艺及其主要参数,为40Cr钢汽车半轴的热处理提供重要的依据。

40Cr钢的淬火加热温度一般选择850℃左右。如果淬火温度太高,会使晶粒变大,力学性能变差。淬火保温时间只要保证试样内外温度一致,碳和合金元素有充分扩散的时间,即可达到奥氏体成分均匀化的目的。淬火时,常采用半轴杆部先进行淬火,而使盘部进行空冷,待盘部冷至Ar_3以下后,再全部浸入淬火液中冷却,这样往往因淬火操作不当而产生盘部淬裂和存在软点的质量问题,某单位生产中曾发生过一次淬裂28根半轴的严重质量事故。从宏观上看,主裂纹均在两孔之间呈放射状分布,如图3-120所示。

研究者从裂纹处取样进行金相分析,发现所有的裂纹均沿原奥氏体晶界发展,裂纹两侧的组织与杆部基体组织完全相同,均为回火索氏体和回火托氏体组织,无脱碳、氧化和过热现象产生。汽车半轴断裂的位置均在盘和杆的连接处,断口都是由疲劳源扩展

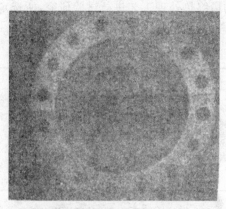

图 3-120　盘部淬火裂纹 200×

形成的光滑区域(疲劳区)和瞬时断裂的粗糙部分组成,断口为棘轮状花样及清洗的海滩花样的故障半轴,其端口附近的组织为网(块)状铁素体和珠光体。

研究者在对淬裂的 40Cr 钢汽车半轴进行化学成分分析、夹杂物分析、晶粒度分析时,并无异常情况出现,均符合要求,原材料合格。

根据 40Cr 钢汽车半轴的具体淬火操作可知,盘上 16 个孔的边缘部分首先与淬火液接触形成马氏体组织,而盘与杆部的过渡区因散热条件较差,冷却较慢,后发生马氏体转变,其体积膨胀产生的应力可能使已淬硬的盘部边缘承受很大的拉应力,再加上应力集中的出现,结果产生辐射状淬火裂纹。

由于半轴的盘和杆连接处因冷却速度缓慢而产生了大量的网(块)状铁素体组织,硬度和疲劳强度降低,在试车时则出现早期的疲劳断裂。由此可见,这是由于淬火冷却时的工艺和操作不当,导致局部淬火不足造成的。

根据 40Cr 钢汽车半轴的服役条件及失效形式分析,研究者所拟定的技术路线如下:下料→锻造→退火(或正火)→粗加工→淬火→回火→精加工→适当的表面处理→成品。研究者针对 40Cr

钢汽车半轴的最终热处理工艺进行试验研究,所选定的热处理工艺方案见表3-89,经过热处理后试样硬度见表3-90。

表3-89 选定的热处理工艺方案

热处理工艺	工艺1	工艺2	工艺3
工艺参数	860 ℃(25 min)油淬＋520 ℃(70 min)油冷回火	860 ℃(25 min)盐水(5%～10%)淬火＋580 ℃(70 min)油冷回火	860 ℃(25 min)油淬＋自行回火＋860 ℃(25 min)盐水(5%～10%)淬火＋580 ℃(70 min)油冷回火

表3-90 热处理后试样的硬度值(HRC)

工艺类别	1	2	3	4	5	6	7	8	9	10	平均
工艺1	29.1	32.9	32.2	30.9	33.3	31.8	34.1	32.0	34.3	33.6	32.4
工艺2	29.3	30.4	30.3	29.1	29.7	30.0	30.5	29.3	30.4	30.0	29.9
工艺3	28.9	31.7	29.5	30.0	30.2	30.0	30.0	30.3	30.4	30.0	30.1

40Cr钢热处理工艺1的显微组织如图3-121所示。该金相组织为晶粒较细、分布均匀的回火索氏体,内应力很小。

图3-121 40Cr钢工艺1的显微组织 500×

回火索氏体的渗碳体颗粒比回火托氏体粗,弥散程度较小。其硬度一般为HBS220～330。回火索氏体组织既具有一定的硬度、强度,也具有良好的塑性和韧性,即有良好的综合力学性能。

40Cr钢热处理工艺2的显微组织也是晶粒较细、分布均匀的回火索氏体组织,如图3-122所示。回火索氏体组织的获得,使材料具有了较高的弹性极限、屈服强度和韧性等优良的力学性能。硬度偏高说明回火温度稍低,对应的组织中是较细的渗碳体分布在铁素体基体上,当回火温度高,则渗碳体长大,硬度降低。回火温度越高,渗碳体质点越大,弥散程度越小,则钢的硬度和强度越低,而韧性却有较大提高。

图3-122　40Cr钢工艺2的显微组织 500×

在亚共析钢中随着碳含量的增加,奥氏体的稳定性增强。而碳含量减少时,奥氏体稳定性也相对减弱,故在冷却过程中,奥氏体将在较高温度下转变,容易析出共析铁素体(碳含量越低,先析出铁素体的可能性越大)。

当工件用盐水淬火时,由于食盐晶体在工件表面的析出和爆裂,不仅有效的破坏了包围在工件表面的蒸汽膜,使冷却速度加快,而且能破坏在淬火加热时所形成的附在工件表面上的氧化铁皮,使它剥落下来。因此用盐水淬火的工件容易得到高的硬度和光洁的表面,不易产生软点。但由于盐水的淬冷能力很强,将使工件变形严重,甚至发生开裂。

40Cr钢热处理工艺3的显微组织如图3-123所示。该金相组织为更加致密,分布更加均匀的回火索氏体。

图 3-123　40Cr 钢工艺 3 的显微组织 500×

回火索氏体组织与一般组织相比,具有较优的性能。如硬度相同时,回火托氏体和回火索氏体比一般屈氏体(油淬)和索氏体(正火)具有更高的强度、塑性和韧性。这主要是组织形态不同所致。

经调质热处理后的回火索氏体组织,不允许有块状铁素体出现,否则会降低硬度和韧性。热处理工艺 3 相对于热处理工艺 1、热处理工艺 2 来说,组织比较致密、均匀。且晶粒度介于前两者之间,即与热处理工艺方案 1 相比硬度较低,但塑性韧性相对有所提高;与热处理工艺方案 2 相比硬度较高,但塑性、韧性有所下降。热处理方案 3 的热处理工艺使 40Cr 钢的综合性能得到提高,在一定程度上减少了淬火裂纹的产生。

由以上研究可见,40Cr 钢汽车半轴热处理中发生的淬裂和早期疲劳断裂,主要是由于热处理工艺不良,盘部入水时间过早或离水面太近、淬火应力过大;淬火时采用油冷却,为了获得较深淬硬层,研究者将法兰盘部分先行油冷(为了防止开裂)后自行回火,然后再进行整体水淬的淬火工艺。调质后硬度控制在 HBS269～321。

具体措施为改变热处理工艺,严格控制 40Cr 钢的淬火温度、冷却方式、回火温度,使热处理后的组织细小均匀,有高的硬度、耐磨性和强韧性等性能。通过试验,40Cr 钢汽车半轴的热处理工艺及其参考参数如下:①油淬:加热到 860 ℃,保温 25 min,出油后自行冷却;②水淬:加热到 860 ℃,保温 25 min,出炉淬入 5%~10%(质量分数)盐水冷却;回火加热到 580 ℃,保温 70 min,出炉空冷。经过热处理后应得到回火索氏体组织。具有较高的强度、硬度、塑性和韧性,即具有良好的综合力学性能。

另外,为提高其 40Cr 的综合力学性能,一些研究者还认为可以增加一些先进的处理方法。如,可以进行表面热处理。如:离子渗氮处理、中频加热淬火等方法,以提高 40Cr 钢的强韧性,从而达到提高 40Cr 钢汽车半轴的使用寿命的目的。

4. 如何减小 GCr15SiMn 钢制零件热处理过程中产生的变形?

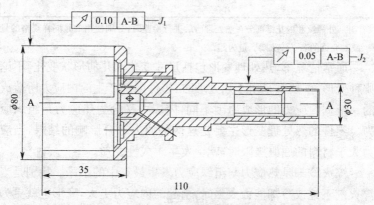

图 3-124 GCr15SiMn 钢制零件简图(单位:mm)

一些重要传动零件(如图 3-124 所示)是采用 GCr15SiMn 钢制造的,其整体硬度要求为 HRC58~62。从结构上看,左端 $\phi 80$ mm 外圆为零件的重要加工基准。这部分呈环形开口结构,由于缺乏内部支撑,在淬火过程中会出现明显的形状和尺寸变化。根据机加工工艺,该部位预留的加工余量仅为 0.10 mm,所以需要对该部位的热处理变形加以严格控制。另外,零件还有外螺纹和内花键等结构,由于该零件在淬火后呈高硬度状态,无法在淬火后对外螺纹和内花键进行补充加工,所以这些结构在淬火前就已加工至最终尺寸。机加工方面对淬火工序提出允许的淬火变形量见表 3-91。那么,怎么才能控制 GCr15SiMn 钢制零件在热处理过程中产生的变形,使之符合设计标准?

表 3-91　淬火前后允许的尺寸畸变量

热处理前	热处理后
(1)$\phi 80$ 外圆对轴线跳动量： $J_1 \leqslant 0.01$ mm； (2)$\phi 30$ 外圆对轴线跳动量： $J_2 \leqslant 0.01$ mm； (3)用花键塞规检查内花键； (4)用环规检查外螺纹； (5)检查 $\phi 80^{-0.03}$ 尺寸	(1)$\phi 80$ 外圆对轴线跳动量： $J_1 \leqslant 0.10$ mm； (2)$\phi 30$ 外圆对轴线跳动量： $J_2 \leqslant 0.05$ mm； (3)用花键塞规检查内花键； (4)用环规检查外螺纹； (5)抽检 $\phi 80^{-0.05}$ 尺寸

注：外螺纹和内花键部分在热处理前后进行检验时,分别使用的是同样规格的量具,故其允许的名义淬火畸变量为零。

通常情况下,热处理变形包括尺寸变化和几何形状变化,不论哪种变形,主要都是由于热处理时,零件内部产生的内应力所造成的。根据内应力的形成原因不同,内应力又分为热应力与组织应力。零件的热处理变形主要是这两种应力综合影响的结果,当应力大于材料的屈服极限时,就会发生永久性变形。

淬火冷却是热应力与组织应力发生最集中的工序。特别是当淬火剂不纯或冷却能力太强时,引起的内应力更大,变形也就更为严重。在零件淬火冷却的前期,主要是热应力起作用;在淬火冷却的后期,起主导作用的是组织应力。

对 GCr15SiMn 钢来说,由于 M_S 点较低,残余奥氏体较多,故其淬火变形主要是热应力变形。

一般来说,当零件截面比较对称、厚薄相差不大时,则其变形比较规则、均匀;反之零件在淬火时除了表里冷却不同外,零件各个部位间的冷却也很不均匀,棱角及薄边部分冷却较快,而凹陷或沟槽处冷却较慢。由此可以得出如下结论：截面形状不对称的零件在热应力作用下，将向快冷面凸起；在慢冷面未淬透的条件下，变形也将如此；而在慢冷面能淬透的条件下，零件在组织应力的作用下变形将向慢冷面凸起。

观察研究者提供的零件，各部分薄厚不均，在加热和冷却时，各部分之间存在较大的温度差，热处理变形倾向十分明显，所以在升温和冷却过程中应采取相应的措施以减少变形的程度。

实践证明，当零件进行机械加工的时候，由于各部分加工的程度不同，势必会造成零件一部分受拉应力，而另一部分受压应力。切削越多应力也就越大。淬火前，如不对这些应力加以消除，则势必会在淬火时发生额外的变形。而生产中适当降低淬火温度可使热应力和组织应力相应减小，可在一定程度上避免零件发生变形。另外，在冷却阶段，降低在 M_s 点以下的冷却速度，也可减少因组织应力而引起的变形。

为控制变形有研究者专门制定了增加预备热处理工序的热处理工艺。对变形要求较严格的零件来说，在最终热处理前应进行多次去应力退火。对该类零件，由于经过切削加工的零件，往往存在着较大的残余应力。由于加工比较复杂，在整个工艺流程中，可进行三次真空去应力退火，其温度为 680～450 ℃，保温时间均为 2 h，可以达到彻底消除加工残余应力的目的。

为避免淬火后零件发生氧化，影响其加工精度，有研究者认为最好用真空炉作为淬火加热设备。为减小热应力，淬火时的加热温度不宜太高，加热时间不宜太长，冷却速度不宜太快，并应尽量保持零件各部分温度均匀一致。所以，研究者提供的相对合理的热处理工艺是：先在再结晶温度附近（720～750 ℃）预热 30～40 min，再随炉升至（820±10）℃，保温 40～50 min，同时将真空淬火油的温度升至 60 ℃以上。另外，为了尽可能减少残余奥氏体的含量，淬火后可采用－70 ℃以下的冷处理，处理时间为 1.5～2 h。冷处理后，零件内的残余奥氏体含量将会降至 6% 以下，以达到稳定零件尺寸的目的。

综合各方面考虑,某高校研究者制定的热处理工序及其工艺参数如图 3-125 所示。在操作时,还可设计专门的淬火套圈对环形开口部位加以固定。零件在装夹时,可采用大头向下、孔口朝上的装夹方式,大而厚的部分先入油,小而薄的部分后入油,这样就可以起到防止变形的作用。

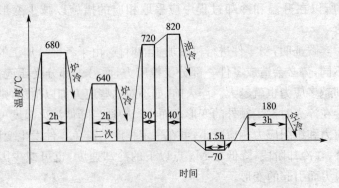

图 3-125　GCr15SiMn 钢制零件的工艺曲线

研究者通过采取以上改进的措施对 GCr15SiMn 钢进行热处理,经过近十个批次的生产试验,该零件的外螺纹和内花键这两个部位允许畸变量的合格率均为 100%,ϕ80 mm 外圆对轴线跳动量及其尺寸的变化量的合格率均超过了 95%,采取以上工艺处理后的重要传动件均取得了满意的效果。

5. 如何对 5CrMnMo 钢进行淬火可提高模具的使用寿命?

5CrMnMo 钢常用于制造各种热锻模、热挤压模和压铸模等中型锻模的热作模具钢。由于热作模具钢在高温下工作,且承受巨大的冲击载荷、强烈的摩擦、剧烈的冷热循环等所引起的不均匀热应变和热应力以及高温氧化,常出现崩裂、塌陷、磨损、龟裂等失效现象。因此要求热作模具钢具有高的热硬性和热强性,高的抗氧化能力和高温耐磨性,高的热疲劳抗力(以防止龟裂破坏),高的淬透性和导热性(因热作模具尺寸较大),足够高的韧性(尤其对受冲击较大的热锻模具钢)。那么如何对其进行热处理可提高其使用寿命？为提高 5CrMnMo 模具的使用钢的使用寿命,有研究者采用 5CrMnMo 钢(见表 3-92)进行了研究。研究者的热处理工艺包括预备热处理和过热淬火热处理。

表 3-92　5CrMnMo 钢的化学成分(质量分数 wt%)

C	Mn	Si	Cr	Mo
0.50～0.60	1.20～1.60	0.25～0.60	0.60～0.90	0.15～0.30

(1) 预备热处理

为了使碳化物分布均匀及获得所需模具形状,通常对 5CrMnMo 钢进行反复锻造。锻造后的毛坯晶粒粗大,组织不均匀,内应力较大,机械加工较难。为了消除锻造应力,降低硬度(197～241HBS),便于切削加工及改善 5CrMnMo 模具钢化学成分的偏析和组织不均匀,通常采用完全退火进行预备热处理。其具体工艺为:(850～870)℃×(4～6)h,炉冷至 500 ℃后空冷。5CrMnMo 钢经锻造、粗加工、精加工后,要进行淬火 + 高温回火(调质处理)或淬火 + 中温回火。调质后获得回火索氏体组织,得到良好的综合力学性能,满足使用要求,其热处理工艺曲线如图 3-126 所示。淬火 + 中温回火后获到回火托氏体组织,得到强度和韧性的配合,延长使用寿命,其热处理工艺曲线如图 3-127 所示。

在常规淬火工艺条件下,根据锻模硬度要求及模具的适用范围,采用不同的热处理以获得不同强韧性及硬度。5CrMnMo 经高温回火后硬度可达到 HRC30～34,当中温回火温度为 500～520 ℃时,硬度可达 HRC34～39,当中温回火温度为 480～500 ℃时,硬度可达 HRC39～44.5,当中温回火温度为 460～480 ℃时,硬度可达 HRC42～47。

(2) 过热淬火热处理

5CrMnMo 钢经常规淬火热处理虽可保证其强度,但韧性不高,尤其是断裂韧性相对较低。为了在保证强度的同时提高断裂

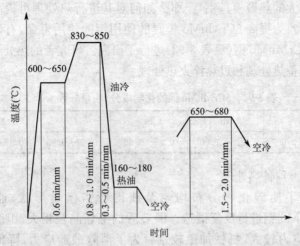

图 3-126　5CrMnMo 钢淬火＋高温回火热处理工艺曲线

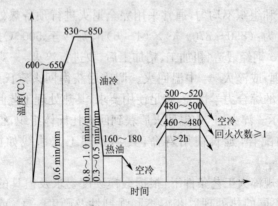

图 3-127　5CrMnMo 钢淬火＋中温回火热处理工艺曲线

韧性,延长模具的使用寿命,对其进行过热淬火处理,其工艺曲线如图 3-128 所示。

　　5CrMnMo 钢经过热淬火处理的性能与常规淬火处理的相比,强度和冲击韧度变化不大,但是 5CrMnMo 钢经过热淬火处理后的组织中板条状马氏体数量增多,使钢的断裂韧性大幅度提高,模具的使用寿命可提高 2.5 倍。

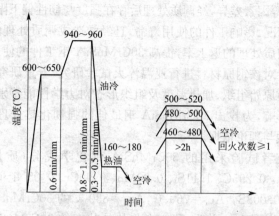

图 3-128 5CrMnMo 钢过热淬火热处理工艺曲线

5CrMnMo 钢过热淬火处理与常规淬火处理相比,钢的断裂韧性大幅度提高的原因有两个:①增加了残余奥氏体量,而且残余奥氏体的薄层包围在马氏体片四周。②裂纹在通过马氏体而交截到残余奥氏体时便停止下来。因此,薄层状的残余奥氏体具有阻碍裂纹扩展的作用。5CrMnMo 常规淬火处理时产生大量孪晶型马氏体(片状马氏体),而过热淬火处理时可产生较多的板条状(位错型)马氏体,使韧性提高。故过热淬火多应用于中碳钢制造工件的强韧化热处理,以提高其使用性能和寿命。

经过对 5CrMnMo 钢的热淬火处理和常规淬火处理对比,钢的强度和冲击韧度变化不大,但过热淬火处理使其断裂韧性大幅度提高,同时使用性能也得到提高,模具的使用寿命可提高 2.5 倍,使材料的潜能得到进一步发挥。

6. 如何提高 30CrMnSiA 钢的塑性和韧性?

30CrMnSiA 钢是一种高强度特种钢材,属中碳调质钢,淬透性较高,焊接性能较差,在军工和航空航天里用得较多,一般热处理工艺为调质处理。根据有关资料,30CrMnSiA 钢在箱式炉中加热,氧化脱碳严重,加之各钢厂因电炉钢生产 30CrMnSiA 时设备、工艺等因素差异,经调质处理后存在强度与韧性偏下限和韧性不足的情况,影响工件的使用寿命,且经常造成调质处理的返工。为降低调质处理的返工率,提高 30CrMnSiA 钢工件的使用寿命,有研究者对该钢原材料进行亚温淬火试验研究,着重研究了双相区加热前原始组织、加热温度及组织形态对力学性能特别是冲击韧度的影响,为找出 30CrMnSiA 钢最佳的强韧化热处理工艺提供了实践与理论依据。

研究者试验采用的 30CrMnSiA 钢化学成分(质量分数,wt%)为:0.295C、1.11Si、0.90Mn、0.90Cr、0.05Ni、0.07Cu、0.011P、0.008S。$Ac_1=760\ ℃$,$Ac_3=830\ ℃$ 的 30CrMnSiA 钢的工业用热轧棒材。首先,研究者将热轧状态的 30CrMnSiA 钢加工成标准拉伸试样和标准梅氏冲击试样,然后分别经表 3-93 工艺处理,获得亚温淬火的 4 种原始组织。

表 3-93　试样的热处理工艺、显微组织和硬度

序号	热处理工艺	组织特征	硬度(HRC)
1#	880 ℃×20 min 油淬	马氏体	51.0
2#	880 ℃×20 min 油淬 + 480 ℃×2 h 油冷	上贝氏体	33.7
3#	880 ℃×20 min 油淬 + 320 ℃×1.5 h 油冷	下贝氏体	44.0
4#	热轧供货态	铁素体+珠光体	—

拉伸试样分 3 组,分别在 780 ℃、800 ℃和 820 ℃加热保温 20min 后水淬,然后进行 560 ℃×6 h 回火,考察原始组织、亚温淬火温度对力学性能的影响。冲击试样分两组,进行原始组织 + 560 ℃×6 h 回火,另一组进行原始组织 + 820 ℃×20 min 亚温淬火 + 560 ℃×6 h 回火,考察亚温淬火对钢的回火脆性的影响。所有试样的亚温淬火加热在盐熔炉中进行,高温回火在盐熔炉中进行,回火后空冷,目的在于考察其回火脆性,低温回火在干燥箱中进行。

硬度实验结果表明,原始组织与检测硬度相符。不同原始组织经不同温度亚温淬火后的性能如图 3-129 所示。可以看出,在

双相区，当加热温度从 780 ℃升高到 820 ℃时，亚温淬火后的抗拉强度 σ_b 明显升高，但其韧性指标伸长率 σ（%）和断面收缩率 ψ（%）变化却很小。在双相区加热，随加热温度的升高，钢中奥氏体相对量增加，即淬火后强化相马氏体相对量增加，钢的强度升高。由此可见，钢中马氏体相对量对强度的贡献是主要的。所以，随双相区加热温度的升高，淬火后强度也增高。随亚温淬火温度的提高，钢的韧性指标变化很小。其原因是由于临界区淬火温度升高，钢中残余铁素体量下降，但板条马氏体或贝氏体原始组织在临界区淬火下来，残余铁素体和马氏体呈层片状组织，性软的板条铁素体分布在板条马氏体之间，在变形时，它能缓解裂纹前端的应力，改变裂纹走向，协调马氏体应变，更重要的是它能大大地缓解马氏体的应变应力，降低裂纹出现的几率。所以，这种马氏体和铁素体呈层片状分布的组织塑性较好，升高温度时，残余铁素体量减少，对马氏体和贝氏体而言，仅仅是铁素体片减薄而已，而钢的塑性对此并不敏感，塑性也不会因此明显降低。

对热轧态钢而言，在热轧态临界区加热时，残余铁素体呈块状，加热温度升高时，尽管残留铁素体量变少，塑性要变差，但由于加热温度的升高，奥氏体形核率显著增加，使残余铁素体分布更广更细，同样起到了增加塑性的作用，所以塑性基本上不会变化。

不同的原始非平衡组织亚温淬火后，其强度和塑性差别不大。换句话说，就是原始非平衡组织的类型对亚温淬火的效果不敏感。对原始马氏体和上贝氏体来说，其组织形态基本上是相似的，都是 α' 板条马氏体，成束状方向性排列，不同的是上贝氏体铁素体条间已经方向性地析出了碳化物。临界区加热淬火后都是形成条状铁氏体-马氏体组织，且原奥氏体晶粒大小一样，故强度差别不大。

对于原始下贝氏体，由于 30CrMnSiA 钢属于中碳钢，其组织基本上是呈平行条状分布，铁素体中成平行点状分布的碳化物起到了巩固铁素体条的作用，两相区加热后所形成的奥氏体与铁素体呈相互间隔的平行条状组织，淬火后即为马氏体和铁素体的平行条状组织，原奥氏体晶粒大小一样，强度差别也不大。

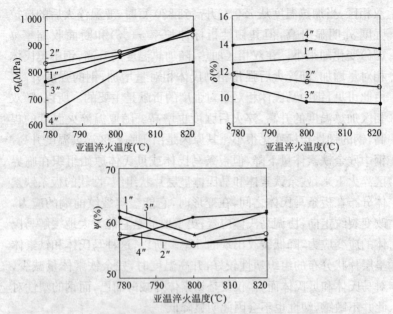

图 3-129　不同原始组织亚温淬火温度对力学性能的影响

至于热轧状态原始组织的钢,经亚温淬火后组织中具有块状铁素体,这种块状铁素体在变形时不能和马氏体协同应变,它的界面往往容易形成裂纹源,而且块状铁素体也较易成为裂纹扩展通道。所以,经亚温淬火后它的强度明显低于同一温度下淬火的非平衡组织钢。

观察图 3-129 还可发现,随着两相区淬火加热温度的变化,不同原始组织钢亚温淬火后,钢的塑性变化不大。这是因为随加热温度的提高,尽管铁素体的相对量在减少,但它的形态未发生变化,其相对量的减少仅表现在铁素体变薄或缩小,并且不同的非平衡组织在两相区亚温淬火时,都是形成板条马氏体和片状铁素体混合组织,晶粒大小变化不大,因而对钢的塑性影响不大。

各种原始组织 820 ℃亚温淬火后在不同冲击温度下的冲击韧度如图 3-130 所示。可以看出,原始非平衡组织的亚温淬火可以显著提高钢的冲击韧度,使脆性转折点移到 -25 ℃以下,而未经亚温淬火的试样,冲击韧度值很低。这就是说,亚温淬火使 30CrMnSiA 钢的冲击韧度大幅度提高。一般认为,产生回火脆性的主要原因是 Sb、Sn、P 等杂质元素在回火时向原奥氏体晶界偏聚,减少晶界结合力所致。还有人认为,非平衡组织回火时,在原始粗大奥氏体晶界上沉淀出 MnS 粒子,从而导致晶界结合力下降,产生回火脆性。且回火时,在原奥氏体晶界上析出了碳化铬,而碳化铬的析出又促进 Sb、As、Sn、P 等微量杂质元素在晶界附近处的含量增加。

总之,产生回火脆性都是因为在原奥氏体晶界上析出了微量元素,从而导致晶界结合力下降。因此,产生回火脆性的试样总是沿晶断裂。亚温淬火抑制可逆回火脆性的原因可能是:①二相区加热时,铁素体形成元素如 P、Sn、Sb、Si、S 等引起回火脆性使元素集中在残余铁素体中,减少了回火时在奥氏体晶界上的偏聚,起到了净化作用。②亚温淬火后,形成了大量的 F-M 界面,另外中速加热时,在奥氏体晶界、马氏体束界形成大量的细小奥氏体,增加了界面,大量增加的界面,使界面上有害元素浓度减少,回火脆性程度降低。③在 $(\alpha+\gamma)$ 两相共存时,两相界面的存在提供了 P 的扩散通道,使 P 分布均匀,减轻 P 偏折,减弱了回火脆性的倾向。④亚温淬火使原奥氏体界面、马氏体产生许多球状马氏体,它的存在破坏了回火时沿晶界、束界析出碳化物薄膜的连续性,起到了良好的韧性效应。⑤亚温淬火改变了残余铁素体的形态和分布,使它与马氏体呈层状分布,抑制裂纹的生成与扩展,有利于韧性的提高。

热轧状态亚温淬火的冲击韧度较高,研究者认为其原因是晶粒细小,使得单位界面上有害杂质元素浓度较低;热轧态在热轧时可能改变了有害杂质原始的分布,使铁素体中富集了较多的有害元素;有害元素还可以进一步在铁素体/渗碳体界面富集,进一步减轻了它们在原奥氏体晶界上的偏聚所致。

表 3-94 为研究者提供的亚温淬火与常规调质处理后力学性能数据。由表 3-94 可见,30CrMnSiA 钢的亚温淬火在强度和硬

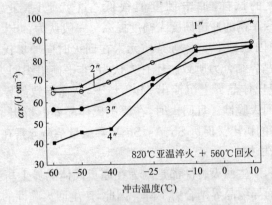

图 3-130 原始组织对冲击韧度的影响

度基本保持不变的情况下,冲击韧度和伸长率比常规调质处理提高一倍左右,断面收缩率提高 20% 左右。

表 3-94 820 ℃亚温淬火与调质处理后的力学性能对比

		HRC	$\sigma_{0.2}$(MPa)	σ_b(MPa)	$\alpha_K/(J \cdot cm^{-2})$	δ(%)	ψ(%)
调质处理 (880 ℃淬火 + 560 ℃回火)		33	749	853	47.7	5.5	51.3
亚温淬火	1# 原始组织	28	851	945	95.0	13.2	60.3
	2# 原始组织	29	824	934	85.5	10.8	60.5
	3# 原始组织	29	865	965	85.5	11.7	60.3

由数据可见,30CrMnSiA 钢原始非平衡组织的类型对亚温淬火的效果不敏感,即各种非平衡组织都可作为亚温淬火的原始组织,都可获得良好的强韧性。30CrMnSiA 钢的亚温淬火可明显抑制钢的可逆回火脆性。30CrMnSiA 钢亚温淬火后,与传统调质工艺相比,在强度和硬度基本不变的情况下,冲击韧度和塑性提高一倍左右。

7. 如何对复合模具钢基材 60Si2Mn 钢进行淬火?

中碳结构钢 60Si2Mn 由于具有较高的强度和良好的塑韧性,

早在 20 世纪 80 年代就被用于代替 Cr12、Cr12MoV 等模具钢,制造中小型冷冲(镦)模具,并已得到工业应用。60Si2Mn 属于中碳结构钢,其传统的热处理工艺为完全淬火 + 高温回火,淬火后组织为板条马氏体与片状马氏体的混合。而复合冷作模具钢刃口处所要选用的高 Cr 钢或高速钢的淬火温度都要高于 1 000 ℃,因此为了使基材的热处理工艺能与刃口处冷作模具钢的热处理工艺相配合,掌握 60Si2Mn 的高温淬火工艺是十分必要的。为此,有关研究者设计了几种高温淬火热处理工艺,研究高温淬火对 60Si2Mn 钢组织和性能的影响。

研究者实验所用 60Si2Mn 钢的化学成分(质量分数 wt%)为:0.57C、0.14Cr、1.64Si、0.73Mn、0.03Ni、0.16Cu、0.026P、0.01S,余为 Fe。淬火为盐浴加热油冷,加热温度分别为 870 ℃、1 000 ℃、1 050 ℃、1 100 ℃和 1 150 ℃,回火温度分别为 150 ℃和 550 ℃。

图 3-132 是 60Si2Mn 钢不同温度淬火后的金相组织。可见,870 ℃淬火后的金相组织大部分为片状马氏体,局部区域为板条马氏体,如图 3-131(a)所示;随淬火温度的升高,片状马氏体越来越少,板条马氏体则越来越多。但随淬火温度的升高,奥氏体晶粒也明显长大,所形成的板条马氏体板束的尺寸也逐渐长大。同时,残余奥氏体量也随淬火温度升高而增多,870 ℃淬火时,残余奥氏体呈块状,分布在板条马氏体之间,当温度达到 1 000 ℃时,已明显地形成条状残余奥氏体并沿着板条马氏体分布。另外,由于奥氏体合金化程度也随淬火温度的升高而有所提高,它对性能的改善也会起到一定的作用。

完全淬火时,因奥氏体化温度低,化学成分不均匀,会使相邻马氏体单元的取向关系复杂化、马氏体单元的片状外形不完整和不规则,但按孪晶机制形核和长大是中碳钢马氏体相变的自然需要,因为它能提供最小的形核功和核长大功。而高温淬火使化学成分均匀、晶体缺陷减少,促进奥氏体出现较规则的晶格区域稍大时,形成的板条马氏体就会清晰地显露出来。

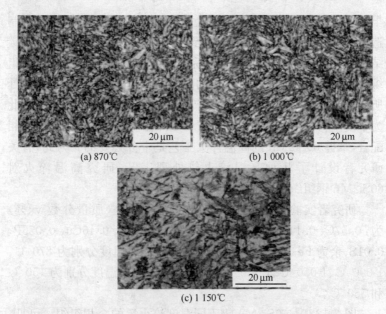

图 3-131 60Si2Mn 钢不同温度淬火后的金相组织

图 3-132 是不同温度淬火、150 ℃ 回火后 60Si2Mn 钢的亚结构。可见，870 ℃ 淬火，60Si2Mn 钢的亚结构为位错与孪晶混合，而升高淬火温度后孪晶消失，亚结构全部为位错，这与金相组织的分析结果相符。

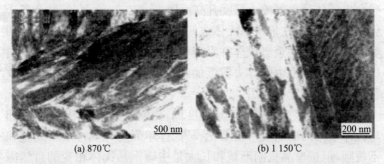

图 3-132 淬火温度对 60Si2Mn 钢亚结构的影响（150 ℃ 回火）

图 3-133 是不同淬、回火温度下 60Si2Mn 钢的力学性能。可见，适当升高淬火温度有利于提高 60Si2Mn 钢的强韧性。虽然淬

火温度升高带来晶粒长大的不利因素，但由于较高温度淬火后残余奥氏体量增多，淬火组织中板条马氏体相对含量增大，产生强韧化效果。

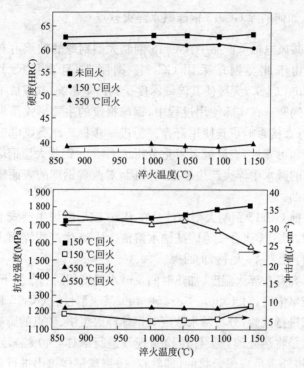

图 3-133　淬、回火温度与力学性能的关系

150 ℃低温回火时，随淬火温度的升高，各项力学性能都有所提高。当其与高碳高铬钢复合时，可采用低淬 + 低回的热处理工艺，即 1 050 ℃淬火 + 150 ℃回火，此时所获得的各项力学性能都高于采用传统热处理工艺所获得的力学性能，其硬度甚至不低于常用的冷作模具钢 Cr12MoV 的硬度。

550 ℃高温回火时，随淬火温度的升高，硬度与抗拉强度逐渐升高，韧性有所下降，当其与高速钢等复合时，可采用高淬 + 高回的热处理工艺，即 1 150 ℃淬火 + 550 ℃回火，此热处理工艺可以保证高速钢具有满足复合模具钢使用要求的各项力学性能，60Si2Mn 钢韧性虽然比采用传统热处理工艺时降低了，但也完全可以满足复合模具钢的使用性能要求。

8. 如何消除 GCr15 钢球碱水淬火软点？

在某风电轴承产品中，GCr15 钢制大型钢球的轴承占有很大比例。由于此类钢球采用 GCr15 钢制造，且直径尺寸较大（$\phi 40$ mm 以上），无疑使其淬硬深度受到严重影响，软点成了比较常见的问题。在实际使用过程中，钢球报废的主要形式是表面磨损，软点直接影响了其使用寿命。为进一步提高此类风电轴承产品质量和可靠性，有研究者着重分析了 GCr15 钢制大型钢球在不同浓度的碱水中淬火产生软点的原因，对改善钢球的表面质量提供了帮助。

目前 GCr15 钢制大型钢球是在 B-70 鼓形电炉生产线上进行热处理，所用淬火介质为碳酸钠水溶液。B-70 生产线淬回火工艺流程为：上料-淬火-冷却-回火。

研究者在淬火温度、加热时间及碱水温度相同的条件下，通过改变碱水浓度，对 40 mm$<\phi<$50 mm 某一型号的 GCr15 钢制大型钢球进行试验，分析碱水浓度对钢球淬火组织、软点的影响。具体方法是将热处理淬火件按检验规程进行取样（40 粒），经酸洗明化，将外观呈现黑云状的（即软点区）钢球试样挑出进行金相化验（2 粒）。某同一型号钢球在 B-70 生产线上热处理后依据 JB/T 1255—2001 进行评定，结果见表 3-95。

表 3-95 碱水浓度与软点情况

序号	碱水浓度（%）	酸洗检验	金相组织检验	硬度（HRC）
1	10.4	有软点	马氏体 3 级合格；屈氏体大于 2 级不合格，深度 0.20 mm	软点处 55~56，不合格
2	10.9	无软点	马氏体 3 级合格	60~61，合格

续上表

序号	碱水浓度(%)	酸洗检验	金相组织检验	硬度(HRC)
3	11.6	无软点	马氏体 3级合格	60～61,合格
4	12.4	无软点	马氏体 3级合格	60～61,合格
5	13	无软点	马氏体 3级合格	60～61,合格
6	13.2	无软点	马氏体 3级合格	60～61,合格
7	13.9	无软点	马氏体 3级合格	60～61,合格
8	14.3	无软点	马氏体 3级合格	60～61,合格
9	14.8	有软点	马氏体 3级合格;屈氏体4级不合格,深度0.30 mm	软点处,52～53,不合格

由表3-95可知,钢球在B-70生产线上淬火时,碱水浓度越接近15%及10%,则越易出现软点。为进一步确定软点与碱水浓度范围的关系,选取某同一型号钢球在10%以下、15%以上2个浓度段的碱水中,在B-70生产线上进行淬火。热处理后试验结果见表3-96。

表3-96 碱水浓度(10%以下,15%以上)与软点情况

序号	碱水浓度(%)	酸洗检验 数量(个)	酸洗检验 结果	金相组织检验 数量(个)	金相组织检验 结果	软点处硬度(HRC)
1	6.5	40	有软点	2	马氏体 3级合格;屈氏体>2级合格,深度0.20 mm	54.5～55.5,不合格
2	8.1	40	有软点	2	马氏体 3级合格;屈氏体>2级合格,深度0.23 mm	54～55,不合格
3	9.5	40	有软点	2	马氏体 3级合格;屈氏体>2级合格,深度0.18 mm	55～56,不合格
4	15.7	40	有软点	2	马氏体 3级合格;屈氏体4级不合格,深度0.25 mm	53～54,不合格
5	16.2	40	有软点	2	马氏体 3级合格;屈氏体>2级合格,深度0.22 mm	53.5～54.5,不合格
6	17.6	40	有软点	2	马氏体 3级合格;屈氏体4级不合格,深度0.30 mm	52.5～53,不合格

由表 3-96 可知，GCr15 钢制大型钢球在 B-70 生产线淬火时，碱水浓度在 10% 以下和 15% 以上的 2 个浓度段均会出现软点。

那么，软点的成因究竟是什么哪？研究者通过对软点金相试样的分析，发现软点处的组织为屈氏体。由此可以认为，碱水淬火钢球金相组织中软点产生的原因是出现了屈氏体。由钢的过冷奥氏体等温转变曲线可知，鼻尖部分为过冷奥氏体不稳定区，为了获得马氏体组织，需在奥氏体不稳定区即曲线的鼻尖部（一般为 500～600 ℃）快冷（如图 3-134 所示理想淬火速度曲线）。

上述试样软点的成因，是淬火时钢球表面局部的冷却曲线经过了 C 曲线的鼻尖部分，致使冷却速度小于临界冷却速度所致（如图 3-134 所示），而此时最易发生分解，转变为屈氏体组织。

碱水浓度对钢球软点的影响主要是当炽热工件进入淬火介质中后，迅速使其周围的淬火液发生物态变化，释放的大量热量使其周围的液体迅速汽化，并形成一层蒸汽膜包围工件。由于膜的导热性能差，故被其包围隔绝的工件冷速非常缓慢。初期随着汽化的继续，膜的厚度不断增加，此阶段为成膜期（如图 3-135 所示中 AB 段）。之后膜的厚度将逐渐减薄导致破裂，蒸汽膜破裂的极限温度称为"特性温度"。当蒸汽膜破裂后，工件就与介质直接接触，淬火液不断吸收工件表面的热量而汽化沸腾，并将工件表面热量带走，工件在这一阶段被急剧冷却。此阶段直到工件冷却至介质的沸点为止，称为汽泡沸腾冷却期（如图 3-135 所示中 BC 段）。当工件表面温度降到淬火介质沸点以下，工件的冷却主要靠介质传导与对流，工件冷速又减慢，此阶段为对流传热阶段（如图 3-135 所示中 C 点以后部分）。不难理解，由于碱水的沸点大大低于马氏体转变温度 M_S，所以重要的是蒸汽膜破裂的温度和时间即图 3-136 中 B 点的位置。膜破裂越晚，特性温度点 B 就越右移，冷却曲线穿过 C 曲线的可能性越大，就越容易产生软点。

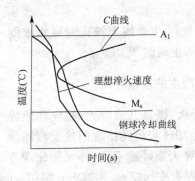
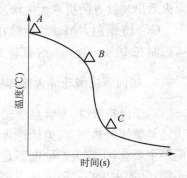

图 3-134　工件冷却曲线示意图　　图 3-135　工件冷却机理示意图

碱水浓度过高产生软点的原因可归结为：碱水淬火时因碱水中晶体析出并附在工件表面，引发小的汽膜爆破，破坏了蒸汽膜的稳定性使沸腾期提前到来增加冷速。同时，由于碱水溶液吸收气体能力远低于水，因此使工件表面冷却均匀，不易造成软点。但是继续提高含量，浓度过大的碱使介质的沸点提高，汽泡的表面张力增加，介质流动性降低，因而导致膜破裂晚（特性温度点右移），反而使淬火介质的冷却能力下降，冷却速度降低，这就是钢球在碱水浓度过高时产生软点的原因。

碱水浓度过低产生软点的原因是当加热的钢球放在低浓度的碱水中，钢球周围的水温升高形成热水，由于其所受的重力作用小于它所受的浮力，导致向上部运动，致使上部的水温在热钢球的作用下迅速升高，大大降低冷却能力；而下部区域的水向上运动时，受到球面的影响，运动受阻不易对流，此处介质水温在热球的作用下亦升高，冷却能力也大大下降。上述原因引起钢球这些部位的冷却条件变差，钢球在冷却过程的高、中温区冷却能力降低，冷却速度减慢，易产生软点。除上述外，如碱水温度、淬火加热温度、钢球入水方式等均会影响到软点的产生。

由此可见，在其他工艺条件相同的情况下，碱水浓度与 GCr15 钢制大型钢球淬火后是否出现软点有着密切的关系。碱水浓度过高或过低引起钢球冷却能力降低及冷却速度减小，致使钢球淬火后出现软点的机率大大增加。

GCr15 钢制大型轴承钢球在 B-70 生产线上淬火时碱水浓度应控制在 10%～15%，这有利于防止钢球产生软点。

9. 如何解决齿轮淬火冷却中产生的质量问题？

对于齿轮来讲，不管是渗碳淬火、碳氮共渗淬火、感应加热淬火还是整体加热淬火，齿轮淬火冷却过程可能出现的热处理质量问题主要有：①淬火态硬度不足、淬火态硬度不均、淬火硬化深度不够；②淬火后心部硬度过高；③淬火变形超差；④淬火开裂；⑤油淬后表面光亮度不够。现场出现的这类质量问题往往与齿轮的材质、前处理、淬火加热和淬火冷却有关。在排除材质、前处理和加热中的问题后，淬火冷却的作用就显得比较突出了。

淬火冷却大多是在液体介质中进行的，如齿轮淬火用的通常是淬火油、水溶性淬火介质和自来水。下面根据有关专家的研究将首先分析齿轮淬火冷却可能出现的上述质量问题与所用淬火介质的特性和用法的关系，并指出解决不同问题所需淬火液的冷却速度分布特点。随后简单介绍常用淬火介质的冷却速度分布特点和选用时的注意事项。

(1)淬火冷却中容易产生的质量问题

①硬度不足与硬化深度不够

淬火冷却速度偏低是造成齿轮淬火硬度不足、硬度不均和硬化深度不够的原因。但是，根据实际淬火齿轮的材质、形状大小和热处理要求不同，又可以分为高温阶段冷速不足、中低温阶段冷速不足以及低温阶段冷速不足等不同情况。比如对于中小齿轮，淬火硬度不足往往是中高温阶段冷速不足所至，而模数大的齿轮要求较深淬硬层时，提高低温冷速就非常必要。

对于淬火用油，一般来说，油的蒸汽膜阶段短、中温冷速快且低温冷却速度大，往往能获得高而且均匀的淬火硬度和大的淬硬深度。

工件装挂方式对淬火冷却效果也有明显影响。淬火油流动通畅,并配备和使用好搅拌装置,才能得到更好的效果。提高所用淬火介质的低温冷却速度,往往可以增大淬硬层深度。在渗层碳浓度分布相同的情况下,采用低温冷却速度更高的淬火油,往往能获得更深的淬火硬化层。因此,采用冷却速度快的淬火油后,相应缩短工件的渗碳时间,仍然能获得要求的淬火淬硬层深度。所要求的渗碳淬硬层深度越大,这种方法缩短渗碳时间的效果越明显。

② 淬火后心部硬度过高

淬火后齿轮心部硬度过高问题可能与所选介质冷速过快或介质的低温冷却速度过高有关。解决办法之一是改换淬火油来满足要求;办法之二是与淬火介质生产厂家联系,有针对地加入适当的添加剂来降低现有淬火油的中低温冷却速度;办法之三是改用淬透性更低的钢种。

③ 淬火变形问题

根据有关资料,淬火变形问题主要是淬火冷却速度不足和速度不均造成的。例如,齿轮的内花键孔变形,原因往往是由于所选的淬火油高温冷速不足,或者说油的蒸汽膜阶段过长。提高油的高温冷速并同时提高油在整个冷却过程的冷速,一般就能解决内花键孔的变形问题。对于中小齿轮,尤其是比较精密的齿轮,可以通过选择等温分级淬火油来控制变形。

④ 齿轮的淬火开裂问题

此问题主要出现在感应加热淬火中。通过选择好的水溶性淬火介质即可解决这类问题。例如,国内外普遍采用的 PAG 类介质代换原来使用的自来水。感应加热淬火采用 PAG 介质,可以获得高而且均匀的淬火硬度和深而且稳定的淬硬层,淬裂危险极小。

⑤ 光亮性问题

通常,如果光亮淬火油的光亮性好则冷却速度就不够快;而冷却速度很快的淬火油的光亮性不够好。此外,热油的光亮性一般也较差,使用较久的油光亮性稍差。解决光亮性问题可以通过换新油或补加提高光亮性的添加剂。

（2）齿轮用淬火介质的选择

当前用于齿轮淬火的介质主要是各种淬火油、水溶性淬火介质和普通自来水。

① 自来水

一些含碳量低、淬透性差且形状简单齿轮的调质淬火和感应加热淬火，往往采用自来水作为淬火介质。自来水的冷却特性是，工件处于高温阶段时冷得很快，而到了工件处于低温阶段时冷却得也很快。冷却速度快可以使淬透性差和比较厚大的工件淬硬，并获得较深的淬硬层。但是，采用自来水淬火有三大缺点。第一是低温冷却太快，使多数钢种和工件容易发生淬裂。第二是工件高温阶段冷却太快，比较细长与较薄的工件容易因为入水方式不当而发生淬火变形。第三是随着水温升高，淬火冷却的蒸汽膜阶段会逐渐增长，且工件处于中低温阶段时的冷却速度也逐渐降低。由于这种原因，当要淬火的工件比较小，又采取装在筐中等较密集的堆放方式入水淬火时，堆在外面的工件接触的水温低，而堆放在内部的工件接触的水温高，从而外部的工件经受的冷却快，淬火后硬度高，并容易淬裂，堆放在内部的工件经受的冷却慢，淬火后硬度低。工件堆放得越密集，淬火时水的流动越不通畅，这种差别就越大。

选用自来水作为淬火液时，应当扬长避短，设法控制好水的温度。采取堆放方式淬火时，要设法使工件堆放得疏松一些，并通过搅动促使淬火液通畅地从工件之间流过，以减小内外部水的温差。

② 水溶性淬火介质

考虑到多数结构钢的 M_S 点在 300 ℃附近，通常就以工件冷却到 300 ℃时水溶性淬火液的冷却速度来表示该淬火液的冷却特性。可以用水溶性淬火介质的 300 ℃冷却速度来对该介质定级，以便热处理工作者选用。简单说，水溶性淬火液在 300 ℃冷却速度低，其防止工件淬裂的能力就强；在 300 ℃的冷却速度高，其淬硬能力也高，当然工件的淬裂倾向亦大。因此，选择水溶性淬火介质首先应当了解它在 300 ℃时的冷却速度。同类淬火介质品种中,得到相同的 300 ℃ 冷却速度时的浓度越低,其使用成本也就越低。

水溶性淬火介质有很多品种,其中 PAG 类介质冷却特性可调,浓度测控容易。它既适用于整体淬火,也适用于各类感应加热淬火,且能长期稳定地使用,成为当前国内外热处理界使用得最广泛的水溶性淬火介质。

由于液温对冷却特性影响较大,使用水溶性淬火介质时应当配备好循环冷却系统,以便在使用中调节液温。一般在水溶性淬火液中淬火时,工件也不宜在密集堆放条件下入水,以免造成内外工件明显不同的淬火效果。

③普通机械油

工厂热处理生产中使用得最多的普通机械油是 N32 机油(原 20 号机油)和 N15 机油(原 10 号机油)。作为淬火介质,这类机油的特性是,在工件高温阶段蒸汽膜时间较长,淬火冷却速度不高,且低温冷却较慢。油的蒸汽膜阶段长,工件高温阶段的冷却慢,可能出现的问题是低碳钢制的工件容易发生先共析铁素体转变,而形状复杂的工件比如带花键孔的齿轮等容易变形。在中、低温阶段冷却慢,使比较大的工件不易淬硬或淬硬层深度不足并因此发生淬火变形。普通机油的抗氧化能力差,使用中容易老化变质。老化变质的主要反映是油的粘度提高,低温冷却速度降低。变质的影响是工件淬火后的硬度和硬化深度都减小,且淬火变形增大。

④专用淬火油

专用淬火油一般分为普通淬火油、快速淬火油、等温分级淬火油(也简称热油)、真空淬火油以及光亮淬火油等。和普通机油相比,专用淬火油的热稳定性较好,能更好地保证工件的淬火质量。而且专用淬火油优于普通机油的最重要方面是其冷却特性。和普通机油相比,不同的专用淬火油在冷却速度分布上都有蒸汽膜阶段短的特点,因而使工件在高温阶段能冷却得更快。其中,快速淬火油的最高冷却速度比较高,中低温阶段的冷却速度快慢则因淬火油的不同而有较大差别。热油在冷却特性上的特点是蒸汽膜阶段更短,而在工件淬火冷却的低温阶段冷却较慢。

快速淬火油主要用于稍厚大的工件和淬透性稍低的钢种。热油主要用于较小型的工件和淬透性较好的钢种。应该说,任何淬火油都有适合它的工件,但是除少数情况外,每台热处理炉都尽可能处理比较多的钢种和比较多样的工件,因此,选用适应范围更广的淬火油为最佳。一般,淬火油的蒸汽膜阶段短,中温阶段冷却得快,低温冷却速度大,这种油的冷却能力就很强,它的适用范围就很广。不少油淬工件的变形问题是与它的淬火硬度不足问题和硬化深度不够问题同时出现的,而改用这种适应范围广的淬火油,往往能同时解决工件的变形、硬度不足和硬化深度不够等问题。淬火油的蒸汽膜阶段短,也就是油的高温阶段冷却得快,这一特点有利于防止先共析铁素体的析出,也有利于防止带内花键齿轮的变形。简单地说,淬火油总的冷却速度高,有利于获得较深的淬火硬化层,但从冷却速度分布上分析,除中、高温阶段要求冷却得快以外,油的低温冷却速度(快慢)对获得的淬硬层深浅作用更大。低温冷却速度越快,淬火硬化层往往越深。

搅拌淬火油可以提高油的冷却速度。冷却速度比较低的油,搅拌提高其冷却能力的作用较大,而对于冷却速度高的专用淬火油,搅拌的作用则相对较小。

齿轮的淬火质量问题中还有一类是淬火硬化层过深。硬化层过深,常常在使用中断齿。解决这类问题的办法是降低淬火油的低温冷却速度。

(3) 如何控制淬火介质在使用中的变化

不管是淬火油还是水溶性淬火介质,它们在使用中都要接触高温工件,都会受到不同程度的污染。空气进入介质,介质会被氧化。高温可能引起有机介质的热分解、氧化和聚合等反应。污染可能使介质的氧化和其他变化更复杂。所有这些变化及其留在介质中的变化产物都会引起介质变质。淬火油的颜色变化、透明度变差和黏度变化等都是变质的表现。

那么，用什么办法可以纠正淬火介质对变质的影响，以保证获得长期稳定的淬火质量？

水溶性淬火剂主要用来降低水的低温冷却速度。而水溶性淬火液在使用中的变化趋势则与此相反，会使低温冷却速度逐渐增高。普通机油在使用中的变化趋势就是开始时低温冷却速度逐渐降低，蒸汽膜阶段逐渐缩短而中高温阶段的冷却速度稍有提高。随着使用时间增长，由于油的粘度进一步增高，油的中、高温冷却速度也将减慢，致使工件的冷却效果明显变差。

专用淬火油在使用中的变化比较复杂，它包含所加添加剂的变化和基础油的变化两部分，是这两方面变化的综合结果。不同的淬火油以及不同的使用条件，变化情况会有比较大的差别。且在不受水污染的条件下，几乎所有的专用淬火油经过长期使用后，低温冷却速度都会逐渐变慢。当使用时间更长时，工件淬火效果也会明显变差。但如果油的稳定性好，变质得慢；反之则变质得快。油的使用温度越高，油变质得越快。配备循环冷却系统，使油温稳定在适当范围，并通过槽内的循环搅拌防止局部过热等措施都可减慢油变质，延长油的使用寿命。

各种介质的变质快慢，还有一个共同的影响因素，那就是相同时期内，淬火工件的量越多，淬火液变质就越严重。工件越小，相同重量的总表面积就越大，淬火介质变质就越快。

另外，热处理过程中管理问题也是影响齿轮淬火质量不可忽视的大问题。除了应当严格按工艺操作外，淬火介质的管理，尤其是防止污染关系重大。淬火油混进了水，水乳化在油中，往往造成淬火硬度不足或淬火开裂。相反，PAG 淬火液中乳化进了油，有时也会引起淬火开裂。

通过观察淬火介质的颜色、透明程度等方面的变化可以确定其的变质情况。测量淬火油的黏度、闪点、残碳和酸值等的变化也能确定变质程度。在变质造成的影响中，与工件的热处理效果关系最大的是冷却特性的变化。为了保证齿轮的淬火冷却效果，建议对所用淬火油和其他淬火介质作定期的冷却特性检测，并对介质的冷却特性进行管理。在长期生产中记录同类工件的淬火硬度、硬化深度以及淬火变形情况，分析它们的变化趋势，了解淬火介质冷却特性的变化规律。掌握了这些规律，不仅有利于控制介质的冷却特性，还可以找出引起现场热处理质量事故的原因，从而及时解决该质量问题。

热处理过程中介质变质是不可避免的。水溶性淬火介质变质后可能出现的问题主要是工件淬火硬度过高以致工件淬裂。因此，水溶性淬火液变质程度可以从同类工件的淬火硬度的变化趋势上作监视，最好能在出现淬裂之前采取措施。专用淬火油在使用中变质后，可能出现的问题是工件淬火硬度偏低、硬化深度不足和出现较大的变形。因此，可以根据工件的硬度和硬化深度的变化趋势对淬火油的变质程度进行监测。

淬火介质变质后，继续补加原来的新介质能不能使淬火液的冷却特性得到恢复呢？大量的生产实践证明有的介质能，有的则不能。对于浓度可调节的水溶性淬火介质，如 PAG 类水溶性淬火液，在了解其变化规律的基础上，一般多能通过补加原来用的新介质，使冷却特性恢复到新配时的水平；而固定了配方比例的水溶性淬火液、普通机油和专用淬火油则不能。淬火油变质后，只靠继续加入原来的新淬火油，一般不能使油的冷却特性恢复到新油水平。然而，在了解了油的变化规律后，却可以通过改性添加剂使油的冷却特性得以恢复。

10. 如何进行 G10CrNi3Mo 钢的渗碳淬火？

G10CrNi3Mo 钢为渗碳轴承钢，用于制造尺寸较大的重要渗碳零件。该钢含镍量较高，经过常规的渗碳淬火处理后，由于钢的 M_s 点很低，表层为粗大的马氏体和大量的残留奥氏体组织（可达到 6~7 级），表面硬度仅为 HRA78~80。零件即使在淬火后经过冰冷处理，也很难达到正常的硬度要求。为解决 G10CrNi3Mo 钢热处理问题，有研究者通过采用带中间冷却的渗碳淬火工艺，较好地解决了上述问题，使其 G10CrNi3Mo 钢的表面硬度可达到

81HRA 以上。

表 3-97　G10CrNi3Mo 钢的化学成分(质量分数 wt%)

C	Mn	Cr	Ni	Mo	Si
0.08~0.13	0.4~0.7	1.0~1.4	3.0~3.5	0.08~0.15	0.15~0.4

G10CrNi3Mo 钢的化学成分列于表 3-97。热处理技术要求：表面硬度 HRA81.0~83.5；心部硬度 HRC30~42；硬化层深(550HV1 处)0.4~0.6 mm；残留奥氏体 1~5 级；马氏体 1~5 级；碳化物 1~4 级。

从材料特性看，镍是不形成碳化物的合金元素，在平衡条件下几乎完全溶入铁素体中。对钢的主要影响是降低共析成分的碳含量、共析温度及 M_s 点等，同时使奥氏体等温转变曲线右移，尤其在镍含量较多(3%~5%)时，其影响更加显著。

为了解决渗碳淬火后残留奥氏体较多的问题，该钢通常采用二次淬火中间加高温回火的工艺，即在第一次渗碳淬火后进行一次高温回火(630~650℃,4~5 h,空冷)，工艺 A 流程如图 3-136 所示。

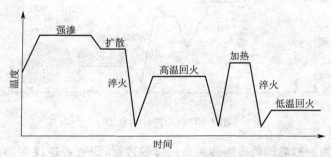

图 3-136　工艺 A 示意图

根据有关研究，该钢高温回火使马氏体分解为回火索氏体，同时使残留奥氏体中析出含铬的碳化物，提高残留奥氏体的马氏体点，在冷却过程使残留奥氏体分解。由于高温回火使碳化物形成元素铬在碳化物中富集，并使碳化物聚集，在重新加热淬火时，碳化物溶解较慢,奥氏体中的碳和铬的含量减少,淬火后就可以得到较细的马氏体和较少的残留奥氏体组织,从而得到理想的显微组织和硬度。

分析其该钢的常规工艺可见,二次淬火加高温回火的工艺,虽然可以得到满意的效果,但该工艺存在较多的缺点:(1)零件需要经过二次进出炉,工艺流程复杂而周期长;(2)高温回火后零件存在轻微的氧化,影响表面质量;(3)生产成本太高。为此,有研究者在常规工艺的基础上,结合实际情况,对上述工艺进行了一些修改。研究者利用目前使用的艾协林密封箱式炉,采用了带中间冷却的渗碳淬火方法。其操作过程为:零件渗碳结束后转移至淬火室炉冷,经过一定时间冷却后,零件重新转移至后室,加热保温,最后完成淬火。中间冷却工艺所有的操作步骤可在密封箱式炉内连续完成,而不必分几次进出炉,这样就可以省去工件二次进出炉的排气、升温阶段,以及高温回火工序,大大缩短了工艺时间,降低了生产成本。改进后的工艺 B 流程如图 3-137 所示。

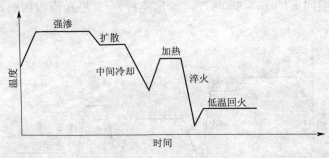

图 3-137　工艺 B 示意图

为控制渗碳后表层残留奥氏体的数量,研究者建议在渗碳时必须控制好最终的表面含碳量。强渗碳势设定为 $1.00\% C \sim 1.05\% C$,扩散碳势设定为 $0.75\% C \sim 80\% C$。同时扩散段时间与强渗段时间的比例也需要相应增大。这样渗碳结束后表层含碳量较高的奥氏体,在随后的中间冷却过程中,随着温度的降低,使过饱和的碳从奥氏体中以含铬的碳化物析出,从而降低了表面的碳含量,达到提高 M_S 点的目的。

在进行渗碳淬火时,要对淬火温度进行严格的控制。工件重新进炉加热时采用的淬火温度不宜过高(≤830℃),保温时间不宜过长,尽量避免已析出的碳化物重新溶入奥氏体。经过二次加热重结晶后,晶粒得到了细化,淬火后渗层就可得到较细的针状马氏体和较少的残留奥氏体。

以上试验结果表明,使用带中间冷却的渗碳、淬火工艺后,整个热处理工艺时间缩短了 1/3 左右,各项热处理技术指标都能满足要求,详见表 3-98。且实践证明,该工艺在淬火后低温回火前,若能进行一次浅冰冷处理(-20~-30℃,2~3 h),残留奥氏体完全可控制在 2~3 级以内。

表 3-98 按改进后的工艺 B 渗碳、淬火后检测结果

项目	表面硬度 (HRA)	心部硬度 (HRC)	硬化层深(550 HV1 处)(mm)	M	A	K
技术要求	81.0~83.5	30~42	0.4~0.6	≤5	≤5	≤4
实测数据	81.5~82.5	34~35	0.51~0.56	3~4	3~4	1

11. 如何选择低合金钢渗碳后直接淬火与重新加热淬火?

热处理的目的就是利用现有设备和最低成本使工件达到要求的机械性能。在工件材料已经确定的情况下,应该对热处理工艺进行优选。那么,低合金钢渗碳后应直接淬火还是重新加热淬火?

有关专家认为,当工件达到所要求的渗层深度后,可以直接淬入水、油、盐溶液或聚合物淬火介质中;也可以在保护气氛下冷却至室温,然后重新加热至心部材质的 Ac_3 温度以上进行淬火。具体采用那种淬火工艺,取决于零件的材质、结构、功能、制造成本、加工精度、热处理变形等诸多因素:

(1) 直接淬火

直接淬火工艺有两种:①在 925℃渗碳后,直接油淬;②在 925℃渗碳后,炉冷至 845℃,然后油淬。

大多数渗碳炉型均可采用直接淬火工艺,密闭罐式渗碳由于加热情况及附着物而不宜直接淬火,而配有淬火装置的多室炉、盐浴炉、流动粒子炉以及附带淬火槽的连续渗碳炉都广泛地采用直接淬火工艺。井式渗碳炉如果装炉量过多而不易使整批工件充分淬火,则应避免采用直接淬火工艺。如果连续渗碳炉的各个料架装有不同数量的工件,而且要求模压或塞芯淬火,就需要造价很高的直接淬火设备。

许多研究表明,对于适当的炉型,渗碳直接淬火工艺的成本与渗碳-缓冷-重新加热淬火工艺大致相同。但是,由于直接淬火能够得到较高的渗层淬透性,因此这种工艺具有较高的效益。

直接淬火工艺的主要特性如下:①只将工件加热一次,因此热处理过程中的变形开裂倾向就小一些;②由于直接淬火工艺可有较高的淬透性,容易使表层及心部完全淬硬;直接淬火不容易出现网状碳化物;③采用直接淬火工艺,形成上贝氏体组织的倾向非常小;④如果表层碳含量控制不当,直接淬火工艺较容易形成过量的残余奥氏体,当残余奥氏体多于35%时就会显著影响表面硬度,而对于齿轮、轴承等重要零件一般要求表面硬度在HRC58以上,35%的残余奥氏体会使滚动接触疲劳强度降低10%,若残余奥氏体量继续增加,强度还会降低,此外,残余奥氏体还增加了磨裂倾向以及工件尺寸的不稳定性;⑤直接淬火工艺有形成显微裂纹的倾向,尤其是以Cr、Mo为主要合金元素的钢材。如20CrNiMo钢用于模数3以下的齿轮,当表面碳的质量分数达到0.9%时,有可能形成显微裂纹,显微裂纹可使轮齿高应力部位(如齿轮齿根部位)的疲劳强度降低20%以上。

(2)重新加热淬火

重新加热淬火工艺有两种:①925℃渗碳后,在冷却室内缓冷至一定温度(颜色变黑),重新加热至805℃(如20CrNiMo钢)后再油淬;②在925℃渗碳后直接淬入油中,经过232℃回火,重新加热至805℃(如20CrNi2Mo钢),然后再次油淬,这种工艺也称为两次淬火工艺。

带有缓冷室的多室炉和大型井式渗碳炉采用重新加热淬火工艺最为有效。它们均具有良好的气氛循环风扇,更重要的是从经济角度来看,由 1 人就可操纵 6 台以上的炉子。重新加热淬火最适合于盐浴炉、流动粒子炉或循环气氛炉,尤其适用于直接淬火后畸变不符合要求而需用压床或套芯棒的零件的淬火。

渗碳件重新加热淬火后的主要特性如下:①由于重新加热,淬火件的残余奥氏体量较少,因而表层硬度一般较高,对提高滚动接触疲劳强度极为有利。例如 20CrNiMo 钢制齿轮经过渗碳和重新加热淬火后,可以得到 HRC60 以上的表面硬度,其 1×10^8 周次的接触疲劳强度可达 1 818 MPa,而直接淬火齿轮一般为 1 500 MPa,两次淬火可以获得滚动接触疲劳寿命所要求的最佳显微组织。②重新加热淬火极少产生显微裂纹,甚至表层碳的质量分数达到 2% 时也是如此,因此,可以得到较高的弯曲强度。③ 如果重新加热淬火的温度掌握不当,可能存在两个问题,一是对于表面碳的质量分数高于 0.9% 的大多数合金钢,温度偏低可能形成含有网状碳化物的渗层组织,这对材料的强度和韧性非常不利;二是温度偏低还可能使心部组织中存在块状铁素体,这对于碳的质量分数为 0.2% 的合金钢材,心部硬度会低于 HRC30,因而不能保证得到要求的强度和韧性。重新加热要有合适的保护气氛以保证渗碳层不致脱碳,这对于多室渗碳炉以及配有淬火槽和良好密封炉门的连续炉比较容易做到,对于盐浴炉和流动粒子炉问题也不大,但对于转动炉等周期性炉子,由于炉门频繁开启而混入空气,使得对渗碳工件的保护变得困难。

由此,淬火工艺的选择应该依据下列原则:

(1) 如果淬火后要进行磨齿以达到要求的精度,并希望得到较高的韧性和滚动接触(抗点蚀)强度,则最好采用两次淬火工艺,这种工艺能使残余奥氏体量降到最低,可以保证较好的磨削加工性和尺寸稳定性,一般的表面硬度均在 HRC60 以上,1×10^8 循环次数时的接触疲劳强度为 1 920 MPa。

(2) 当设计强度成为主要考虑因素时,一般选择渗碳—缓冷—重新加热淬火工艺。这种工艺可以避免产生显微裂纹,保证弯曲疲劳强度,同时残余奥氏体的减少有利于磨削加工。

(3) 渗碳后直接淬火工艺是最常用的一种工艺,是渗碳淬火件提高材料利用率、减少变形及操作损坏的最简捷工艺,它尤其适用于大批量生产以及无需模压或套芯棒淬冷的工件。低合金钢齿轮在 1×10^8 循环次数时的接触疲劳强度是 1 500 MPa,而轮齿弯曲强度一般为 450 MPa。

低合金钢渗碳后应用以上原则时,究竟是选择直接淬火还是重新加热淬火,这要根据决策者实际应用时所使用的设备情况、热处理条件等具体问题具体分析。

第四章 不锈钢的热处理

随着我国制造业的进步和国民经济建设的飞速发展，在国防、石油、化工、发电、海洋开发、原子能等领域中，不锈钢得到了越来越广泛的应用，对不锈钢耐腐蚀等各项性能的要求也越来越高。尽管冶金行业可以为我们提供优质的不锈钢，但是；还必须通过正确的热处理手段才能更充分地发挥不锈钢的功能。

一、如何对不锈钢进行热处理

对不锈钢进行热处理，是改善不锈钢的使用和加工性能的一种重要的工艺方法。在不少情况下，有必要对不锈钢进行热处理。其热处理工艺有些会安排在产品加工之前进行，有些则安排在产品加工后进行，更有些安排在两次加工之间进行。对不锈钢进行热处理，主要从以下几方面来考虑：

(1) 便于对产品进行加工。
(2) 提高产品强度，硬度等各项的机械性能。
(3) 使产品获得较好的耐腐蚀能力。

不锈钢的热处理工艺与普通金属的热处理工艺一样，都是在一定介质中加热、保温和冷却，以改变其组织，从而获得所需性能的一种工艺方法。由于对不锈钢性能要求不同，其热处理的类型也是多样的。

1. 如何对马氏体不锈钢进行热处理？

马氏体型不锈钢有良好的热处理性能，通过热处理可获得各种所需的强度硬度等机械性能，可调整范围极大。主要采用退火，淬火和回火等热处理工艺。

(1) 退火

马氏体型不锈钢退火目的是为了软化组织,便于加工和成型。在进行退火处理时,为了防止变形,加热速度不宜太快,通常的加热速度为 150～200 ℃/h,保温时间按材料的厚度或直径计算(约每 25 mm 保温 1h)。有完全退火和低温退火二种。完全退火时,加热温度为 800～900 ℃,冷却速度应尽量小,一般要低于 20 ℃/h。低温退火时,加热温度为 750 ℃左右,一般进行连续的空冷。

(2) 淬火

马氏体型不锈钢淬火目的是提高强度和硬度等。是将不锈钢加热到相变温度以上,一般为 1000～1100 ℃,通常加热速度为 150～200 ℃/h。保温时间按材料的厚度或直径计算,约每 25 mm 保温 1 h。然后在淬火剂中速冷。

(3) 回火

马氏体型不锈钢回火目的是为了提高韧性、消除内应力。是将不锈钢加热到相变温度以下,加热速度通常为 150～200 ℃/h,保温时间按材料的厚度或直径计算(约 25 mm 保温 1 h),然后采用空冷。国产马氏体不锈钢的淬火和回火规范见表 4-1。

表 4-1 国产马氏体不锈钢的淬火和回火规范

钢号	淬火		回火		典型用途举例
	淬火温度(℃)	冷却方式	回火温度(℃)	冷却方式	
1Cr13	1000～1050	油、水	650～790	油、水、空气	汽轮机叶片和水压机阀
2Cr13	1000～1050	油淬	650～770	油、水、空气	
3Cr13	1000～1050	油淬	200～300	油、水、空气	热压机阀门
4Cr13	1050～1100	油淬	200～300	油、水、空气	手术刀片
1Cr17Niz	950～1050	油淬	275～350	空气	要求高强度的耐硝酸工件
9Cr18	950～1050	油淬	150～300	油、空气	
9Cr18MoV	1050～1075	油淬	100～200	空气	高耐磨工件

实际上马氏体不锈钢的热处理与结构钢相同。例如:用在高强结构零件时需进行调质处理;用在弹簧元件要进行淬火和中温

回火等处理。

2. 如何对铁素体不锈钢进行热处理?

铁素体不锈钢最主要钢种是 Cr17 钢,由于含铬量增加到 17% 左右,加热时没有 α-γ 转变,而始终保持铁素体单相状态,这类不锈钢不能利用马氏体相变来强化,即不能进行淬火——回火处理。因此强度低,塑性比较好。有时为了消除加工应力,软化组织和消除晶间的腐蚀倾向,亦可进行适当的退火处理。一般加热温度为 750~800 ℃,保温时间为 1~2 h,或按厚度 1.5 min/mm 计算保温时间,冷却方式为空冷。常用铁素体不锈钢退火规范见表 4-2。

表 4-2 常用铁素体不锈钢退火规范

钢号	加热温度(℃)	冷却方式	典型用途举例
0Cr13	1 000~1 050	油、水	抗水蒸气设备、食品厂设备
1Cr17	750~800	空气	
Cr17Ti,1Cr17Ti	750~800	空气	
1Cr28,Cr25	700~800	空气	硝酸设备
1Cr27Mo2TiCr28	700~800	空气	硝酸浓缩设备

0Cr13 由于含有部分马氏体组织,因此可进行部分淬火强化处理,一般采用淬火后高温回火,其处理工艺与 1Cr13 相同。

3. 如何对奥氏体不锈钢进行热处理?

奥氏体不锈钢在不锈钢中一直扮演着最重要的角色,其生产量和使用量约占不锈钢总产量及用量的 70%。由于奥氏体不锈钢具有优良的性能和特点,使其越来越受到重视和应用,特别是在核电设备的制造生产中,更是被应用于制造重要、关键的零部件。

奥氏体不锈钢最基本的合金元素是铬和镍,代表性的牌号是含铬为 18% 左右、含镍为 8% 左右的铬-镍奥氏体不锈钢。铬和镍的元素配比基本上保证了钢的组织是稳定的奥氏体。奥氏体不锈钢的发展很快,为了适应不同条件的需要,在18-8钢的基础上,改变镍的含量或添加其他合金元素,赋予了这类不锈钢更优良的性能。

奥氏体不锈钢的组织结构决定了其力学性能的特点是强度较低而塑性和韧性较高。在我国不锈钢标准中,给定的奥氏体不锈钢抗拉强度一般为 $480\sim520$ N/mm^2;个别的还有 400 N/mm^2。按标准,奥氏体不锈钢锻材、轧材没给出冲击试验值,实际上,奥氏体不锈钢固溶化热处理后的冲击功可达 120J 或更高。奥氏体不锈钢的力学性能不能通过热处理进行调整。

18-8 型奥氏体不锈钢对氧化性介质,如大气、稀硝酸或中等浓度的硝酸、浓硫酸是耐腐蚀的,在氢氧化钠和氢氧化钾的溶液中,在相当宽的浓度和温度范围内有较好的耐腐蚀性。而在还原性介质,如盐酸、亚硫酸中不耐腐蚀,在浓硝酸中也不耐腐蚀。此外,奥氏体不锈钢加热后在 $850\sim400$ ℃区间缓慢冷却时,铬的碳化物会从晶界析出,使晶界处产生局部贫铬区,从而产生晶间腐蚀。奥氏体不锈钢的抗晶间腐蚀能力与含碳量有关,含碳量越低,抗晶间腐蚀能力越强。奥氏体不锈钢对应力腐蚀开裂敏感。钢中的含镍量对提高耐应力腐蚀开裂有重要的作用。

依据化学成分、热处理目的的不同,奥氏体不锈钢常采用的热处理方式有固溶化处理、稳定化退火处理、消除应力处理以及敏化处理等。

(1)固溶热处理

奥氏体不锈钢固溶化处理就是将钢加热到过剩相充分溶解到固溶体中的某一温度,保持一定时间之后快速冷却的工艺方法。奥氏体不锈钢固溶化热处理的目的是要把在以前各加工工序中产生或析出的合金碳化物,如(FeCr)$_{23}$C$_6$ 等以及 σ 相重新溶解到奥氏体中,获取单一的奥氏体组织(有的可能存在少量的 δ 铁素体),以保证材料有良好的机械性能和耐腐蚀性能,充分地消除应力和冷作硬化现象。固溶化处理适合任何成分和牌号的奥氏体不锈钢。

固溶处理可使不锈钢的抗腐蚀性有很大的改善,消除加工硬化,降低硬度等。主要处理工艺为将钢加热到 1 050～1 150 ℃,保温时间按材料厚度或直径计算(约每 25 mm 保温 1 h),冷却多采用水淬。常用国产奥氏体不锈钢的固溶热处理工艺规范见表 4-3。

表 4-3　常用国产奥氏体不锈钢的固溶热处理工艺规范

钢号	加热温度(℃)	冷却方式	用途举例
00Cr18Ni10	1 050～1 100	水	耐蚀性好、化工设备
1Cr18Ni9、2Cr18Ni9	1 050～1 150	水	耐硝酸等设备
0Cr18Ni9Ti	950～1 050	水	抗磁仪表、医疗器械、耐酸容器设备
1Cr18Ni9Ti	1 100～1 150	水	

(2)稳定化热处理

稳定化热处理一般安排在固溶处理后进行,常用于含钛、铌的 18-8 钢。含钛、铌的奥氏体不锈钢进行稳定化热处理,其目的是为了最大限度地发挥抗晶间腐蚀的效能。由于铬的碳化物完全溶解,而钛等的碳化物不完全溶解,且在冷却过程中充分析出,使碳不可能形成铬的碳化物,因此有效地消除晶间腐蚀的产生。主要处理工艺一般安排在固溶处理后,将钢加热到 850～950 ℃,进行充分的保温,保温时间按厚度或直径(约每 25 mm 保温 2 h),保温后采用空冷或炉冷。不含钛或铌的钢号不能进行稳定化处理,否则其效果适得其反。

(3)消除应力热处理

奥氏体型不锈钢进行消除应力热处理的目的是:①在不改变材料塑性的前提下,提高材料的层服强度和疲劳强度。②消除内应力可能引起的应力腐蚀倾向。主要处理工艺为:对于目的①,可在较低温度下,(300～350 ℃)加热保温 1～2 h 后空冷。对于目的②,加热温度必须在 800 ℃ 以上,保温后快冷。而含钛或铌的钢种则在保温后采用缓慢冷却。

表 4-4 各类不锈钢按工作要求选择热处理方法

钢号 \ 工艺 \ 要求	强化	软化	提高耐腐蚀	一般的最后热处理
马氏体不锈钢	淬火	退火	淬火	淬火＋回火
铁素体不锈钢		退火	退火	退火
奥氏体不锈钢 含 Ti 或 Nb		固溶	稳定化	稳定化
奥氏体不锈钢 不含 Ti 或 Nb		固溶	固溶	固溶

(4) 敏化处理

敏化处理实际上不属于奥氏体不锈钢或其制品在生产制造过程中应该采用的热处理方法。而是作为在检验奥氏体不锈钢抗晶间腐蚀能力进行试验时所采用的一个程序。

敏化处理实质上是使奥氏体不锈钢对晶间腐蚀更敏感化的处理。对一些特殊使用场合,为更严格地考核材料的抗晶间腐蚀能力,在某些标准中,对奥氏体尽锈钠的敏化制度规定得更为苛刻,依据工件将来使用的温度及材料的含碳里以及是否含钳元素等因素而采用不同的敏化制度。有的还对敏化处理的升、降温速度加以控制。所以,在判定奥氏体不锈钢晶间腐蚀倾向性大小时,应注意采用的敏化制度。各类不锈钢按工作要求选择热处理方法见表 4-4。

(5) 奥氏体不锈钢的冷加工强化及去应力处理

奥氏体不锈钢不能用热处理方法强化,但可以通过冷加工变形得以强化(冷作硬化、形变强化),会使强度提高、塑性下降。

奥氏体不锈钢或制品(弹簧,螺栓等)经冷加工变形强化后,存在较大的加工应力,这种应力的存在导致在应力腐蚀环境中使用时,增加了应力腐蚀的敏感性,影响尺小的稳定性。为减小应力,可采用去应力处理。一般是加热到 280~400 ℃保持 2 h~3 h 后空冷或缓冷。去应力处理不仅可减少制件的应力,还会在延伸率无大改变的情况下,使硬度强度及弹性极限得到提高。

(6)奥氏体不锈钢热处理应注意的一些问题

首先要注意奥氏体不锈钢固溶化处理加热温度的合理选择,在奥氏体不锈钠的材料标准中,规定的固溶化加热温度范围较宽,实际热处理生产时,可考虑钢的具体成分、含量、使用环境、可能失效形式等因素,合理地选择最佳加热温度。但是,要注意防止因溶化加热温度太高,因为固溶化处理加热温度太高,可能使经过锻轧已经细化晶粒的材料晶粒长大。晶粒的粗化会引起一些不良后果。

其次应注意稳定化处理对固溶状态性能的影响,含稳定化元素的奥氏体不锈钢,固溶化热处理后再经稳定化处理时,会使机械性能有下降的趋势。强度和塑性、韧性均有这个现象。强度下降的原因,可能是稳定化处理时,强碳化物形成元素钛与更多的碳结合成 TiC,减少了碳在奥氏体固溶体中的强化程度,并且,TiC 在加热保温过程中也会集聚长大,这也会对强度产生影响。

第三,稳定化处理加热温度不宜过高,一般是选择在 850~930 ℃之间。奥氏体不锈钢不宜多次进行固溶化处理,因为多次固溶加热,会引起晶粒长大,结材料性能带来不利影响。同时,加工过程中要注意污染,一旦受到污染,应采取消除污染措施。

总之,由于使用场所和使用环境的不同,加之对不锈钢提出的性能要求各异,与之相适应的热处理工艺也是多种多样的。要提高不锈钢质量和使用的可靠性,合理采用热处理方法是非常重要的。

二、典型不锈钢的退火

不锈钢退火是为了消除因热轧产生的应力,恢复正常的金属组织,获得最佳的使用性能,或为不锈钢的生产和加工用户进行不锈钢冷、热加工创造必要的条件。不锈钢需求量的日益增长,国内特殊不锈钢产品在品种和产量上却远远不能与之相适应。所以,掌握不锈钢的退火技术非常重要。

1.00Cr17Ti 不锈钢薄板冷轧时表面出现皱折怎么办?

00Cr17Ti 铁素体不锈钢不含镍,是一种低成本不锈钢。目前,它已部分替代奥氏体不锈钢应用于建筑、厨具、家电、装潢等领域。在这些领域,要求其不锈钢有优异的表面质量。但是,在深加工的过程中,00Cr17Ti 铁素体不锈钢容易出现一种表面皱折缺陷,具体表现为在工件的表面沿轧制方向易出现许多凸凹不平的细长条纹。皱折的出现,不仅损害了产品的外观,同时也增加了后续抛光过程中的劳动强度,增加了生产成本。

那么,00Cr17Ti 不锈钢薄板冷轧时表面容易出现皱折的原因是什么,有专家认为,这是由于铁素体不锈钢热轧带相对较软,有的不锈钢厂家为了降低生产成本倾向于不经热带退火而直接进行冷轧造成的。

例如,某高校与企业研究者将钢坯(化学成分见表 4-5)加热到 1 200 ℃,保温 2 h。开轧温度 1 100 ℃,终轧温度 850 ℃,经 7 道次从 90 mm 轧至 5.0 mm。轧后水冷至 600 ℃,放入热处理炉保温 0.5 h(工艺 1)。然后,热带在 900 ℃ 条件下退火,保温 3 min (工艺 2)。将热轧及退火带分别酸洗后再进行冷轧,冷轧时需加张力,压下率均为 83%。最后,两种冷轧带均在 850 ℃ 条件下退火,保温 2 min。将成品板表面皱折程度比较发现,标准试样拉伸 15% 后板宽方向的表面粗糙度测量结果表明:经热带退火的成品板的平均粗糙度 R_a 和最大粗糙度 R_t 分别为 1.27、12.06 μm,抗皱性能良好;而不经热带退火的成品板的 R_a 和 R_t 分别为 2.18、23.19 μm,抗皱性能较差。很明显,热带退火工艺可以极大地减轻成品板的表面皱折程度。

表 4-5 00Cr17Ti 不锈钢薄板试验用钢的化学成分(质量分数 wt%)

C	Si	Mn	Cr	N	Ni	P	S	O	Ti
0.015	0.27	0.13	16.4	0.005	0.02	0.005	0.004	0.002	0.19

图 4-1 示出了研究者在不同工艺条件下 00Cr17Ti 不锈钢显微组织的演变情况。由图 4-1 可以看出,00Cr17Ti 铁素体不锈钢热轧后没有发生再结晶,呈严重拉长的变形带。经退火后,发生了

再结晶，全部为等轴化晶粒。经 83% 的压下量冷轧后，晶粒被严重压扁拉长，变形带组织比热轧时更明显，沿板厚方向变形带的宽度变化不大。冷轧带经再结晶退火后，变形带消失，等轴状的晶粒重新形成，晶粒大小比较均匀，平均晶粒度为 7 级。热轧带不经退火而直接进行冷轧后，其变形带较平直，沿板厚方向变形带宽度相差很大，靠近表层变形带细密，而靠近中心变形带较粗大。经退火后，再结晶晶粒的平均晶粒度为 8 级。沿板厚方向晶粒大小不均，表层较小，中部较大。两种工艺成品板晶粒大小的不同是由两者的冷轧带的变形储能及宽度的不同决定的。一方面，与经热带退火的冷轧带相比，不经热带退火的冷轧带由于具有更高的变形储能和更多的形核位置（如位错、晶界、亚晶界等缺陷）而使其退火后的再结晶晶粒尺寸整体较小。另一方面，不经热带退火的冷轧带的变形带宽度沿厚度方向的变化导致了再结晶晶粒沿板厚的组织不均匀性。而两种冷轧带的变形带宽度的不同是由热轧带、退火带组织均匀性的不同分别遗传下来的。很显然，经热带退火的成品板由于在表层和中部具有更加均匀的组织，在拉伸过程中具有很好的变形协调性而使得表面皱折程度大大降低。不经热带退火的成品板则由于表层和中部晶粒大小的不同而使变形协调性降低，加剧了表面皱折的产生。

有关试验和模拟结果表明，铁素体不锈钢薄板的表面皱折归因于晶粒簇的存在。由于晶粒簇与周围基体具有不同的塑性应变比。因此，变形过程中其变形行为与基体不一致。塑性应变比可用式（4-1）算出：

$$\gamma = \frac{\varepsilon_b}{\varepsilon_a} \tag{4-1}$$

拉伸过程中，塑性应变比高的晶粒簇在板厚方向很难减薄，相对于周围基体而隆起。塑性应变比低的晶粒簇在板厚方向迅速减薄，相对于周围基体而塌陷。大量晶粒簇的存在最终导致了表面皱折的发生。

图 4-2 研究者给出了两种工艺的成品薄板中心层的晶体取向

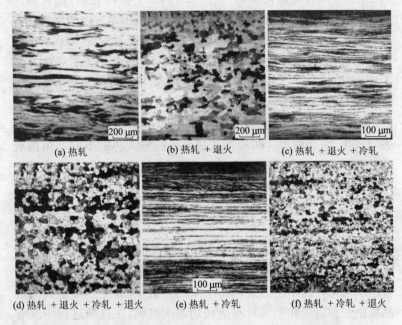

(a) 热轧　　(b) 热轧+退火　　(c) 热轧+退火+冷轧

(d) 热轧+退火+冷轧+退火　　(e) 热轧+冷轧　　(f) 热轧+冷轧+退火

图 4-1　不同状态 00Cr17Ti 不锈钢的显微组织(纵截面)

分布以及沿板宽方向的织构梯度情况。对比图 4-2(a)与图 4-2(b)可见,两种工艺的成品板在中心层板面上都出现了平行于轧向的带状的 $\langle 111 \rangle / / $ND 晶粒簇。不同的是,经热带退火的成品板的晶粒簇较间断、细窄,分布相对分散,而不经热带退火的成品板的晶粒簇较连续、粗大,分布相对集中。两种成品板晶粒簇形态和分布的差异使得两者的织构梯度相差很大。不经热带退火的要比经热带退火的织构梯度大。织构梯度大,表明相应位置的大量晶粒的晶体取向越一致,即晶粒簇特征越显著。簇内各晶粒的变形行为趋于一致,而与周围基体的变形行为相差悬殊。晶粒簇与周围基体具有不同的塑性应变比,经相同的拉伸变形后,晶粒簇与周围基体在板厚方向的减薄程度不同而导致沿轧向出现凹凸不平的细条纹。织构梯度值越大,晶粒簇越连续、粗大,所引起的皱折程

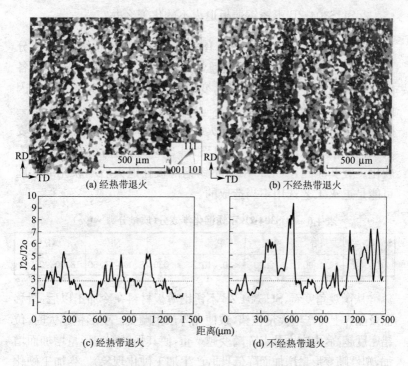

图 4-2 薄板的晶体取向分布及相应的织构梯度

度越严重,这是导致不经热带退火的成品板比经热带退火的成品板表面皱折严重的主要原因。

"00Cr17Ti 热带退火对冷轧薄板表面皱折的影响"、"退火对 00Cr17Ti 铁素体不锈钢薄板晶粒簇的形态和分布的影响"以及"退火对冷轧薄板表面皱折的影响"等研究结果表明,与不经热带退火相比,经热带退火能使成品薄板的表面皱折大大减轻。与不经热带退火相比,经热带退火的成品薄板在板厚方向具有较均匀的组织,板宽方向的织构梯度较小,晶粒簇较间断、细窄、分散,所有这些使得成品薄板的表面皱折大大减轻。因此,为了满足生产对薄板表面质量的严格要求,选择合适的退火温度对热轧带进行退火是很有必要的。

2. SUS304-2B 不锈钢薄板退火不软化怎么办?

SUS304-2B 不锈钢是一种 18-8 系的奥氏体不锈钢,化学成分见表 4-6。SUS304-2B 不锈钢通常用做冲压板材,其冲压件上各部分材料的变形程度各不相同,变形大致在 15%~40%之间。因此,各部分材料的硬化程度也不一样。为了能进行下一道加工,一般都必须进行工序间的软化退火(即中间退火),以降低硬度,恢复其塑性。但有些用户反映其 SUS304-2B 不锈钢薄板在退火后不软化。究其原因,SUS304-2B 不锈钢薄板在退火后不软化的问题可能是退火工艺选用不当造成的。

表 4-6 SUS304-2B 不锈钢化学成分(质量分数 wt%)

C	Si	Mn	P	S	Ni	Cr
≤0.08	≤1.00	≤2.00	≤0.040	≤0.030	8.00~10.50	18.00~20.00

从微观角度看,SUS304-2B 不锈钢薄板材料在冷加工以后,滑移面及晶界上将产生大量位错,致使点阵产生畸变。变形量越大时,位错密度越高,内应力及点阵畸变越严重,使其强度随变形量增加而增加,塑性随变形量增加而降低(即,产生加工硬化现象)。当加工硬化达到一定程度时,如继续形变,便有引起材料开裂或脆断的危险;在环境气氛作用下,放置一段时间后,工件会自动产生晶间开裂(通常称为"季裂")。所以 SUS304-2B 不锈钢在冲压成型过程中,应当选择其合适的中间退火工艺,以消除加工硬化现象。但是,什么样的退火工艺可以消除 SUS304-2B 不锈钢的加工硬化?

理论上,选择材料的最佳中间退火工艺路线,必须对其材料的加工硬化和退火软化的规律和机理进行深入的研究和探讨。例如。某高校通过单向拉伸对 SUS304-2B 不锈钢施加不同的室温预变形,研究了 SUS304-2B 不锈钢加工硬化规律;再对具有不同硬化程度的 SUS304-2B 不锈钢材料进行退火处理,研究其软化规律与机理,为实际生产工艺的制定提供了依据。

该实验首先在 LJ-5000A 型机械式拉力试验机上将 SUS304-

2B不锈钢试样拉伸至不同预变形量（15％、25％、40％）后卸载，然后经过不同热处理制度（低温、高温）退火后，分别取样采用HAV-10A型低负荷维氏硬度计进行硬度测试（加载4 kg，时间20 s）；用CSS-44100电子万能试验机进行拉伸试验，将试样拉至断裂，比较其力学性能（伸长率、屈服强度0.2、抗拉强度σb）；并采用POLYVAR METⅡ型金相显微镜观察了显微组织。

在进行SUS304-2B不锈钢的加工硬化分析中，对试样施加了不同的拉伸预变形量后，重新标定了标距，对试样重新进行拉伸试验，拉伸试样如图4-3所示，结果见表4-7。由表4-7可见，随着试样预变形量的增加，其$\sigma_{0.2}$、σ_b均明显提高，硬度值增加，而塑性下降，材料产生了明显的加工硬化现象。同时，由表4-7也可清楚的看出：随着变形量的增加，试样的屈强比也随之增加，这说明试样的可成形性也会随着冷变形量的增加而降低。

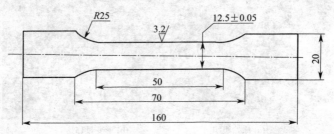

图4-3　SUS304-2B钢薄板标准拉伸试样

表4-7　不同预变形量对SUS304-2B钢力学性能的影响

预变形量(%)	$\sigma_{0.2}$(MPa)	σ_b(MPa)	δ(%)	$(\sigma_{0.2}/\sigma_b)\times100$	HV4
0	269.396	705.225	63	38.2	176.720
15	585.833	856.760	44	68.4	265.145
20	633.103	858.530	40	73.7	280.378
25	760.304	919.030	39	82.7	300.342
40	981.434	1 022.950	22	89.9	334.007

经不同变形量后的金相组织如图4-4所示。由图4-4可见，

SUS304-2B钢在变形前的组织为单相奥氏体,基本上为均匀细小的等轴晶,部分为退火孪晶。随着形变量的增加,晶粒的变形程度、组织缺陷也随着增加。而在低应变条件下,组织中没有出现金相上明显可见的形变迹象;随着形变量增大,晶粒沿流动方向被拉长,形变孪晶数量增加。

SUS304-2B钢是一种低层错能材料,在塑性变形过程中位错不易产生攀移和交滑移,位错的可动性降低;同时晶界上的碳化物在金属塑性变形过程中能钉扎位错,使位错的活动性明显减小,产生位错塞积,使材料的强度、硬度提高,塑性下降,产生明显加工硬化。此外由于相界、晶界、孪晶界的脆性碳化物、非金属夹杂物等割断了基体金属的连续性,也使材料的塑性下降。

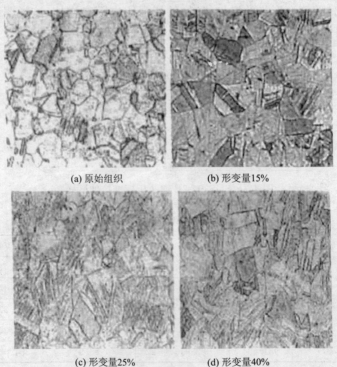

(a) 原始组织　　　　(b) 形变量15%

(c) 形变量25%　　　　(d) 形变量40%

图 4-4　SUS304-2B钢在不同形变量下的金相组织×200

经加工硬化的 SUS304-2B 不锈钢可采用高温和低温两种退火方式来恢复塑性,降低硬化程度,并消除或减少残余应力。有关研究指出,为了不使 SUS304-2B 钢材料产生敏化,退火时应避开 500~850 ℃ 的敏化温度范围。

不同退火工艺对具有各种预形变量的 SUS304-2B 钢试样的力学性能的影响见表 4-8。由表 4-8 可见,低温退火对其 $\sigma_{0.2}$ 的影响较小,在 400 ℃ 以下退火后 $\sigma_{0.2}$ 几乎没变,而高温退火影响较大,预形变量为 15% 的试样在 1 050 ℃ 下退火后 $\sigma_{0.2}$ 迅速下降到 257 MPa;试样的 σ_b 几乎随退火温度升高呈线性下降,但变化的幅度比 $\sigma_{0.2}$ 小得多。同时可知:试样的维氏硬度随退火温度的升高而下降,并且在低温退火处理后,硬度变化不大。而随着退火温度升高试样的 δ 明显提高,特别是高温退火状态下 δ 升高最为明显,达到了完全软化状态。在 1 050 ℃ 下退火(保温时间 3 min,快冷),试样的硬度与快冷条件下的基本相同,但 δ 降低比较明显,这是由于在冷却过程中碳化物从晶界析出所致。

表 4-8 各种预形变量的 SUS304-2B 钢试样经不同退火工艺后的力学性能

预形变量(%)	退火工艺	$\sigma_{0.2}$(MPa)	σ_b/(MPa)	δ(%)	HV4
15	室温	585.8	856.7	44	265.1
	330 ℃×35 min	594.3	817.9	51	267.0
	490 ℃×35 min	571.4	793.7	52	266.0
	900 ℃×10 min	249.6	731.4	68	176.9
	1 050 ℃×3 min	257.9	693.1	73	169.6
25	室温	760.3	919.0	39	300.3
	900 ℃×10 min	594.3	817.9	51	267.0
	950 ℃×8 min	240.0	724.2	71	161.3
	1 050 ℃×1 min	259.2	720.4	73	182.4
	1 050 ℃×3 min	223.9	671.7	80	164.7
	1 050 ℃×3 min(缓冷)	241.5	724.3	68	163.1
	1 050 ℃×5 min	231.1	704.2	80	166.3

续上表

预形变量(%)	退火工艺	$\sigma_{0.2}$(MPa)	σ_b/(MPa)	δ(%)	HV4
40	室温	981.4	1 002.9	22	334.0
	100 ℃×35 min	950.4	984.9	21	344.9
	200 ℃×35 min	954.6	980.5	26	345.8
	300 ℃×35 min	985.0	1 012.6	14	351.3
	400 ℃×35 min	1 007.4	1 013.5	15	319.3
	900 ℃×10 min	290.8	803.1	66	187.3
	1 050 ℃×5 min	235.4	673.4	76	169.4

预形变量为15%的试样退火后的金相组织如图4-5所示。由图4-5可见,在490 ℃低温退火,其组织没有太大变化,保留了冷加工组织状态,存在大量的变形孪晶;而在1 050 ℃退火(水冷),材料已完全再结晶,碳化物弥散均匀地分布在晶粒内,并且形成了退火孪晶。

(a) 490℃低温退火　　　　(b) 1 050℃低温退火(水冷)
图4-5　形变量为15%的试样退火后的金相组织　×200

预形变量为25%的试样退火后的金相组织如图4-6所示。由图4-6可看出,经900 ℃×10 min退火后水冷,由于退火温度较低,晶界处碳化物还没有完全溶入基体,如图4-6(a)所示;经1 050 ℃×3 min退火后水冷,材料发生完全再结晶,碳化物几乎完全固溶,且均匀弥散分布在晶粒内,晶粒大小较均匀,如图 4-6(b)所示;经 1050 ℃×5 min 退火后水冷,晶粒尺寸差别显著增大,少数晶粒异常长大,可能发生了二次再结晶,如图 4-6(c)所示;经 1 050 ℃×3 min 退火后随炉缓冷,溶入基体的碳化物在冷却过程中重新在晶界析出,如图 4-6(d)所示;且缓冷过程中经过敏化温度区(500~850 ℃),在短时间内便发生敏化,碳化物($Cr_{23}C_6$)沿晶界连续析出。这些区域在腐蚀环境下极易发生电化学腐蚀,促使 SUS304-2B 不锈钢晶粒间结合力严重丧失。

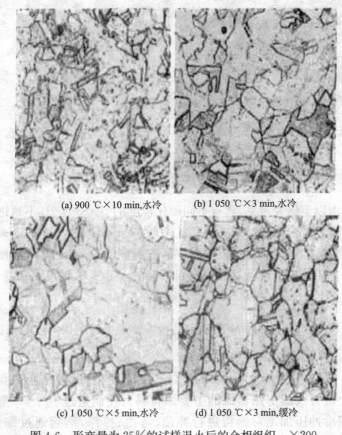

(a) 900 ℃×10 min,水冷   (b) 1 050 ℃×3 min,水冷

(c) 1 050 ℃×5 min,水冷   (d) 1 050 ℃×3 min,缓冷

图 4-6　形变量为 25% 的试样退火后的金相组织　×200

形变量为40%的试样退火后的金相组织如图4-7所示。由图4-7可见,试样经400 ℃×35 min 退火后(空冷),组织形貌变化不大,基体内仍存在大量的形变孪晶,如图4-7(a)所示;经1 050 ℃×3 min 退火后(水冷),材料已发生了完全再结晶,碳化物均匀弥散的分布在基体内,并且在晶粒长大过程中在晶界处形成了退火孪晶,如图4-7(b)所示。

(a) 400 ℃×35 min,空冷　　　(b) 1 050 ℃×3 min,水冷

图4-7　形变量为40%的试样退火后的金相组织　×200

由以上研究可见,具有不同硬化程度的SUS304-2B不锈钢板材,采用高温(1 020~1 150 ℃)短时(3 min)快速冷却的退火工艺,通过使其材料发生完全再结晶,并抑制晶粒的长大,从而使金属中的位错密度降低,残余应力得到完全消除,材料塑性恢复,可获得最佳的软化效果。

3. 冷冲压后的304不锈钢是否需要退火?退火温度应选择多少合适?

作为通用型耐蚀材料的进口304不锈钢板材,是制造食品工业设备及厨房用器皿的主要原材料。在制造过程中,一般多利用冷冲压加工对钢板进行冲裁、弯曲、拉深,然后通过缩口、胀型等工艺制成零件。在冷加工的工序中,若制件的材料出现加工硬化、可加工性变坏的现象时,必须对材料采用退火的热处理方法消除其加工硬化现象,使组织均匀和软化、硬度降低,可压力加工性能改善。但是,304不锈钢究竟采用多高的退火温度合适?

根据有关研究,试验用的AISI标准奥氏体类、钢号304不锈钢板材的化学成分见表4-9。

表4-9　304不锈钢的化学成分(质量分数wt%)

C	Si	Mn	P	S	Cr	Ni
≤0.080	≤1.00	≤2.00	≤0.045	≤0.030	18.00~20.0	8.00~10.50

在200 t拉伸压力机上,将$D=252$ mm、厚$S=0.7$ mm的304不锈钢板材拉伸成$d=135$ mm的圆筒件。此时拉伸系数$m=135/252=0.536$(满足试验要求的拉伸系数$m=0.5\sim0.6$)。沿拉伸圆筒的轴线,从圆筒侧壁上分切出30 mm宽的片材,经线切割后抛磨,侧面线切割端面而制成所需要的试样,其尺寸如图4-8所示,拉伸变形后材料的力学性能见表4-10。

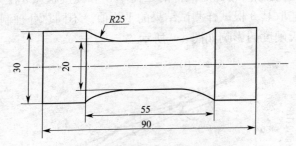

图4-8　拉伸试样尺寸(单位:mm)

表4-10　不同状态下材料力学性能

试件状态	硬度(HB)	延伸率δ(%)	抗拉强σ_b(MPa)
原始进口材料	110	45.24	66.43
经拉伸变形后	280	11.91	95

由表4-10可见,304不锈钢材料在经过拉伸变形后,由于加

工硬化的影响,其硬度、抗拉强度大大提高,延伸率显著下降,可加工性变差。因此,该材料必须进行退火处理。

现以节电型 SX-4-10 型箱式电阻炉,配用 DRZ 温度控制器及 NiCr-NiSi 热电偶,热处理过程中实现了温度提示与自动控制对其材料进行热处理为例。

分别采用以下 4 种热处理制度:

(1) (600 ℃,700 ℃,800 ℃,900 ℃,1 000 ℃)×1 min 空冷。

(2) (600 ℃,700 ℃,800 ℃,900 ℃,1 000 ℃)×1 min 水淬。

(3) (600 ℃,700 ℃,800 ℃,900 ℃,1 000 ℃)×3 min 空冷。

(4) (600 ℃,700 ℃,800 ℃,900 ℃,1 000 ℃)×3 min 水淬。

热处理后,采用硬度试验及常规拉伸试验测定不同热处理工艺条件下 304 不锈钢板材的力学性能。硬度测试设备是 HD1-1875 型布、洛、维硬度计,测定各种热处理条件下试样的布氏硬度为 HB2.5、62.5、30(表示采用压头直径为 2.5 mm,加压 62.5 kg,保持时间 30 s 所测出的布氏硬度值)。拉伸试验在国产 60 t 万能材料试验机上进行,测定试件的延伸率 δ 和强度极限 σ_b。每种热处理工艺取其 3 根试样测试结果的平均值。不同热处理制度下对试样布氏硬度的影响如图 4-9 所示。

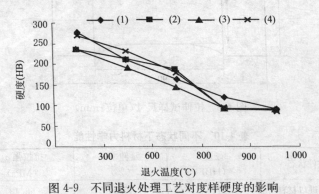

图 4-9　不同退火处理工艺对试样硬度的影响

由图 4-9 可见,材料的硬度随加热温度的增加而减少。尤其是经 3 min 加热后空冷的材料,其相对硬度值较低。

延伸率表示材料在断裂前发生不可逆变形量的多少,是材料冷加工中非常重要的力学性能指标之一。正是由于金属有了塑性,才有可能利用不同的压力加工方法将其制成各种几何形状的零件。

在加工过程中,应当尽量提高材料的塑性,降低材料的塑性变形抗力,提高材料的压力加工性能。材料的塑性用延伸率表示。

延伸率测定方法是:拉伸前测定试件的标距为 I_0,拉伸断裂后测得标距为 L_k,则延伸率 $\delta=(I_0-I_k)/I_0$,用百分比表示。如图 4-10 所示是不同热处理制度对试样延伸率 δ 的影响。

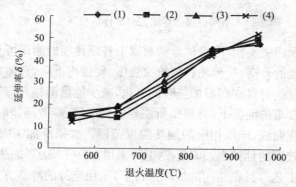

图 4-10 不同退火处理工艺对试样延伸率的影响

由图 4-10 可见,材料的延伸率在 700 ℃以下时,随加热温度的升高并无较大的变化;但当加热温度为 700~900 ℃时,延伸率则明显增大;加热温度大于 900 ℃时,除加热 1 min 空冷的热处理状态下,试样的延伸率增加减缓外,其余均随温度的升高延伸率显著增加。

不同热处理条件对材料的抗拉强度的影响如图 4-11 所示(试验过程中,试样承受的最大载荷 P_{max} 除以试件的原始截面 A_o,即得抗拉强度 σ_b,$\sigma_b=P_{max}/A_o$)。由图 4-11 可见,随着加热温度的提高,试样的强度下降。尤其是温度超过 750 ℃时,4 种退火工艺材料的强度都呈下降趋势。但与工艺 2、3 相比，水淬的工艺 1 和 4，在 700 ℃后强度下降缓慢。

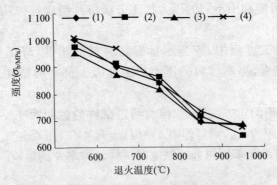

图 4-11　不同退火处理工艺对试样抗拉强度的影响

根据相关实验，综合试验者对以上各项性能的测试可见，随着加热温度的升高，拉伸坯料的抗拉强度、硬度均下降，延伸率提高。但为了避免材料在高温加热时的氧化，减少能量消耗，生产者在满足工艺要求的前提下，可根据所需要的变形量，参考延伸率与加热温度变化曲线，选取相应的加热温度范围。如果冷加工时需要材料达到较高的延伸率，304 不锈钢可采用 900~950 ℃加热保温的热处理工艺。且在相同的加热条件下，采用空冷的冷却方式即可。

4. 如何退火可使 304HC 不锈钢钢丝能获得较高的塑性和较好的综合性能？

304HC 奥氏体不锈钢是在原 304HC 不锈钢的基础上加入 1.0%~3.0%的 Cu，使其冷加工性能和耐腐蚀性能得以提高的一种新的不锈钢材料，化学成分见表 4-11。

304HC 奥氏体不锈钢不能通过热处理手段进行强化，但可以通过形变的方式提高其强度，即对奥氏体不锈钢进行多次拉拔，利用强烈的加工硬化来提高奥氏体不锈钢钢丝的强度。拉拔后，微观上钢丝内滑移面及晶界上将出现大量位错，致使点阵产生畸变。随着变形的进行，畸变量增加，钢丝的变形抗力和强度提高,而塑性降低。当加工硬化达到一定程度,继续变形时,钢丝便会产生裂纹甚至有断裂的危险。因此,在304HC不锈钢钢丝拉拔过程中,一般都必须进行软化退火,消除其残余应力,提高材料塑性,消除加工硬化,以便能进行下一道加工。那么,304HC奥氏体不锈钢钢丝怎么退火才能获得较高的塑性和较好的综合性能?

表 4-11 304HC 奥氏体不锈钢盘元的化学成分(质量分数 wt/%)

C	Mn	Si	P	S	Ni	Cr	Cu
0.027	1.22	0.35	0.031	0.001	8.10	18.26	2.52

为了选择最佳的退火工艺参数,某高校的科研人员对钢丝加工硬化和退火软化的规律及机理进行研究。他们通过对304HC不锈钢钢丝冷拉拔,对拉拔试样进行退火,研究了不同退火工艺条件对其组织和性能的影响。

实验材料为某厂生产的直径为 5.5 mm 的 304HC 盘元。盘元经过 3 个道次(5.5 mm→4.5 mm→3.8 mm→3.45 mm)的冷拉拔后,将 3.4 mm 的钢丝分别于 1 050 ℃、1 080 ℃、1 100 ℃的退火温度和 4 m/min、6 m/min、8 m/min 的走线速率下进行连续退火。观察其退火后试样的微观组织形貌,对退火后的钢丝进行拉伸实验,测量其力学性能指标(主要测定其屈服强度、抗拉强度及延伸率)。

图 4-12 为 5.5 mm 盘元的金相组织形貌照片。由图 4-12 中可见,该 304HC 盘元的组织大多为等轴奥氏体晶粒,同时存在少量退火孪晶;边部组织晶粒尺寸较大(20 μm),而芯部组织晶粒尺寸较小(15 μm)。

从图 4-12 中还可以看到大量的第二相组织(α 铁素体),呈黑色点状均匀分布在芯部横截面上,相对应地在芯部纵截面上存在部分带状组织,沿变形方向分布。第二相产生的原因应该是由于热轧后固溶处理时保温时间过短或加热温度偏低,使纤维组织中出现 α 铁素体。同时,形变过程中亚稳 γ 相也会转变为具有铁磁性的体心立方马氏体（α'）相，破坏了组织的均匀性，降低了组织的力学性能，且使材料不能成为无磁性钢。

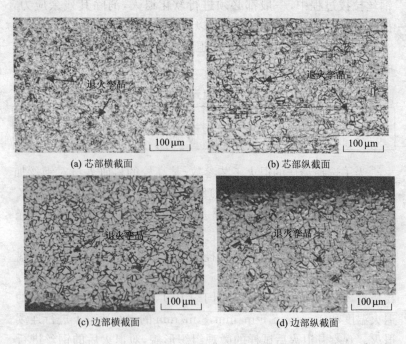

图 4-12 304HC 盘元金相组织形貌照片

图 4-13 为盘元经不同道次冷拉拔后硬线的金相组织照片。由图 4-13 可见，将钢丝拉拔至 4.5 mm 后，奥氏体晶粒被拉长且出现较多的形变孪晶，各晶粒的变形也呈现出不均匀性，盘元中颗粒状的第二相组织（α 铁素体）被拉长呈条带状。继续拉拔至 3.8 mm 及 3.45 mm 时，材料的原始晶粒被彻底破碎，晶界模糊不清，原晶粒已被拉长形成纤维状组织，使不锈钢的塑性减弱，冷加工硬化率增大。同时晶界上的碳化物在金属塑性变形过程中钉扎位错，使位错活动性明显减少，产生位错塞积，材料的强度提高、塑性下降、产生明显的加工硬化。

图 4-14 为走线速率为 4 m/min 时不同退火温度下退火后钢

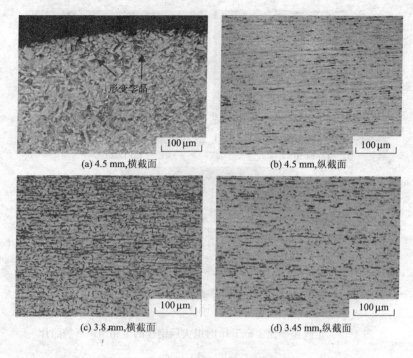

图 4-13 硬线金相组织形貌照片

丝纵截面的金相组织形貌照片。由图 4-14 中可见,当走线速率为 4 m/min 时,随着退火温度的升高,钢丝中第二相 α 铁素体的数量逐渐减少;第二相 α 铁素体的分布形态也发生变化,1 080 ℃下退火后其呈颗粒状均匀分布于晶粒内,1 100 ℃下退火后,其则呈网状形态分布于原奥氏体晶界处。

图 4-15 为 1 100 ℃、不同走线速率下退火后钢丝的横截面金相组织形貌。由图 4-15 中可见,当退火温度一定时,走线速率越快,退火后组织中第二相的数量越多,当走线速率为 8 m/min 时第二相的数量明显增加,这是由于走线速率过快,组织仅发生了回复过程,来不及再结晶。较多的第二相组织将严重影响钢丝的组织均匀性,并使钢丝的塑性明显降低。

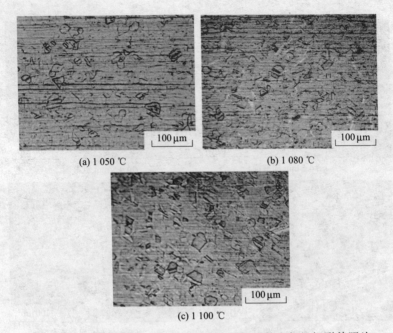

图 4-14　走线速率为 4 m/min 时退火后钢丝的金相组织形貌照片

不同退火工艺下退火后钢丝的晶粒尺寸如图 4-16 所示。从图 4-16 中可以看出，随着退火温度的升高，钢丝的晶粒尺寸变大，这是由于退火温度升高，组织回复及再结晶的程度提高，导致晶粒变大；随着走线速率的降低，晶粒尺寸变大，这是由于走线速率降低，晶粒长大的时间延长，导致晶粒变大。

不同退火温度下退火后钢丝的力学性能变化趋势如图 4-17 所示。从图 4-17 中可以看出，当走线速率为 4 m/min 时，随着退火温度的上升，钢丝的抗拉强度基本不变，而延伸率先下降后上升。这是因为在低速退火时，钢丝在退火炉中停留时间较长，随着温度升高，钢丝回复及再结晶的程度逐渐提高，使加工硬化逐步降低，塑性增加，而温度低于 1 080 ℃ 下退火后钢丝延伸率下降是由于部分再结晶时出现混晶，使材料的塑性降低。当走线速率为 6 m/min 时，随着温度的上升，延伸率也是先下降后上升，而抗拉

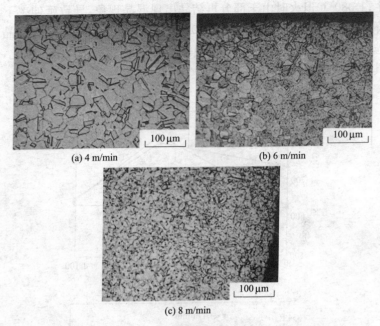

(a) 4 m/min (b) 6 m/min (c) 8 m/min

图 4-15　1 100 ℃下退火后钢丝的金相组织形貌照片

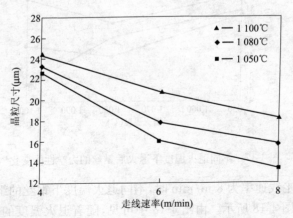

图 4-16　不同退火工艺下晶粒尺寸变化

强度呈相反趋势,这是因为在 1 050 ℃退火时组织主要以回复为主;1 080 ℃退火时由于部分再结晶出现混晶现象,导致延伸率下降,抗拉强度有所上升;而在 1 100 ℃退火时组织充分再结晶,晶粒均匀,协调变形能力加强,延伸率增大,同时组织已经充分软化,其抗拉强度下降。

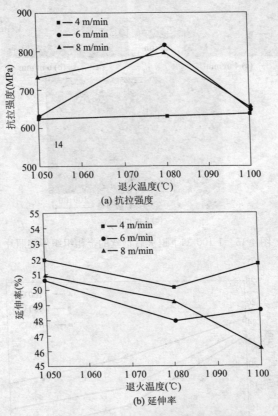

图 4-17 不同退火温度下退火后钢丝的力学性能变化

当走线速率为 8 m/min 时,不同退火温度下钢丝的组织形貌照片如图 4-18 所示。由图 4-18 中可见,随着退火温度的升高,钢丝的加工硬化痕迹(带状组织)逐渐消失,但是由于走线速率过快,组织再结晶不充分,无法完全消除加工硬化痕迹,由于冷加工而产生的残余应力也没有完全消除,导致钢丝的塑性降低。当退火温度为1 050 ℃时,组织中只有回复过程,再结晶未开始,钢丝的延伸率较大;当退火温度升至1 080 ℃时,组织中出现部分再结晶晶粒,导致混晶致使其延伸率下降,抗拉强度则略有增加,可见在一定范围内提高退火温度可以改善钢丝的抗拉强度以及延伸率。而当退火温度继续升至1 100 ℃时,由钢丝的工程应力—应变曲线(如图4-19所示)可见,钢丝的屈服强度、抗拉强度和延伸率均达到最低值。这是由于随着退火温度的升高,晶粒粗大,粗大的晶粒间协调变形能力减弱,钢丝塑性恶化。因此,对于304HC不锈钢而言,1 100 ℃的退火温度是不适用的。

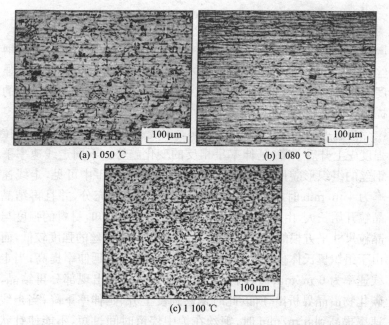

图4-18 走线速率为8 m/min时退火后钢丝的组织形貌照片

不同走线速率下钢丝的力学性能变化趋势如图4-20所示。由图4-20中可见,当退火温度为1 050 ℃时,随着走线速率的增大,钢丝的抗拉强度显著提高,延伸率呈降低趋势。这是因为在

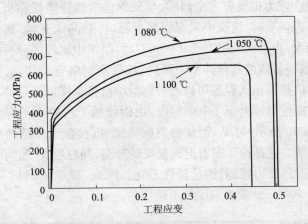

图 4-19　走线速率为 8 m/min 时退火钢丝的工程应力-应变曲线

1 050 ℃ 退火时,钢丝在退火炉中走线速率的降低有利于提高钢丝的回复程度,第二相(α 铁素体)较充分地奥氏体化,使得抗拉强度逐渐降低,同时由于原来的针状铁素体的固溶,有利于延伸率的提高。

当退火温度为 1 080 ℃ 时,随着走线速率的增大,钢丝的抗拉强度先上升后下降,延伸率呈相反的变化趋势。不同走线速率下钢丝的组织形貌照片如图 4-21 所示。由图 4-21 中可见,走线速率为 4 m/min 时,第二相 α 铁素体奥氏体化较充分,并且再结晶晶粒开始长大,由霍尔派奇 Hall－Petch 关系可知,材料的强度与晶粒尺寸平方根的倒数呈线性关系,所以此时钢丝的强度较低,而由于组织奥氏体化较充分,残余应力得到消除,延伸率提高;当走线速率为 6 m/min 时,因在炉中的时间缩短而出现部分再结晶,碳化物沿晶界析出,所以此时钢丝强度上升、延伸率下降;当走线速率提高到 8 m/min 时,钢丝在炉中停留时间过短,不能使针状铁素体奥氏体化,同时在短时间的退火过程中,晶界也会遭到碳化物钉扎而很难迁移,而碳化物溶解也需要一定时间,此时未发生再结晶,只有比较充分的回复,使得钢丝抗拉强度下降,但是其延伸率较走线速率为 6 m/min 的钢丝的延伸率高,这是因为当走线速

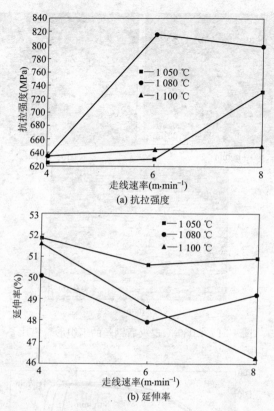

图 4-20 不同走线速率下退火后钢丝的力学性能变化

率为 6 m/min 时,组织发生混晶,钢丝的塑性降低。

退火温度为 1 100 ℃、不同走线速率下退火时钢丝的工程应力－应变曲线如图 4-22 所示。由图 4-22 中可知,随着走线速率的降低,材料的屈服强度、抗拉强度降低,延伸率增大。这是因为随着走线速率的降低,钢丝再结晶充分,残余应力消除,塑性提高。综上所述,降低走线速率可明显地改善钢丝的塑性。

304HC 主要为冷镦用钢,钢丝具有较低的变形抗力和较好的塑性才能使冷加工顺利进行。由以上实验和研究可知,选用退火温度为 1 050 ℃、走线速率为 4 m/min 并快速冷却的退火工艺,可

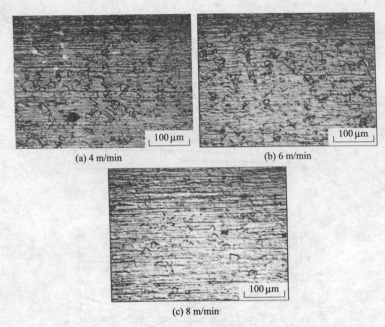

图 4-21　1 080 ℃退火后钢丝的组织形貌照片

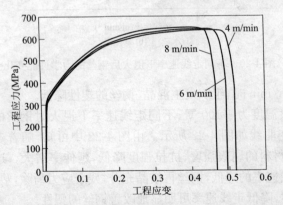

图 4-22　1 100 ℃下退火时钢丝的工程应力－应变曲线

使材料发生再结晶,并抑制晶粒的长大和碳化物的沿晶析出,使材料中的位错密度降低,残余应力得到消除,材料的塑性恢复,从而获得最佳的软化效果,同时也获得比较优异的综合性能。

5. 如何进行不锈钢的光亮退火?

光亮退火炉主要用来进行不锈钢在保护气氛下的成品热处理。当使用性能要求不同时,对光亮退火后金相组织的要求就不同,光亮热处理的工艺也不同。

300 系列奥氏体不锈钢典型的热处理工艺是固溶处理。在升温过程中使碳化物溶入奥氏体,加热到 1 050～1 150 ℃,适当保温一段短时间,使碳化物全部溶解于奥氏体,然后迅速冷却到 350 ℃以下,得到过饱和固溶体即均匀的单向奥氏体组织。

根据有关专家经验,光亮退火这一热处理工艺的关键是快速冷却(如图 4-23 所示),要求冷却速度达到 55 ℃/s,快速通过碳化物固溶后的再析出温度区(550～850 ℃)。光亮退火过程中的保温时间要尽量短,否则会引起材料的晶粒粗大,影响不锈钢表面的光洁度。

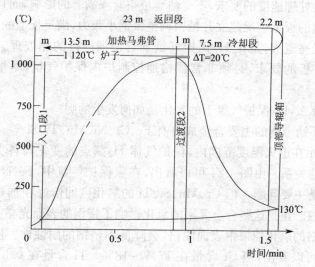

图 4-23　AISI304 奥氏体不锈钢板(钢带截面 600 mm× 0.5 mm)光亮退火(连续炉中)工艺示意图

400 系列铁素体不锈钢加热温度比较低(一般在 900 ℃ 左右),通常采用缓冷获得退火软化组织,马氏体不锈钢还可采用分段淬火再回火的方式处理。

由热处理制度可知,300 系列与 400 系列不锈钢在热处理上有很大差异,要想获得合格的金相组织,就要求光亮退火炉的冷却段设备有很大的调节余地。所以,目前较先进的光亮退火炉,在其冷却段往往采用强对流冷却,即设三个冷却段,可单独调节风量,沿带钢的宽度方向又分三个区段,通过风量导流调节带钢宽度方向的冷却速度,控制板型。

不锈钢冷轧带钢热处理的另一关键问题是要求整根带钢在宽度、长度上组织都很均匀。马弗式光亮退火炉采用大尺寸马弗管,从马弗管外部均匀地组织加热气流螺旋式环绕而过,使带钢均匀加热。而要确保带钢沿长度方向的组织均匀,就要保持带钢在加热炉中的线速度不变。所以,在现代立式光亮热处理炉前后都装有可精密调整的辊式张力调整装置。它不但要使带钢进出口速度满足热处理速度的要求,不受活套量空套或满套的影响,而且要根据带钢的板型情况建立并精密调整带钢小张力,满足板型的要求。

光亮退火,是在 H_2 保护气氛下对带钢进行的热处理。要达到 BA 板的要求,必须非常严格地控制炉内保护气氛,尽量避免氧化。

那么,H_2 保护气氛下的氧化是如何发生的呢?

不锈带钢的主要合金成分有 Fe、Cr、Ni、Mn、Ti、Si 等。图 4-24 表示在退火温度范围内,保护气体 H_2 露点的变化与各类元素氧化的关系。由图 4-24 可以看出,在氢保护气氛中,Fe、Ni 的氧化不是主要问题。但 Cr、Mn、Si、Ti 的氧化区间恰好在加热温度范围内。正是这些合金元素的氧化影响了带钢的表面光亮度。特别是铬的氧化使带钢表面脱铬,会降低不锈钢的耐蚀性。但由图 4-24 可以看出,当 Cr 含量在 17%～18%、Ti 含量在 0.5% 时,H_2 露点必须低于 -60 ℃,才能避免 Cr、Ti 在 800～1 150 ℃ 加热区间内的氧化。

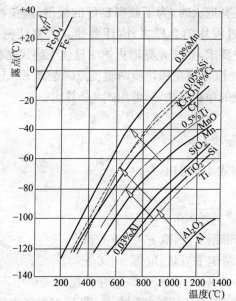

图 4-24 氢保护气氛的露点和温度对合金元素氧化的影响

所以,不锈钢的光亮退火对保护气体 H_2 及充填气体 N_2 提出了严格的要求,见表 4-12。此外,在炉内如何保持保护气体的纯净度也是关键问题。一般,马弗罩密封性好,正常情况下不会发生电加热炉体材料对保护气氛的污染,为不锈钢光亮退火提供了较纯净的环境空间。尤其是,立式炉的带钢出入口都位于炉子的最下部,炉压稳定,因而与卧式炉相比,空气进入的危险更小。

在进行不锈钢的光亮退火时,退火炉的进出口密封箱、带钢运送段、张力调节辊及炉顶导向辊箱都应确保达到百万分之几(ppM级)的密封要求,使氧气、水汽不能进入炉内,保护气体不能泄出。

表 4-12 光亮退火对氢气和氮气的要求

	氢气(H_2)	氮气(N_2)
纯净度	99.99%	99.997%
露点(℃)	<-70	<-60
残余氧	5 μg/g	10 μg/g

不锈钢光亮退火时,为了获得良好的板型,避免擦伤,除了要使加热、冷却过程均匀合理之外,还要建立带钢精密可调的小张力。对于这一要求,立式光亮退火炉明显优于卧式光亮退火炉,如图 4-25 所示。取带钢在加热段两辊支点间距离 $L=15$ m,则两种炉内带钢承受的单位张力 T 可用式 4-2 算出。

$$\text{立式炉} \quad T_\text{立} = g \times L \tag{4-2}$$

由式可得 $T_\text{立} = 7.9 \times 15 = 1.2 \text{ N/mm}^2$

而卧式炉可用式 4-3 得出:$T_\text{卧} = \dfrac{g \times L_2}{8 \times s}$ (4-3)

由式可得 $T_\text{卧} = \dfrac{7.9 \times 15}{8 \times 0.6} = 7.3 \text{ N/mm}^2$

式中 g ——带钢重度,取 $g = 7.9$ t/m^3

        s ——带钢下垂量,取 $S = 0.6$ m

为了减小带钢的张力,一些研究者在卧式炉中不得不增加一对耐热石墨辊,但石墨辊价格比较贵,且带钢在张力较大的情况下与石墨辊接触,容易擦伤。而在立式炉中,带钢处于带小张力的悬垂状态,板型好,不容易擦伤。

根据一些研究者的经验,不锈钢光亮退火过程前,在建设立式光亮退火炉需注意以下问题:

(1)马弗罩的蠕变与处理

马弗罩在长期高温状态下会蠕变延伸。处理方法:结构上把马弗罩吊在炉顶上,处于悬挂状态,罩下部用水圈密封,不固定,允许一定的蠕变量。蠕变累积到一定量,移去水封,用专用的等离子切割机把马弗罩下沿割去一段,约半年切割一次切割操作要求比较高。对其专用设备、操作空间及结构、操作可靠性要充分重视。

(2)立式炉的安全维护

炉子以氢气为保护气体。密封要求达到 10^{-6} 次方级。微量的空气漏入也会破坏保护气氛,造成带钢氧化。一旦氢气泄漏,上升堆积在塔式建筑结构内会十分危险。所以要采取万无一失的措施,确保安全。为保证立式炉的安全维护,炉子必须具备下述监视

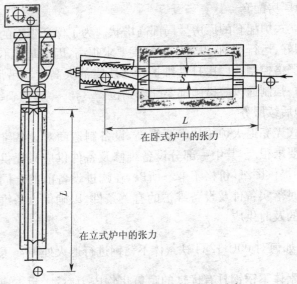

图 4-25 立式和卧式炉中的张力示意

系统或采取相应措施:
　①在钢带进、出口的密封装置旁配备火焰探测器;
　②炉况监视(温度、压力)系统;
　③氮气清扫装置及自动应急措施;
　④氢气压力监控设备及自动应急措施;
　⑤设备的消防灭火装置及自动应急措施;
　⑥建筑物的消防灭火、强制排风措施;
　⑦消防报警中心。

立式光亮热处理炉本体约 45 m 高。对立式炉的设备运行监控,要提供足够的仪表通讯手段。立式结构也带来某些维护难度,如清灰问题,解决不好掉在钢板表面就是废品。

(3)马弗罩的更换

炉子本体高约 45 m,马弗罩长约 16 m,使用寿命约 4 年。马弗罩更换时,需从炉顶抽出,提升高度在 65 m 左右。需要相应的塔吊和操作运转空间。对此,在厂房设计、平面布置时都要充分考虑。

(4) 厂房配套

为立式炉配套的厂房呈局部高塔状。为了保证带钢的张力均匀、板型好、运行顺利,设备安装精度要求很高,因而基础不均匀沉降量要严格控制。厂房日常维护检修所需的大高度起吊吊车、电梯、消防、强制通风等措施都要配套到位。

(5) 后续服务

立式光亮退火炉的技术要求高,设备制造商对设备维修和备件供应要求很严,其中一部分设备维修及备件供应只提供服务和供货,不提供图纸,价格不菲。所以,在购进设备前的合同谈判时就要同时落实备件及设备维护的有关条件,以确保设备维修和有关配件的及时供应。

6. 如何对 00Cr12Ti 铁素体不锈钢进行退火处理?

铁素体不锈钢具有优良的耐氯化物应力腐蚀、耐点腐蚀和耐缝隙腐蚀性能,与奥氏体不锈钢相比,铁素体钢的强度高,冷加工硬化倾向较低。铁素体不锈钢这些特有性能,可以很好地满足汽车排气系统用钢的要求,已成为汽车排气系统的首选材料。但一些生产者在铁素体不锈钢热处理时,采用了加热 800 ℃,保温 2 min 的退火,退火后发现钢板的力学性能较差。

为什么 00Cr12Ti 铁素体不锈钢 800 ℃×2 分钟的退火力学性能不理想? 00Cr12Ti 铁素体不锈钢应该如何进行退火处理才能获得较好的组织和性能?

以表 4-13 所示的 00Cr12Ti 铁素体不锈钢为例,某高校对其进行了系统研究。实验材料采用的 00Cr12Ti 铁素体不锈钢为真空感应炉冶炼后获得的铸锭,经锻造后的尺寸为 80 mm×80 mm×60 mm 化学成分见表 4-13。

表 4-13　00Cr12Ti 铁素体不锈钢实验钢的化学成分(质量分数 wt%)

C	Si	Mn	P	S	Cr	Ti	Al	N
0.017	0.57	0.36	0.006	0.004	11.93	0.18	0.005	0.015

将锻造后的钢坯在电阻加热炉内加热至 1 180 ℃,在二辊热轧机上经 7 道次轧制,热轧板厚度为 3 mm。经冷轧后的钢板厚度为 1 mm,退火处理分别在 700 ℃、720 ℃、750 ℃、780 ℃、800 ℃、820 ℃、850 ℃、880 ℃、900 ℃ 的不同温度中保温 2 min 后空冷。退火后对试样进行力学性能检测,退火温度对 00Cr12Ti 铁素体不锈钢钢冷轧板强度和伸长率 δ,加工硬化指数 n 和塑性应变比 $\bar{\gamma}$ 的影响如图 4-26 所示。

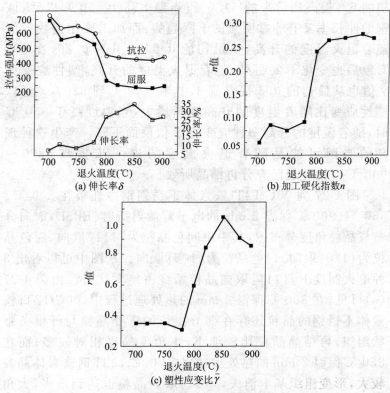

图 4-26 退火温度对 00Cr12Ti 铁素体不锈钢钢冷轧板
强度和伸长率 δ,加工硬化指数 n
和塑性应变比 $\bar{\gamma}$ 的影响

由图 4-26 可见,随着退火温度的提高,虽然 00Cr12Ti 铁素体不锈钢屈服强度和抗拉强度整体下降,但在 800 ℃ 以前退火,钢坯组织还处在加工应变硬化状态。此时,由于加热温度较低且时间较短,钢坯组织还来不及进行回复与再结晶,导致钢板的强度与硬度值很高,延伸率 δ 极低。从图 4-26(a)中发现,当温度在 800 ℃ 保温 2 min 后,钢坯的屈服强度和抗拉强度达到了相对比较稳定的状态;随后,随着退火温度的升高,钢的伸长率有很大程度的改善,伸长率 δ 从最初的 6% 提高到后来的 34.6%;当温度高于 850 ℃ 以后,该钢的伸长率又有非常明显的下降趋势;而加工硬化指数 n 值随着退火温度的升高,从最初的 0.04 上升到 0.26,在 850 ℃ 以后也变化不太明显;随着退火温度的升高,塑性应变比 γ 值也从最初的 0.3 提升到 1.1,在 700 ℃ 到 820 ℃ 之间,塑性应变比随着温度的升高逐渐增大,当温度高于 850 ℃ 时,随着温度的升高塑性应变比 γ 值反而下降。产生这种现象的原因可能是随着退火温度的进一步提高(820~900 ℃),冷轧板已充分再结晶所致。

图 4-27 为 00Cr12Ti 铁素体不锈钢钢冷轧板在 800 ℃、850 ℃、900 ℃ 保温 2 min 的电子背散射衍射(EBSD)取向分布与晶粒角度分布图,其中中间色晶粒为{111}取向,深色晶粒为{110}取向,白色晶粒为{100}取向。从图中可以看出 3 种退火制度下,{111}取向晶粒始终占绝对优势。由图 4-27(a)可见,在 800 ℃ 保温 2 min 的热处理过程中,00Cr12Ti 铁素体不锈钢的晶粒还存在部分拉长的形变晶粒与纤维条带状组织,再结晶晶粒比较细小,小角度晶界相对较多;而在 850 ℃ 保温 2 min 的热处理过程中,00Cr12Ti 钢铁素体晶粒较大,形变组织基本消失,{111}取向晶粒也达到最多,大角度晶界明显增多(如图 4-27(b)所示),这说明了再结晶程度比较充分,从而也说明了此退火温度是获得良好力学性能的原因。但是在 900 ℃ 加热保温 2 min 的热处理中(如图 4-27

(c)所示),虽然结晶程度更加充分,大角度晶界更加集中,但是有利织构{111}却明显减少,导致了塑性应变比 $\bar{\gamma}$ 值的降低。而且此温度附近有利于 Ti(C、N)二相粒子的析出,从而导致此温度退火钢板强度与硬度稍有上升(如图 4-28 所示)。图 4-28 所示的为 880 ℃退火钢板组织的扫描照片与能谱图,图中 Ti 与 N 的峰值都大大超过基体(扫描探针打的点为方框中的圆形颗粒)。由此可以断定,方框中的圆形颗粒是 TiN 的析出物。

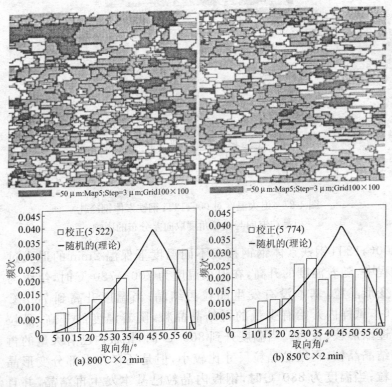

图 4-27

综合分析研究者提供的图 4-26、图 4-27 与图 4-28 可见,

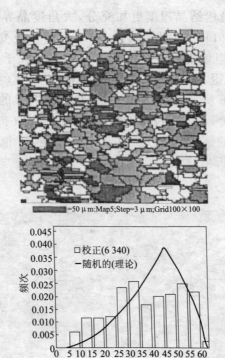

图 4-27 退火温度对 00Cr12Ti 钢铁素体钢冷轧
板晶粒取向与晶粒角度取向差分布的影响

00Cr12Ti 钢铁素体钢钢板在不同温度下保温 2min 的退火过程中,随着温度的升高,在退火温度为 700～780 ℃时,组织为变形晶粒,基本没有发生晶粒再结晶;当温度升高到 780 ℃时,试样内开始有少量的再结晶晶粒,随着温度的升高,晶粒逐渐形核、长大。当温度升到 800 ℃时,钢板内已有大量的再结晶晶核,再结晶晶粒尺寸比较小,但是还存在少部分变形晶粒;当温度为 880 ℃时,钢板内晶粒已基本发生再结晶,并且有些晶粒开始长大;温度升至 900 ℃时,铁素体形变组阀发生更加充分的再结晶。

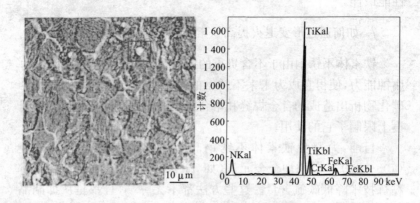

图 4-28 冷轧板 880 ℃ 退火的组织(SEM)与析出物能谱图

根据有关研究,00Cr12Ti 钢铁素体钢冷轧板的静态再结晶规律与钢中含有较多的 Ti 相关。当温度在 850 ℃ 以上时 Ti 容易与钢中的间隙原子 C、N 形成 Ti(C,N)二相粒子析出,弥散分布在组织中。当晶界移动到第二相质点时,质点对晶界起着钉扎作用,降低了晶界的活动性,这样晶粒长大缓慢,而且长到一定尺寸后,基本稳定下来,很难进一步发展。因此,晶粒度变化不大。此方面的研究结果也可以从图 4-27 的 850 ℃ 与 900 ℃ 的晶粒取向分布图中的到验证。且通过图 4-27 的 850 ℃ 与 900 ℃ 对比可以看出两者晶粒度大都在 20 μm 左右。且根据有关文献,00Cr12Ti 钢铁素体钢钢板在,900 ℃ 附近退火有碳化物颗粒析出并长大,对钢板伸长率有害。而且从图 4-27(c)中可以看出,有利于深冲性能的 {111} 取向晶粒也明显减少,从而导致较差的伸长率与 $\bar{\gamma}$ 值。这些都与钢的力学性能相符合。

综上可见,00Cr12Ti 钢铁素体不锈钢在低于 800 ℃ 保温 2 min 进行退火时,钢板的力学性能较差,主要是铁素体组织没有充分再结晶,大部分还处于加工硬化状态所致。而在高于 800 ℃ 保温 2 min 退火时,再结晶较充分,力学性能处于一个比较稳定的水平。在 850 ℃ 保 2 min 退火,00Cr12Ti 钢铁素体钢的综合力学性能最佳。

7. 如何通过形变退火提高铁素体不锈钢的抗腐蚀性能?

铁素体不锈钢由于不含贵重的镍以及具有优异的抗晶间应力腐蚀能力,使得它成为未来不锈钢的重要发展趋势。但由于晶界碳化物析出造成的合金焊缝和熔合线处的晶间腐蚀问题从某种程度上限制了它的使用。

目前,为避免铁素体不锈钢晶间腐蚀的方法是回火处理(700~800 ℃);添加合金元素(如 Ti、Nb 等)稳定化处理和通过精炼技术降低碳氮含量。这些方法都不无弊端,且都是从抑制晶界碳化物析出的角度来考虑的。可以想像,若通过控制和设计合金的晶界结构来减少或避免碳化物在晶界的析出行为有望是一个有效的方法。控制和设计合金的晶界结构的思想主要应用在中低层错能面心立方金属材料的晶界设计和优化上(如奥氏体不锈钢、铜合金、镍合金和铅合金等)。控制和设计合金的晶界结构的基本思路是通过适当的合金化和加工工艺得到高比例的低能晶界,从而大幅度改善合金的晶界失效抗力(抗晶间腐蚀、晶界应力腐蚀开裂及高温蠕变等)。

例如,国外某研究机构通过对焊接后的奥氏体不锈钢进行适当的热处理,在焊缝及焊接热影响区得到高比例的特殊晶界,因而晶间腐蚀抗力大幅度提高。

在奥氏体不锈钢中,特殊晶界的主体是孪晶界及其派生晶界;而在具有体心立方晶体结构的铁素体不锈钢中,诱发低能的小角度晶界应是改善晶间腐蚀抗力的一个行之有效的方法。

最近,国内某企业以 410S 不锈钢为研究对象,高温条件下(1 000 ℃)对其 410S 不锈钢进行不同时间退火,采用电子背散射技术(EBSD)研究其形变退火后的晶界组成特性及晶界腐蚀特性,取得了一定成果。实验用材为厚 10 mm 的 410S 铁素体不锈钢热轧板材。其化学成分见表 4-14。

表 4-14　410S 铁素体不锈钢热轧板材的化学成分（质量分数 wt%）

Cr	C	Ni	Si	Mn	P	S
13.45	0.027	0.085	0.70	0.325	0.018	0.0014

样品冷轧前，首先将 410S 铁素体不锈钢试样在 930 ℃下退火 30min 后空冷（如图 4-29 所示）然后切取 100 mm×20 mm×10 mm 的试样进行 80%冷轧变形。形变后的试样在高温（1 000 ℃）下退火 30、60 和 120 min，得到样品 A、B 和 C。将 A、B 和 C 这三个样品表面电解抛光后，在配有电子背散射衍射（EBSD）附件的热场发射扫描电镜上完成晶粒取向的测定，重构出晶界特征分布。

图 4-29　410S 不锈钢冷轧变形前的晶粒 OIM

为确保样品的取向织构结果具有统计平均性，每个样品扫描 4 个 1 000 μm×8 00 μm 的区域，并利用 stitcher 软件拼接起来，利用 Saksa 功能得到各样品的取向分布函数（ODF）。在二维重构条件下，按长度百分数计算各类晶界的比例。并将取向差处于 3°～15°的晶界定义为小角度晶界（Σ_1 晶界），样品的晶粒取向分布强度不超过 3 被认为不存在明显的织构。各样品在 10%的草酸溶液中电解蚀刻 1 min，对其蚀刻后的组织进行 SEM 观察，根据各晶界的腐蚀程度定性判断其腐蚀抗力大小。

410S 不锈钢热轧板料经 930 ℃×30 min 退火后的晶粒组织

的平均晶粒尺寸 35 μm(如图 4-29 所示);样品 A、B 和 C 的晶粒组织如图 4-30 所示,样品 A、B 和 C 的平均晶粒尺寸分别为 17 μm、20 μm 和 65 μm。显然,形变后的样品在退火早期(60 min)未发生明显的晶粒长大,延长退火时间到 120 min,则样品发生了突变式的组织长大现象。

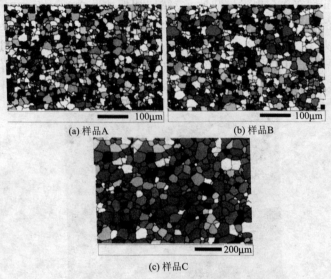

图 4-30 样品 A、B 和 C 的晶粒组织图

该研究认为,退火初期,一些未溶解的碳化物等对晶粒长大或晶界迁移有一定的钉扎和阻碍作用,随保温时间的延长,碳化物溶解在基体中,在高温热激活驱动下晶界迁移速度加快,则晶粒发生了显著长大。仔细观察不难发现,样品 B 中的晶粒组织大小较比样品 A 具有相当的不均匀性,这表明退火过程中某些晶粒发生了优先长大,这些优先长大的晶粒取向具有一定的择优分布。

将样品 A、B 和 C 的晶粒取向织构表达在欧拉空间中,其准 ϕ =45°的 ODF 截面如图 4-31 所示。由图 4-31 可见,再结晶退火初期样品 A 未出现明显的织构,但随退火时间的延长,{100}⟨hkl⟩取向织构逐渐增强,其分布强度值接近 5,如图 4-31(c)所示。三个样品的晶界取向差分布如图 4-32 所示。虽然三个样品中晶界取向差角度主要分布在 30°~50°，但随退火时间的延长，小角度晶界比例发生了重要的变化，即随晶粒尺寸的长大该比例也在提高，由再结晶初期(样品 A)的 2.5%左右增加到 8%以上(样品 C)。可以断定，小角度晶界的形成是晶粒长大过程中织构不断增强的结果，{100}⟨hkl⟩织构越强，则取向差小于 15°的晶粒两两相遇几率就大，即小角度晶界比例升高。

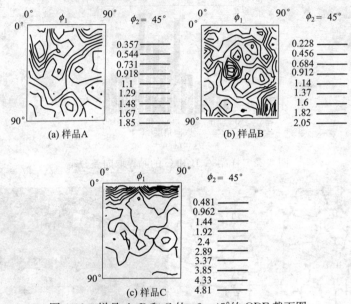

图 4-31 样品 A、B 和 C 的 $\phi 2=45°$ 的 ODF 截面图

将样品 C 在 10%的草酸溶液中电解蚀刻 1 min，然后在其表面上选择同一区域分别进行 EBSD 测试和 SEM 观察。EBSD 重构出的晶界网络图 4-33(a)和该区域的蚀刻形貌图 4-33(b)所示。对照两幅图进行仔细观察可以发现，小角度晶界(灰色线条)其蚀刻程度较浅，如图 4-33(b)，表现为淡淡的细线(如晶界 2 和 3)或不出现蚀刻痕迹(如晶界 1、4 和 5)；相反，对于一般大角度晶界(黑色线条)大都被清晰地蚀刻出来。

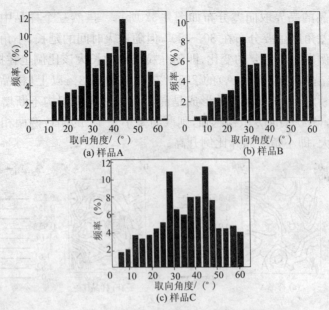

图 4-32 样品 A、B 和 C 的晶界取向差分布

(a) 晶界网络图　　　　(b) 蚀刻形貌图

图 4-33 样品 C 腐蚀后的 SEM 相貌和同一区域的晶界重构图

据此可以认为,在铁素体不锈钢中小角度晶界的界面能量要远低于一般大角度晶界能量,而这些小角度晶界大都处于晶界网络上,因此高比例的小角度晶界在阻断和抑制晶间腐蚀上具有相当积极的作用。

该结果也表明,经 85% 冷轧形变的 410S 铁素体不锈钢经 1 000 ℃退火时,退火初期晶粒长大不显著;当退火时间达到 2 h 时,晶粒长大,平均晶粒尺寸达到 65 μm,同时晶粒的{100}⟨hkl⟩织构明显增强,由此导致的小角度晶界比例提高。晶界腐蚀实验表明,小角度晶界具有较高的晶界腐蚀抗力。

8. 低温退火能否提高冷轧奥氏体不锈钢的硬度?

奥氏体不锈钢是不锈钢的重要组成部分,其产量约占不锈钢总产量的 70% 左右。奥氏体不锈钢无磁性而且具有良好的耐蚀性、高韧性和塑性,在各行各业中获得了广泛的应用。但奥氏体不锈钢强度较低,且难以通过热处理使之强化,仅能通过冷加工进行强化。冷加工强化在改善材料性能的同时会在组织中造成很多缺陷,使之材料的再加工性能降低,增大后续加工过程中的开裂倾向。那么,能否对冷轧奥氏体不锈钢进行低温退火处理,使之在低温去应力退火的同时使其组织改变,继而提高其材料性能?

近年来,围绕冷变形后奥氏体不锈钢退火过程中组织和性能变化已展开相关研究,但有关冷变形奥氏体不锈钢低温退火强化这一问题的研究还鲜有深入的报道。为研究冷轧奥氏体不锈钢带低温去应力退火过程中组织和硬度的变化规律,某研究单位采用 SUS301 冷轧不锈钢带,化学成分见表 4-15,对其试样进行冷加工变形,冷轧形变量分别为 20.0%、65.0%。研究了奥氏体不锈钢低温去应力退火过程中材料的组织性能变化。

表 4-15 SUS301 不锈钢带化学成分(质量分数 wt%)

C	Si	Mn	P	S	Ni	Cr	Ti	Fe
0.103	0.65	0.75	0.025	0.001	6.66	16.45	—	余量

试样冷轧后的低温去应力退火工艺分别为:200 ℃、300 ℃、350 ℃、400 ℃、500 ℃各保温 6.5h,然后空冷至 350 ℃时分别保温 4 h、6.5 h、9 h、11 h 后空冷。

图 4-34 所示为 SUS301 冷轧不锈钢带（冷轧变形 65%）在不同温度下退火保温 6.5 h 后的硬度变化情况。由图 4-34 可以看到在 350 ℃之前，随着退火温度的升高，冷轧不锈钢带的硬度呈线性升高；350 ℃以后不锈钢带的硬度值又迅速降低。

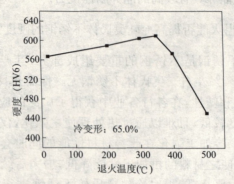

图 4-34　不同温度退火保温 6.5 h 后 SUS301 不锈钢带的硬度

图 4-35 所示为 350 ℃下 SUS301（65% 变形）冷轧不锈钢带硬度随退火保温时间的变化曲线。由图 4-35 可见，在 4 h 短时间退火保温硬度值相对于未退火时明显增大，进一步延长退火时间，硬度又有所上升，在 6.5 h 时硬度达到最大值，之后再延长退火时间，硬度反而略显下降，但是变化较小。

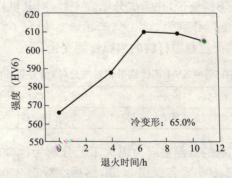

图 4-35　350 ℃退火保温不同时间 SUS301 不锈钢带的硬度

图 4-36 所示为不同变形率 SUS301 冷轧不锈钢带 350 ℃×6.5 h 退火前后硬度变化情况。从图 4-36 中可以看出,不同变形率试样退火后硬度值均有所增加,但变形量大的试样硬度上升的比例更高。

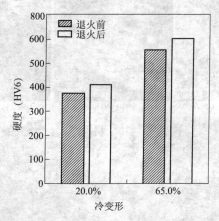

图 4-36　退火前后 SUS301 不锈钢带硬度变化

图 4-37 所示为 SUS301 冷轧不锈钢带(65%)在不同温度下保温 6.5 h 后的 TEM 照片。从图 4-37(a)可以看到未退火时冷轧不锈钢带组织由形变孪晶、形变诱发马氏体和高密度缠结位错组成。较低温度下退火后,应变诱发马氏体发生回复,位错密度下降,位错重新分布,马氏体板条边界不再平直;350 ℃ 退火时马氏体板条边界断裂、曲化,400 ℃ 退火后出现位错胞和位错网格。当退火温度达到 500 ℃ 时,位错网格更为明显,长条状的变形组织已基本消失。

SUS301 冷轧不锈钢带(冷轧变形 65%)X 射线衍射分析结果显示,退火前后组织均仅由奥氏体相和一定量的应变诱发马氏体相组成,表 4-16 所示为退火前后的晶面距和主要衍射峰 2 位置。退火后组织中奥氏体的(111)和(220)面的衍射峰位都偏向低角,晶面距变大;而马氏体(110)和(200)晶面的衍射峰位退火后偏向高角,晶面距变小。对于大变形的冷轧不锈钢带,退火前的晶格内

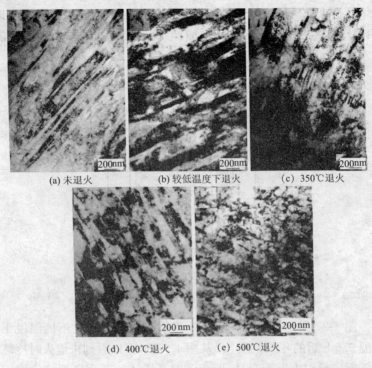

图 4-37 SUS301 冷轧不锈钢带不同温度下退火 6.5 h 后的显微组织

部存在很大应力,沿轧制方向晶粒被拉长,垂直于轧制方向的实际晶面间距比标准图谱标定的要小。而经过退火,冷变形产生的内应力降低,原子的活动能力变强,空位等点缺陷减少,畸变的晶格回复,使得奥氏体的晶面距变大。但是退火后马氏体的晶面距却变小,这说明马氏体中溶质原子发生偏聚,使得马氏体晶格畸变程度降低,晶面距变小。这就能够解释图 4-37 中 SUS301 冷轧不锈钢带硬度随退火时间的变化曲线,起先随着保温时间变化溶质原子逐渐偏聚使得硬度上升;退火时间延长,溶质偏聚逐渐饱和;进一步延长时间,由于回复作用,冷轧不锈钢中空位、位错等缺陷密度下降,样品硬度反而稍有下降。

表 4-16 SUS301 冷轧不锈钢带主要衍射面的晶面间距

测量指标	退火前				退火后			
	γ(111)	γ(220)	α′(110)	α′(200)	γ(111)	γ(220)	α′(110)	α′(200)
$2\theta(°)$	67.254	128.858	68.522	105.699	67.111	128.766	68.584	105.892
晶面间距(d/Å)	2.066 9	1.269 7	2.035 9	1.435 7	2.072 7	1.270 1	2.032 3	1.433 8

从 XRD 物相分析结果可知，SUS301 冷轧不锈钢带低温去应力退火前后组织均仅由奥氏体相和一定量的应变诱发马氏体相组成。考虑到奥氏体是顺磁性物质，对材料饱和磁化强度的影响可以忽略，而马氏体是铁磁性物质，两者在磁学性能上存在较大的差异，因此冷轧不锈钢中马氏体含量的变化可由材料磁学性能的变化精确体现出来。

图 4-38 所示为不同变形率下 SUS301 冷轧不锈钢带试样退火前后的比饱和磁化强度 M_s 变化情况。比较未退火试样，随冷轧形变量的增大，试样的比饱和磁化强度也增大，表明 SUS301 不锈钢带形变量越大，铁磁性相含量越多，即应变诱发马氏体含量越多。比较同一变形率试样退火前后比饱和磁化强度可知，SUS301 冷轧不锈钢带退火后比饱和磁化强度都有一定程度的增加，这表明退火后试样中马氏体含量增加。变形率大的试样比饱和磁化强度增加更大，马氏体含量增加更多，这也解释了退火后变形率大的试样硬度升高比例更多的现象。另有研究发现，奥氏体不锈钢中的应变积累到一定程度，应变诱发马氏体转变速率变慢，马氏体含量达到饱和。这主要是因为材料内部产生大量位错，缺陷密度增高，母相强化，使得马氏体相变驱动力减小，而组织中存在的巨大应力也会阻碍马氏体继续长大。但是具有高密度位错的残留奥氏体经过回火，位错密度减小，部分集中应力消除，这可使马氏体继续长大的阻力大大减小；而马氏体在回火过程中畸变能减少，使两相自由能差变大，这可使马氏体相变的驱动力变大。回复时奥氏体和马氏体相的协作变形就引起奥氏体向马氏体的继续转变。

该研究结果表明，低温退火时，SUS301 冷轧不锈钢带的硬度

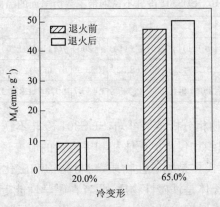

图 4-38　SUS301 不锈钢带比饱和磁化强度 M_s

随着退火温度的升高略有上升,在 350 ℃ 退火 6.5 h,硬度升到最大值。进一步提高退火温度,硬度下降。对 SUS301 冷轧不锈钢带进行 X 射线衍射分析和饱和磁化强度分析的结果可知,冷轧不锈钢带的低温去应力退火强化应是溶质聚集机制和相变强化机制共同作用的结果,且变形率大的试样退火后马氏体转变量和硬度增加更多。

9. 2Cr12Ni Mo1W1V 马氏体不锈钢异型锻件退火后出现炸裂怎么办?

2Cr12Ni Mo1W1V 钢锻、轧棒材在某公司已生产多年,但该钢锻件近几年生产较多的是异型锻件(阀碟)。异型锻件在开始生产过程中,有部分锻件出现热处理后炸裂问题。由于该锻件锻造理论重量很大(约 4.5 t/件),前期生产中出现的锻件炸裂现象较多,直接经济损失巨大,炸裂问题也成为 2Cr12Ni Mo1W1V 异型锻件生产的首要问题。

2Cr12Ni Mo1W1V 材料的化学成分见表 4-17,其该材料制备的调节阀碟(车光态)其交货状态及尺寸控制如图 4-39(a)所示。由于该锻件形状较复杂,机加工尺寸控制较严格,自由锻热锻尺寸控制不精确,生产该锻件时预留机加工余量较大如图 4-39(b),锭型选择为 760 mm 电渣锭(锭重一般在 4.8~4.9 t 左右)。

表 4-17 2Cr12Ni Mo1W1V 材料的化学成分(质量分数 wt%)与晶粒尺寸(晶粒度)

C	Si	Mn	Cr	Ni	W	Mo	V	P	S	T_A	晶粒度
0.17	0.31	0.72	11.88	1.07	0.89	0.85	0.28	0.019	0.003	1 030	7~8

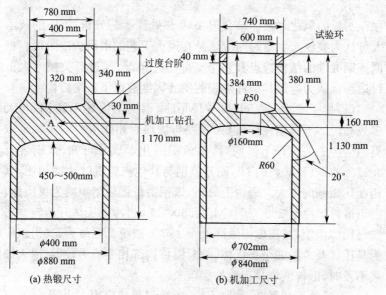

(a) 热锻尺寸   (b) 机加工尺寸

图 4-39 调节阀碟热锻尺寸控制

调节阀碟锻造时采用多火次、钢锭两端冲孔成型,原锻件热处理工艺采用大型锻材退火工艺,即锻件锻后缓冷(炉冷)至 150 ℃后及时高温回火,原退火工艺曲线如图 4-40 所示。

按上述工艺退火后,出现同炉退火个别锻件炸裂现象,炸裂比例占同炉退火件的 30% 左右。勘查其断裂源,其裂纹源大多位于锻件薄壁处。

从炸裂锻件的裂纹形貌看,其裂纹呈典型应力炸裂状,裂纹处

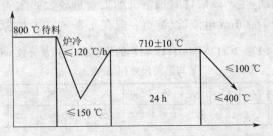

图 4-40　原 2Cr12NiMo1W1V 锻材、锻件高温回火工艺曲线

存在明显的氧化现象。结合图 4-40 热处理工艺分析,该厂的技术人员认为裂纹产生的时间应该是在退火工艺的锻后炉冷阶段。根据该钢锻件的结构特点和整个实际生产情况,经过有关技术人员讨论初步认为导致其锻件炸裂的主要因素有以下三个方面:

(1) 相变应力。2Cr12NiW1Mo1V 钢属马氏体不锈钢,与大多数马氏体不锈钢一样,退火制度与加热后相变应力的去除是该类钢生产的关键环节。同时,由该钢的化学成分可知,该钢含有 0.17% 的碳、1.80% 的 Ni,使其该钢与其他汽轮机叶片钢相比,其相变炸裂倾向更大。理论上分析,该钢锻件锻后组织应为奥氏体,但当锻件炉冷至 260 ℃时(M_s=260 ℃),过冷奥氏体开始转变形成马氏体组织,当温度继续降低至 150 ℃或更低温度后,其组织应为马氏体及少量残余奥氏体,此时锻件内部相变应力较大,退火如果不及时,锻件就容易出现炸裂现象。

(2) 锻件形状复杂,薄厚不均,容易引起热应力。由图 4-39 可见,锻件形状复杂,壁厚薄厚不均,由于其锻件的薄壁处冷却速度快,厚壁处冷却速度慢,在锻件薄壁中形成压应力,在厚壁处形成拉应力;锻件的表面与心部的冷却速度也不同,内外温差大,从而也导致锻件热应力过大,引起裂纹。

(3) 锻件在退火炉中摆放位置的不同,位于中、下部的锻件降温速度较慢,缓冷效果较好,而位于炉中上部的锻件与下部、中部的锻件温度不同,冷却速度不同,因而会出现同炉退火锻件有炸裂和未炸裂现象。

从以上分析可见,锻件裂纹主要是由于缓冷时锻件应力释放不充分引起的,解决此问题最直接的方法是改变退火工艺路线,直接采用红送退火方法。

2Cr12NiW1Mo1V 的临界点分别为：Ac_1：840 ℃；Ac_3：880 ℃；M_s：260 ℃。2Cr12NiW1Mo1V 过冷奥氏体等温转变曲线如图 4-41 所示。根据图 4-41 所示的 2Cr12NiW1Mo1V 钢过冷奥氏体等温转变曲线,该钢在 700 ℃(开始转变温度约 760 ℃)下保温 24 h 后,近 70% 的组织等温转变为珠光体,但如继续进行等温转变,其转变时间较长,从生产组织及成本等方面考虑,不应采用此方式。然而,该钢在 700 ℃保温 24 h 后,近 70% 组织已发生转变,如此时采用缓慢冷却,使其残余奥氏体缓慢的转变为马氏体组织,其钢中马氏体量已大为减少,相变应力也相对减弱,马氏体形成后及时高温回火,可使该部分组织转变为较稳定的回火马氏体或回火索氏体组织,从而达到去除应力防止炸裂的目的。依据上述理论,可将原高温回火工艺修改为红送退火工艺,详细工艺曲线如图 4-42 所示。

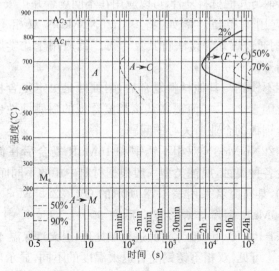

图 4-41　2Cr12NiW1Mo1V 过冷奥氏体等温转变曲线

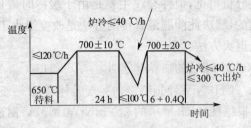

图 4-42 红送退火工艺曲线

实践证明,采用图 4-42 所示的工艺曲线退火处理 2Cr12NiW1Mo1V 钢调节阀碟后,未见炸裂现象发生,较好地解决了生产实际问题。

10. 如何退火可以有效提高 00Cr22Ni5Mo3N 双相不锈钢复合板的耐蚀性?

00Cr22Ni5Mo3N 不锈钢是一种典型的超低碳、双相不锈钢,因其具有优良的耐蚀性、强度、韧性、冷热加工成型性及良好的焊接性,成为目前应用比较普遍的双相不锈钢材料。将 00Cr22Ni5Mo3N 双相不锈钢与其他材料复合,可以应用在不同场合并扩大其在诸多领域中应用的范围。例如,将 00Cr22Ni5Mo3N 双相不锈钢和 16MnR 钢通过爆炸焊接法将其复合可广泛应用于化学反应釜以反应容器等。

双相不锈钢与其他材料复合后,耐蚀性是决定复合板使用寿命的主要因素之一,如何提高其该类复合板的耐腐蚀性也是使用该类复合钢板的企业所关心的问题。

00Cr22Ni5Mo3N 双相不锈钢和 16MnR 复合后在使用过程中会发生各种腐蚀,腐蚀类型一般根据材料中相的不同而不同。

例如,某研究者采用表 4-18 所示的 00Cr22Ni5Mo3N 双相不锈钢和 16MnR 钢爆炸焊接复合后在 900 ℃、950 ℃、1 000 ℃、1 050 ℃、1 100 ℃、1 150 ℃对其进行热处理(退火),保温 45 min 后取出风冷。可见,双相不锈钢随着退火温度的不同,显示出耐腐蚀性能的差异(见表 4-19)。在 900 ℃退火,00Cr22Ni5Mo3N 双相不锈钢的腐蚀速度较高(在65%硝酸中腐蚀速度为1.98 g/(m³/h)、在硫酸、硫酸铁中1.72 g/(m³/h)、在6% $FeCl_3$ + 0.5 mol/L HCl中腐蚀速度为3.65 g/(m³/h));随着退火温度的提高,00Cr22Ni5Mo3N双相不锈钢腐蚀速度有所降低;在退火温度达到1 050℃时,试样在各种介质中的腐蚀速度都比较低;继续增加退火温度,试样在各种介质中的腐蚀速度又有所增加。产生这种现象的主要原因与00Cr22Ni5Mo3N双相不锈钢的相比例的变化和热处理过程中的析出物有关(见表4-20)。

表4-18 00Cr22Ni5Mo3N双相不锈钢和16MnR钢化学成份(质量分数 wt%)

牌号	C	Si	Mn	P	S	Cr	Ni	Mo	N
00Cr22Ni5Mo3N	0.025	0.55	1.20	0.028	0.003	21.95	5.10	3.10	0.15
16MnR	0.15	0.33	1.43	0.004	0.004				

表4-19 00Cr22Ni5Mo3N双相不锈钢在各种介质中的腐蚀速度[g/(m³/h)]

试验方法	65%硝酸	硫酸-硫酸铁	6% $FeCl_3$ + 0.5 mol/L HCl
900 ℃	1.98	1.72	3.65
950 ℃	1.77	1.32	3.12
1 000 ℃	1.12	0.98	2.56
1 050 ℃	0.61	0.33	1.96
1 100 ℃	0.77	0.45	2.12
1 150 ℃	0.86	0.51	2.32

表4-20 固溶温度对双相不锈钢中相含量的影响

热处理工艺	α含量(相比例%)	γ含量(相比例%)	σ含量(相比例%)
900 ℃	27.51	62.33	10.16
950 ℃	33.14	59.11	7.75
1 000 ℃	41.79	54.11	4.10
1 050 ℃	48.65	51.35	0
1 100 ℃	67.28	32.72	0
1 150 ℃	74.79	25.21	0

根据有关文献,双相不锈钢点蚀电位与奥氏体含量关系密切。一般情况下,随着钢中奥氏体含量的增多,钢的点蚀电位下降。孔蚀在铁素体晶内的奥氏体相上产生,铁素体相中的铬含量随钢中奥氏体含量的增多而增加,而晶界、晶内奥氏体相中的含铬量相对要减少,但其中晶界比晶内奥氏体相的含铬量要高;含镍量在两相中的分布恰恰相反,奥氏体相晶界比晶内的含镍量要低,钼含量在两相中的变化不大。

由此可知,由于奥氏体相中的铬、钼含量比铁素体相中低,而晶内奥氏体相的含铬量又低于晶界。所以,晶内的奥氏体相优先产生蚀孔,两相比例中,奥氏体含量比例越高,产生点蚀的机率也越大。以上试验结果与两相比例分析与理论是吻合的。

热处理过程中的其他析出相也是双相不锈钢耐点蚀性能下降的一种可能原因。双相不锈钢属于超低碳不锈钢,相界碳化物中析出量很少,甚至不能分布到所有相界上。所以,不存在因碳化物的析出而引起贫铬进而产生晶间腐蚀。

硝酸腐蚀试验和硫酸硫酸铁腐蚀试验结果表明,热处理后的双相不锈钢确实具有明显的晶间腐蚀倾向。这就需从热处理过程中其他相的析出对双相不锈钢的耐蚀性的影响来分析。σ 相是双相不锈钢中危害最大的一种析出相,钼的存在扩大了 σ 相析出的温度范围和缩短了其形成的时间,使其在高温时仍存在,且在数分钟内即可析出。σ 相是一种脆性相,它会沿晶界析出,严重影响不锈钢的耐晶间腐蚀性能。双相不锈钢属于含钼的双相不锈钢,缓慢冷却至室温过程中不可避免地要析出 σ 相,而双相不锈钢再固溶处理后可基本消除该析出 σ 相,保证其具有良好的耐蚀性。由表 4-19 可以看出双相不锈钢经 1 050 ℃ 固溶处理后的耐蚀性要明显好于其他几种温度处理后的耐蚀性,耐腐蚀实验结果与不同退火温度形成的相分布相吻合(见表 4-20)。随温度的升高,铁素体含量有所增加,奥氏体相比例下降,σ 相含量在 1 050 ℃ 消失。

固溶温度对 00Cr22Ni5Mo3N 双相不锈钢复合板过渡层力学性能的影响见表 4-21。固溶温度在 900～1 150 ℃ 之间时,随固溶温度的提高,过渡层显微硬度快速下降,在 1 050 ℃出现最小值,在 1 050~1 150 ℃过渡层显微硬度随固溶温度的升高而增加。过渡层和复层的显微硬度在 1 000 ℃固溶处理后差异较大,进行外弯试验时,复层开裂;在 1 050 ℃固溶处理时,过渡层到复层的硬度变化不大,复层没有开裂。固溶温度低于 1 050 ℃,复合板的抗拉强度低于标准要求;在 1 050 ℃时,钢的韧性变化小,抗拉强度升高。

表 4-21 固溶温度对双相不锈钢复合板力学性能的影响

热处理工艺	σ_s	σ_b	$\delta(\%)$	基层显微硬度(HV)	过渡层显微硬度(HV)	复层显微硬度(HV)
900 ℃	320	465	9	185、177、179	327、335、351	382、389、385
950 ℃	335	455	13	183、171、191	297、317、325	346、351、357
1 000 ℃	325	475	22	176、169、171	285、289、295	293、298、295
1 050 ℃	395	545	27	197、194、198	271、265、255	253、256、262
1 100 ℃	335	505	26	181、187、191	287、305、298	278、284、294
1 150 ℃	315	495	21	167、172、169	313、321、315	294、287、291

分析其 00Cr22Ni5Mo3N 双相不锈钢复合板在 900~1 000 ℃固溶处理其抗拉强度低和复层开裂的主要原因是在 900~1 000 ℃固溶处理时,其复合板处在多相区,此时的温度区间可以析出大量的脆性相,同时,碳的扩散速度远远高于铬的扩散速度,过渡层和复层之间形成 $Cr_{23}C_6$,在冷却时产生马氏体(如图 4-43 所示)。因此,过渡层和复层之间形成 $Cr_{23}C_6$ 和在冷却时产生马氏体是造成复合板抗拉强度低和复层开裂的主要原因。

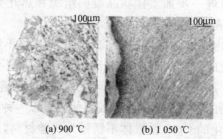

(a) 900 ℃　　　(b) 1 050 ℃

图 4-43 双相不锈钢复合板在 900 ℃和 1 050 ℃退火的界面组织形貌

当固溶温度高于 1 000 ℃时,过渡层和复层之间形成的 $Cr_{23}C_6$ 组织消失,冷却时没有马氏体产生。同时,相溶于奥氏体或转变为铁素体,铁素体量的增加,稀释相形成元素,抑制相的形成。另外,奥氏体的增加,将碳大量的融入其中,避免了因马氏体的形成而导致复层开裂。

由以上实验结果可见,对于 00Cr25Ni7Mo4N 双相不锈钢在 1 050 ℃ 退火可以有效控制双相不锈钢 00Cr25Ni7Mo4N 中的相比例,使之力学性能提高,钢的耐腐蚀性能增加。但是当退火温度低于 1 050 ℃时,组织中则可以析出其他有害相,这对 00Cr25Ni7Mo4N 双相不锈钢耐蚀性和塑性的提高是不利的,应该注意这一点。

11. 如何通过热处理减小超纯 Cr17 铁素体不锈钢表面的皱折?

超纯 Cr17 铁素体不锈钢是一种超低碳、氮,铌、钛双稳定化的新钢种。目前,国内几家不锈钢企业正在大力研发该产品。

铁素体不锈钢薄板在深加工过程中易于产生表面皱折缺陷,即在工件表面出现许多平行于轧制方向的细长条纹。皱折的产生不仅损害了产品的外观,同时也增加了后续抛光过程中的劳动强度,提高了生产成本。

铁素体不锈钢薄板在深加工过程中产生的表面皱折缺陷与连铸坯中发达的 $\langle 001 \rangle // ND$ 柱状晶组织及粗大的热轧变形组织密切相关。由于超纯 Cr17 铁素体不锈钢不能发生 α/γ 相变,因而加工过程中可以进一步加重柱状晶凝固组织和热轧变形组织的出现,从而加剧表面皱折的产生。

目前,国内外学者对传统 Cr11、Cr17 铁素体不锈钢的表面皱折进行了系统的研究。但是,对超纯 Cr17 铁素体不锈钢表面皱折的研究极少。加工过程中究竟如何处理才能减小超纯 Cr17 铁素体不锈钢表面的皱折? 国内某高校科研人员以一种?超低碳、氮,铌、钛双稳定化的 Cr17 铁素体不锈钢为实验材料,对热轧后退火和不退火的两种薄板进行相同的冷轧、退火处理,利用金相显微镜、电子背散射衍射(EBSD)技术从显微组织演变、微织构演变的角度系统研究热轧后退火对成品板表面皱折的影响机理,为铁素体不锈钢薄板在深加工中的应用奠定了良好的基础。

实验用超纯 Cr17 铁素体不锈钢是通过中频真空感应炉冶炼并浇铸成 50 kg 钢锭,化学成分见表 4-22。铸锭开坯至 90 mm 厚度放入加热炉中加热到 1 200 ℃,保温 1.5 h 后,在实验室 $\phi 450 \times 450$ 二辊可逆热轧实验机组上进行热轧。开轧温度为 1 150 ℃,经 7 道次热轧至 5 mm,终轧温度为 850 ℃,再水冷至约 650 ℃ 入石棉内堆冷以模拟卷取过程。热轧板的退火仍在加热炉内完成,退火温度为 900 ℃,保温时间约 5 min。再分别将热轧板、热轧退火板酸洗后在 $\phi 110/350 \times 300$ 直拉式四辊可逆冷轧实验机上带张力的条件下进行冷轧,冷轧压下率均为 84%,冷轧时使用润滑油进行润滑。最后,冷轧板在 RX-36-10 多功能贯通式热处理炉内退火,保温温度为 900 ℃,保温时间 2 min。

表 4-22 超纯 Cr17 铁素体不锈钢的化学成分(质量分数 wt%)

C	N	Cr	Nb	Ti	Si	Mn	S	P	O	Fe
0.005	0.007	17.2	0.15	0.081	0.23	0.14	0.003	0.006	0.005	余量

分别截取轧制及退火试样,将截取试样的纵截面经机械磨平、抛光、溶液腐蚀后使用金相显微镜进行组织观察。再分别截取热轧、热轧退火、冷轧退火试样,试样的板面或纵截面经砂纸磨平后,进行电解抛光,使用扫描电子显微镜上 EBSD 系统对电解试样进行微织构观测。最终采用平均皱折高度(R_a)和最大皱折高度(R_t)评价冷轧退火板的表面皱折。在薄板上沿轧制方向按《金属薄板塑性应变比(r 值)实验方法》(GB 5027—2007) 截取标准试样进行拉伸实验,拉伸速度为 5 mm/min。经 15% 拉伸变形后,使用 TR300 便携式粗糙度形状测量仪对其板面沿宽度方向进行测量即得到粗糙度曲线以及 R_a、R_t。

图 4-44 示出了超纯 Cr17 铁素体不锈钢热轧板退火或不退火条件下的组织演变情况。由图 4-44 可见,热轧板由于没有发生再

结晶而以严重拉长的铁素体组织为特征,变形铁素体粗细不均。经退火后,发生了完全再结晶,变形铁素体晶粒全部被多边形的再结晶晶粒取代,平均晶粒尺寸为 41.5 μm。冷轧组织由更加拉长的变形铁素体组成。但是,变形铁素体较弯曲且相互挤压,变形铁素体之间的界面较模糊。这种组织是由热轧退火板的再结晶晶粒压扁合并而成,因而变形铁素体较弯曲、晶界较模糊。另外,由图可知,变形铁素体分为两种:一种内部较光滑,另一种内部存在大量的亚结构并隐约见到少量的变形带。两种变形铁素体内部结构的不同导致了腐蚀后明暗程度的不同。经最终退火后,变形组织完全被等轴的再结晶晶粒取代,晶粒大小较均匀,平均晶粒尺寸为 22.8 μm。热轧板不经退火而直接冷轧后的组织也由严重拉长的变形铁素体组成。但是,变形铁素体较细窄、平直,变形铁素体之间层次较分明。这种组织由热轧组织进一步压扁而成,因而具有更加明显的层状特征。

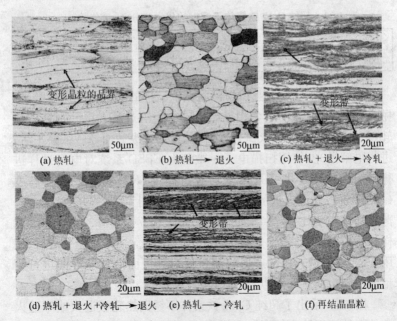

图 4-44 热轧后退火或不退火条件下的组织演变(纵截面)

另外，由图 4-44 可知，变形铁素体也由内部较光滑和内部亚结构较多的两种铁素体组成。经最终退火后，变形铁素体也完全被等轴的再结晶晶粒取代。但是，晶粒较小，平均晶粒尺寸为 17.5 μm。并且，晶粒大小不均。两种成品板晶粒尺寸的不同归因于冷轧组织的不同。显然，与热轧退火板相比，热轧板具有更多的变形储能和缺陷（如位错、晶界、亚晶界等），再经相同的冷轧工艺后，热轧板的冷轧板为再结晶提供了更多的形核位置，因此，再结晶晶粒较多，晶粒较小且不均匀。

图 4-45 示出了利用 EBSD 技术取得的热轧板及退火板的晶体取向图。由图 4-45(a) 知，热轧板主要由较多的、粗大的 $\langle 001 \rangle /\!/$ ND 取向的变形铁素体晶粒和少量的 $\langle 111 \rangle \sim \langle 112 \rangle /\!/$ ND 取向的变形铁素体晶粒组成。同一个变形晶粒内部的晶体取向并不完全相同，存在许多取向渐变的区域，这表明在热轧过程中由于变形不均而使晶粒发生了不同程度的碎化。由图 4-45(b) 知，热轧板经退火后，取向单调的变形晶粒被多种取向的再结晶晶粒取代，并且同一取向的晶粒呈均匀、弥散分布。

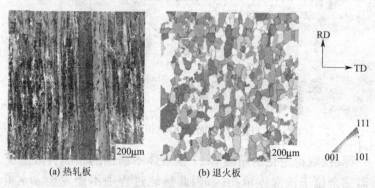

(a) 热轧板　　　　(b) 退火板

图 4-45　中心层板面的晶体取向图

图 4-46 所示为热轧板及退火板中心层的织构。由图 4-46 可知，热轧织构主要由 $\langle 001 \rangle /\!/$ ND 的 θ 纤维织构和 $\langle 110 \rangle /\!/$ RD 的 α 纤维织构所组成，强点 $\{001\}\langle 110 \rangle$ 的取向密度较高，取向密度 $f(g)=12.0$，其他主要组分为 $\{116\}\langle 110 \rangle \sim \{112\}\langle 110 \rangle$。

而⟨111⟩∥ND 的 γ 纤维织构相对较弱,其主要组分为{111}⟨110⟩、{111}⟨132⟩。热轧板经退火后,仍主要由 θ 纤维织构和 α 纤维织构组成。但是,与热轧板相比,织构强度显著降低,强点{001}⟨110⟩的取向密度仅为 $f(g)=5.3$,γ 纤维织构仍然较弱。

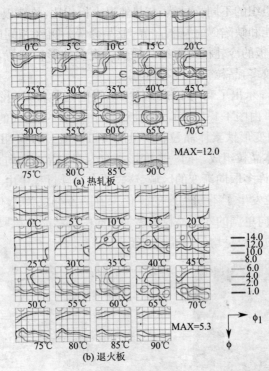

图 4-46　中心层板面的织构(恒 ϕ_2 截面图)

铌、钛双稳定化的超纯 Cr17 铁素体不锈钢的相图自液态至室温完全位于铁素体单相区,因此热轧过程中不能发生 α/γ 相变,即不能通过相变的方式使织构弱化。另一方面,根据有关研究,超纯 Cr17 铁素体不锈钢具有较高的层错能,扩展位错较窄,在热轧过程中易于发生动态回复而不易发生动态再结晶。这两方面原因使热轧 Cr17 铁素体不锈钢板具有粗大的取向变形晶粒特征。其中,粗大的{001}⟨110⟩变形带归因于铸坯中发达的⟨001⟩∥ND

柱状晶组织和热轧时的平面变形状态。而α纤维织构和γ纤维织构是体心立方金属在平面变形条件下形成的两种典型织构。

热轧板经退火后，织构明显弱化，织构梯度减小，但是，织构类型不变。产生以上现象的原因主要是由于热轧板退火过程中的随机形核机制和原位再结晶形核机制所致。

热轧板退火时，⟨001⟩∥ND 取向的晶粒主要通过原位再结晶方式形核，但也可通过随机形核方式形核。⟨111⟩∥ND 取向的晶粒完全通过原位再结晶方式形核，而⟨113⟩∥ND、⟨123⟩∥ND、⟨233⟩∥ND 等其他取向的晶粒主要通过随机形核方式形核。

随机形核的发生弱化了热轧织构，而原位再结晶形核的发生使织构类型得以保留。因此，对于缺乏 α/γ 相变的超纯 Cr17 铁素体不锈钢，对热轧板进行再结晶退火是弱化热轧织构、降低板宽方向的织构梯度、促进各取向晶粒均匀分布的必要手段。

根据相关研究，铁素体不锈钢薄板的表面皱折与特定取向的晶粒簇密切相关。超纯 Cr17 铁素体不锈钢热轧后退火和热轧后不退火的两种冷轧退火板五种晶粒的分布图如图 4-47(a)和图 4-47(b)所示。由图4-47可知，热轧后退火的冷轧退火板中{001}⟨110⟩、{116}⟨5111⟩、{112}⟨110⟩、{111}⟨110⟩、{111}⟨112⟩晶粒的体积分数分别为 1.1%、11.5%、6.2%、10.4%、29.9%；而热轧后不退火的冷轧退火板中相应的五种晶粒的体积分数分别为 1.7%、13.5%、7.0%、5.4%、37.9%。以上结果表明，热轧后退火有利于减少最终冷轧退火板中的{001}⟨110⟩、{116}⟨5111⟩、{112}⟨110⟩、{111}⟨112⟩晶粒并增加{111}⟨110⟩晶粒。另一方面，热轧后退火的冷轧退火板中各取向的晶粒分布较均匀，晶粒簇较短促、分散，带状特征不明显；而热轧后不退火的冷轧退火板中沿轧制方向存在大量的带状晶粒簇，晶粒簇较粗大、连续、集中。

两种冷轧退火板沿板宽方向的织构梯度如图 4-48 所示。由图 4-48 可知，热轧后退火的冷轧退火板沿板宽方向的织构梯度较小，而热轧后不退火的冷轧退火板沿板宽方向的织构梯度较大。这表明热轧后退火能明显降低冷轧退火板沿板宽方向的织构梯度。

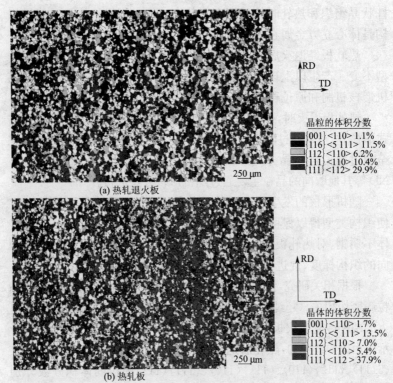

图 4-47 冷轧退火板中心层板面上特定取向晶粒的分布图

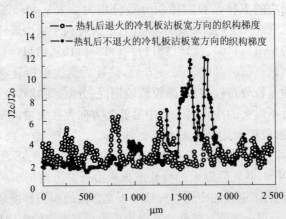

图 4-48 热轧板及退火板的冷轧退火板板宽方向的织构梯度

两种冷轧退火板的微织构在数量和分布上的差异归因于两者冷轧前组织、织构的不同。在热轧板中,可见含有较多的、粗大的{001}⟨110⟩、{116}⟨5111⟩、{112}⟨110⟩变形晶粒。这些织构组分在冷轧过程中很稳定,它们向γ稳定取向转变的速率非常慢。所以,冷轧后被大量保留下来。在随后的退火过程中,这些变形晶粒因变形储能较低而难于发生再结晶,它们只能依靠相邻的{111}再结晶晶粒的生长而逐渐被吞并。但是,在{111}再结晶晶粒之间仍然会有较多的{001}⟨110⟩、{116}⟨5111⟩、{112}⟨110⟩晶粒残留下来。显然,与热轧板相比,热轧退火板由于{001}⟨110⟩、{116}⟨5111⟩、{112}⟨110⟩变形晶粒完全消失而使其{001}⟨110⟩、{116}⟨5111⟩、{112}⟨110⟩织构显著减弱,进而使其冷轧退火板残留的{001}⟨110⟩、{116}⟨5111⟩、{112}⟨110⟩晶粒明显减少。在冷轧板的退火过程中,γ纤维织构则主要通过{111}再结晶晶粒的优先形核与长大得以发展。

热轧后退火与热轧后不退火的冷轧退火板相比,热轧后退火的冷轧退火板中具有较多的{111}⟨110⟩晶粒和较少的{111}⟨112⟩晶粒。这表明随着热轧板退火后各取向晶粒分布均匀性的提高,最终冷轧退火板中的{111}⟨112⟩晶粒和{111}⟨110⟩晶粒的体积差缩小。

由相关理论知,超纯Cr17铁素体不锈钢的冷轧板在退火过程中没有相变过程,即不能通过相变的方式来提高各取向晶粒分布的均匀性,因此,冷轧退火板的微织构分布在很大程度上受到冷轧板的微织构分布、冷轧前微织构分布的遗传影响。正是热轧板与热轧退火板的微织构在分布上的差异最终造成了两种冷轧退火板微织构分布的不同。显然,与热轧板粗大的取向变形晶粒相比,热轧退火板由于各取向的晶粒呈均匀分布从而使最终的冷轧退火板各取向的晶粒呈均匀分布,晶粒簇数量大量减少且带状特征消失。而热轧板粗大的取向变形晶粒特征遗传给冷轧退火板后最终导致了大量的、粗大的带状晶粒簇。带状晶粒簇的出现导致沿板宽方向织构梯度明显增大。

由热轧后退火和热轧后不退火的两种冷轧退火板分别经15%拉伸后的表面形貌及沿板宽方向的粗糙度曲线图 4-49 和图 4-50 可见,热轧后退火使冷轧退火板的表面皱折明显减轻,平均皱折高度 R_a 和最大皱折高度 R_t 分别为 1.90 μm、11.37 μm,抗皱性能良好;而热轧后不退火的冷轧退火板的平均皱折高度 R_a 和最大皱折高度 R_t 则分别为 2.95 μm、18.05 μm,抗皱性能较差。

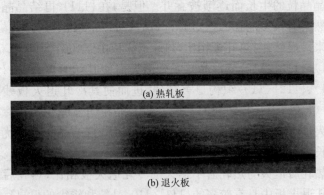

图 4-49 冷轧退火板分别经 15%拉伸后的表面形貌

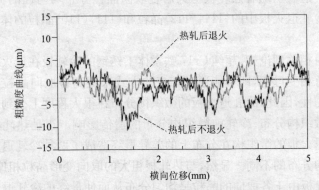

图 4-50 热轧板及退火板的冷轧退火板分别
经 15%拉伸后的表面粗糙度曲线

两种冷轧退火板表面皱折的差异归因于两者微织构种类、数量和分布的不同。晶粒簇由晶体取向相同或相近的晶粒聚集而成。根据国外学者利用晶体塑性有限元的方法研究的特定取向晶粒簇在变形过程中对表面皱折的影响,在拉伸变形过程中,一方面,{001}⟨110⟩晶粒簇的法向应变 ε_{ND} 远小于周围基体,另一方面,{111}⟨110⟩晶粒簇的横向应变 ε_{TD} 和剪应变 γ_{TN} 都明显小于{112}⟨110⟩晶粒簇,这些是导致表面皱折出现的原因。

在研究者进行的实验中,{001}⟨110⟩、{116}⟨5 11 1⟩、{112}⟨110⟩、{111}⟨110⟩、{111}⟨112⟩晶粒的平均塑性应变比分别为0.4、0.4、2.1、2.6、2.6。因此,在拉伸变形过程中,低塑性应变比的晶粒簇在板厚方向的收缩程度比周围基体严重,在板的表面沿轧向易引起细条纹状塌陷而造成皱折。显然,热轧后不退火的冷轧退火板因具有较多的低塑性应变比的{001}⟨110⟩、{116}⟨5 11 1⟩、{112}⟨110⟩晶粒簇而使皱折加重。另外,热轧后不退火的冷轧退火板的晶粒簇较粗大、连续、集中,加剧了变形的不均匀性。特别是粗大的{111}⟨112⟩带状晶粒簇因具有较高的塑性应变比故在变形过程中不易减薄,而其相邻的{116}⟨5 11 1⟩、{112}⟨110⟩带状晶粒簇则易于减薄,使表面皱折进一步加重。

热轧后退火的冷轧退火板与热轧后不退火的冷轧退火板相比,热轧后退火的冷轧退火板中各取向晶粒的分布较均匀,晶粒簇较细窄、短促、分散,在变形过程中因与周围基体的协调性较好而使表面皱折显著减轻。

由此可见,通过在热轧后引入再结晶退火可以显著弱化热轧形变织构,降低热轧板板宽方向的织构梯度并提高各取向晶粒分布的均匀性,从而对冷轧退火板的显微组织、微织构及表面皱折产生有利的遗传影响。

与热轧后不退火相比,热轧后退火能够使冷轧退火板获得更加均匀的组织,显著减少低塑性应变比的{001}⟨110⟩、{116}⟨5 11 1⟩、{112}⟨110⟩晶粒簇,破碎粗大的{111}⟨112⟩带状晶粒簇,提高各取向晶粒分布的均匀性。从而使成品板的最大皱折高度和平均皱折高度分别降低37.0%、35.6%。因此,热轧后退火可显著减轻成品板的表面皱折缺陷。

12. 如何对 0Cr11Ti 冷轧薄板进行退火？

0Cr11Ti 属铁素体型不锈钢，它是在 0Cr13 的基础上降低 Cr 含量，并加入适量 Ti 设计而成，该钢在强度、塑性、硬度等力学性能方面优于 0Cr13、1Cr13，并且因加入适量 Ti 而具有较强的抗晶间腐蚀能力，因其综合性能更佳，该钢种迅速得到应用。但是，由于该钢种应用的时间较短，制作过程中半成品及成品板材的热处理工艺如何合理制定，直接影响到成品交货性能。为此，有研究者参照近似钢种热处理工艺，对 0Cr11Ti 不锈钢进行了试验研究，最终取得了满意的效果。0Cr11Ti 化学成分见表 4-23，技术条件对力学性能的要求见表 4-24。

表 4-23　0Cr11Ti 钢化学成分（质量分数 wt%）

元素	C	Cr	Ti	Si	Mn	S	P
技术协议	≤0.08	10.50~12.50	≥6×C	≤1.00	≤1.00	≤0.030	≤0.045
内控	0.05~0.07	10.80~11.30	0.05~0.60	≤0.80	0.50~0.60	≤0.015	≤0.030

表 4-24　技术条件对力学性能的要求

$\sigma_{0.2}$(MPa)	σ_b(MPa)	δ_5(%)	HB
≥210	390~590	≥30	≤180

参照 0Cr13、1Cr13 热半成品热处理工艺，研究者确定了两种方案：

方案 1：在电热式罩式炉内对 0Cr11Ti 热轧半成品进行高温回火，保温温度 (770±10)℃，保温时间 4 h，550℃出炉空冷，工艺曲线如图 4-51 所示，成品退火工艺参照低碳含铬铁素体钢退火工艺定为 (820±10)℃×15 min，在连续式辊底炉内进行。

方案 2：热轧半成品及成品均在连续式辊底炉内进行退火，由于热轧半成品比冷轧成品厚，故方案 2 的保温时间比方案 1 成品保温时间增加 10 min。即退火工艺为：

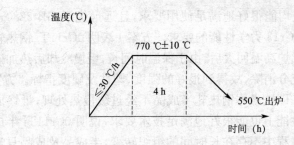

图 4-51 成品退火工艺

热轧半成品:(820 ± 10)℃×25 min;
成品:(820 ± 10)℃×15 min。
以上两套方案试验结果分别见表 4-25、表 4-26。

表 4-25 方案 1 实验结果

炉号	$\sigma_{0.2}$(MPa)	σ_b(MPa)	δ_5(%)	HB
394	315	470	41	133
	295	495	42	140
393~639	312	484	39	129
	307	496	41	136

表 4-26 方案 2 实验结果

炉号	$\sigma_{0.2}$(MPa)	σ_b(MPa)	δ_5(%)	HB
393~638	425	525	31	161
	415	520	33	158
393~640	345	530	40	157
	345	530	35	161
393~641	405	520	34	164
	395	512	36	158
393~642	445	525	37	142
	435	525	33	170

从表 4-25、表 4-26 中我们可以看出两套方案生产出的成品材在

力学性能上均能很好地满足使用要求,且远远优于 GB 3280—92 中 0Cr13、1Cr13 力学性能的要求。方案 1 表明 0Cr11Ti 钢热轧半成品经罩式炉高温回火后,由于保温时间长,缓慢冷却后热加工应力得到了充分消除,故得到很好的强度、塑性及硬度指标。方案 2 表明 0Cr11Ti 铁素体钢热轧半成品不经过缓慢热处理,最终成品材在力学性能上也能很好地满足技术要求,说明 0Cr11Ti 半成品在热处理过程中不存在长时间的组织转变,半成品及成品只需在 820 ℃左右区间内短时间保温就能很好地消除各种热应力及加工硬化,完成再结晶过程。综上两方案力学性能上均能很好地满足技术要求,但方案 1 强度指标不如方案 2 好。同时,由于罩式炉生产周期长,一炉料约 60 h 左右,并且板面氧化程度较重,酸洗较困难。而方案 2 从性能上塑性比方案 1 稍差,但生产时间短,同样的生产量辊底炉只需 10 h 左右,且板面氧化程度比方案 1 轻,故综合各项性能指标及生产实际,方案 2 的热处理方案更具有实用性。

13. 如何控制热处理工艺参数可降低 304 不锈钢胀管过程中的焊缝开裂率?

304 不锈钢是应用最为广泛的一种奥氏体不锈钢,它具有优良的耐蚀性和耐热性,优良的低温强度和力学性能,而且由于成分是奥氏体组织,无热处理硬化现象,广泛应用于建筑、汽车、化学工业、船舶制造等行业。304 不锈钢常用的焊接方法为 TIG 焊接,在焊接过程中容易出现焊缝区和热影响区的组织不均匀,造成焊接接头质量下降,通常达不到设计使用寿命就报废。而且,焊态的不锈钢管在胀管加工过程中出现高比例的焊缝开裂,提高了生产成本,影响其产品质量。如何改进接头的质量一直是众多研究的热点。

热处理是一种提高材料力学性能的有效方法之一,304(0Cr18Ni9)为奥氏体不锈钢,固溶处理可以获得单相奥氏体组织,可以提高抗金属的腐蚀能力和力学性能。因此,有研究者采用热处理工艺改善焊缝组织及不锈钢胀管性能,以减少不锈钢管胀管过程中焊缝的开裂。

为降低胀管过程中焊缝开裂率,提高产品质量,有研究者采用 1.5 mm,卷板焊接成型的不锈钢管 304 不锈钢进行了研究。卷管焊接采用亚弧熔焊。试验钢管符合 GB/T 1220—2007《不锈钢棒》标准。其主要化学成分(质量分数,wt%):$\leqslant$0.07 C,$\leqslant$1.0 Si,$\leqslant$2.0 Mn,17~19 Cr,8.0~11.0 Ni,$\leqslant$0.03 S,$\leqslant$0.035 P,余量 Fe,主要力学性能:$\sigma_{0.2}$>205 MPa;σ_b>520 MPa;伸长率>40%;硬度值<210 HV。

为了使热处理过程中的 304 不锈钢奥氏体化更完全,研究者对 304 不锈钢的热处理增加预热,并选择 3 种热处理工艺对不锈钢管进行热处理(见表 4-27):工艺 1 为 850 ℃保温 2 h 出炉水冷再采用 340 ℃保温 1 h 出炉空冷;工艺 2 为 1 050 ℃保温 2 h 出炉水冷,再采用 340 ℃保温 1 h 出炉空冷;工艺 3 为 850 ℃保温预热 1 h,接着升温到 1 050 ℃保温 2 h 出炉水冷,再 340 ℃保温 1 h 空冷。工艺 3 与不锈钢固溶热处理相比,增加了 850 ℃的预热处理,主要是考虑到不锈钢管是由板材经过焊接成管,焊接残余应力较大,不锈钢管固溶热处理时,850 ℃的预热处理可以去除焊缝的残余应力,并保证焊缝组织的充分转变;从另一方面考虑焊缝是少量熔化金属的快速凝固组织,但其组织又不是不锈钢固溶淬火的奥氏体组织,当不锈钢管件固溶处理时,焊缝部分属于二次淬火也需要 850 ℃预热处理。

表 4-27　304 不锈钢的热处理工艺

工艺编号(No.)	热处理工艺
1	850 ℃保温 2 h 出炉水冷,再采用 340 ℃保温 1 h 出炉空冷
2	1 050 ℃保温 2 h 出炉水冷,再采用 340 ℃保温 1 h 出炉空冷
3	850 ℃保温预热 1 h,接着升温到 1 050 ℃保温 2 h 出炉水冷,再 340 ℃保温 1 h 空冷

焊缝组织如图 4-52 所示。可见,焊缝呈较为细小的铁素体,且与母材熔合良好,焊缝与母材结合处铁素体偏聚严重,出现一条

暗黑色的带状结合线如图 4-52 所示。铁素体的析出降低了焊缝的塑性性能,这是不锈钢管胀管过程中开裂的主要原因。铁素体的析出主要是由于在焊接过程的热输入和在随后的冷却速度较慢,使铁素体有足够的时间析出。

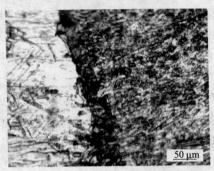

图 4-52　焊缝熔合区界面形貌

热处理态焊缝的显微组织如图 4-53 所示;工艺 1 的焊缝组织如图 4-53(a)所示,为细小的柱状晶形态。热处理态焊缝和焊态组织(如图 4-52 所示)相比没有太大的变化。工艺 2 的焊缝组织出现了奥氏体化的趋势,但是奥氏体化并不完全,组织为奥氏体和铁素体柱状晶同时存在的组织状态,如图 4-53(b)所示。工艺 3 的焊缝组织如图 4-53(c)所示;焊缝呈较为粗大的奥氏体柱状晶形态如图 4-53(c)所示,焊缝组织完全奥氏体化,使得焊缝强度和韧性不低于母材,而且塑性良好。这也是不锈钢管胀管的直径胀到原来直径的 2 倍,胀管开裂率能降低到 3% 的主要原因。弯曲试样正弯和背弯 180°后焊缝完好,均无裂纹或折断,说明焊缝具有良好的塑性。力学性能试验和胀管加工结果均表明,热处理明显改善了不锈钢管焊缝的强韧性等力学性能。

根据不锈钢固溶处理原理:加热至 1 000~1 100 ℃,使焊接和焊后冷却过程中析出的碳化物全部溶解于奥氏体中,然后在水(或室温)中快速冷却,在随后的快速冷却中碳化物在奥氏体中固定下来,少量析出或不再析出。在所有的热处理条件下焊缝组织

(a) 工艺1柱状晶焊缝　　(b) 工艺2柱状晶焊缝
(c) 工艺3奥氏体化柱状焊缝

图 4-53　不同热处理工艺的焊缝显微组织

中都没有观察到碳化物的析出，说明在热处理过程中没有发生明显的铁素体—碳化物转变，这应当是由于热处理的冷却速度较快，碳化物没有足够的时间析出，此时发生相变的铁素体主要转变为二次奥氏体。

工艺 3 处理的焊缝熔合区如图 4-54 所示；从图中可见增加预热处理有利于焊缝熔合区组织的充分转变；工艺 3 热处理消除了焊缝与母材熔合区组织不均匀。

热处理前不锈钢管母材组织为奥氏体加少量铁素体，如图 4-55(a)所示，这种组织中的铁素体不利于塑性和抗腐蚀性能。经过工艺 3 热处理的不锈钢母材组织发生变化，形成单一的奥氏体组织，但晶粒粒度比原来的略大，如图 4-55(b)所示。

考察热处理工艺对胀管表面质量的影响，液压胀管和钢管接触介质为高压乳化液，属柔性接触，对钢管表面质量不存在不利影

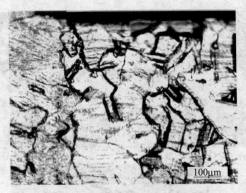

图 4-54 工艺 3 焊缝熔合区的显微组织

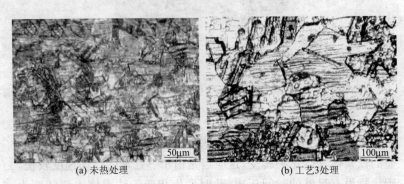

(a) 未热处理　　　　　　　　　(b) 工艺3处理

图 4-55 不锈钢焊管热处理前、后母材的显微组织

响。但是由于管件直径的扩大,管件表面还是产生大量的微裂纹,热处理工艺对于管件表面的微裂纹也有很大的影响。如图 4-56(a)所示为焊态管件胀管后的表面形貌,表面裂纹形态为长条状的深裂纹。工艺 3 热处理态的胀管表面出现的裂纹短而浅,呈网状分布如图 4-56(b)所示。经过热处理的不锈钢管是单一的奥氏体,其塑性更好,因此在变形过程中裂纹的产生减少,裂纹短而浅且方向性不强。

　　一般在生产中胀管表面裂纹采用喷丸处理消除,未热处理的胀管表面由于裂纹较深,因此喷丸时间大约是工艺 3 热处理胀管

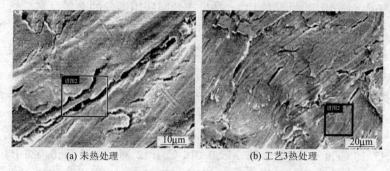

(a) 未热处理　　　　　　　　(b) 工艺3热处理

图 4-56　热处理前、后不锈钢焊管表面裂纹形貌

表面抛丸时间的两倍。可见,热处理过程并不影响胀管的后续生产效率。

由以上研究可见,热处理可以提高 304 不锈钢管的胀管性能,降低胀管过程中焊缝开裂率。经过热处理,焊缝组织也发生了变化,由原来的细小的奥氏体柱状晶和铁素体枝晶组织变成奥氏体柱状晶。热处理可以有效去除焊接接头处的铁素体偏聚,热处理使铁素体融入奥氏体中,并在随后的快速冷却过程中固定下来,母材形成了单一的奥氏体组织,有利于减少胀管的表面裂纹。

采用 850 ℃保温预热 1 h,接着升温到 1 050 ℃保温 2 h 出炉水冷,再 340 ℃保温 1 h 空冷处理的不锈钢焊管,胀管开裂率降低到了 3%。因此增加预热处理有利于焊缝组织的充分转变,热处理态焊缝奥氏体柱状晶较为粗大;焊缝与母材熔合区组织不均匀已经消除。

14. 如何对 316L 不锈钢微丝进行退火?

不锈钢微丝一般是指以不锈钢材料制造的丝。与其他有机或无机纤维材料相比,不锈钢微丝具有强度高、塑性好、耐酸碱腐蚀等一系列优良性能,因而受到人们的重视,其应用领域也不断扩大。

不锈钢微丝的制备方法很多,单丝拉拔制备的不锈钢微丝由于表面光滑、尺寸精确均一,是生产丝网所用微丝的必需材料。然而单丝拉拔由于形变量大,拉拔速率高,因而在制备过程中,加工硬化严重,这对微丝在进一步拉拔中产生断丝有很大的影响。根据有关研究发现,在拉拔的过程中适当地进行热处理,有利于微丝拉拔的顺利进行,减少断丝率。那么,如何对对 316L 不锈钢微丝进行退火? 有关研究者对此进行了大量的试验与研究。

试验用 316L 不锈钢丝的化学成分(质量分数,wt%)为:17.15 Cr、12.07 Ni、2.05 Mo、0.016 C、1.12 Mn、0.39 Si、0.026 P、0.001 S 和 67.177 Fe。微丝制备在 LT2-150/15 型微拉线机上进行,进丝为 ϕ0.6 mm。拉丝的工序为:粗拉阶段,由 ϕ0.6 mm 经 15 道次拉拔成 ϕ0.245 mm,平均道次压缩率 5.6%,拉拔速度 12 m/s;中拉阶段,由 ϕ0.245 mm 经 15 道次拉拔成 ϕ0.10 mm,平均道次压缩率为 5.6%,拉拔速度为 12 m/s;细拉阶段:由 ϕ0.10 mm 经 12 道次拉拔成 ϕ0.059 mm,平均道次压缩率为 5.4%,拉拔速度 12 m/s;微拉阶段,由 ϕ0.059 mm 经 13 道次拉拔成 ϕ0.03 mm,平均压缩率为 4.0%,拉拔速度 8 m/s。模具工作刃镶嵌人造金刚石,拉拔时的粗拉阶段采用皂化液,以喷淋方式润滑和冷却,中拉与细拉阶段采用润滑油润滑与冷却。

热处理选择总形变量分别为 61%(ϕ0.375 mm)、83%(ϕ0.245 mm)和 96%(ϕ0.113 mm)的 3 种中间态丝材,分别在 900 ℃、1 000 ℃、1 050 ℃、1 100 ℃ 4 种温度下,保温 5 s 和 10 s,采用空冷方式冷却。对于形变量达 99.8%(ϕ0.03 mm)的最终成品丝材,选择在 900 ℃、950 ℃、1 000 ℃、1 050 ℃、1 100 ℃ 5 种温度下进行热处理,保温时间取 1 s 与 3 s。

如图 4-57 所示为拉拔后压缩率为 83%,丝径为 ϕ0.245 mm 丝材的显微组织。从图中可见,原来的奥氏体晶粒,随着压缩率的增大,不断被拉长与破坏,当形变量增大至一定程度时,呈现纤维状组织。

图 4-58 所示为压缩率为 61% 的 ϕ0.375 mm 丝材,经不同退火工艺处理后的显微组织。其中图 4-58(a)所示为经 1 000 ℃×

图 4-57 压缩率为 83%,丝径为 $\phi 0.245$ mm 的丝材显微组织×100

5 s处理后的显微组织,此时仍以纤维状组织为主,这是由于丝材形变量小、退火温度低,保温时间短,再结晶不充分引起的;继续升高退火温度,由于再结晶的形核率与形核速度随着退火温度的升高而逐渐增大,再结晶晶粒逐渐呈等轴化与均匀化,如图4-58(b)所示,当升温至 1 100 ℃并保温 5 s时的显微组织,此时再结晶充分进行,纤维状组织已完全转变成等轴晶组织,晶粒度达到10级。

(a) 1 000 ℃×5s ×100　　　　(b) 1 100 ℃×5s ×500

图 4-58 $\phi 0.375$ mm 丝材经不同再结晶工艺处理后的组织

如图 4-59 所示为不同丝径的丝材采用 1 100 ℃×5 s 再结晶工艺处理后的显微组织。由图 4-59(a)可见,$\phi 0.245$ mm 丝材的纤维状组织完全消失,再结晶已充分进行,生成细小的等轴晶,晶

· 419 ·

粒度达到 11 级。如图 4-59(b)所示为 $\phi 0.113$ mm 丝材,此时再结晶已完成,且晶粒非常小,晶粒度达到 12 级。

(a) $\phi 0.245$ mm (b) $\phi 0.113$ mm

图 4-59 不同丝径的丝材经 1 100 ℃×5 s 再结晶工艺处理后的显微组织×500

对于丝径为 $\phi 0.03$ mm 的丝材,压缩率达 99.8%,在较低温度较短的保温时间内,就已开始发生再结晶。图 4-60 中的 A 与 B 处所示分别为采用 1 000 ℃×3 s 与 1 050 ℃×1 s 工艺处理后的显微组织。从中可明显看出,经 1 000 ℃×3 s 处理后的晶粒尺寸明显大于经 1 050 ℃×1 s 处理后的晶粒尺寸。因此,对于 $\phi 0.03$ mm 的丝材,在 1 000~1 050 ℃ 之间热处理时,保温时间应小于 3 s,以 1 050 ℃×1 s 为宜。

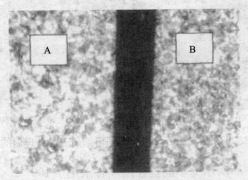

图 4-60 丝径为 $\phi 0.03$ mm 的丝材经不同再结晶工艺处理后的显微组织×800

3种中间态丝材在4种温度下,经5 s和10 s保温后的力学性能变化趋势如图4-61所示。由图4-61(a)、图4-61(c)可见,3种压缩率不同的丝材,在不同的退火温度下保温5 s时,形变量最小的 $\phi 0.375$ mm 丝材,在900~1 100 ℃间,抗拉强度持续下降,而伸长率大幅上升。1 000~1 100 ℃×保温5 s时, $\phi 0.245$ mm 与 0.113 mm 的丝材,抗拉强度起伏不大,而伸长率保持上升。形变量较大的 $\phi 0.113$ mm 丝材在1 100 ℃保温5 s时,再结晶已完成,晶粒细小,对应的抗拉强度也最大,达到777 MPa。

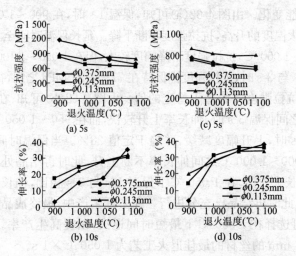

图4-61 不同丝径的丝材退火工艺与力学性能的关系

研究者在试验中发现:在测量丝材的力学性能时,如采用的标距相同时,则丝径越细,标距部分的长度与直径比越大,相应表现为断裂伸长率的减小。因此,图4-61(c)中所示的 $\phi 0.113$ mm 与 $\phi 0.245$ mm 丝材在1 100 ℃保温5 s后的伸长率比 $\phi 0.375$ mm 的要低。

由图4-61(b)、图4-61(d)可见,在900~1 000 ℃之间保温10 s时, $\phi 0.375$ mm 的丝材的抗拉强度高于 $\phi 0.245$ mm 的抗拉强度,这是由于丝材形变量小,再结晶未充分进行,内应力仍较大的缘故。

继续升高退火温度时,再结晶充分进行,但由于晶粒较大,其抗拉强度又低于 $\phi 0.245$ mm 的抗拉强度。$\phi 0.245$ mm 与 $\phi 0.113$ mm 的丝材在 1 050~1 100 ℃条件下,保温 10 s 时,伸长率相差不大,但在测试时,由于 $\phi 0.113$ mm 丝材极细,丝材表面与内部小的缺陷即可引起丝材的断裂,从而使其伸长率<0.245 mm 丝材的伸长率。因此,研究者建议对于丝径为 $\phi 0.245$ mm 与 $\phi 0.113$ mm 的丝材,中间热处理可以取 1 050 ℃×10 s。

图 4-62 所示为 $\phi 0.030$ mm 的丝材采用不同的退火工艺后的力学性能变化。由图 4-62(a)可知,保温 1 s 时,在 900~1 050 ℃,随着退火温度的升高,抗拉强度不断下降。延长保温时间至 3 s 时,在 900~1 000 ℃,抗拉强度下降幅度较大,但在 1 050~1 100 ℃下,保温 1 s 与 3 s 时,抗拉强度都保持在 713~733 MPa 之间,很显然,此时的抗拉强度开始趋于稳定的值。由图 4-62(b)可知,在 900~950 ℃之间保温 3 s 时,伸长率上升较快,而在 950~1 050 ℃之间保温 3 s 时,上升幅度减缓,并趋于定值 28%。当保温时间为 1 s 时,在 900~1 000 ℃之间伸长率不断上升,此时再结晶处于不断形核与长大阶段,在 1 050 ℃下保温 1 s 与 3 s 相比,伸长率只相差 2%,此时再结晶已充分进行。在实际生产中,最终成品丝的热处理,可选择在 1 050 ℃下最短时间退火,以提高生产率。因此,$\phi 0.030$ mm 的丝材的最佳退火工艺为 1 050 ℃×1 s。

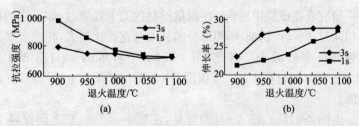

图 4-62 最后一道丝材的退火温度与力学性能的关系

综合以上研究与分析可见，ϕ0.375 mm 的丝材在 1 100 ℃下保温 5 s 时，再结晶已完成，生成完全的奥氏体等轴晶组织，且晶粒度达到了 10 级；丝径为 ϕ0.245 mm 与 ϕ0.113 mm 的丝材在 1 050 ℃下保温 10 s 时，再结晶已充分进行，并具有优良的力学性能；对于直径为 ϕ0.030 mm 的最后一道丝材，由于压缩率非常大，且内部形核能高，在 1 050 ℃下保温 1 s 后再结晶已充分进行，并具有优良的力学性能。

15. 如何通过热处理降低 1Cr18Ni9Ti 冷轧带钢的晶间腐蚀敏感性？

18-8 型奥氏体不锈钢敏化态耐晶间腐蚀能力是影响产品使用质量的重要内容之一。其中贫 Cr 理论较为广泛被人们所接受。据有关资料介绍，奥氏体不锈钢晶间腐蚀在含碳量很低(0.003%)时就能出现。目前，许多钢厂采用低的含碳量和高的钛碳比为最终产品性能达到技术标准创造了根本条件，但是要使奥氏体不锈钢最终获得优良的抗晶间腐蚀性能还必须通过恰当的热处理工艺予以保证。因此，为了解决 18-8 型奥氏体不锈钢敏化态耐晶间腐蚀能力问题，有研究者研究了热处理工艺对 1Cr18Ni9Ti 晶间腐蚀敏感性的影响。试验所用 1Cr18Ni9Ti 不锈钢化学成份见表4-28。

表 4-28　1Cr18Ni9Ti 的化学成分（质量分数 wt%）

化学元素	C	Mn	Si	P	S	Cr	Ni	Ti	Ti/C
含量	0.03	1.59	0.38	0.032	0.018	17.76	10.04	0.37	12

试验将九块试样分为 A、B、C 三组，每组三个试样，同一组的三个试样加热温度相同，加热时间不同，分别为 2.5 分钟、4 分钟和 6 分钟。A 组三段的加热温度为 1 045 ℃、1 190 ℃、1 190 ℃，B 组三段的加热温度为 1 033 ℃、1 120 ℃、和 1 120 ℃，其具体试验方案见表 4-29。按表 2 试验方案进行试验后的晶间腐蚀检验结果见表 4-30。

表 4-29 热处理试验方案

不同组别的不同热处理工艺		温度(℃)			时间(min)
		Ⅰ	Ⅱ	Ⅲ	
A	A1	1 045	1 190	1 190	2.5
	A2	1 045	1 190	1 190	4
	A3	1 045	1 190	1 190	6
B	B1	1 033	1 150	1 150	2.5
	B2	1 033	1 150	1 150	4
	B3	1 033	1 150	1 150	6
C	C1	1 030	1 120	1 120	2.5
	C2	1 030	1 120	1 120	4
	C3	1 030	1 120	1 120	6

表 4-30 按表 2 试验方案进行试验后的晶间腐蚀检验结果

组号	A1		A2		A3		B1		B2		B3		C1		C2		C3	
	1	2	1	2	1	2	1	2	1	2	1	2	1	2	1	2	1	2
结果	合格	合格	合格	不合格	不合格	不合格	合格	合格	合格	合格	合格	不合格	合格	合格	合格	合格	合格	合格

根据试验,研究者发现,加热时间相同时,1 120 ℃固溶处理的带钢比在 1 150 ℃和 1 190 ℃下处理的带钢的抗晶间腐蚀性能要好。观察其 A、B 两组的试验结果,当加热温度为 1 150 ℃和 1 190 ℃时,时间对晶间腐蚀的敏感性影响较大,随着加热时间的延长,不锈钢的晶间腐蚀倾向增大。C 组的 6 个试样晶间腐蚀性能全部合格,说明在 1 120 ℃下固溶处理,时间对晶间腐蚀性能没有多大的影响。根据综合计算,钛碳化大于等于 5 时,1Cr18Ni9Ti 奥氏体不锈钢就有可能不产生晶间腐蚀。

理论上讲,不锈钢中加入 Ti 的目的是用 Ti 来固定 C,形成钛的碳化物 TiC,以期减少在敏化过程中 $Cr_{23}C_6$ 沿晶界析出。根据贫铬理论,钢中 TiC 量的增加会减少 $Cr_{23}C_6$ 沿晶界析出,这样邻近的奥氏体晶界就不会产生贫铬区,因此就可以防止晶间腐蚀。事实证明,即使不锈钢中的钛碳化较高,而 TiC 的量少,这种钢也只能在低温(≤450 ℃)下一般介质中使用,因此要使 1Cr18Ni9Ti 不锈钢获得优良的抗晶间腐蚀性能,不仅要求要有的高的钛碳比,而且要使钢最终获得大量的 TiC,而为使钢中的钛与碳充分形成 TiC 金属间化合物,热处理的温度和时间起着决定性的影响。

由图 4-63 可知:TiC 从 825 ℃开始形成,至 900 ℃左右形成速度最高,从 900~1 200 ℃加热,TiC 数量不断减少直至消失,并且当固溶处理温度超过 1 150 ℃时,TiC 会大量溶解,增加了奥氏体不锈钢晶间腐蚀的倾向。

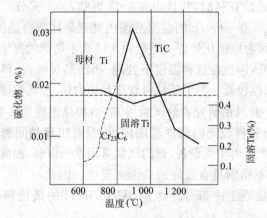

图 4-63　含钛不锈钢热处理温度对 TiC 形成的影响

研究者的试验结果表明:当加热时间为 6 min 时,A 组的两个试样晶间腐蚀物不合格,B 组的两个试样有一个合格,一个不合格,C 组的两个试样物合格。随着温度的升高,不锈钢的抗晶间腐蚀能力是逐步减弱的。之所以会产生这样的结果主要有以下三个方面的原因:

(1)在试验温度范围内,随着加热温度的升高,TiC 形成数量不断减少,并且当超过 1 500 ℃时 TiC 大量溶解,失去了固碳的作用。所以在以后的敏化过程中会沿晶界析出大量的 $Cr_{23}C_6$,造成晶间贫铬,增加了晶间腐蚀的倾向。

(2)固溶处理温度的升高会增加奥氏体晶粒长大的趋势。由于在一定体积内,粗晶粒的晶界面积小,而在固定的敏化处理条件下碳化物的沉淀是一个相对固定的值,因此单位面积上的碳化物的沉淀就较多,晶界的贫铬程度就越大,从而导致晶界腐蚀敏感性加大。

(3)固溶温度的提高,将使碳化物充分溶解,从而增大了冷却后过饱和固溶体的过饱和程度,从而为敏化处理时碳化物的选择性脱溶提供了有利的热力学条件,增加了晶间腐蚀倾向。

由研究者的试验与以上分析可知较低的热处理温度对不锈钢抗晶间腐蚀是有利的,并且由图 4-63 可知,为了充分发挥钢中钛的作用,在 850~950 ℃的温度范围内处理是比较合适的,事实上这种处理称为稳定化处理。但是由于冷轧不锈钢的再结晶温度开始于 900 ℃,因此在这种温度下处理,再结晶缓慢,材料的晶粒度不均匀,塑性较低。为了使材料软化和均匀化,加热温度必须大于 1 000 ℃。并且由研究者的试验可知,当加热温度为 1 120 ℃,在 6~25 min 这样较宽的温度范围内,均没有出现晶间腐蚀。在实际的大生产中由于受设备,炉内气氛等因素的限制,温度必须超过 1 100 ℃,不锈钢具有较好的表面光亮度。因此,1 120 ℃的固溶处理温度是适于冷带分厂生产 1Cr18Ni9Ti 的最佳热处理工艺温度。

考察其热处理时间的影响,A、B 两组的结果显示:随着加热时间的延长。不锈钢的晶间腐蚀倾向是增大的。加热时间对晶间腐蚀的影响主要也还是加热时间对 TiC 的形成、分解和奥氏体晶粒长大的影响。

由前面的论述可知当温度超过 1 150 ℃时 TiC 会大量溶解;时间对晶间腐蚀的影响也较大,因此在 1 150 ℃和 1 190 ℃下,加热时间越长,TiC 的分解就越多,晶间腐蚀的敏感性也就越大;C 组的 6 个试样晶间腐蚀性能全部合格,说明在该温度下时间对晶腐的影响不敏感。但是如果加热进一步延长也必然会对晶腐产生不利的影响。

此外,加热时间越长,越容易引起奥氏体晶粒的长大,对晶间腐蚀性能产生不利的影响。但是加热时间太短也会导致 $Cr_{23}C_6$ 的分解不充分,也不利于提高不锈钢的耐晶间腐蚀性能,并且也会导致再结晶不充分,引起硬度升高和塑性降低。从研究者的试验来看,2～3 min/mm 的加热时间是合适的。因为当时间为 2.5 min 时,三种温度下处理的带钢都没有晶间腐蚀倾向。

热处理的温度和时间是两个相互关联的量,在实际生产中应该将两者紧密结合起来。在 1 120 ℃,时间对晶间腐蚀的影响不大,而随着温度的升高,时间对晶间腐蚀的影响越来越明显。同样,在时间均为 2.5 min 时,三种温度下处理的带钢的晶间腐蚀性能都合格,而当时间进一步增加时,随着温度的升高,不锈钢的晶间腐蚀的敏感性是越来越大。由研究者的试验可以得出 1 120 ℃×2.5 min/mm 的加热时间对于 1Cr18Ni9Ti 冷轧不锈钢的晶间腐蚀性能来说是最佳热处理工艺。

另外,从 1Cr18Ni9Ti 的热处理机理明显可以看出冷却速度对晶间腐蚀的影响不大。并且冷带分厂采用水冷的冷却方式,所以不会因为冷却速度不合适而导致 1Cr18Ni9Ti 晶间腐蚀性能的不合格。

三、典型不锈钢的淬火与回火

不锈钢淬火的目的是提高强度和硬度,淬火的方法是将不锈钢加热到相变温度以上,一般加热温度为 1 000～1 100 ℃,通常的加热速度为 150～200 ℃/h。保温时间按材料的厚度或直径计算,约每 25 mm 保温 1 h。然后在淬火剂中速冷。

不锈钢回火目的是为了提高韧性、消除内应力。不锈钢的回火是将不锈钢加热到相变温度以下,加热速度通常为 150～200 ℃/h,保温时间按材料的厚度或直径计算(约 25 mm 保温 1 h),然后采用空冷。

1. 如何避免 Cr12 型不锈钢零件的淬火裂纹?

对 Cr12 型不锈钢零件进行加工时,会发现零件表面经常存在裂纹,这不仅造成了零件报废,而且影响了生产进度。有研究者在对这些裂纹件进行失效分析后,发现这些零件的生产工艺过程、表面裂纹形态、裂纹扩展方式等都存在一些共性。

出现裂纹的 Cr12 型不锈钢零件涉及面比较广,有螺栓、叶片、接管、加厚垫片、阀杆套等,而且均在这些零件经过调质处理后才发现其表面有裂纹,有些裂纹直至零件进行精加工时才被发现。

对出现裂纹的零件进行宏观检验发现,不论是加厚垫片横截面上的弧形裂纹,还是接管零件的纵向(轴向)裂纹,从表面观察,裂纹都具有一定的长度和宽度,且具有刚、直的特点。有的零件由于直径较小,裂纹较深,已一分为二(如阀杆套),肉眼就可以观察到裂纹内表面呈现不同的颜色,靠近零件表面的裂纹内表面为明显的暗黑色,而裂纹后部则带有些许蓝灰色金属光泽。

有研究者在裂纹长度方向近中部处截取与裂纹表面垂直的金相试样,经过磨、抛后在显微镜下观察裂纹形态,发现裂纹一般分两段扩展。裂纹的前半段显示出较大的开口,裂纹内表面有明显的网状或网点状组织,为典型的氧化特征,其厚度约为 0.02~0.03 mm。裂纹的前后段之间有时明显有一个转折,转折后的裂纹边缘在显微镜下呈现出与上述裂纹不一样的组织形态,裂纹内表面未见网状或网点状组织,裂纹上有短小的分支,尾端尖细。宏观检查发现,裂纹的宏观特征(有一定的长度和宽度,具有刚、直的特点)均与淬火裂纹的宏观特征一致。

肉眼观察到的裂纹内表面出现的不同颜色,是由于零件裂纹内表面受到不同程度的氧化所造成的,暗黑色是被高温氧化的特征,蓝灰色且带有金属光泽则表明其受氧化的程度较轻。裂纹形态的微观分析表明,前段裂纹有一定宽度的开口,裂纹内存在氧化现象,表明裂纹发生了高温氧化,裂纹穿晶扩展,前段裂纹的后部两侧面还出现互相啮合的特征;后段裂纹其两侧面仍表现出互相啮合的特征,裂纹穿晶扩展且尾端尖细,有短小分枝,无明显氧化现象。这些皆为淬火裂纹的典型特征。前后段裂纹的明显区别在于前段裂纹的内表面氧化严重,而后段裂纹并无高温氧化现象。这说明前后段裂纹经历了不同的热处理工艺过程,即前段裂纹可能在裂纹形成后又经过了高温热处理,而后段裂纹形成后未经过高温热处理。根据淬火裂纹试样所经历的热处理工艺过程分析,可认为前段裂纹产生于调质处理之前,而后段裂纹产生于调质的淬火之后、回火之前。

根据上述现象及工艺过程的分析,有研究者选取 Cr12 型不锈钢 2Cr12NiMo1W1V 试样预制裂纹后参考该材料的调质工艺进行了系列试验,并进行了氧化层厚度的测定。1 号试样:1 020 ℃×2 h 空冷,出现网点状组织,深度 0.020～0.025 mm。2 号试样:700 ℃× 6 h 空冷,未见网点状组织。

由试验结果可见,网状或网点状组织确实是材料表面在加热时受高温氧化所致,是一种典型的氧化现象。经过淬火处理的试样的观察结果与零件裂纹前段的形态完全一致,而且试样氧化层深度基本上与该材料的裂纹内表面网点状组织厚度相近。故可认为产品零件的原始裂纹在淬火前已存在,网状或网点状组织是在淬火加热高温作用下被氧化产生的。而裂纹试样若仅经回火热处理,则由于回火温度较低,材料仅仅受到轻微的氧化,氧化层极浅,不会出现网状或网点状组织。此外,如果在淬火加热过程中,裂纹受高温氧化程度比较严重,在氧化层的外侧还会观察到有厚厚的一层氧化皮包裹着。前面所提到的宏观观察时所看到的裂纹表面的暗黑色就是这种氧化皮的颜色。因此从宏观、微观两方面都可以证明该裂纹经受了严重的高温氧化。

经分析,研究者认为在淬火加热前出现裂纹的原因主要是因为材料在高温锻造后,由于停锻温度尚处于材料的临界温度即 Ar_1 以上,因此同样会因冷却过快使材料表面或整体形成淬火马氏体。而锻后工件的退火一般不会及时进行,淬火马氏体过大的组织应力可能会导致裂纹的形成和扩展。因此,严格控制锻造工艺,充分注意锻后冷却,是防止、避免产生锻后裂纹的重要措施。另外,锻后零件表面的机加工也是一个应注意的重要环节,其目的是去除锻件表面折叠缺陷,防止在后续热处理时由于应力集中而引发淬火裂纹。同理,机加工时的表面粗糙度亦应有所控制,避免过尖的刀痕引发淬火裂纹,并需注意探伤检验。

有关 Cr12 型马氏体不锈钢零件形成淬火裂纹的原因除了以上列举的以外,还有因调质前材料毛坯表面有拉毛现象(如冷拉钢筋)、材料表面氧化严重(如热轧材表面氧化层未去除)、材料存在条状夹杂等原因。这是由于 Cr12 型马氏体不锈钢,尤其是 2Cr12Ni Mo1W1V 钢淬透性好,相变时组织应力大。因此,特别需要对原材料表面进行检查,以及对淬火、回火工艺进行监控。

2. 如何对 1Cr17Ni2Si2 不锈钢进行淬火与回火可提高其性能?

1Cr17Ni2Si2 钢是一种马氏体-铁素体双相不锈钢,与普通 1Cr17Ni2 钢相比,其电阻率和磁饱和强度较高。这种双相钢适用于既要求较高的强度和韧性又要求高电阻率和高磁饱和强度的场合中。但是在不同热处理条件下,1Cr17Ni2Si2 钢的最终组织中马氏体和 δ-铁素体相比例不同,并且有碳化物等脆性相的影响,所以其力学性能波动很大,特别是冲击韧性低,因此在工程应用中潜在着失效的隐患。该钢的力学性能特别是冲击韧性不稳定是影响其使用的一个重要因素。

为了提高 1Cr17Ni2Si2 钢的冲击韧性,有研究者通过试验对该钢的热处理工艺进行优化,使其具有良好的力学性能。

试验钢的化学成分(质量分数 wt%)为 0.10 C、15.50 Cr、2.00 Ni、2.0 Si、1.0 Mn,余量 Fe。样品经表 4-31 不同工艺热处理后,制成标准拉伸试样和标准 U 型缺口冲击试样。

研究者为了使其 1Cr17Ni2Si2 钢奥氏体化更完全,对 1Cr17Ni2Si2 钢的热处理增加预热。为了研究预热的作用,设计工艺 1 与 2、3 与 4 作对比;为了研究回火温度的影响,设计工艺 1 与 3 作对比。结果取平均值,见表4-31。

表4-31　1Cr17Ni2Si2双相钢热处理工艺

工艺编号	热处理工艺
1	850 ℃×1 h预热 + 1 050 ℃×2 h油淬 + 340 ℃×2 h空冷
2	1 050 ℃×2 h油淬 + 340 ℃×2 h空冷
3	850 ℃×1 h预热 + 1 050 ℃×2 h油淬 + 620 ℃×2 h空冷
4	1 050 ℃×2 h油淬 + 620 ℃×2 h空冷

表4-32为1Cr17Ni2Si2双相钢试样经表4-31不同工艺热处理后的性能。由表4-32数据可知,1Cr17Ni2Si2钢电阻率和磁感应强度对回火温度不敏感,且预热前后变化不大,都能满足所需要电机主轴对电磁性能的要求。低温回火比高温回火获得更高的强度和冲击韧性,预热前后抗拉强度变化不大,冲击韧性比预热前高。由于1Cr17Ni2Si2钢制主轴处于交变工作载荷中,对动态力学性能的要求比静态高。结合回火温度和预热,1Cr17Ni2Si2试验钢的理想热处理工艺为850 ℃×1 h预热 + 1 050 ℃×2 h淬火油冷 + 340 ℃×2 h回火空冷。

表4-32　不同工艺热处理后1Cr17Ni2Si2双相钢的性能

工艺状态	抗拉强度 R_m (MPa)	屈服强度 R_p (MPa)	伸长率 A_s (%)	断面收缩率 Z (%)	冲击韧度 α_{KU} (J·cm^{-2})	马氏体含量 f_m (%)	电阻率 ρ (20℃) (Ω·mm^2·m^{-1})	磁感应强度 B(T) (H=10 000 A/m)
1	1 082	885	17.4	33.0	174	64.5	1.012 8	1.47
2	1 096	910	14.4	31.7	139	48.5	1.023 0	1.39
3	920	730	18.3	35.0	68	61.6	1.100 0	1.40
4	910	745	17.5	38.5	46	41.7	1.045 5	1.49

经研究者对1Cr17Ni2Si2钢不同热处理条件下的显微组织分析发现(如图4-64所示),设置预热工艺增加了奥氏体化时间,并使奥氏体均匀化,使得更多的合金元素固溶到奥氏体中,增大了奥氏体合金度,冷却后组织转变得到更多马氏体。该合金碳含量低,

最终得到的为板条马氏体,板条马氏体属于位错型,具有高强度和高韧性。因此,钢中所含的马氏体量越多,其抗拉强度和冲击韧性越高。1Cr17Ni2Si2 钢在低温回火形成板条状回火马氏体,如图4-64(a)所示,随着回火温度的升高,板条马氏体逐渐分解,生成的合金碳化物弥散分布,如图 4-64(b)所示。

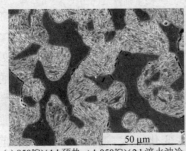
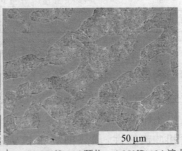

(a) 850℃×1 h预热 +1 050℃×2 h淬火油冷 + 340℃×2h回火空冷

(b) 850℃×1 h预热 +1 050℃×2 h淬火油冷 + 620℃×2 h回火空冷

(c) 1 050℃×2 h淬火油冷 +620℃×2 h回火空冷

图 4-64 试验钢不同热处理状态 SEM 组织

一般认为,板条马氏体属位错型,在板条线上位错密度较高,其韧性、强度较好,加之板条平行生长,组织承受动态冲击能力较强。高温回火温度在 557 ℃时马氏体开始大量分解,在 624 ℃时达到峰值。试验钢在 620 ℃高温回火接近峰值,回火时从马氏体中析出了合金碳化物,合金碳化物呈弥散分布如图 4-64(b)所示,基体中合金碳化物造成韧性降低的原因是由于硬的颗粒不易被切变,因而阻碍了位错的滑移运动。在动态冲击下,变形速率极快,位错来不及滑移且被合金碳化物颗粒所阻塞,造成应力集中,动态冲击韧性下降,合金呈现脆性断裂。因此低温回火比高温回火处理后冲击韧性好。

由研究者试验的 1Cr17Ni2Si2 钢的 DSC 曲线可知,马氏体转变终了温度明显高于室温(如图 4-65 所示),因此室温下马氏体转变完全,淬火后生成大量板条马氏体,残留奥氏体极少。1Cr17Ni2Si2 钢淬火 + 低温回火生成的组织为回火马氏体 + δ-铁素体相;淬火 + 高温回火后,生成组织为回火索氏体 + δ-铁素体相。相关研究表明,铁素体相越多,材料的冲击韧性越低。

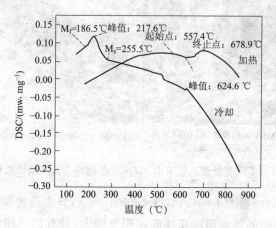

图 4-65　1Cr17Ni2Si2 钢 DSC 曲线

观察试验钢经不同工艺热处理后的冲击断口(如图 4-66 所示)表明,低温回火后的冲击断口为韧性断裂,断口分布着大量韧窝;高温回火后的冲击断口整体为韧性断裂,有很多韧窝,但已有解理断裂的河流状花样特征,表明随着回火温度的升高,材料由韧性向脆性转变。低温回火处理后的两个试样,设置预热平台比未设置的冲击断口中的第二相粒子要少,如图 4-66(a)与图 4-66(b)所示;高温回火处理的两个试样,设置预热平台比未设置的第二相

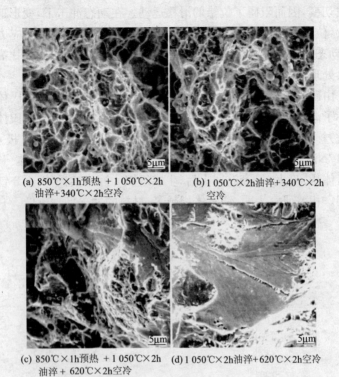

(a) 850℃×1h预热 + 1 050℃×2h 油淬+340℃×2h空冷
(b) 1 050℃×2h油淬+340℃×2h 空冷
(c) 850℃×1h预热 + 1 050℃×2h 油淬 + 620℃×2h空冷
(d) 1 050℃×2h油淬+620℃×2h空冷

图 4-66　不同热处理工艺下 1Cr17Ni2Si2 钢冲击试样断口微观形貌

粒子也要少,如图 4-66(c)与图 4-66(d)所示,且未设置预热平台的冲击断口中的解理河流花样面积明显增大,且有第二相粒子沿界面分布(如图 4-66(d)所示)。

由此可见,1Cr17Ni2Si2 双相钢理想热处理工艺为 850 ℃×1 h 预热 + 1 050 ℃×2 h 淬火油冷 + 340 ℃×2 h 回火空冷,其显微组织为回火马氏体 + δ-铁素体,抗拉强度为 1 082 MPa,屈服强度为 885 MPa,冲击韧度 $α_k$ 为 174 J·cm^{-2},组织力学性能优良。

1Cr17Ni2Si2 双相钢采用设置预热的热处理工艺,可使更多的碳化物溶于基体,减少了在晶界上的分布;而且减少了 δ-铁素体,增加淬火马氏体量,从而提高了强度,改善了韧性。

3. 超级马氏体不锈钢如何进行热处理可以提高其抗腐蚀性能?

超级马氏体不锈钢,(简称 SMSS)是一系列超低碳马氏体不锈钢的统称。国内超级马氏体不锈钢品种单一,开发不同成分的 SMSS 可以适应不同环境下的应用。有研究者采用电化学腐蚀试验方法研究不同热处理工艺对 SMSS 腐蚀性能的影响,为 SMSS 新钢种的使用提供依据。

试验材料为超级马氏体不锈钢,其化学成分见表 4-33。热处理制度为在 1 050 ℃保温 0.5 h 后油淬,分别在温度 550 ℃、650 ℃、750 ℃时回火,且保温 2 h。

表 4-33 实验用钢成分(质量分数 wt%)

Steel	C	Mn	Si	Cr	Ni	Mo	W	Cu	Fe
No. 1	0.019	0.40	0.16	11.69	4.49	2.04	—	—	余量
No. 2	0.022	0.41	0.17	11.86	5.14	2.17	1.00	1.39	余量

热处理后 SMSS 显微组织如图 4-67 所示。图 3 为 SMSS 的透射电镜形貌。如图 4-67 及图 4-68 所示,1、2 号钢回火后粗大的马氏体板条束消失,说明马氏体回火后发生分解,变成细小的回火马氏体组织,此外在回火马氏体基体内还弥散分布有细小的逆转变奥氏体。由图可知,回火温度在 550 ℃时,仍保留淬火马氏体的形态,马氏体板条很细小,并且随着回火温度的升高,回火板条马氏体板条宽度逐渐变细,分布逐渐密集,其内部分布有高密度的位错,这些高密度位错和细小的回火马氏体使钢回火后的塑韧性显著提高。此外,原始奥氏体晶粒随着回火温度的升高不断长大,尺寸范围在 33~45 μm。

观察其循环极化曲线如图 4-69(a)和图 4-69(b)所示,SMSS 的致钝电位都在 -300 mV 左右,说明无论钢种还是回火温度,对样品进入钝化区域没有影响。两个钢种在回火温度为 550 ℃时的点蚀电位是最高的,其次是回火温度为 650 ℃的样品,最差的回火

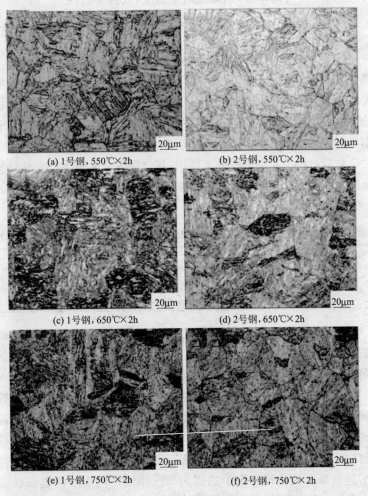

(a) 1号钢, 550℃×2h　　(b) 2号钢, 550℃×2h
(c) 1号钢, 650℃×2h　　(d) 2号钢, 650℃×2h
(e) 1号钢, 750℃×2h　　(f) 2号钢, 750℃×2h

图 4-67　两种试验钢 1 050 ℃淬火后不同温度回火处理后的显微组织

温度为 750 ℃的样品。点蚀敏感位置与表面均匀性相关,从组织分析来看,表面高密度位错的存在,是点蚀敏感性增强的诱导原因。

从数据(见表 4-34)可以看出两种钢随着回火温度的升高,平

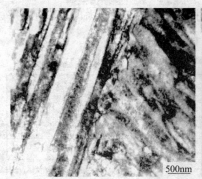 

(a) 750℃×2h 回火，1号钢　　　　(b) 750℃×2h 回火，2号钢

图 4-68　1号钢和2号钢1 050 ℃淬火后不同温度回火处理后的 TEM 显微组织

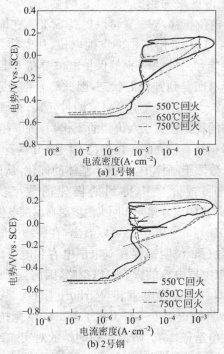

(a) 1号钢

(b) 2号钢

图 4-69　不同回火温度下的 SMSS 在饱和 CO_2 浓度、Cl^- 浓度为 2.12% 的 NaCl 溶液中测得的循环极化曲线

均维钝电流密度略有增大。说明回火马氏体束变大时,表面溶解速度降低,样品具有较好的耐均匀腐蚀性能。

表 4-34 不同回火温度下 SMSS 的点蚀电位值和维钝电流密度值

钢	回火温度(℃)	点蚀电位(mV)	维钝电流($A \cdot cm^{-2}$)
No.1	1 050 q-550 t	103	1.265×10^{-5}
	1 050 q-650 t	99	1.365×10^{-5}
	1 050 q-750 t	-27	1.412×10^{-5}
No.2	1 050 q-550 t	181	9.102×10^{-6}
	1 050 q-650 t	155	1.349×10^{-5}
	1 050 q-750 t	31	1.365×10^{-5}

由表 4-34 可见,2 号钢的点蚀电位明显高于 1 号钢,说明加入 W、Cu 后点蚀电位正移,W、Cu 可以提高 SMSS 在饱和 CO_2、Cl^- 浓度为 2.12% 的 NaCl 溶液中的点蚀电位,从而使 SMSS 具有更好的耐点蚀性能。另外,2 号钢的保护电位要高于 1 号钢,则在发生点蚀后更容易回复到钝化的状态,因此 2 号钢对点蚀有更好的再钝化能力。2 号钢中加入了 W、Cu 两种元素,在酸性溶液中,六价钨的氧化物的稳定性高于六价钼的氧化物,所以相对于只含 Mo 的 1 号钢,2 号钢具有较高的点蚀电位;并且 Cu 本身具有较高的电位,微量的 Cu 分散于基体中,促进了基体的钝化,从而有助于延缓腐蚀。在这种腐蚀介质中得到的极化曲线,腐蚀电位都在 -550 mV 左右,说明成分差异和回火温度对自腐蚀电位的影响很小。

从图 4-70(a)和图 4-70(b)可以看出,在高频区域,3 种回火温度下都存在容抗弧,说明都存在双电层电容和电荷传递电阻。而在低频区域,双电层电容的影响可以忽略,因此只考虑其他法拉第阻抗的影响,即电荷传递电阻和 Warburg 阻抗。从图 4-70 中可以明显看出,3 种回火温度下都出现了 Warburg 阻抗,即此时浓差极化对其阻抗值造成影响,腐蚀产物的扩散对实验产生最主要影响,从而提高了低频区的阻抗。在图 4-70(a)和图 4-70(b)中,在该腐蚀介质条件下,3 种回火温度下得到的阻抗值具有相同的规律:

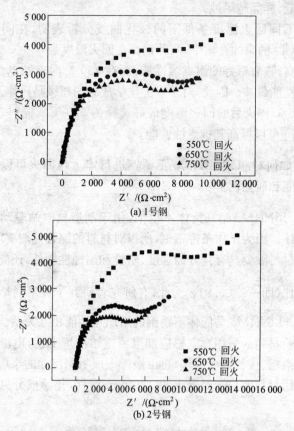

图 4-70 不同回火温度下的 SMSS 在饱和 CO_2 浓度、Cl^- 浓度为 2.12% 的 NaCl 溶液中测得的交流阻抗图

随回火温度的升高,阻抗值降低。2 号钢 550 ℃ 时具有最大的阻抗值,且与 650 ℃、750 ℃ 回火条件下的阻抗值相比有较大的差值,对应在循环极化曲线图中,回火温度为 550 ℃ 的 2 号钢平均维钝电流密度明显低于其他两种。1 号钢在 3 种回火温度下的阻抗值相差不大,对应的平均维钝电流密度也相差无几。但是都可以看出阻抗值越大,对应的平均维钝电流密度越小。说明阻抗值大的腐蚀反应所需的活化能高,钝化膜溶解的阻力就越大,均匀腐蚀

速率越低,样品越耐蚀。

对不同回火温度条件下的极化曲线分析表明,在同时含有 CO_2 和 Cl^- 的腐蚀介质中,两种钢都在回火温度为 550 ℃时,点蚀电位最高,具有最好的耐点蚀性能;而在 750 ℃时点蚀电位最低,耐点蚀性能最差。因此,对于以上化学成分的超级马氏体不锈钢,在 1 050 ℃淬火后的回火温度最好选择为 550 ℃。同时,钢中加入 W、Cu 可以提高其抗点蚀性能。

4. 如何对 0Cr13Ni4Mo 不锈钢进行淬火与回火可以提高其拉伸性能和屈强比?

0Cr13Ni4Mo 是马氏体不锈钢,用于制造核电站驱动机构的耐压壳体。因为工作条件苛刻,所以对材料的综合性能要求严格。要求其材料除要具有良好的强度、塑性和耐蚀性能外,还要有合理的屈强比(即 $\frac{\sigma_{0.2}}{\sigma_b}<0.9$)。为此,有研究者研究了在不同热处理条件下 0Cr13Ni4Mo 马氏体不锈钢的组织与性能相互关系。

试验材料为采用真空感应加电渣重熔冶炼工艺,电渣锭在快锻机上镦粗、拔长锻成方坯,再由锻锤锻成不同尺寸的半成品。此试验所用材料取自未经退火的 ϕ20 mm 棒材,化学成分见表 4-35 所示。

表 4-35 试验材料化学成分(质量分数 wt%)

C	Mn	Si	S	P	Cr
0.028	0.72	0.034	0.003	0.012	13.26
Ni	Mo	Cu	N	Co	
4.04	0.58	0.05	0.017	0.03	

试验材料经 1 000 ℃×30 min 空冷淬火,回火温度为 500 ℃、550 ℃、570 ℃、590 ℃、610 ℃、630 ℃、650 ℃、700 ℃保温 2 h 空冷,回火组织如图 4-71 所示。由图 4-71 可见,回火后的组织均为板条马氏体,当回火温度低于 550 ℃时,回火组织基本保持淬火后的

马氏体形态,只是板条马氏体有细化特征(如图4-71(a)所示),570~650℃回火时,淬火形成的马氏体形态逐渐消失,形成较细小的板条马氏体(如图4-71(b)所示),当回火温度升到700℃时,出现区域性的组织特征(如图4-71(c)所示),即出现较大的黑块和相对发白的块状,虽然都是由细条状马氏体组成,但是在黑块处黑白条状马氏体很细小,黑条多于白条就显得发黑。在相对发白的块状中马氏体较粗大,白条多于黑条。

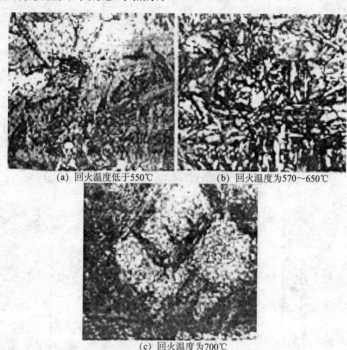

(a) 回火温度低于550℃　　(b) 回火温度为570~650℃

(c) 回火温度为700℃

图4-71　0Cr13Ni4Mo钢的回火组织特征×500

回火温度与拉伸性能的关系如图4-72所示,由图4-73可以看出,500~630℃回火,$\sigma_{0.2}$与σ_b逐渐下降,630~700℃回火,$\sigma_{0.2}$与σ_b又恢复上升,630℃时最低;在530~620℃范围内回火,屈强比$\left(\dfrac{\sigma_{0.2}}{\sigma_b}\right)$大于0.9,但强度符合技术条件要求。回火温度对材

料的塑性影响不明显。

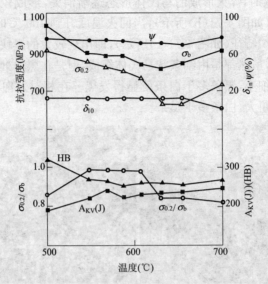

图 4-72 回火温度对 0Cr13Ni4Mo 马氏体不锈钢性能的影响

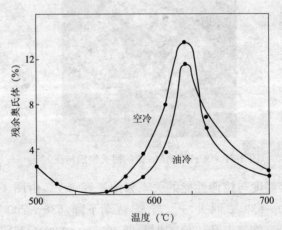

图 4-73 回火温度对 0Cr13Ni4Mo 马氏体不锈钢残余奥氏体的影响

500～570 ℃回火,AKV 随回火温度的升高而上升,570～700 ℃

无明显变化,硬度值 HB 在 500~550 ℃之间下降明显,500~570 ℃则变化不大。可以看出,低温时 A_{KV} 和 HB 变化趋势相反,超过 570 ℃二者均无显著变化。

残余奥氏体与回火温度的关系参如图 4-73 所示。可见,试验材料经 1 000 ℃×30 min 油冷和空冷淬火后在 500~570 ℃进行了回火,淬火介质并不影响残余奥氏体随回火温度升高而析出的变化规律。即均在 630 ℃出现残余奥氏体的析出峰,但对析出量的多少有影响。在 560~640 ℃区间空冷残余奥氏体析出量大于油冷,超过 640 ℃则相反。

二次回火处理对材料的屈强比也有影响。如果材料只作一次回火处理,材料的屈强比偏高,但其他性能可满足标准要求。为解决屈强比偏高问题,研究者对其材料进行了二次回火处理试验。试验条件为 1 000 ℃×30 min 空冷淬火,一次回火温度为 600 ℃、610 ℃和 620 ℃,二次回火温度为 570 ℃、590 ℃、600 ℃无保温,2 h 后空冷。试验结果为拉伸强度和塑性在测试条件下无明显变化,而屈强比却得到了明显改善(低于 0.9),达到了标准要求,二次回火后的组织基本上类似一次回火后的组织。

由此可见,0Cr13Ni4Mo 马氏体不锈钢选择 1 000 ℃×30 min 空冷淬火,600~620 ℃一次回火,570~600 ℃二次回火可使其拉伸性能和屈强比达到技术指标的要求。

5. 如何对 2Cr13 钢进行淬火与回火?

2Cr13 钢是一种典型的淬火马氏体不锈钢,具有良好的耐磨性和综合力学性能,并有一定的抗海水腐蚀性能,其热处理工艺一般采用淬火 + 回火。2Cr13 钢热处理时,受高温铁素体析出的影响,其淬火温度不宜太高,但淬火温度过低,球化后的碳化物不能固溶在基体里,将影响材料的强度和耐磨性能。因此对 2Cr13 钢热处理工艺的调整主要是对其回火温度的调整。

例如,有研究者对其主要成分(质量分数 wt%)为:C 0.18~0.24、Si 0.2~0.5、Mn 0.3~0.7、P≤0.025、S≤0.015、Cr11~14

的试验用2Cr13马氏体不锈钢,采用真空冶炼后进行电渣重熔,钢锭锻造成型后,经30 h去氢处理,860 ℃球化退火工艺,然后再经1 000~1 050 ℃保温后淬火制成试验材料。对材料进行低温、中温、高温等不同的热处理,检测其材料力学性能和耐腐蚀性能的变化。回火温度选择为200 ℃、250 ℃、300 ℃、350 ℃、400 ℃、415 ℃、425 ℃、435 ℃、450 ℃、465 ℃、485 ℃、500 ℃、550 ℃、600 ℃、650 ℃、700 ℃、750 ℃、800 ℃,并分别回火3 h。

由图4-74和图4-75可以看出材料拉伸性能的变化,在500 ℃以前,随回火温度的升高,其强度下降很少,曲线在500 ℃左右有一低谷,超过500 ℃回火,材料的强度突然下降,而其塑性缓慢上升。因此,要保证材料具有足够的强度,2Cr13钢的回火温度不能高于500 ℃。

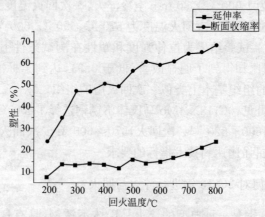

图4-74　2Cr13延伸率与回火温度的关系

再观察图4-76可见,随着回火温度的升高,2Cr13钢的冲击韧性逐步下降,回火温度在500 ℃左右,材料的冲击韧性突然下降,有明显的拐点,随着回火温度的进一步提高其冲击韧性大幅度升高。由此可见,材料在500 ℃区间回火处理时,对实际使用中的工件承受冲击载荷的能力是十分有害的。

图4-77是2Cr13在不同温度下的抗点腐蚀性能,研究者选用

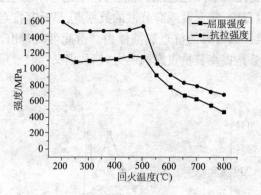

图 4-75　2Cr13 强度与回火温度的关系

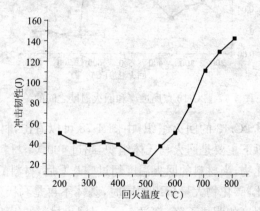

图 4-76　2Cr13 冲击韧性和回火温度之间的关系

的腐蚀介质为模拟海水,温度设置 50 ℃。从图 4-77 中可以看出,材料的抗点腐蚀能力与回火温度有明显的对应关系,但其随回火温度的变化却比较复杂。在回火温度较低时,其抗点腐蚀能力比较强,腐蚀率比较低,随着温度的升高,到材料的中温回火区(450～650)℃,材料的抗点腐蚀能力下降很快,失重率大约是低温区的 2 倍,而且试样表面产生了明显大的点状腐蚀坑。随着温度的进一步升高,材料的抗点腐蚀性能更加复杂,多数数据显示其抗点腐蚀能力提高,腐蚀率下降,抗点腐蚀能力甚至超过了低温区的试样。但在试验过程中,常常发现有分散的数据点,显示其抗点腐蚀能力相当于中温区回火时的抗点腐蚀能力。由此可以看出,高温回火时,总的趋势是提高其抗点腐蚀能力,但数据又同时显示其性能不稳定。

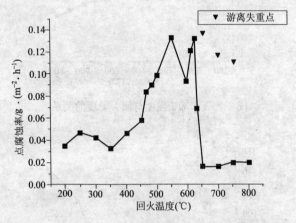

图 4-77　2Cr13 点腐蚀率和回火温度之间的关系

观察其 2Cr13 的回火组织,由图 4-78 可以看出,材料的组织在 350 ℃以下主要是回火马氏体组织,超过 400 ℃,材料组织中开始析出碳化物,当材料的回火温度超过 500 ℃后,材料的组织发生明显的变化,碳化物大量析出的同时,基体不再是马氏体组织,同时伴随着强度的明显下降,超过 600 ℃,回火材料的组织基体为回火索氏体组织。但回火后材料的晶粒度随回火温度的变化不大。

由以上研究可见,温度高于 500 ℃回火,2Cr13 钢符合普通材料力学性能随回火温度变化的规律。即,随温度的升高,2Cr13 钢强度下降而塑性上升。对于材料的 500 ℃回火强度峰值、冲击韧性的低谷和抗点腐蚀能力的变化规律,主要和材料在回火过程中的析出相变化有关。2Cr13 在球化退火后,其组织上均匀分布着大量的碳化物,经测定碳化物成分主要是 M23C6 类的碳化物(如图 4-79 所示)。材料经过淬火后,主要的碳化物固溶进材料的基

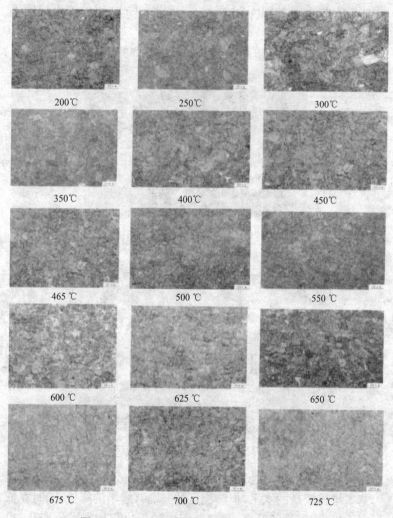

图 4-78 2Cr13 钢不同回火温度下的金相组织

体中,组织中只残留着少量的碳化物,其抗点腐蚀能力与残留的碳化物的数量和分布有关。

从理论上讲,提高淬火温度可以减少残留的碳化物,提高抗点腐蚀能力,但提高淬火温度又带来了高温 δ 相的产生,降低了材料的抗点腐蚀能力(如图 4-80 所示)。因此,2Cr13 钢的淬火温度不宜太高。

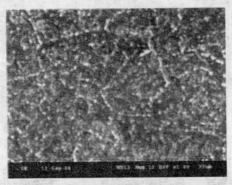

图 4-79 2Cr13 钢球化退火后组织

图 4-80 2Cr13 钢 1 040 ℃淬火后组织

研究中还可见,在低温回火区,随温度的升高,其抗点腐蚀能力基本维持较高的水平,但随温度的升高有缓慢的降低,同时在低温回火区,随温度的升高,材料组织中的析出相种类发生变化,出现了 M_3C 相,但从定量的析出分析结果可以看出,其析出相中的 Cr 几乎没有发生变化,而析出相中的 Fe 明显上升,析出相结构分析显示这个温度区新析出的主要是 Fe_3C 及少量的 Cr 的碳化物,由于材料的抗点腐蚀能力主要取决于材料组织中 Cr 的数量和分布,由此可以断定这个温度区回火温度的上升对材料抗点腐蚀能力的影响不大,只有缓慢的下降。

当材料的回火温度达到中温区时(450～600 ℃),材料的抗点腐蚀能力明显下降,失重突然增加,材料冲击韧性也突然降低。材料的析出相种类还是 $M_{23}C_6$ 和 M_3C,并没有新的析出相种类出现(见表 4-36)。

表 4-36 不同温度回火 2Cr13 钢析出相变化

序号	回火温度 (℃)	相的种类	元素在材料中含量(%)				
			Fe	Cr	Ni	Mn	Σ
1	200	$M_{23}C_6$	0.066	0.116	0.001	痕	0.183
2	300	$M_{23}C_6$,M_3C	0.482	0.197	0.004	痕	0.683
3	350	$M_{23}C_6$,M_3C	0.499	0.242	0.005	痕	0.746
4	400	$M_{23}C_6$,M_3C	0.446	0.182	0.004	痕	0.632
5	450	$M_{23}C_6$,M_3C	0.489	0.220	0.006	痕	0.715
6	500	$M_{23}C_6$,M_3C	0.554	0.297	0.004	痕	0.855
7	600	$M_{23}C_6$,$(CrFe)_7C_3$	0.240	0.755	0.008	痕	1.003
8	650	$M_{23}C_6$,$(CrFe)_7C_3$	0.345	0.961	0.011	痕	1.317
9	700	$M_{23}C_6$,$(CrFe)_7C_3$	0.443	1.172	0.013	痕	1.628
10	800	$M_{23}C_6$,$(CrFe)_7C_3$	0.507	1.035	0.010	痕	1.552

随着回火温度的上升,析出相的分布发生了根本的转变,在马氏体的板条界和板条群界出现了大量的新析出相,这些新析出相数量很多,但粒度不大(如图 4-81 所示)。由于处在这个温度时组织中的元素扩散速度比较缓慢,不能迅速补充新析出相造成的贫 Cr 区,因此在材料的组织结构中产生了很多的抗腐蚀能力的弱区,与相近的高 Cr 区会形成微观的电化学腐蚀,因此材料的抗点腐蚀能力明显下降。

当材料的回火温度进入高温回火区时,材料的析出相种类主要还是 $M_{23}C_6$,且 M_3C 明显减少。从图 4-81 中可以看出,材料的抗腐蚀能力反而提高,从定量析出相的结果看,析出相中的 Cr、Fe 都增加了。由于在高温区原子的扩散变得容易,因此能较快地补

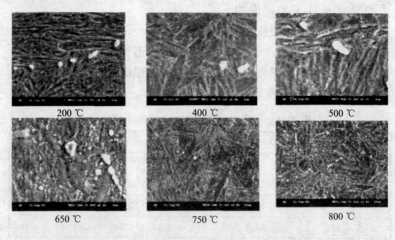

图 4-81 2Cr13 钢不同回火温度析出相组织形貌图

充由于析出产生的贫 Cr 区,材料不容易产生微观电化学腐蚀。但从图 4-81 可以看出,随着温度的升高,材料的析出相在马氏体板条界和马氏体板条群界大量析出,并且聚集长大,这些聚集长大的碳化物本身是组织中的点腐蚀源,一旦产生点腐蚀,其腐蚀坑也较大,这种现象在试验中会经常发生,因此高温回火在多数情况下,材料的抗点腐蚀能力较好,但不是很稳定,有的试样会出现点腐蚀能力的突然变化。

从上述试验结果可以看出,2Cr13 钢钢的热处理参数对其性能影响很大,在中温回火区,其韧性和耐腐蚀性能都比较差,对有腐蚀环境和冲击载荷有要求的工件不宜采用;低温回火可以同时保证材料的强度和耐腐蚀性能的要求;高温回火工艺适合对塑韧性要求较高的工件。

6. 如何对 2Cr11NiMoVNbWB 钢进行淬火与回火?

2Cr11NiMoVNbWB 钢属 Cr12 型马氏体不锈钢,化学成分见表 4-37,力学性能要求见表 4-38。该钢主要被用于制造汽轮机的动叶片、螺栓、螺母等零件,其 Ac_1 点约 820 ℃,M_s 点 260 ℃。

表 4-37　2Cr11NiMoVNbWB 钢化学成分(质量分数 wt%)

元素	C	Mn	Si
成分	0.16~0.23	0.30~0.80	0.10~0.50
元素	S	P	Ni
成分	≤0.015	≤0.025	0.30~0.80
元素	Cr	Mo	V
成分	10.00~11.50	0.50~1.00	0.10~0.30
元素	N	B	
成分	0.05~0.10	≤0.005	

表 4-38　2Cr11NiMoVNbWB 钢力学性能

试样方向	$\sigma_{0.2}$(N/mm^2)	σ_b(N/mm^2)	δ_5(%)	ϕ(%)	α_{KV}(J/cm^2)
纵向	≥750	880~1 030	≥12	≥40	≥25
横向	≥750	880~1 030	≥12	≥25	≥25

常规热处理制度:1 100~1150 ℃油淬

680~750 ℃空冷

由于 2Cr11NiMoVNbWB 钢通过以上热处理其钢的机械性能一次性检验合格率偏低及性能不稳定。有企业的研究者针对以上问题对该钢的热处理制度做了进一步的试验。淬火温度与机械性能关系见表 4-39,回火温度与机械性能的关系见表 4-40。

表 4-39　淬火温度与机械性能

方向	淬火温度(℃)	$\sigma_{0.2}$(MPa)	σ_b(MPa)	δ_5(%)	ϕ(%)	K_{CV}(J/cm^2)
纵向	1 100	810	925	16	57	52
	1 110	815	940	15	54	50
	1 120	825	965	15	54	48.5
	1 130	845	990	12	46	47.5
	1 140	860	1 020	10	44	32.5
	1 150	890	1 050	8	41	27

续上表

方向	淬火温度 (℃)	$\sigma_{0.2}$ (MPa)	σ_b (MPa)	δ_5 (%)	ϕ (%)	K_{CV} (J/cm²)
横向	1 100	825	900	14	56	35
	1 110	820	935	14	54	32.5
	1 120	840	950	12	44	27.5
	1 130	845	1 010	11	39	24.5
	1 140	850	1 030	9	35	22
	1 150	865	1 030	8	35	21.5

注：表中回火制度为 710 ℃×90 min，油冷淬火时间为 30 min。

表 4-40　回火温度对机械性能的影响

方向	回火温度 (℃)	$\sigma_{0.2}$ (MPa)	σ_b (MPa)	δ_5 (%)	ϕ (%)	K_{CV} (J/cm²)
纵向	680	910	1 070	9	39.5	26
	690	890	1 050	10	41	27.5
	700	885	1 040	10	40	28
	710	865	1 020	12	47.5	32.5
	720	815	1 000	14	51	37
	730	750	945	16	55	44
	740	715	880	19	60.5	59
	750	645	870	21	66	70
横向	680	900	1 050	8	22.5	21.5
	690	870	1 040	10	26	24.5
	700	800	1 030	12	27.5	26
	710	785	1 010	12	28.5	30
	720	770	1 000	13	29	31.5
	730	745	950	15	34	32
	740	720	870	15	33.5	35
	750	650	835	17	37	34

注：表中淬火温度为 1 130 ℃×30 min，油冷回火时间为 90 min

可见,2Cr11NiMoVNbWB 钢随回火温度的提高 $\sigma_{0.2}$、σ_b 随之降低,σ_5、ψ 随之提高。另外,如果发现材料的 $\sigma_{0.2}$、σ_b 结果不均匀或晶粒不一致,还可以采取一些措施。如试样首先经 1 130 ℃×(10~15)min 正火,然后淬火及回火,这样可使试验结果性能的不均性得以较明显的改善。

根据研究者试验和分析得出的规律:2Cr11NiMoVNbWB 钢强度指标随淬火温度提高而上升,塑性指标随之下降。回火温度为 710 ℃×90 min,油冷淬火时间为 30 min,2Cr11NiMoVNbWB 钢的强度值随回火温度的上升而下降,伸长率 δ_5、面缩率 ψ 及冲击值随之上升。最佳淬火温度选择为 1 130 ℃。当淬火温度固定在 1 130 ℃×30 min,油冷回火时间为 90 min,2Cr11NiMoVNbWB 钢对回火温度的敏感性要强于淬火温度,最佳的回火温度范围在 700~720 ℃。1 130 ℃×(10~15)min 正火,对改善本钢的晶粒度有较为显著的影响。由此可见,2Cr11NiMoVNbWB 钢的最佳热处理制度为:淬火工艺制度:1 130 ℃×30 min ℃油冷,回火工艺制度:(700~720)℃×90 min ℃空冷。

7. 如何通过热处理提高含硼 316 不锈钢的性能?

316 不锈钢具有良好的力学性能和耐腐蚀性能,但耐液态金属腐蚀性能较差,不能很好应用于热浸镀行业的实际生产中。为了改善 316 不锈钢的耐液态金属腐蚀性能,特向 316 不锈钢中加入一定量的硼元素,硼元素的加入使 316 不锈钢的耐液态金属腐蚀性能大大提高,但硬度等力学性能仍不能满足热浸镀行业的工况要求,而且冲击韧性下降很多。因此,有研究者展开了对含硼 316 不锈钢的热处理分析研究,以期进一步提高含硼 316 不锈钢的综合力学性能。

试验材料为铸造含硼 316 不锈钢,其化学成分见表 4-41。为更好地研究不同热处理制度对其力学性能的影响,研究者将热处理试验分 2 批进行。首批预定热处理。根据前期试验结果优化热处理制度,并进行第 2 批热处理试验。普适热处理制度流程如图 4-82 所示。

表 4-41　铸造含硼 316 不锈钢试样化学成分（质量分数 wt%）

元素	C	Si	Mn	Ni	Cr	Mo	B	Fe
质量分数(%)	0.07	0.88	2.01	10.0～14.0	16.0～18.5	2.0～3.0	2.2～2.5	余量

金相研究表明,含硼 316 不锈钢的铸态组织中存在大量共晶硼化物,硼化物沿晶界呈网状分布。进一步观察发现,在网状硼化物某些部位,存在一些断开和缩颈。网状硼化物中存在的这些局部断口和缩颈,在高温加热过程中有可能进一步断开,网状硼化物的断开有利于改善含硼 316 不锈钢强度和韧性,并降低其晶间腐蚀倾向。

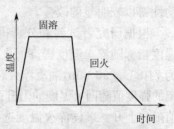

图 4-82　热处理试验普适热处理制度曲线

铸态含硼 316 不锈钢经 900～1 040 ℃ 固溶处理后出现的硼化物断网现象,且随着固溶温度的升高和固溶时间的延长,硼化物溶解增多,硼化物形态也发生了明显变化,由连续网状向断网状转变,特别是温度达到 1 040 ℃ 时,硼化物断网非常明显,如图 4-83 所示。同时在淬火过程中由于冷却速度较快,只有晶界附近的硼原子有可能扩散到晶界,晶界两侧形成具有一定宽度的贫硼区。

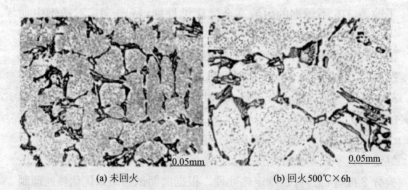

(a) 未回火　　　　　　(b) 回火 500℃×6h

图 4-83　1 040 ℃×6 h 固溶处理的金相组织

有关文献显示,由于硼、铁原子直径比为 0.7(硼原子直径 0.194 nm,铁原子直径 0.248 nm),既明显大于形成间隙固溶体的上限尺寸因素 0.59,又明显小于形成置换固溶体的下限尺寸因素 0.86。因此,不论硼原子以何种方式固溶在基体中,都将引起较大的晶格畸变。从热力学上讲,具有高晶格畸变能的过饱和固溶体是不稳定的,在加热时必然向稳定的化合物转变。只要在足够高的温度下保温足够长的时间,硼原子就能够克服扩散势垒而正常扩散,并且有充足的时间完成扩散、聚集、沉淀析出。过饱和固溶合金经过 300~500 ℃回火后,硼化物在基体晶粒大量沉淀析出,而且晶粒内部析出相对比较均匀,如图 4-84 所示。

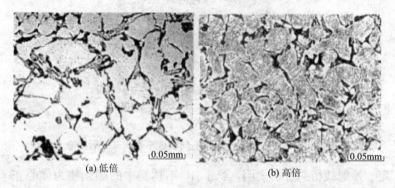

(a) 低倍 (b) 高倍

图 4-84　980 ℃×6 h 固溶处理及回火后的金相组织

随着回火温度的升高和回火时间的延长,硼化物析出量明显增多,而且晶界已断开的网状硼化物有恢复成连续网状的趋势。这一点可以由图 4-85、图 4-86 得到证实。

由硼化物金相定量分析结果(如图 4-87 所示)可看到,回火前随着固溶温度的升高和固溶时间的延长,晶界硼化物偏聚量逐渐减少,而经 500 ℃回火 6 h 后,硼化物(含晶界一次硼化物和晶内二次析出硼化物)含量剧烈增加。

材料的宏观硬度由基体的硬度和硼化物的硬度以及硼化物的含量来决定,硼化物的含量由合金中硼的含量和热处理制度来决

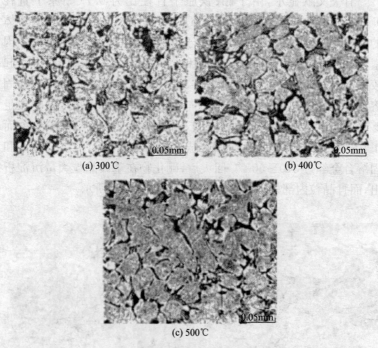

图 4-85　980 ℃×6 h 固溶处理及不同温度下回火 6 h 后的金相组织

定。X 射线衍射分析表明,含硼 316 不锈钢中的硼化物为体心正方晶格的 Cr_2B,Fe_2B 具有高硬度和良好的热稳定性,其显微硬度达到 1 430～1 480 ℃,这就确保了高硼合金在具有优异强韧性的前提下,还具有高的硬度和优良的耐磨性。

铸态含硼 316 不锈钢的布氏硬度为 290.2,经过不同热处理制度处理后,合金的硬度值均发生明显提高(如图 4-88 所示)。由图 4-88 可知,固溶温度在 900～1 040 ℃变化时,随着固溶温度的升高和固溶时间的延长,合金的硬度先升高而后降低。固溶处理一方面使晶界硼化物固溶到 γ-Fe 中使奥氏体基体硬度升高,另一方面使硼化物硬质相含量降低,进而使合金宏观硬度下降。当固溶温度不高于 980 ℃,且固溶时间不超过图 4-88 所示固溶制度对合金硬度的影响 6 h 时,基体硬度升高占据主导因素,合金宏观硬

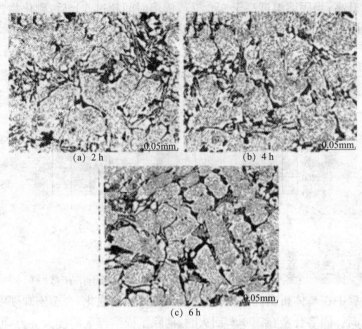

图 4-86 980 ℃×6 h 固溶处理及 400 ℃回火不同时间的金相组织

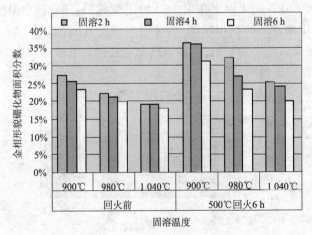

图 4-87 硼化物金相定量分析结果

度升高;当固溶温度高于 980 ℃或固溶时间超过 6 h 后,硼化物含量降低占据主导因素,合金宏观硬度开始下降。

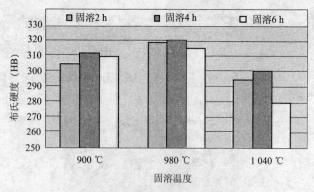

图 4-88　固溶制度对合金硬度的影响

铸态合金经固溶处理后,晶界偏聚的硼元素向晶内迁移,回火过程中在基体析出高硬度硼化物,使基体沉淀强化,合金宏观硬度升高。固溶合金在 300 ℃回火时,消除了固溶淬火的淬火应力,但温度较低又不足以使硼化物充分析出,与未经回火合金相比硬度值有所下降。回火温度在 300~500 ℃变化时,随着回火温度的升高,硼化物在基体析出增加,合金回火硬度升高,如图 4-89 所示,其中回火时间均为 6 h。另外该研究者还研究了试样回火 24 h 的性能,但硬度值明显下降。

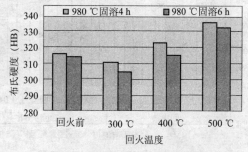

图 4-89　回火温度对合金硬度的影响

从合金硬度角度考虑,含硼316不锈钢的最合适热处理制度为980 ℃固溶处理4h后水淬,再500 ℃回火6 h后空冷,经过这样的热处理后,合金的硬度可以提高15%。

冲击韧性是金属的5大常规力学性能指标 σ_s、σ_b、δ、ψ、α_k 之一。由于材料冲击韧性对材料内部组织的变化十分敏感,因此可以通过改变热处理制度改善材料的冲击韧性。铸态含硼316不锈钢的冲击韧性只有 3.8 J/cm², 经过980 ℃固溶4 h、6 h处理后合金的冲击韧性有了很大的提高,经过400 ℃、500 ℃回火6 h后,含硼316不锈钢的冲击韧性相对有所下降,但与铸态合金相比仍有很大提高。经不同热处理制度处理后合金的冲击韧性如图4-90所示。

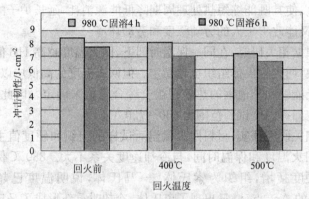

图 4-90　回火温度对合金冲击韧性的影响

由图4-90可知,回火处理对固溶合金冲击韧性的提高不利,而且随着回火温度的升高,有韧性下降的趋势。

从合金冲击韧性角度考虑,含硼316不锈钢的合适热处理制度为980固溶处理4h后水淬,经过这种工艺处理后,合金的冲击韧性(由 3.8 J/cm² 提高到 8.4 J/cm²)可以提高120%;经400 ℃回火6 h后,冲击韧性虽有所下降,但与铸态合金相比仍提高110%。

热处理后,合金的抗压强度有了很大的提高,铸态合金的抗压强度为 2 010 MPa,经过 980 ℃固溶 4,6 h 处理后,再经 300~500 ℃回火 6 h 后,抗压强度提高了 19%,最高提高到 2 400 MPa。因此,试验用含硼 316 不锈钢的较适合热处理制度为 980 ℃固溶 4 h,水冷;400 ℃回火 6 h,空冷。

8. 如何防止铬不锈钢 2-4Cr13 钢坯表面产生硬化裂纹?

2-4Cr13 马氏体不锈耐热钢轧后空冷坯表面由于热应力的作用易产生硬化裂纹。传统工艺中规定该类钢坯在表面砂轮清理前必须进行不完全退火,升温速度≤100 ℃/h,在 880 ℃温度下保温 24 h 后,炉冷到 650 ℃然后空冷。但钢坯退火处理周期长,人们试图找到一个最佳的热处理制度。为此,某钢厂技术人员进行了研究,以使其既能缩短热处理周期降低能源消耗,延长炉子的使用寿命,又能改善工人的劳动强度和劳动环境。

根据相关研究,在同一保温时间下,回火温度越高 HB 值降低的越快,回火索氏体组织也越稳定。但回火温度的高低应以质量、效益及能够和其他钢的热处理组合综合考虑来确定。因此,研究者选定回火温度试验范围为 660~720 ℃。

相关研究证实,材料回火保温后试样的组织和硬度值主要取决于回火温度和保温时间,与冷却速度关系不大。880 ℃保温后试样硬度猛增,组织为索氏体 + 马氏体,说明温度已超过了 3Cr13 的 Ac_1 点,微量出现了奥氏体,冷却时重新形成了马氏体的缘故(图略)。

型钢轧机轧制后的 2-4Cr13 钢 90 方坯终轧温度在 1 100 ℃左右。因该钢种过冷奥氏体很稳定,轧后空冷样组织为片状马氏体,HB 值在 510~580 范围。

冷轧后的 90 方坯试样随其钢坯热送到抽底式退火炉进行回火处理。试验工艺如图 4-91 所示。

研究者经过多次生产试验,调整回火温度和保温时间,综合考虑到钢坯回火的质量,既要满足工艺要求又要降低能源消耗、降低工艺成本,最终优选出 700 ℃保温 13 h 后拉炉空冷的工艺(如图

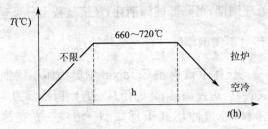

图 4-91　试验工艺曲线

4-92 所示)。该工艺处理的钢坯获得回火索氏体,碳化物已经球化,HB 值在 168~182 之间。

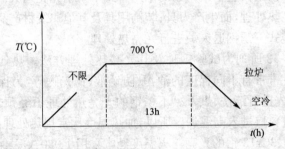

图 4-92　优选最佳回火工艺

观察其钢坯表面状态,轧后空冷的钢坯表面因其金相组织为片状马氏体,非常容易产生硬化裂纹缺陷。电子显微镜下发现该类型马氏体组织存在大量微细裂纹,而且奥氏体晶粒越粗大,淬成马氏体后的显微裂纹越多,这种显微裂纹在热应力和组织应力的作用下极易发展成宏观硬化裂纹。

轧后回火处理的钢坯获得回火索氏体型组织,具有良好的综合性能,钢坯表面不产生硬化裂纹缺陷,大量减少了修磨量和表面不合格品。

由此可见,铬不锈钢 2-4Cr13 钢坯采用 700 ℃×13 h 空冷回火热处理可获得综合机械性能良好的回火索氏体组织,碳化物已经球化,避免了钢坯表面产生硬化裂纹缺陷,减少了钢坯的表面不合格现象。采用高温回火热处理工艺比一般退火工艺可以缩短

45%的热处理周期,可降低能源消耗,经济效益十分可观。

9. 如何对不锈钢零件进行光亮热处理?

Cr13型马氏体不锈钢和Cr18Ni8型奥氏体不锈钢被大量用于生产各式餐具、理发用具、装饰用具、刀片、医疗剪刀等。通常采用片材或棒材,经过冲切或压延成型—清洗—光亮热处理—抛光—机磨、切割—包装(或组装)—入库。奥氏体不锈钢盘条,虽经过冷轧、压延后的棒材和异型材已经具备了一定的表面质量,但仍需进行光亮热处理以保持并提高压延后材料的光洁度。目前,国内许多不锈钢拔丝生产厂家均采用管式不锈钢光亮退火炉对产品进行光亮热处理,而生产刀具、装饰用具及其他非线材产品的厂家则采用链式不锈钢退火炉进行光亮热处理。

表4-42所列为试验钢种及其光亮热处理方法。热处理厂待处理工件常带有不同程度的油污、防锈液、抛光物等,为保证工件光亮,应先进行清洗、烘干。不锈钢的光亮热处理不经预热,工件直接由进料口进入高温炉。所以,加热温度比常规热处理高,例如2Cr13钢、3Cr13钢的光亮淬火温度经常采用1 050 ℃。保温时间是根据零件的硬度来确定的,一般通过调节出料口卷料转速来满足硬度要求,然后进入冷却段,在氢气、氮气保护下冷却,最后由出料口排出。对一些细小薄刀片、弹簧片等小零件,不论如何加快转速,硬度均是超高的,可采用降低处理温度或结合调整转速来解决。而对于较厚的大工件或高合金钢如Cr12、Cr12MoV钢等小型模具光亮淬火,则可降低转速或结合观察火色,当工件火色与炉膛一致时,在冷却过程中可延长停留时间即可满足硬度要求。对Cr13型马氏体不锈钢而言,温度愈高,保温时间越长(转速越慢),则硬度越高。但对大批量生产来说,调整转速一次性地保证硬度要求,要比通过不同温度的回火达到不同硬度要求经济得多。

为保证工件的光亮程度需严格控制氨气流量。进入分解炉的氨气由流量计读出,一般为3.8~4.2 m³/h,不能随意加大流量,否则不仅浪费氨气,而且由于流量大,氨分解率会下降,使Cr13型不锈钢的抗蚀能力降低，严重时工件呈灰暗或深绿色而报废。但流量如果减少至 3.2 m³/h 以下时，工件光亮度也会受影响，造成炉内负压，空气进入有爆炸的危险。

表 4-42　各钢种光亮热处理方法

钢号	光亮热处理方法	温度(℃)	硬度	说　明
2Cr13	淬火	1 050±10	HRC 46～50	各种餐刀淬火
3Cr13	淬火	1 050±10	HRC 52～56	理发用具、剪刀、片刀淬火
2Cr13,3Cr13	再结晶	780～820	≤HRA 55	消除加工硬化、软化钢材
1Cr18Ni9,1Cr18Ni9Ti	固溶	1 060～1 100	<HRA 60	消除加工硬化、提高抗蚀性
08,10	再结晶	780～820	<HRA60	消除电池壳及其他挤压件的加工硬化
Cr12	淬火	1 020～1 030	HRC 62～64	直径或厚度 15 mm 左右小工件淬火
Cr12MoV	淬火	1 030～1 050	HRC 62～64	直径或厚度 15 mm 左右小工件淬火

初次投料或生产间歇改换品种时，切忌用正品投料。因为氨气的分解、净化，在实际生产条件下不可能十全十美，往往有害气体存在于冷却段，造成约 1 m 长、几公斤工件呈灰蓝色的返修品。因此，应先用一些废料试验，再投入正品。不可过分追求产量，否则尽管冷却段用双层水冷却，但时间久了，会因温度高冷却慢，工件光亮度欠佳，而且有可能在冷却段燃烧或爆炸，造成批量报废。停炉时，由于停止供氨，炉内压力减小，空气会随之进入，经常会发生爆炸，为避免爆炸停氨后应立即在出料口点燃。

零件光亮淬火后，不少企业不进行回火，势必会因残留应力过大引起变形和降低抗蚀性能。在不影响光亮度的前提下，原则上应在一般箱式炉、井式炉内进行一次 160～200 ℃低温回火，时间 1～2 h。

此外，还应注意光亮热处理过程中的一些常见疵病的防治与预防。例如，硬度不足产生的原因是装料太多，影响加热温度，或移动速度太快,使工件达不到预定温度。出现此类问题应按正规工艺重新处理,还应防止钢种混淆。

发现硬度偏高则是装料少或转速慢,此时也应按正确工艺重新处理。2Cr13、3Cr13、4Cr13 或 9Cr18 钢材不可混装。

工件表面有黑斑的原因是清洗不干净。工件呈银白色且光亮但有锈斑是通氨量偏大,致使氨气不能完全分解,炉膛内残留氨偏多,降低了抗蚀性或分子筛长期不再生,所吸附的氨气排入炉膛。解决的方法是应按规定进行操作,保证氨流量正常,分子筛每 24 h 或 48 h 再生一次。

光亮淬火后低温回火也能收到较好效果。另外,淬火后粗抛光时,工件不能出现蓝色,否则,会造成局部锈蚀,这种锈蚀多发生在成品、库存品上。所以,热处理工艺和抛光工艺应予足够的重视。

如果首批料光亮度不好,是氨气分解不正常,采用废品件先试炉然后再投料可以避免这个问题。

如果批量出现发乌或白霜是工件锈蚀严重,这种现象产品完全成为废品,不可返修。其主要原因是氨气质量(纯度)有问题。另外,液氨瓶长期不洗瓶会造成有害物质沉积瓶底,在一定条件下沉积物上浮,随着氨气的蒸发冲出氨瓶进入炉膛,造成被处理工件大量报废,有时能延续 5~6 h,并反复出现,时间长短不一。此时应停止投料,直至有害物排光为止。因此,液氨瓶当用到一定时间(一般一个月左右)应彻底清洗一次。

对于长度在 200 mm 以上的薄刀片淬火畸变是不可避免的。操作时在保证硬度的前题下,工件移速应适中,保温时间长了,强度降低、畸变增大。过分畸变的刀片,在出料口用手工校正即可。对 500~1 000 mm 刀片,既要求达到 HRC 48~52 的硬度,又要求有良好的弹性。此时,转速应稍调慢,淬火后人工校直。最后,将工件于 500 ℃左右用夹具夹紧回火。

10. 如何通过热处理使 1Cr17Ni2 不锈钢获得高强度及高韧性?

1Cr17Ni2 钢是一种用途广泛的马氏体-铁素体型双相不锈

钢,由于它具有马氏体不锈钢中最好的耐蚀性和最高的强度,因而在船用机械、压缩机转子、压气机叶片等制造中有着广泛的应用。但是此钢具有 475 ℃脆性和 550 ℃下的高温回火脆性,且化学成分波动对该钢的机械性能影响很大,因此,1Cr17Ni2 钢的热处理对材料的合理使用起了重要作用。为此,某公司研究者对 1Cr17Ni2 的热处理性能进行了研究,得出同时获得高强度、高韧性的热处理方法,并在生产实际中得到了验证。1Cr17Ni2 钢的化学成分见表 4-43,相图如图 4-93 所示。

表 4-43 1Cr17Ni2 钢的化学成分(质量分数 wt%)

C	Si	Mn	P	S	Ni	Cr
0.11~0.17	≤0.80	≤0.80	≤0.035	≤0.030	1.50~2.50	16.00~18.00

从图中可知,当 1Cr17Ni2 钢加热到 900~1 000 ℃时,主要处于 γ 相区,接近 γ/γ + α 相界。由于 γ 相区小且 γ/γ + α 相界线几乎是直立的特点,镍、锰、硅、铬等成分稍有波动,就容易影响钢中铁素体的含量。钢的成分波动即使是在规定成分范围内,对 δ-铁素体含量也会产生极大影响,当铬、硅量偏低,镍量偏高时,铁素体量小于 10%;当铬含量偏高及碳、氮、镍含量偏低时,能达到

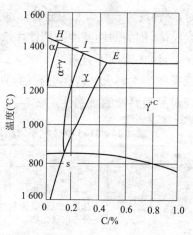

图 4-93 1Cr17Ni2 钢的相图

极高的 δ-铁素体含量。而钢中出现大量铁素体时,机械性能降低,特别对冲击性能的影响更明显。为了限制钢中 δ-铁素体含量,其化学成分应控制在下列范围内:C=0.13~0.17%、Si≤0.37%、Mn≤0.6%、Cr=16.5~17.5%、N=2.0~2.5%才能保证 δ-铁素体含量在 15%以下,冲击韧性无明显恶化。

在热处理过程中,随奥氏体化温度的升高,1Cr17Ni2 钢组织中 δ-铁素体数量增加,碳化物逐渐向基体中溶解,1 050 ℃可使碳化物完全溶解,得到以位错马氏体为主的组织,在 1 100 ℃以上加热,组织中孪晶马氏体数量增加,而随奥氏体化温度的升高,该钢的硬度和冲击韧性出现先升后降的同步变化。根据这一特点,要同时获得高强度和冲击韧性从理论上是可以实现的。

表 4-44 分别是不同热处理工艺执行后得到的机械性能与组织情况,从中我们可以看到淬火温度对机械性能的影响。对 1Cr17Ni2 钢而言,正常的淬火组织为马氏体和 5%~6%铁素体。若淬火温度过高,组织中出现残留奥氏体时,高温回火后,由于奥氏体析出碳化物稳定性降低,回火冷却时转变为马氏体,使钢的强度反常地升高,塑性和韧性则显著降低。当淬火温度超过 1 050 ℃时,这种现象表现得尤为显著。重复回火后,使马氏体分解为回火索氏体,钢的塑性及冲击韧性才恢复至较高的水平。因此,正常情况下,淬火温度不宜超过 1 000 ℃,若需高温淬火,则需要像高速钢那样多次回火。若在更高的温度下淬火还可能使 1Cr17Ni2 出现对晶间腐蚀的敏感性。

表 4-44　1Cr17Ni2 钢不同热处理得到的机械性能与组织

工艺	组织	机械性能				
		δ_5 (N/mm²)	δ_b (N/mm²)	δ_5 (%)	ϕ (%)	α_k (J/cm²)
960 ℃油中淬火 630 ℃空冷回火	$\bar{S} + \delta_{Fe}$(网状) (晶界上呈现链状分布的碳化物)	634	832	10.4	29.7	58.8 78.4
1 000 ℃~油中淬火 650 ℃~空中回火	$\bar{S} + 20\% \delta_{Fe} +$ 少量 $(A_R + M)$	700	824	17.5	45.7	24.5 34.3
		783	923	13.5	36	19.6 28.42
	$\bar{S} + 6\sim80\% \delta_{Fe} +$ 少量$(A_R + M)$	787	931	12.5	36	20.6 23.5
		787	931	14.0	34	10.8 6.9

续上表

工艺	组织	机械性能				
1 000 ℃油中淬火 680 ℃空中回火	$\bar{S}$ + 10% δ_{Fe} + 少量 (A_R + M)	818	956	18.3	43.7	24.5 33.3
1 050 ℃油中淬火 650 ℃空中回火 650 ℃重复回火 700 ℃重复回火	$\bar{S}$ + 10% δ_{Fe} + 较多 (A_R + M)	824	937	4.4	3.9	24.5 27.4
		749	897	18.3	43.7	56.8 61.7
		662	807	17.0	56.1	72.5 86.2

注:$\bar{S}$——回火索氏体;δ_{Fe}——δ-铁素体;A_R——残余奥氏体;M——马氏体。

对 1Cr17Ni2 钢而言,因其具有 475 ℃脆性和 550 ℃下的高温回火脆性,故在选择回火温度时,应避免此温度区域。从抗蚀性来考虑,在 550 ℃附近,(Fe、Cr)$_3$C(Cr、Fe)$_7$C$_3$转变,造成贫 Cr 区与富 Cr 区基体和碳化物之间所形成的微电池作用显著加剧,从而降低了抗蚀性。因此,回火温度一般应选择低于 400 ℃或高于 565 ℃的区域。

例如,某船用机械厂有一批法兰,其化学成分及机械性能要求见表 4-45,常规热处理调质后,未达到技术要求,主要是冲击值达不到要求。

表 4-45 某法兰化学成分及机械性能要求

化学成分(%)	C	Mn	Si	S	P	Cr	Ni
	0.14	0.58	0.56	0.016	0.027	16.84	2.02
机械性能要求	δ_b(N/mm^2) ≥980			δ_5(%) ≥10		α_{KU}(J/cm^2) ≥55	

查看其金相组织,发现 δ-铁素体量大于 10%,且成大块断续式网状分布。根据这一特征,研究者认为在不能消除或减少 δ-铁素体的情况下,只有改变组织形态,才能使性能达到要求。也只有在高于常规淬火温度的情况下,才能将合金元素及碳化物充分溶解于奥氏体中,在快速冷却的过程中,改变碳化物的析出量及分

布,从而达到改善性能的目的。在这一指导思想下,研究者选用了 1 060 ℃的淬火温度,同时采用 300 ℃低温回火,结果非常令人满意,性能各项指标均达到要求,见表 4-46。

表 4-46 改变热处理工艺后的法兰机械性能

$\delta_b(N/mm^2)$	$\delta_5(\%)$	$\alpha_{KU}(J/cm^2)$
1 234	14.2	8 688 113

另有一批法兰,其化学成分及性能要求见表 4-47。根据以往的经验高温淬火低温回火,往往使材料强度偏高,性能见表 4-48。而 1Cr17Ni2 材料随奥氏体化温度的升高,其硬度和冲击韧性会出现先升后降的同步变化,所以要使其强度处于要求范围内,则需提高回火温度,适当降低强度,冲击韧性也随之降低,采用同温度重复回火,可使未转变的马氏体分解为回火索氏体,使冲击韧性有所提高,达到性能要求。具体选用了 600 ℃左右的回火温度,进行了两次回火,结果见表 4-49,全部符合要求。

表 4-47 法兰化学成分及性能要求

化学成分(%)	C	Mn	Si	S	P	Cr	Ni	Cu
	0.16	0.34	0.37	0.006	0.021	16.90	2.35	0.15
机械性能要求	$\delta_b(N/mm^2)$		$\delta_5(\%)$			$\alpha_{KU}(J/cm^2)$		
	900~1 100		≥10			≥49		

表 4-48 经验高温淬火+低温回火材料性能

$\delta_b(N/mm^2)$	$\delta_5(\%)$	$\alpha_{KU}(J/cm^2)$
1 312*	17.1	709 090

注:"*"为不合格项

表 4-49 改进工艺后材料性能

$\delta_b(N/mm^2)$	$\delta_5(\%)$	$\alpha_{KU}(J/cm^2)$
1 084	18.4	555 860

通过以上研究者分析及实际生产验证可见,1Cr17Ni2 不锈钢

要同时获得高强度及高韧性是完全可行的。在不能改变δ-铁素体量的情况下,可以通过改变组织形态来提高材料的冲击韧性。在δ-铁素体含量小于10%的情况下,淬火温度不宜超过1 000 ℃。回火温度的选择应避免475 ℃脆性和550 ℃下的高温回火脆性区域。而且,对1Cr17Ni2不锈钢,同温度下的多次重复回火是提高材料综合性能可采取的有效手段。

参 考 文 献

[1] 周志伟,徐海卫,李飞. 20钢热轧卷板的球化退火工艺[J]. 金属热处理,2010,35(4):81-85.
[2] 李斌,金属热处理之退火[J]. 科技传播,2012,10上:177-180.
[3] 李壮,王洪顺,石继红. 35钢的半球化退火[J]. 国外热处理,2001,22(3):26-27.
[4] 丁霞,王倩,李保民等. 45钢棒料的质量检验和重结晶退火工艺研究[J]. 金属热处理,2012,37(3):106-109.
[5] 张昌亮,夏永玲. 中碳钢球化退火[J]. 武汉交通科技大学学报,1998,22(5):522-527.
[6] 惠卫军,于同仁,苏世怀等. 中碳钢球化退火行为和力学性能的研究[J]. 钢铁,2005,40(9):61-66.
[7] 荀颖,杨志学,李洪儒等. 45钢冷挤压销轴毛坯的球化退火[J].《金属热处理》1998,12:38-39.
[8] 豆吉福. 冲压用低碳钢的球化退火处理效果[J]. 金属成形工艺,1997,15(5):36-37
[9] 王泽林,王衍平. 冷轧钢板退火碳黑缺陷的研究[J]. 鞍钢技术,2003,1:24-28.
[10] 王瑾. 碳钢冷轧罩式退火炉粘接缺陷种类及原因分析[J]. 金属材料与冶金工程,2011,(6):64-67.
[11] 李红立,李先锋,孙敬锋等. 退火工艺对锻态铁基合金组织性能的影响[J]. 内蒙古科技与经济,2012,251(1):102-103.
[12] 贺毅,王学前. 高碳钢快速球化退火工艺的研究[J]. 热加工工艺,2002,1:32-35.
[13] 王能为,孙艳. T8钢的形变球化退火工艺[J]. 南方金属,2009,166(1):23-27.
[14] 颜礼功,彭澎,李增. 冷轧丝杆用45钢球化退火工艺研究[J]. 金属热处理,2000,4:34-35.
[15] 刘佐仁. 合金钢的退火不软化行为[J]. 中南工业大学学报,2001,32(3):298-301.
[16] 李章芬. 20CrMnMoH高频退火裂纹的原因及防止措施[J]. 金属热加工,2012,增刊2,136-137.
[17] 李冬丽,马党参,陈再枝. 7CrMn2Mo钢的球化退火工艺[J]. 金属热处理,2010,35(11):57-61.
[18] 杨慧,付百林,贾玉萍等. 21CrMo10钢锻件去氢退火工艺的研究[J]. 化工装备,2005,2:17-20.

[19] 伍康勉. 27SiMnNi2CrMoA钢的低温等温退火工艺[J]. 金属热处理,1998,10:39-42.

[20] 胡华军,卞晓春,顾春卫. 应用退火工艺消除35CrNi3MoV钢的组织遗传[J]. 金属热处理,2013,38:64-67.

[21] 邓莉萍,罗军明,苏倩. 预备热处理对Cr12MoV钢组织性能的影响[J]. 材料热处理技术,2012,41(6):127-129.

[22] 曹建军,陈明安. 退火工艺对42MnMo7钢管性能的影响[J]. 国外金属热处理,200526(2):30-31.

[23] 李志欣,王春旭,刘宪民. DT300钢高温退火组织演变及硬度研究[J]. 材料热处理技术,2012,41(24):202-204.

[24] 段述苍,刑建东,余大兵等. 超声波清洗技术在清除退火表面氧化物上的应用. 液压与锻造技术,2006,4:85-87.

[25] 王作成,王先进,韦珂. 退火条件对高强度IF钢性能的影响[J]. 山东工业大学学报,1999,29(6)246-251.

[26] 张怀宇,惠卫军,董瀚. 简化42CrMo钢球化退火工艺的研究[J]. 钢铁研究学报,2007,19(3):62-66.

[27] 郑立群. 高速钢循环球化退火方法在生产中的应用[J]. 哈尔滨轴承,2012,33(4):57-58.

[28] 徐文峰. 高速钢在台车式炉中退火脱碳控制[J]. 金属热处理,2001,26(11):43-45.

[29] 朱保钢,吴立志. 退火对高速钢40 mm方坯修磨切头后再酸洗开裂的影响[J]. 新技术新工艺,2006,2:12-13.

[30] 徐启明,徐和平,郭华等. M2高速钢刃具焊接毛坯退火加热时间研究[J]. 金属加工(热加工),2012,11:40-41.

[31] 秦荼,王立华,王红. 退火高速钢线材表面着色层的定性研究[J]. 河北冶金,2008,164(2):6-8.

[32] 刘佐仁. 合金钢的退火不软化行为[J]. 中南工业大学学报,2001,32(3):298-302.

[33] 刘宗昌,杨慧,李文学等. 去氢退火工艺的设计及应用[J]. 金属热处理,2003,28(3):51-54.

[34] 韩飞,林高用,彭小敏等. SUS304-2B不锈钢薄板退火工艺研究[J]. 热加工工艺,2004,(4):25-28.

[35] 严慕容,陈美贞. 退火对304不锈钢拉伸坯料力学性能的影响[J]. 农机化研究,2002,4:151-154.

[36] 裴宇,宋仁伯,杨富强等. 退火工艺对304HC奥氏体不锈钢钢丝组织和性能的影响[J]. 2013,36(1):26-31.

[37] 张安利. 试论不锈钢光亮退火的若干问题[J]. 上海金属, 2000, 22(1):10-16.

[38] 李烁, 陈雨来, 江海涛等. 退火处理对00Cr12Ti铁素体不锈钢组织和性能的影响[J]. 特殊钢, 2008, 29(6)61-64.

[39] 方晓辉, 时立迎. 形变退火后铁素体不锈钢的晶界组成及腐蚀特性[J]. 材料热处理技术, 2011, 40(14):154-157.

[40] 桂莹莹, 明瑞贞, 龙元宁等. 低温退火对冷轧奥氏体不锈钢带硬度和组织的影响[J]. 金属热处理, 2010, 35(8):15-19.

[41] 奚晓峰. 2Cr12NiMo1W1V异型锻件退火工艺改进[J]. 特钢技术, 2010, 64(16):15-18.

[42] 刘海涛, 刘振宇, 王国栋等. 00Cr17Ti热带退火对冷轧薄板表面皱折的影响[J]. 钢铁, 2009, 44(1):55-59.

[43] 卫世杰, 王海峰, 陈婷. 热处理对双相不锈钢复合板组织和性能的影响[J]. 新技术新工艺, 2008, 9:72-76.

[44] 刘海涛, 刘振宇, 王国栋. 热轧后退火对超纯铁素体不锈钢表面皱折的影响机理[J]. 材料科学与工艺, 2011, 19(4):122-129.

[45] 赵磊, 刘宪民, 雍岐龙等. DT300钢软化退火中的组织与性能研究[J]. 材料热处理, 2007, 36(2):49-52.

[46] 李文学, 闫俊萍, 任慧平等. H13、S7钢锻后退火工艺的研究[J]. 热加工工艺, 1999, 5:34-37.

[47] 周文凤, 黄文荣, 黄姝珂等. H62薄带退火缺陷预防措施[J]. 热加工工艺, 2013, 42(2):204-206.

[48] 陈秀琴. 化学成分及退火工艺对H62黄铜组织与性能的影响[J]. 热加工工艺, 2007, 36(16):56-60.

[49] 赖春林, 孙长波, 张琦等. 保护气氛在铜材退火中的选择及应用[J]. 应用能源技术, 2001, 67(1):5-6.

[50] 李小银. H62铜铆钉的退火工艺研究[J]. 机械工人(热加工), 2006, 57(6):55-58.

[51] 马全仓, 张彬. H65黄铜板退火组织及其对深冲性能的影响[J]. 材料热处理技术, 2008, 37(10)44-46.

[52] 陈汉文. H68合金退火料温对其晶粒度的影响[J]. 有色金属加工. 2009, 38(6):23-24.

[53] 陈汉文. H68合金退火料温对其晶粒度的影响(续)[J]. 有色金属加工. 2010, 39(1):28-29.

[54] 吕广昱, 马潇潇, 郑伟刚等. 黄铜光亮退火工艺的研究与探讨[J]. 贵州工业大学学报(自然科学版), 2008, 37(6):29-32.

[55] 王晓巍, 付崇涛. 铜合金的光亮退火及退火设备[J]. 应用能源技术, 2000, 66

[6]:9-11.
- [56] 郭贵中. 退火处理对紫铜组织和性能的影响[J]. 平原大学学报,2006,23(3):129-131.
- [57] 廖南练,张小青,周志平等. 高清洁度铜管退火内吹扫工艺研究[J]. 有色金属,2002,5:46-48.
- [58] 吴文博,焦晓亮,马俊杰等. 退火工艺对铍青铜组织性能的影响[J]. 材料热处理技术,2012,41(12):149-151.
- [59] 徐建林,路阳,刘明朗等. 均匀化退火对铸造高铝青铜的影响[J]. 航空材料学报,2006,26(5):26-31.
- [60] 张晓菲,彭show章,肖阳等. 退火对镍铝青铜合金组织和性能的影响[J]. 材料热处理技术,2012,41(18):186-189.
- [61] 时晓. 小型黄铜合金部件退火后处理新工艺[J]. 辽宁化工,2001,31(8):360-364.
- [62] 曹勇,黄光杰. 3104铝合金的均匀化退火工艺[J]. 机械工程材料,2010,34(1):8-12.
- [63] 黄奇. 如何提高铝箔真空退火的抽空效率[J]. 热处理,2012,27(2):83-85.
- [64] 萨丽曼. 获得高质量的高纯铝成品退火箔的措施[J]. 新疆有色金属,2002,3:16-17.
- [65] 葛义勇,林琳. 5052合金深冲用铝板带材退火工艺研究[J]. 机械工程师,2012,7:114-115.
- [66] 曹永亮,李俊乾. 不同均匀化制度对5083铝合金铸锭力学性能的影响[J]. 轻合金加工技术,2013,31(6):31-34.
- [67] 张映新,张玉洁. 建筑型材铝合金的热处理方法[J]. 轻合金加工技术,1998,26(9):21-25.
- [68] 马成国,桑玉博. 5083铝合金均匀化退火工艺研究[J]. 材料热处理技术,2012,41(24):206-209.
- [69] 王雪莲. Al-Mn-Mg合金板材中间退火性能研究[J]. 科技视界,2012,19:112-113.
- [70] 周文标,王中霞,胡永忠. 均匀化退火工艺对6060铝合金挤压材力学性能的影响[J]. 轻合金加工技术,2012,40(7):47-51.
- [71] 师雪飞,冯正海,罗建华. 退火温度对4047铝合金板材组织及性能的影响[J]. 轻金属,2010,6:58-59.
- [72] 李梅. 提高1050A铝合金空调管中间退火合格率的措施[J]. 铸造技术,27(5):497-498.
- [73] 邓守祥. 消除铝带黄色油斑的研究[J]. 轻合金加工技术,1998,26(3):20-23.
- [74] 夏瑞昌. 铝及铝合金带材退火皱褶的产生原因及预防措施[J]. 轻合金加工技

术,2004,32(10):12-13.
- [75] 陈秉刚,李渭清,董洁等.BTi62钛合金退火温度与组织和性能的关系[J].中国钛业,2011,2:39-43.
- [76] 南莉,李明强,曲恒磊等.TA2管材大气感应退火工艺研究[J].稀有金属快报,2008,27(2):28-31.
- [77] 沙爱学,李兴无,储俊鹏.TA15钛合金的普通退火[J].稀有金属,2003,27(1):213-216.
- [78] 周茂华.再结晶退火对TC4合金板材性能的影响[J].特钢技术,2008,57(14):15-19.
- [79] 庞继明,李明利,李明强等.退火温度对TA1钛管材组织和性能的影响[J].钛工业进展,2011,28(2):26-29.
- [80] 陈由红,王淑云,孙兴等.TC6钛合金热处理工艺研究[J].新技术新工艺,2009,12:124-125.
- [81] 张晶宇,杨延清,陈彦等.退火对TA15钛合金组织与性能的影响[J].金属热处理,2003,28(3):46-49.
- [82] 李笑,卢亚锋,辛社伟等.去应力退火对Ti40合金力学性能的影响[J].金属学报,2011,36(12):30-34.
- [83] 冯红超,代春,张耀斌等.退火制度对TA18钛合金管材力学性能的影响[J].中国钛业,2012,19-21.
- [84] 张哲,何春燕,郭征等.退火制度对TA19钛合金大规格棒材组织和性能的影响[J].钛工业进展,2012,29(6):22-25.
- [85] 邵军,陶海林,王农.热处理工艺对TC16钛合金棒材性能的影响[J].钛工业进展,2012,29(3):32-35.
- [86] 史春玲,王浩军,石晓辉等.双重退火制度对TC21钛合金断裂韧性的影响[J].钛工业进展,2013,30(1):12-15.
- [87] 南海,谢成木,黄东等.ZTC4铸造钛合金的退火热处理工艺[J].中国铸造装备与技术,2004,5:1-3.
- [88] 李守诚,张顺.镁合金热处理方法[J].内蒙古石油化工,2012,4:68.
- [89] 陈先华,刘娟,张志华等.镁合金热处理的研究现状及发展趋势[J].材料导报A.2011,25(12):142-146.
- [90] 王慧敏,陈振华,严红革等.镁合金的热处理[J].金属热处理,2005,30(11):49-55.
- [91] 严琦琦,张辉,陈振华等.热处理对挤压镁合金AZ91和ZK60组织与性能的影响[J].金属热处理,2006,31(11):71-75.
- [92] 卢立伟,刘天模,陈勇等.AZ31镁合金挤压长条晶粒的形成机理与消除方法[J].材料热处理学报,2011,32(12):17-23.

[93] 艾秀兰,杨军,权高峰. AZ31镁合金铸坯均匀化退火[J]. 金属热处理,2009,34(12):23-28.

[94] 詹美燕,李元元,陈维平等. AZ31镁合金轧制板材在退火处理中的组织性能演变[J]. 金属热处理,2007,32(7):8-13.

[95] 黄光胜,汪凌云,黄光杰等. 均匀化退火对AZ31B镁合金组织与性能的影响[J]. 重庆大学学报,2004,27(11):18-22.

[96] 彭建,张丁非,杨椿楣等. ZK60镁合金铸坯均匀化退火研究[J]. 材料工程,2004,8:53-37.

[97] 童炎,王渠东,高岩等. Mg-13Gd-3Y-0.4Zr合金热处理工艺优化及其性能[J]. 轻金属,2007,3:45-50.

[98] 杨君刚,赵美娟,蒋百灵. 均匀化退火对AZ91D镁合金组织与性能的影响[J]. 材料热处理学报,2008,29(4):69-74.

[99] 周翠兰,郑有才. 高温正火消除85Cr2Mn2Mo钢组织遗传的研究[J]. 材料科学与工艺,2000,8(2):74-77.

[100] 孙艳,解滨. 浅谈汽车齿轮锻造毛坯的等温正火工艺[J]. 长春工程学院学报,2004,5(1):9-11.

[101] 刘多智,李延峰,曹维东等. 利用锻造余热正火消除9Cr2Mo小轧辊粗大网状碳化物[J]. 金属热处理,2003,100(2):39-41.

[102] 陈明彪,张,笑,刘春林等. 大型主轴、电机轴锻件的亚温正火[J]. 金属热处理,2000,11:32.

[103] 谢维立,陈德华,王志明. 中碳微合金非调质钢的正火性能及应用[J]. 热处理技术与装备,2010,31(5):35_40.

[104] 刘金鑫,冯桂萍,程丽杰等. 正火冷却速度对18CrNiMo7-6齿轮钢组织和硬度的影响[J]. 特殊钢,2013,34(1):66-69.

[105] 赖辉,吕德富,董加坤. 二次正火法在20CrMnMo钢齿轮轴晶粒细化中的应用[J]. 金属热处理,2010,35(2):11-13.

[106] 张克俭. 等温正火前期快冷用冷却介质的选择[J]. 机械工人(热加工),2007,10:31-35.

[107] 李建华,习天辉,陈晓. 热处理对3.5Ni钢低温韧性的作用[J]. 物理测试,2008,26(6):9-13.

[108] 陈炳张,张朋彦,陈永利等. 正火对16MnDR钢板组织及力学性能的影响[J]. 金属热处理,2009,34(9):62-67.

[109] 俞丽娜,林大为,甘青松等. 正火处理对无取向50W470电工钢显微组织和磁性能的影响[J]. 金属热处理,2007,32(4):27-31.

[110] 赵琳. 45钢热处理工艺及其组织性能[J]. 机械工程与自动化,2012,174(5):201-204.

[111] 文清平. Q345C钢板弯曲裂纹原因分析及应对措施[J]. 装备制造技术, 2013, 1,; 179-181.

[112] 吴秀利. 板簧销轴正火工艺规程[J]金属加工(热加工). 2012,9: 47.

[113] 于君燕, 殷凤仕, 薛冰等. 正火温度对含钛高铬耐热钢显微组织和性能的影响[J]. 金属热处理, 2008, 33, (10): 34-37.

[114] 邓汉忠, 孟祥锋. 正火工艺对15MnTi钢焊缝组织与性能的影响[J]. 热加工工艺, 2013, 42 (10): 202-206.

[115] 龚正春, 孔令勤, 刘淑珍等. 热处理工艺对20Cr1Mo1V1紧固件性能的影响[J]. 热能动力工程, 2000, 86(15): 189-192.

[116] 肖亚航, 傅敏士, 袁森等. 45钢内部裂纹愈合的热处理试验研究[J]. 金属热处理, 2005, 30(6): 83-86.

[117] 张永刚, 李峰, 孙艳. Cr12的热处理以及金相组织分析[J]. 一重技术, 2008, 124(4): 50-51.

[118] 高为国, 董丽君, 胡凤兰等. 40Cr钢汽车半轴淬火缺陷分析及热处理工艺改进[J]. 湖南工程学院学报, 2008, 18(4): 33-37.

[119] 刘澎涛, 刘东海, 高文明. 30Cr2Ni2Mo钢曲轴的热处理[J]. 大型铸锻件, 2013, 3; 34-37.

[120] 张长英. 减小GCr15SiMn钢制零件热处理变形的工艺[J]. 热加工工艺, 2006, 35(16): 55-56.

[121] 刘晓霏. 弹头用1420 Al-Li合金热处理工艺研究[J]. 航天制造技术, 2008, (3): 18-23.

[122] 黄光杰, 汪凌云. 热处理对2024铝合金组织和性能的影响[J]. 重庆大学学报, 2000, 23(4): 100-104.

[123] 冯展鹰, 赵仁祥. 7005铝合金热处理工艺研究[J]. 电子机械工程, 2006, 22(5): 46-49.

[124] 赵爱彬, 修岩. ZL104铝合金热处理工艺研究[J]. 材料开发与应用, 2009, 12: 49-53.

[125] 何立子, 张晓博, 崔建忠. 类6013铝合金热处理制度的研究[J]. 宇航材料工艺, 1999, (1): 42-47.

[126] 吴瑞豪, 冯敏. B-757飞机铝合金零件聚合物淬火[J]. 金属热处理, 2001, (1): 48-51.

[127] 巢宏, 陈康华, 方华婵等. 三级固溶处理对Al-Zn-Mg-Cu系铝合金组织和剥落腐蚀性能的影响[J]. 粉末冶金材料科学与工程, 2009, 14(3): 179-184.

[128] 英卫东, 王贵福, 刘洋. 提高2A50铝合金轮毂模锻件力学性能的热处理工艺研究[J]. 轻合金加工技术, 2006, 34(4): 48-52.

[129] 贺晓军, 何智勇, 刘洋等. 铸造铝合金ZL114A的热处理工艺[J]. 宇航材料工

艺,2013,3:92-95.

[130] 刘栓江,李建新,刘忠侠. 热处理对 A356 合金力学性能的影响[J]. 安阳工学院学报,2008,2:24-28.

[131] 熊红林. 热处理制度和试验方法对 LY12MCZ 屈服强度的影响[J]. 铝加工,2009,188(3):11-20.

[132] 凡小盼,王昌燧,金普军. 热处理对铅锡青铜耐腐蚀性能的影响[J]. 中国腐蚀与防护学报,2008,28(2):112-116.

[133] 李爱英. 影响淬火热处理变形的主要因素[J]. 工业科技,2006,35(5):51-52.

[134] 赵振东. 钢的淬火回火工艺参数的确定[J]. 金属热处理,1999,3:28-29.

[135] 樊东黎. 热处理的清洗[J]. 金属热处理,2010,35(4):113-115.

[136] 周翠. 淬火、回火对钢的组织和性能的影响[J]. 东方企业文化·远见,2012,2:136.

[137] 李茂山,张克俭. 热处理淬火介质的新进展[J]. 金属热处理,1999(4):39-43.

[138] 肖代红,陈康华,陈送义. 淬火介质及工艺对 Al-Zn-Mg-Cu 合金腐蚀性能的影响[J]. 特种铸造及有色合金,2009,29 (12):1079-1083.

[139] 蒋涛,雷新荣,吴红丹等. 热处理工艺对碳钢硬度的影响[J]. 热加工工艺,2011,40(4):167-170.

[140] 许雁,柳永宁,朱杰武. 超高碳钢的制备及热处理工艺研究[J]. 热加工工艺,2004(5):3-4.

[141] 王悔改,张占领. 热处理工艺对超高碳钢显微组织及磨损性能的影响[J]. 铸造技术,2011,32(4):483-487.

[142] 袁根福,阎兴书. 锉刀快速加热淬火热处理[J]. 安徽建筑工业学院学报(自然科学版),1998,6(3):50-53.

[143] 江国栋,洪茂林. 5CrMnMo 钢过热淬火热处理工艺的研究[J]. 热加工工艺,2008,37 (16):74-75.

[144] 马跃新,周子年. 30CrMnSiA 钢亚温淬火工艺研究[J]. 热加工工艺,2009,38 (8):151-153.

[145] 潘金芝,任瑞铭,郭立波等. 淬火对 60Si2Mn 组织及力学性能的影响[J]. 热加工工艺,2010,39 (22):146-149.

[146] 王珂,韩万顺,陈国志. GCr15 钢制大型轴承钢球碱水淬火软点的成因分析[J]. 轴承,2010,11:30-31.

[147] 张克俭. 齿轮淬火冷却中的质量问题及其解决办法[J]. 金属热处理,1999,1:40-44.

[148] 朱永新. G10CrNi3Mo 钢的渗碳淬火工艺[J]. 热处理,2008,24(2):68-70.

[149] 刘晓婷. 中碳弹簧钢 60 钢的亚温淬火[J]. 西安航空技术高等专科学校学报,2010,28(1):11-14.

[150] 张庆辉,王满社.T9钢细丝通电加热淬火[J].金属热处理,2003,28(1):74.
[151] 张启军.销轴淬火裂纹的产生及预防措施[J].金属热处理,2005,30(2):90-93.
[152] 李小华.渗碳后直接淬火与重新加热淬火的选择[J].机械工程与自动化,2004,125(4):72-73.
[153] 杨友毅.0Cr11Ti冷轧薄板热处理工艺探讨[J].特钢技术,2001,1:20-21.
[154] 黄仲佳,刘明朗.热处理工艺对304不锈钢管胀管性能的影响[J].金属热处理,2012,37(7):18-21.
[155] 吴涛,余新泉,周业展等.热处理工艺对316L不锈钢微丝组织和性能的影响[J].金属热处理,2004,29(7):53-57.
[156] 夏健,龙荷荪.Cr12型不锈钢零件淬火裂纹分析[J].热处理,2007,22(4):65-70.
[157] 魏玉伟,李宁,文玉华等.热处理工艺对1Cr17Ni2Si2双相不锈钢组织与性能的影响[J].金属热处理,2010,35(7):44-47.
[158] 徐军,李俊,姜雯等.热处理对超级马氏体不锈钢腐蚀性能的影响[J].材料热处理学报,2012,33(3):73-78.
[159] 于丽萍,刘晓禹.热处理对0Cr13Ni4Mo马氏体不锈钢组织和性能的影响[J].一重技术,2005,106(4):29-30.
[160] 王国华.回火工艺对2Cr13力学及点腐蚀性能影响的研究[J].新技术新工艺,2010,8:68-72.
[161] 杜秋铨.不锈钢热处理[J].读与写杂志,2011,8(12):208-209.
[162] 丁勇.2Cr11NiMoVNbWB钢热处理制度对机械性能的影响[J].特钢技术,2001,3:30-33.
[163] 孙佳佳.奥氏体不锈钢热处理工艺及其应注意的若干问题[J].科技资讯,2011,35:91.
[164] 汪红晓.热处理工艺对1Cr18Ni9Ti冷轧带钢晶间腐蚀敏感性的影响[J].特钢技术,2001,2:26-30.
[165] 宋锦修,刘俊友,刘杰等.含硼316不锈钢的热处理研究[J].新技术新工艺,2011,3:80-84.
[166] 曹志海,白广成,董贵文.铬不锈钢2-4Cr13钢坯热处理工艺研究[J].冶金标准化与质量,2004,2:15-16.
[167] 梁波,崔红淼,魏星光.不锈钢零件的光亮热处理[J].金属热处理,2007,32(1):77-78.
[168] 宫力,孙云焕.1Cr17Ni2钢的热处理性能研究[J].上海汽轮机,2000,3:30-34.